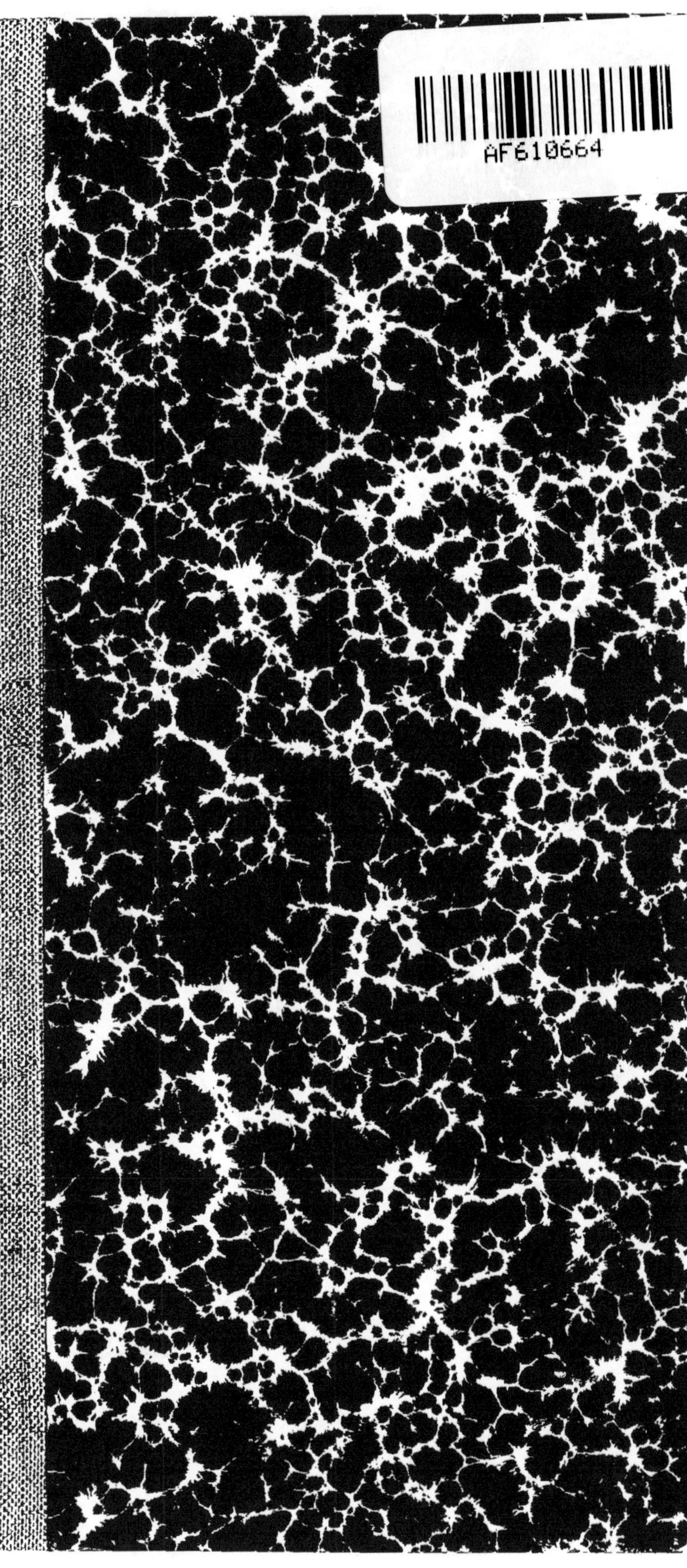

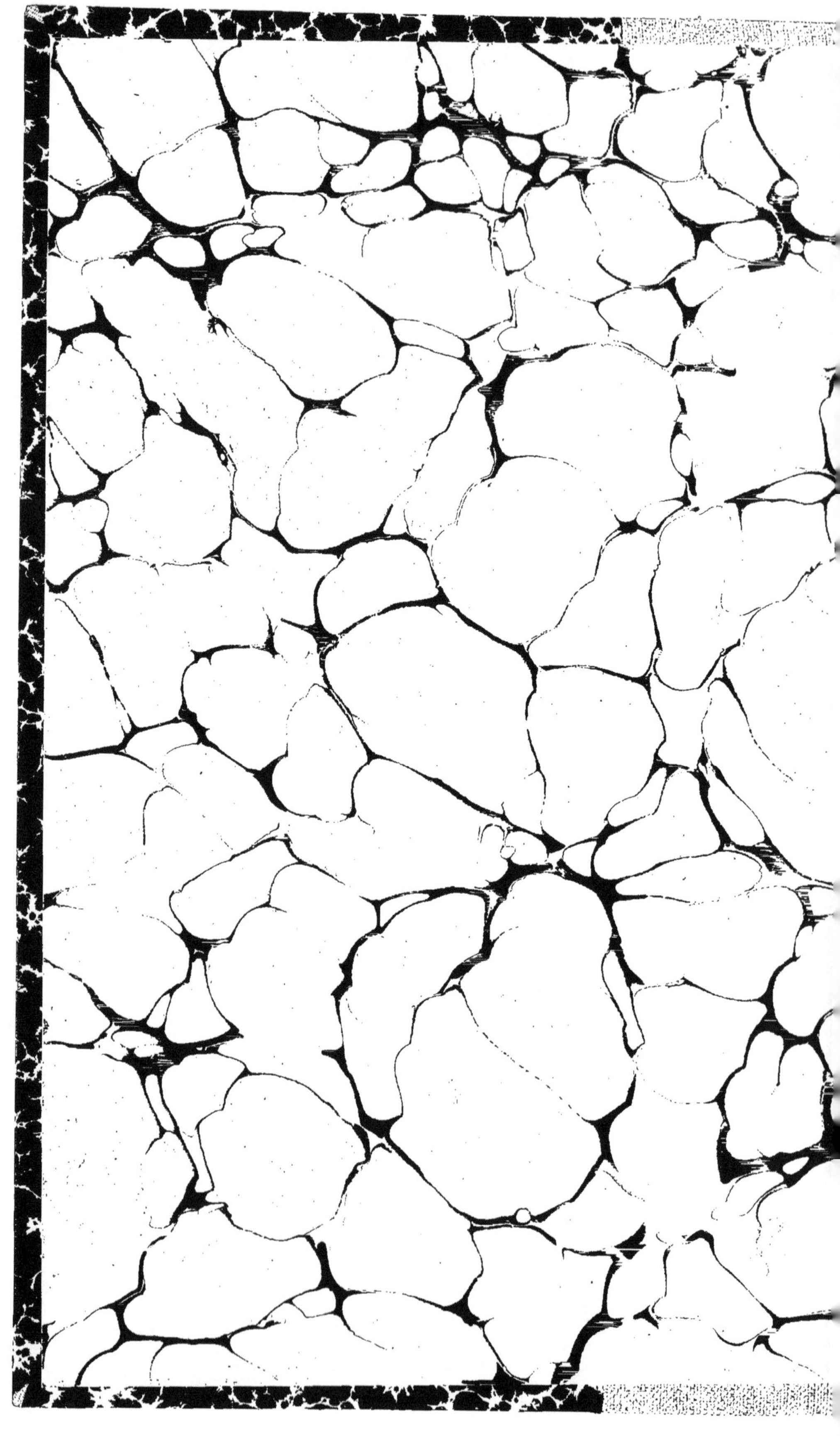

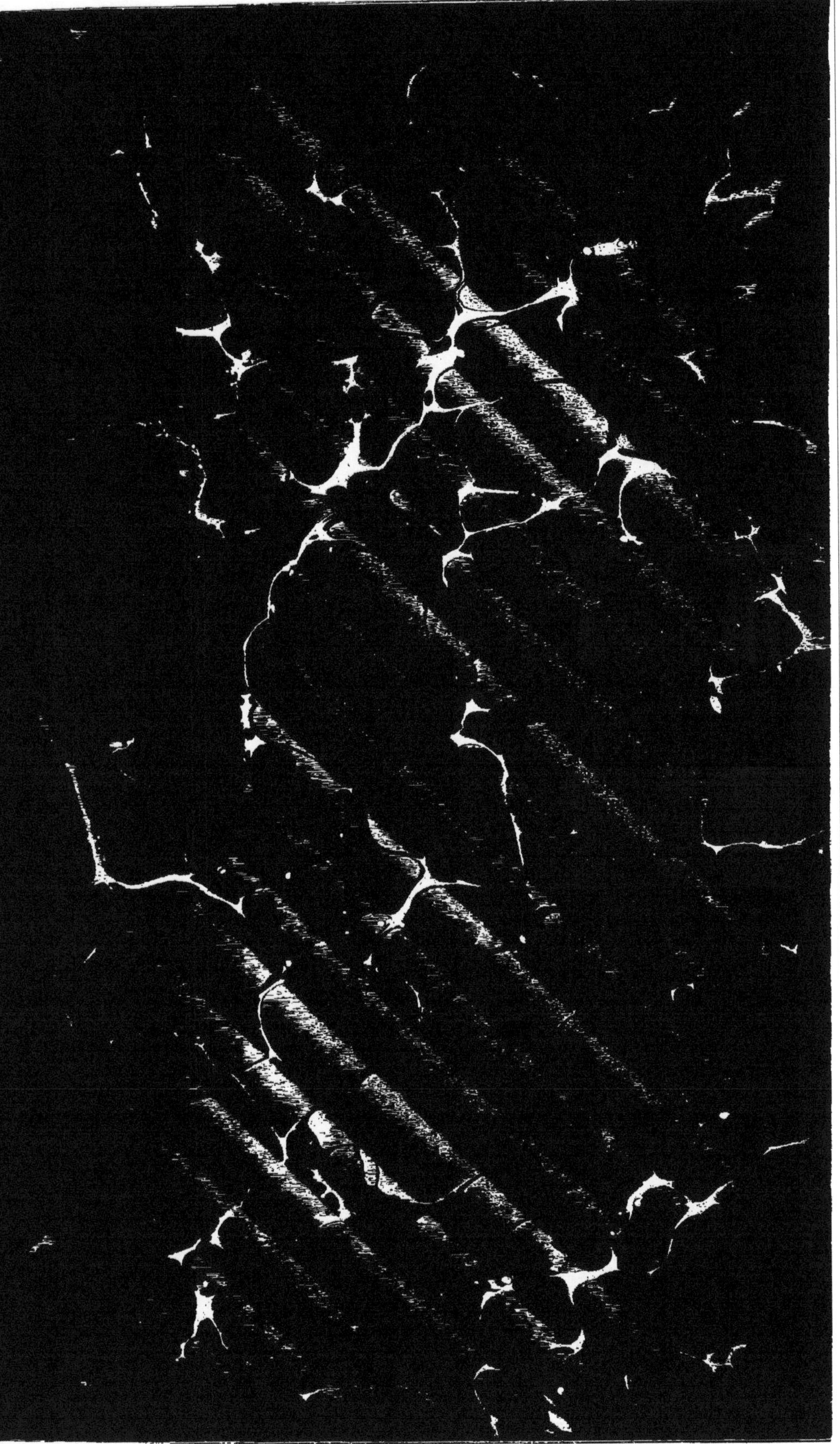

HISTOIRE NATURELLE

DES

COLÉOPTÈRES

DE FRANCE

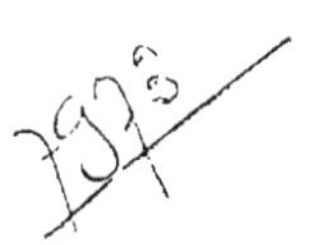

LYON. — IMPRIMERIE PITRAT AINÉ, 4, RUE GENTIL

HISTOIRE NATURELLE

DES

COLÉOPTÈRES

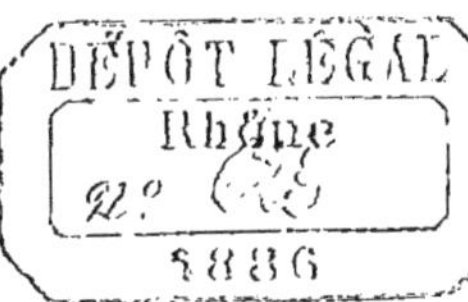

DE FRANCE

— SUITE —

PAR

CL. REY

MEMBRE DES SOCIÉTÉS LINNÉENNE ET D'AGRICULTURE
DE LYON
ET DE LA SOCIÉTÉ FRANÇAISE D'ENTOMOLOGIE

PALPICORNES

DEUXIÈME ÉDITION

BEAUNE (Côte-d'Or)
BIBLIOTHÈQUE ENTOMOLOGIQUE DE ED. ANDRÉ
BOULEVARD BRETONNIÈRE, 21

1885

A

LA MÉMOIRE

D'ÉTIENNE MULSANT

Son Disciple et Ami

CLAUDIUS REY

HISTOIRE NATURELLE

DES

COLÉOPTÈRES

DE FRANCE

— SUITE —

PRÉFACE

Depuis longtemps s'imposait la nécessité d'une deuxième édition des Palpicornes. Mulsant lui-même en avait formé le projet, lorsque la mort est venue l'enlever à la science et à ses amis. Il avait même réuni, à cet effet, une grande quantité de notes et relevé la description de plusieurs espèces récemment découvertes en France. Je crois donc accomplir un devoir, en mettant à exécution une de ses intentions dernières.

La nouvelle édition que je présente aujourd'hui, compte plus de cent soixante espèces françaises, au lieu que celle de 1844 n'en donnait qu'une soixantaine. Depuis cette dernière époque, la plupart des variétés, signalées avec soin par Mulsant, sont devenues des espèces distinctes. En outre, il en a été publié une foule d'autres dans les Revues ou Annales de différentes Sociétés savantes, et surtout dans les diverses revisions de genres qui ont paru sur cette famille. J'en ai moi-même ajouté un certain nombre. Ma tâche était donc tracée d'avance et elle s'est bornée, pour ainsi dire, à réunir, contrôler et coordonner tous ces matériaux disséminés. Mais, je m'empresse de le reconnaître, elle m'eût été bien moins facile et mon travail, moins complet, sans les généreuses communications de plusieurs de mes collègues. Je citerai entre autres :

MM. Abeille de Perrin, de Marseille ; Bourgeois, de Paris ; C. Brisout de Barneville, de Saint-Germain-en-Laye ; Dubois, de Versailles ; Fauvel, de Caen ; des Gozis, de Montluçon ; A. Grouvelle, de Nice ; F. Guillebeau, du Plantay (Ain) ; Hervé, de Morlaix ; Lethierry, de Lille ; Valery Mayet, de Montpellier ; E. Olivier, de Moulins ; L. Pandellé, de Tarbes ; A. Puton, de Remiremont ; E. Revelière, de Porto-Vecchio (Corse) ; l'abbé Carret et MM. Godart et Jacquet, de Lyon, etc.

Je les prie d'agréer ici l'expression sincère de ma reconnaissance.

TRIBU

DES PALPICORNES

Caractères. *Corps* de forme diverse. *Tête* grande. *Labre* généralement court, transverse, parfois caché ou recouvert. *Mandibules* courtes, arquées souvent peu saillantes, ordinairement bidentées au sommet (1). *Palpes maxillaires* très développés, aussi longs ou plus longs que les antennes, de 4 articles; les *labiaux* petits, de 3 articles. *Menton* grand, corné, transverse. *Yeux* grands, aussi développés en dessous qu'en dessus. *Antennes* relativement courtes, insérées sous les côtés de l'épistome, au devant des yeux; de 6 à 9 articles (2), dont le premier ou scape plus ou moins allongé et les 3 à 5 derniers formant la massue. *Prothorax* le plus souvent transverse. *Écusson* triangulaire ou ogival, rarement subsemicirculaire. *Élytres* grandes, toujours cornées. *Médiépimères* transverses, parfois obliques, atteignant les hanches intermédiaires. *Postépisternums* plus ou moins allongés, le plus souvent subparallèles, rarement annihilés. *Postépimères* petites ou cachées. *Tarses* de 5 articles, très rarement de 3.

Le développement des palpes maxillaires, au moins aussi longs que les antennes, justifie le nom de *Palpicornes* imposé par Latreille.

Je ne rappellerai pas l'étude des parties extérieures du corps, ni la vie

(1) Parfois même tridentées ou quadridentées au sommet de leur tranche interne *(Berosus)*, d'autres fois simples *(Helophorus)*, rarement longuement quadridentées intérieurement *(Hydrophilus)*.

(2) Dans la faune des Coléoptères du bassin de la Seine (p. 289), il faut lire : *antennes de 6 à 9 articles*, au lieu de 6 à 7.

évolutive, ni les mœurs et habitudes des insectes parfaits déjà suffisamment signalées par Mulsant. Mais, sans parler des nombreuses espèces décrites isolément çà et là dans les diverses Annales ou Revues, je vais donner ici, en abrégé, l'historique des *Palpicornes* depuis 1844, époque de la première édition.

HISTORIQUE

1849. — Kiesenwetter, dans la *Linnaea Entomologica* (t. IV, p. 156), donne une excellente monographie ou revision du genre *Hydraena*, dans laquelle il décrit un certain nombre d'espèces inconnues de Mulsant et plusieurs autres tout à fait nouvelles.

1854. — Lacordaire, dans son *Genera* (I, p. 446), nous présente une nouvelle classification des *Palpicornes* bien plus naturelle que celle suivie jusqu'alors, en commençant par les grosses espèces, et que je crois devoir rapporter ici :

I. Le 2e *article des 4 tarses postérieurs* long, le 1er très court.	
a. Les *mêmes tarses* rémiformes. Une épine sternale. . .	HYDROPHILIDES.
aa. » » » non rémiformes. Point d'épine sternale.	HYDROBIDES.
II. Les *4 premiers articles des tarses* courts, égaux. . . .	SPERCHÉIDES.
III. » » » à 1er *article* peu distinct. . . .	HÉLOPHORIDES.
IV. Le 1er *article des tarses* allongé.	SPHÉRIDIDES.

1855. — Jacquelin Du Val, dans son *Genera* (1855, p. 85), change le nom de *Palpicornes* en *Hydrophilides*, qu'il partage en *Hydrophilites*, *Sperchéites*, *Hélophorites* et *Sphéridites*. Tout en supprimant les *Hydrobites* qu'il réunit avec raison aux *Hydrophilites*, il suit le même ordre que Lacordaire, c'est-à-dire qu'il commence par les grandes espèces, qui sont les mieux douées sous le rapport de la natation, bien qu'elles ne le soient pas autant que les *Hydrocanthares*.

1859. — Thomson, dans son *Skandinaviens Coleoptera* (I, p. 14), établit dans ses Palpicornes deux groupes, les *Hydrophilii* et *Sphaeridiota* qui répondent exactement aux *Hydrophilides* et *Géophilides* de Mulsant. Mais, dans la classification du premier groupe, il commence par les *Limnébides*, place à leur suite les *Ochthébides*, *Hydrochides*, *Sperchéides* et *Hydrophilides*, classification qui me paraît bien moins logique que celle indiquée précédemment par Lacordaire et Jacquelin Duval.

1860. — Plus tard le même auteur, dans la suite du même ouvrage (t. II), crée plusieurs genres nouveaux, savoir : 1° le genre *Asiobates*

(p. 73), auquel il donne pour types les *Ochthebius rufomarginatus* et *pygmaeus* d'Erichson ; — 2° le genre *Anchialus* qu'il base sur le *Berosus spinosus* d'après le caractère unique des épines terminales des élytres(1); — 3° le genre *Enochrus*, fondé sur le *Philydrus bicolor* de Paykull et de Gyllenhal; — 4° enfin le genre *Anacaena*, représenté par l'*Hydrobius globulus* de Paykull.

1866. — Gerhardt, dans le *Berliner Zeitschrift*, X, p. 395), fait paraître une revision du genre *Limnebius*, où il ne reconnaît que 4 espèces.

1867. — Thomson, dans le tome IX du *Skandinaviens Coleoptera* (p. 113), donne le tableau analytique des familles et des genres, ajoute quelques nouvelles espèces à son tome II et de nombreuses observations, surtout sur le genre *Cercyon*. Il y crée le genre *Paracymus* (p. 120) en faveur de l'*Hydrobius aeneus*.

1868. — Dans le volume suivant (t. X, p. 297), le même auteur public une revision du genre *Helophorus* et une autre (p. 310) du genre *Laccobius*, dans lesquelles il fait connaître plusieurs espèces nouvelles.

1868. — La même année, dans le tome II de leur volumineux catalogue, Gemminger et de Harold adoptent la classification de Jacquelin Duval et imposent au genre *Hydroüs* de Brullé le nom de *Hydrochares* de Latreille, créé en 1825, et au *Cyllidium* d'Erichson, celui de *Chaetarthria* de Stephens, publié en 1832 et admis depuis par Waterhouse.

1870. — Sharp, dans l'*Entomologist's Monthly Magazine* (VI, p. 253), donne une revision du genre *Anacaena* de Thomson.

1872. — Dans le *Zeitschrift Entomol. de Breslau* (extr. p. 15), Schwarz publie une revision du genre *Philydrus* de Solier.

1872. — La même année paraît, dans le *Bulletin de la Société d'Italie* (IV, p. 35), une revision du genre *Limnebius*, dans laquelle Baudi signale quelques espèces nouvelles.

1874. — Dans le tome XVIII du *Berliner Zeitschrift* (p. 305), Rottenberg fait paraître une excellente revision du genre *Laccobius*, auquel il ajoute quelques espèces intéressantes.

1874. — La même année, dans l'*Entomologist's Monthly Magazine de Londres* (vol. XI), paraît une note détaillée de Sharp sur le genre *Hydroscapha* de Leconte, qu'il regarde comme la base d'une nouvelle famille de Coléoptères, mais que je crois devoir réunir aux Palpicornes.

1875. — Kiesenwetter, dans le *Berliner Zeitschrift* (p. 229), donne une

(1) Cette coupe avait déjà été indiquée par Hope, sous le nom d'*Enoplurus*.

nouvelle revision du genre *Anacaena*, et, la même année et dans le même ouvrage (p. 294), de Heyden en fait paraître une, plus complète que celle de Schwarz du genre *Philydrus*, ainsi que quelques observations sur le genre *Helochares* (t. XIX, p. 396).

1876. — Gerhardt, dans le *Berliner Zeitschrift* (XX, p. 169), publie une deuxième revision du genre *Limnebius*, plus explicite que celle qu'il a donnée dix ans auparavant, mais avec quelques erreurs de synonymie quant aux dernières espèces.

1881. — M. Bedel, dans sa *Faune des Coléoptères du bassin de la Seine* (t. I, p. 289), où il témoigne d'une grande érudition, d'une critique judicieuse et d'un rare esprit d'observation, élève à la hauteur du genre le sous-genre *Henicorus* de Mulsant, créé par Stephens en 1827, et dont il modifie avec raison l'orthographe. Il substitue le nom d'*Hydrocharis* Leconte (1855) à celui de *Hydrochares*, antérieurement indiqué par Latreille. Il crée le genre *Cymbiodyta* déjà signalé par Pandellé, sous le nom de *Cymbula*, mais inédit, et lui donne pour base le *Philydrus marginellus* de Fabricius. Il change le nom d'*Hydrochus* en *Hydrochoüs* adopté par les Latins. Il croit devoir commencer par les *Hydrochoïdes* et les *Hélophorides* qu'il fait suivre des *Sperchéides* et *Hydrophilides*, pour finir, comme tous les autres auteurs, par les *Sphéridides*.

1882. — Enfin, par un travail d'ensemble des plus patients et de longue haleine, dans le tome XX de son *Abeille*, l'abbé de Marseul a eu l'heureuse inspiration de rassembler en un seul faisceau tous les matériaux plus ou moins récents, concernant la tribu des Palpicornes ou Hydrophilides et qui se trouvaient dispersés dans divers ouvrages, annales ou opuscules, et de nous montrer ainsi la marche progressive et les découvertes de la science relativement à cette tribu, sans négliger de nous faire part de ses observations particulières, épargnant par là à l'amateur l'achat de divers ouvrages très coûteux et à la fois un temps précieux qu'il aurait mis à les compulser (1).

Je partage les Palpicornes en deux groupes principaux :

A. Le 1er *article des tarses postérieurs* très court et toujours moins long que le 2e. . . . . I. HYDROPHILIDES.

AA. Le 1er *article des tarses postérieurs* allongé, toujours plus long que le 2e, les 1er à 4e graduellement moins longs. . II. GÉOPHILIDES.

(1) J'indiquerai, quand il y aura lieu, à la fin des genres ou des espèces, les auteurs et les ouvrages anciens ou récents qui auront signalé des larves ou leurs métamorphoses.

PREMIER GROUPE

HYDROPHILIDES

Caractères. Le 1er *article des tarses postérieurs* très court et toujours moins long que le 2e, souvent en partie caché ou peu apparent en dessus. *Tibias* et *tarses intermédiaires* et *postérieurs* souvent ciliés. *Mœurs* aquatiques. *Larves* hexapodes.

Le groupe des Hydrophilides peut être divisé en 3 familles distinctes

Prothorax

- sans sillons ni fossettes, généralement plus étroit en avant qu'en arrière où il est aussi large ou un peu moins large que les élytres. *Écusson* grand, triangulaire. *Labre*
  - visible en dessus, saillant, non caché par l'épistome. *Écusson* en triangle plus ou moins allongé. *Cuisses* comprimées et plus ou moins élargies à la base ou vers leur milieu. Le 2e *article des tarses* presque toujours plus long que le 3e (1).. . 1re fam. Hydrophiliens.
  - invisible en dessus, caché par l'épistome qui est largement échancré en avant. *Écusson* allongé. *Cuisses* subcylindriques. Les 2e à 4e *articles des tarses* courts et subégaux. *Tibias* pluricarénés. 2e fam. Sperchéens.
- creusé de sillons ou de fossettes profondes, non plus étroit en avant qu'en arrière où il est toujours sensiblement moins large que les élytres. *Écusson* petit, semi-circulaire ou subogival. *Cuisses* peu ou point renflées. . . . . 3e fam. Hélophoriens.

PREMIÈRE FAMILLE

HYDROPHILIENS

Caractères. *Tête* inclinée ou verticale. *Labre* très apparent, non caché par l'épistome. *Antennes* de 9 ou rarement de 7 ou 8 articles. *Prothorax* plus ou moins rétréci en avant, rarement subparallèle, aussi large ou un peu moins large en arrière que les élytres, sans sillons ni fossettes, à angles postérieurs le plus souvent obtus. *Tarses postérieurs*, et aussi les *intermédiaires*, à 2e article allongé. *Forme* plus ou moins ovalaire ou ovale-oblongue, parfois subhémisphérique.

Cette famille peut se subdiviser en 4 branches.

Antennes

- de 8 ou 9 articles. *Yeux* rarement saillants, souvent subdéprimés, en partie voilés en arrière par le bord antérieur du prothorax. *Celui-ci* aussi large à sa base que les élytres. *Écusson* en triangle équilatéral ou un peu plus long que large. *Ventre*
  - de 5 arceaux libres et découverts. *Elytres* non tronquées au sommet, recouvrant tout l'abdomen, avec ou sans strie suturale. *Corps* ovale ou ovale-oblong, parfois subhémisphérique. . . . . 1re br. Hydrophilaires.
  - de 5 arceaux, les 2 premiers excavés et recouverts de 2 grandes plaques écailleuses. *Elytres* non tronquées, à strie suturale. *Corps* subglobuleux. 2e br. Chétarthriaires.
  - de 7 arceaux. *Élytres* plus ou moins tronquées au sommet, souvent plus courtes que l'abdomen, sans strie suturale. *Corps* ovale ou ovale-oblong. . . . . . . 3e br. Limnobiaires.
- de 7 articles. *Yeux* saillants, semiglobuleux, libres. *Prothorax* un peu plus étroit en arrière que les élytres. *Écusson* en triangle allongé. *Corps* ovalaire ou oblong. . 4e br. Bérosaires.

PREMIÈRE BRANCHE

HYDROPHILAIRES

Caractères. *Tête* transverse ou trapéziforme, plus ou moins engagée dans le prothorax. *Yeux* rarement saillants, souvent subdéprimés, généralement en partie voilés en arrière par le bord antérieur du prothorax. *Celui-ci* rétréci en avant, aussi large ou presque aussi large en arrière que les élytres. *Écusson* en triangle équilatéral ou un peu plus long que large. *Élytres* recouvrant tout l'abdomen, avec ou sans strie suturale. *Ventre* de 5 arceaux. Le 2e *article des tarses intermédiaires* et *postérieurs* allongé.

Cette branche donne lieu aux genres suivants :

Antennes

- de 9 articles. *Trochanters postérieurs* en onglet, fortement liés au fémur. *Mésosternum* et *métasternum*
  - intimement unis, simultanément relevés en carène continue et prolongée en pointe en arrière. *Tarses intermédiaires et postérieurs* fortement comprimés, rémiformes. *Prosternum*
    - petit, relevé en forme de languette triangulaire et creusée en gouttière. *Pointe métasternale* dépassant fortement les hanches postérieures. *Épistome* avancé à ses angles antérieurs. *Taille* très grande. . . . HYDROPHILUS.
    - relevé en crête comprimée et tranchante. *Pointe métasternale* ne dépassant pas les trochanters postérieurs. *Épistome* simplement tronqué. *Taille* assez grande. . HYDROUS.
  - non intimement unis, ce dernier sans épine prolongée sensible. *Tarses intermédiaires* et *postérieurs* faiblement comprimés. *Métasternum*
    - relevé en avant en carène sensible et subarquée. *Prosternum* caréné. *Métasternum* relevé en lame verticale. *Épistome* tronqué. *Elytres* à strie suturale. *Cuisses postérieures* presque glabres. *Taille* moyenne. . . . . LIMNNOXENUS
    - non relevé en carène en avant. *Élytres*
      - creusées d'une strie suturale. *Épistome*
        - largement tronqué. *Palpes maxillaires* assez allongés, à dernier article plus long que le 3e. *Crête mésosternale* triangulaire. *Cuisses postérieures* tomenteuses. *Taille* moyenne. HYDROBIUS.
        - plus ou moins échancré. *Palpes maxillaires*
          - peu allongés, à dernier article subégal au 3e. *Base du prothorax* faiblement rebordée. *Taille* médiocre. . . . ENOCRUS.
          - allongés, grêles, bien plus longs que les antennes, à *dernier article*
            - moins long que le 3e. *Base du prothorax* faiblement rebordée. *Crête mésosternale* comprimée, plus ou moins saillante. *Taille* médiocre ou assez petite. . . . . PHILYDRUS.
            - aussi long que le 3e. *Base du prothorax* non rebordée. *Crête mésosternale* en pointe conique. *Taille* assez petite. CYMBIODYTA.
          - assez courts, assez épais, à peine aussi longs que les antennes, à *dernier article* plus long que le 3e. *Taille* petite. *Prosternum*
            - finement caréné. *Prothorax* non rebordé à la base. *Crête mésosternale* en triangle comprimé. *Cuisses postérieures* presque glabres. *Dessus du corps* bronzé. . . . . PARACYMUS.
            - nullement caréné. *Prothorax* faiblement rebordé à la base. *Crête mésosternale* nulle ou réduite à une pointe postérieure. *Cuisses postérieures* tomenteuses. *Dessus du corps* non bronzé. . . . . . . BRACHYPALPUS.
      - sans strie suturale. *Mésosternum* sans carène. *Palpes maxillaires* très allongés. *Taille* médiocre. . . HELOCHARES.
- de 8 articles. *Élytres* sans strie suturale. *Trochanters postérieurs* allongés, à sommet détaché du fémur. *Corps* subovalaire ou subhémisphérique. *Taille* petite. . . . . LACCOBIUS.

Genre *Hydrophilus*, Hydrophile ; Geoffroy.

Geoffroy, Hist. des Ins. I, 180. — Mulsant, Palp. 107. — J. Duval, Gen. Hydroph. 86, pl. 29, fig. 151.

Étymologie : ὕδωρ, eau ; φίλος, ami.

Caractères. *Corps* ovale-oblong, convexe, très grand, atténué en avant et surtout en arrière.

Tête grande, trapéziforme, sensiblement engagée dans le prothorax. *Epistome* tronqué en avant, mais avancé en forme de dent à ses angles (1). *Labre* très court, transverse, subtronqué à son bord antérieur. *Mandibules* peu saillantes, arquées, tridentées intérieurement (2). *Palpes maxillaires* allongés, grêles, plus longs que les antennes, de 4 articles : le 1er très court : le 2e très long, en massue arquée : le 3e un peu moins long, sublinéaire : le dernier bien plus court, subfusiforme, subtronqué au bout. *Palpes labiaux* courts, de 3 articles : le 1er rudimentaire : le 2e assez épais, en massue suballongée et subcomprimée : le dernier plus étroit et plus court, subfusiforme, subtronqué au bout. *Menton* grand, trapéziforme, arrondi en avant.

Yeux gros, assez saillants, un peu voilés en arrière par le bord antérieur du prothorax.

Antennes de 9 articles : le 1er grand, assez large, arqué, comprimé : le 2e oblong, plus étroit, plus court, subcylindrique : les 3e à 5e très courts, fortement contigus : les 6e à 9e formant ensemble une massue perfoliée, irrégulière : le 6e glabre, en cornet servant de base à la massue : les trois derniers duveteux : les 7e et 8e prolongés en dedans en forme de croissant : le dernier comprimé, subsécuriforme ou en ovale irrégulier.

Prothorax transverse, largement et bisinueusement échancré au sommet et à la base, rétréci d'arrière en avant, très finement rebordé sur les côtés.

Écusson grand, en triangle subéquilatéral, parfois subrétréci en pointe.

Élytres ovales-oblongues, rétrécies en arrière, rebordées sur les côtés.

Prosternum court, refoulé par le mésosternum, relevé dans son milieu

(1) L'épistome est séparé du front par une très fine suture peu distincte, en angle obtus, à ouverture en avant, et cela dans la plupart des genres suivants.

(2) Ces dents sont allongées et elles-mêmes bidentées.

en une petite languette oblique, creusée en gouttière et à pointe dirigée en avant. *Anté-épisternums* grands, triangulaires. *Mésosternum* et *métasternum* intimement unis, subégalement et simultanément relevés dans leur milieu en carène obtuse, subélargie au mésosternum chez les ♂, postérieurement prolongée en une épine dépassant fortement les trochanters des cuisses postérieures. *Médiépisternums* grands, transverses. *Métasternum* très grand, obliquement coupé en arrière. *Postépisternums* oblongs ou suballongés, un peu plus étroits postérieurement. *Postépimères* petites, étroites, lanciformes.

Ventre de 5 arceaux, subégaux dans leur milieu.

Hanches légèrement distantes. Les *antérieures* subglobuleuses ; les *intermédiaires* plus grandes, oblongues, obliques, déprimées; les *postérieures* en forme de grande lame, transverse, oblique, déprimée, allongée, subarquée en arrière.

Pieds robustes, les *antérieurs* plus courts. *Trochanters* petits, en onglet. *Cuisses* subcomprimées. *Tibias* plus courts, graduellement atténués à leur base, armés à leur sommet interne de deux fortes épines, acérées, inégales, plus courtes dans les antérieurs.

Tarses à 1er article très court, en forme de coin ou d'onglet ; les *antérieurs* courts, avec les 2e à 4e articles très courts ; les *intermédiaires* et *postérieurs* un peu plus longs que les tibias, comprimés, longuement et densément ciliés à leur arête supérieure, très brièvement pectinés à leur arête inférieure (1), rémiformes ou propres à la natation, à 2e article allongé, plus long que les deux suivants réunis : le 3e oblong, le 4e suboblong : le dernier un peu plus long que le 3e. *Ongles* petits, grêles, arqués, armés à leur base en dessous d'un crochet, souvent nul ou obsolète : les *antérieurs* des ♂ grands, inégaux.

Obs. Les insectes de ce genre sont de très grande taille. Ils vivent dans les eaux stagnantes où ils se nourrissent principalement de substances végétales et souvent aussi de jeunes mollusques aquatiques. Quoique bien plus organisés pour la natation que les genres suivants, ils font jouer leurs pattes l'une après l'autre, au lieu de les faire mouvoir simultanément comme les Hydrocanthares, dont ils sont loin, du moins à leur état parfait, d'avoir les mœurs aussi carnassières.

La larve et les métamorphoses de l'*Hydrophilus* sont très connues Elles ont été indiquées ou décrites avec plus ou moins de détails par :

(1) Suivant que le tarse est tourné, c'est parfois l'inverse qui paraît avoir lieu.

MOUFFET (*Ins. Theat.* 1600, p. 320).
FRISCH (*Beschreib.* 1720, 2e part. p. 26, pl. VI.
DE GEER (*Mém.* 1752, t. IV, *Mém.* VIII, p. 369).
LYONNET (*Mém. post.* p. 133, pl. XIII, fig. 1-2).
LESSER (*Ins. Theol.* t. II, fig. 12-16).
MIGER (*Ann. Museum*, 1809, t. XIV, p. 445, pl. 28).
AUDOUIN et BRULLÉ (*Hist. nat. Col.* 1835, t. II, p. 253, pl. XI, fig 1-6).
STURM (*Deuts. Ins.* t. IX, p. 106).
WESTWOOD (*Intr.* 1839, t. I, p. 125, fig. 8, 11-12).
DUTROCHET (*Mém. s. Anim. et Végét.*).
ERICHSON (*Wiegm. Archiv.* 1841, I, p. 108).
MULSANT (*Palpic.* 1844, p. 106-108).
CANDÈZE (*Mém. Liège*, 1853, pl. I, fig. 7).
RUPERTSBERGER (*Biologie*, p. 112).
LETZNER (*Jahr. Ges*, 1853, p. 211, pl. 2, fig. 31-35, *Hydr. aterrimus*).

Le genre *Hydrophilus* se borne à quatre espèces françaises, savoir :

a. *Ventre* relevé en carène sur toute sa longueur. *Corps* ovale-oblong.
 b. *Angle sutural des élytres* armé d'une petite épine. *Lobe interne du 8e article des antennes* un peu moins grêle et à peine moins coudé-prolongé que celui du 7e.
  c. *Plaque de l'onychium antérieur* ♂ subangulairement arrondie au sommet, avec les *deux ongles* élargis vers leur extrémité. *Forme* ovale-oblongue. . . . . 1. PICEUS.
  cc. *Plaque de l'onychium antérieur* ♂ largement tronquée-subéchancrée au sommet, avec l'*ongle externe* seul subélargi vers son extrémité. *Forme* plus allongée. . . . . 2. ANGUSTIOR.
 bb. *Angle sutural des élytres* subarrondi, sans épine. *Lobe interne du 8e article des antennes* sensiblement moins grêle et moins coudé-prolongé que celui du 7e. *Plaque de l'onychium antérieur* ♂ triangulaire-oblongue, avec l'*ongle externe* seul dilaté. 3. PISTACEUS.
aa. *Ventre* relevé simplement en faîte sur le 5e arceau seulement. *Lobes internes des 7e et 8e articles des antennes* subégalement grêles et prolongés. *Epine suturale* émoussée, souvent rudimentaire. *Plaque de l'onychium antérieur* ♂ en triangle subéquilatéral, avec les *deux ongles* acérés. *Corps* moins oblong. . . . . 4. ATERRIMUS.

1. **Hydrophilus piceus**, LINNÉ.

Ovale-oblong, assez convexe, lisse, glabre, luisant et d'un brun noir olivâtre en dessus, d'un noir brillant en dessous avec la poitrine et le 1er arceau ventral mats et soyeux, la base des antennes et les palpes roux.

Élytres striées postérieurement, armées d'une petite épine à leur angle sutural. Ventre caréné sur toute sa longueur. Pieds d'un noir luisant, avec les hanches et la base des cuisses antérieures mates et duveteuses.

♂ Le 5e *article des tarses antérieurs* fortement dilaté en dedans en forme de plaque triangulaire, garnie en dessous de petites cupules, avec les *ongles* inégaux, dilatés au bout (1), inermes inférieurement. *Carène mésosternale* subélargie en navette, creusée d'une fossette allongée assez profonde.

♀ Le 5e *article des tarses antérieurs* simple, à *ongles* non dilatés, égaux, armés d'un crochet en dessous. *Carène mésosternale* subdéprimée, non élargie, à peine sillonnée.

Dytiscus piceus, LINNÉ, Faun. Suec. 214, 764.
Le grand Hydrophile, GEOFFROY, Hist. des Ins. I. 182, pl. III, fig. 1, *a*, *b* (♀).
Hydrophilus ruficornis, DE GEER, Mém. t. IV, 371, pl. 14, fig. 1, 2 (♀).
Hydrophilus piceus, FABRICIUS, Syst. Ent. 228, 1. — OLIVIER, Ent. n° 39, 9, I, pl. 1, fig. 2, *a*, *b*, *c*, *d*. — LATREILLE, Hist. nat. t. 10, 61. — GYLLENHAL, Ins. Suec. I, 113, 1. — AUDOUIN et BRULLÉ, Hist. nat. Ins. II, 274, pl. 11, fig. 1 (♀). — ERICHSON, Col. March. I, 206, 1. — LAPORTE DE CASTELNAU, Hist. Ins. Col. II, 49, 1, pl. 3, fig. 7 (♂). — HEER, Faun. Helv. I, 483, 1. — MULSANT, Palp. 108, 1. — FAIRMAIRE et LABOULBÈNE, Faun. Fr. I, 225, 1. — J. DUVAL, Gen. Hydroph. pl. 29, fig. 141 (♂). — THOMSON, Skand. Col. II, 90, 1. — BEDEL. Faun. Col. Seine, I, 305 et 325.

Long. 0,040 à 0,045 ; — larg. 0,018 à 0,023.

Corps ovale-oblong ou subelliptique, assez convexe, lisse, glabre, luisant et d'un brun noir olivâtre en dessus.

Tête moins large que le prothorax, subconvexe. *Epistome* grand, offrant en avant 2 lignes de points enfoncés, obliquement disposées et recourbées en crosse en dehors au-devant des yeux. *Front* creusé, vers le bord interne de ceux-ci, d'une impression oblique, densément ponctuée ; marqué, sur son disque, de 2 très petites fossettes ponctiformes, écartées et transversalement disposées, et, sur le vertex, d'une très fine ligne longitudinale. *Labre* subtronqué ou à peine sinué à son bord antérieur. *Palpes* d'un roux fauve. *Menton* lisse. *Yeux* d'un noir luisant.

(1) Pour voir cela, il faut les regarder en face et par devant.

Antennes rousses et glabres, avec la massue souvent plus ou moins obscure et ses 3 derniers articles mats et duveteux : les 7e et 8e longuement ciliés vers le sommet de leur lobe interne, qui est un peu moins grêle et à peine moins prolongé dans le 8e.

Prothorax transverse, deux fois au moins aussi large que long, presque aussi large en arrière que la base des élytres, subarquément rétréci en avant et subarrondi aux angles ; convexe ; marqué de chaque côté de 2 groupes de points enfoncés ; creusé vers son tiers antérieur de 2 petites impressions obliques, densément pointillées et un peu plus écartées entre elles que des côtés ; offrant, en outre, quelques petits points enfoncés le long de certains endroits des bords antérieur et postérieur.

Écusson en triangle à côtés subcurvilignes, parfois atténué au sommet en pointe mousse.

Élytres de 4 à 5 fois aussi longues que le prothorax, ovales-oblongues, rétrécies en arrière après leur milieu et subarrondies tout à fait à leur sommet où elles offrent une petite épine à leur angle sutural ; assez convexes ; plus ou moins sillonnées et relevées en gouttière vers le milieu de leur côté externe ; marquées, dès le milieu de leur longueur, de 10 fines stries d'abord obsolètes et graduellement plus accusées en arrière où elles se réunissent par paire : les 2 suturales et les 2 externes parallèles, les autres divergentes en avant. Les 2e, 4e et 6e *intervalles* et moins distinctement le 8e, parés d'une rangée irrégulière de petits points, celle du 6e antérieurement raccourcie, les autres avancées jusqu'à la base.

Dessous du corps d'un noir brillant, avec la poitrine, le 1er arceau ventral et la marge latérale des autres très finement chagrinés, mats et revêtus d'un léger duvet soyeux et doré. *Ventre* longitudinalement relevé en carène sur tous ses arceaux.

Pieds robustes, d'un noir luisant avec toutes les hanches et la base des cuisses antérieures très finement chagrinées, mates et duveteuses. *Cuisses* subcomprimées. *Tibias antérieurs* bistriés-frangés sur leur arête externe ; les *intermédiaires* et *postérieurs* densément et râpeusement ponctués en dehors, ceux-là, de plus, distinctement ciliés-frangés en dessus. *Tarses antérieurs* courts ; les *intermédiaires* et *postérieurs* très allongés, garnis à leur côté externe d'une frange de longs cils fauves et serrés (1).

(1) Suivant que le tarse est tourné, cette arête externe ou supérieure paraît souvent être l'arête inférieure.

Patrie. Cette espèce habite toutes les parties de la France, dans les mares, fossés et autres eaux stagnantes. Elle n'est pas rare aux environs de Lyon et en Provence.

Obs. Elle varie beaucoup pour la taille, pour la convexité et l'ampleur des élytres. Les antennes sont tantôt rousses à massue brune, tantôt entièrement rousses, sauf toutefois le 6e article servant de base à la massue, lequel reste souvent d'une teinte plus obscure.

La larve de l'*Hydrophilus piceus* est connue depuis longtemps. Lyonnet, un des premiers, en a fait connaître les mœurs et les habitudes (*Recherches sur l'anat. et les métam. des Insectes*, p. 133, pl. 12, fig. 47-50 et pl. 13). Elle est carnassière et elle se nourrit surtout des Mollusques qui infestent les plantes aquatiques. On doit aussi d'intéressants détails sur la vie évolutive de cet insecte à Roesel (*Ins. Belustig.* t. II), Lancret (*Nouv. Bull. Soc. philom.* t. II, n° 32, p. 74), Miger (*Ann. Mus. Hist. nat.* t. XIV, p. 441, pl. 28), Audouin et Brullé (*Hist. nat. des Ins.* II, 254), et surtout Chapuis et Candèze (*Cat. des larv. de Col.* 46, pl. 1-7). Mulsant a donné de cette même larve une description détaillée, accompagnée de quelques observations (*Palp.* p. 108).

2. **Hydrophilus angustior**, Rey.

Ovale-allongé, subconvexe, lisse, glabre, luisant, d'un brun noir olivâtre en dessous avec la poitrine et le 1er arceau ventral mat et soyeux, la tige des antennes et les palpes d'un roux de poix.

♂ Le 5e *article des tarses antérieurs* fortement dilaté en dedans en forme de plaque triangulaire, garnie en dessous d'une série arquée de petites cupules, densément ciliée en arrière et largement tronquée-subéchancrée au sommet, avec les *ongles* inégaux, inermes inférieurement, l'externe plus grand, subélargi vers son extrémité. *Carène mésosternale* naviculaire, creusée d'une fossette elliptique très profonde.

♀ Le 5e *article des tarses antérieurs* simple, à *ongles* subégaux, non élargis vers le sommet, armés d'un crochet en dessous. *Carène mésosternale* étroite, fusiforme, subdéprimée, à peine impressionnée sur son milieu.

Long. 0,035 à 0,038; — larg. 0,016 à 0,018.

Patrie. Fréjus, Hyères, en avril, surtout dans les eaux saumâtres.

Obs. Je ne donne cette espèce que sous toute réserve. Toutefois, je ferai remarquer qu'elle a autant de droits que le *pistaceus* de représenter une espèce distincte de *piceus*. En effet, elle est moindre, plus allongée et plus étroite que celui-ci. La plaque de l'onychium antérieur ♂ est toujours largement tronquée-subéchancrée au sommet, avec l'angle externe seul subélargi vers son extrémité, et la carène mésosternale ♂ creusée d'une fossette plus profonde. J'en ai vu trois échantillons identiques.

3. Hydrophilus pistaceus, Laporte.

Ovale-oblong, convexe, lisse, glabre, luisant et d'un noir olivâtre en dessus, d'un noir brillant en dessous avec la poitrine et le 1er arceau ventral mats et soyeux, la base des antennes et les palpes roux. Élytres striées postérieurement, subarrondies et sans épine à leur angle sutural. Ventre caréné sur toute sa longueur. Pieds d'un noir luisant, avec les hanches et la base des cuisses antérieures mates et duveteuses.

♂ Le 5e *article des tarses antérieurs* fortement dilaté en dedans en forme de plaque triangulaire oblongue, avec les *ongles* inégaux, inermes en dessous, l'externe seul dilaté. *Carène mésosternale* légèrement élargie en navette allongée et concave.

♀ Le 5e *article des tarses antérieurs* simple, à *ongles* non dilatés, égaux, armés d'un crochet en dessous. *Carène mésosternale* à peine élargie, simplement sillonnée.

Hydrophilus pistaceus, Dahl, Cat. Dejean, 1837, p. 147. — Laporte de Castelnau, Hist. nat. Col. II, 1840, 50, 3. — Fairmaire et Laboulbène, Faun. Fr. I, 225, 2.

Hydrophilus inermis, Lucas, Expl. Alg. 244, pl. 23, fig. 3. — Leprieur, Ann. Fr. 1854, 69, pl. 3, fig. III, 3 — J. Duval, Ann. Fr. 1857, 88. — Bedel, Faun. Col. Seine, I, 304, note.

Long. 0,038 à 0,042 ; — larg. 0,019 à 0,021.

Patrie. Cette espèce est rare. Elle a été prise dans la France méridionale, aux environs de Montpellier et d'Agen. Je l'ai capturée moi-même, en juin, près d'Hyères, dans les eaux douces.

Obs. On a émis des doutes sur la validité de cette espèce qui ressemble beaucoup à l'*H. piceus*. Quant à moi, je la crois distincte à cause d'un concours de caractères constants. La forme générale est un peu plus ramassée. Les élytres, un peu plus convexes en arrière sur la région suturale, sont moins rétrécies vers leur extrémité, avec leur angle sutural subarrondi et toujours sans épine. Le lobe interne du 8ᵉ article des antennes est sensiblement moins grêle et moins prolongé que celui du 7ᵉ. La plaque triangulaire du 5ᵉ article des tarses antérieurs ♂ est moins large et moins obtuse, avec l'angle externe seul dilaté, au lieu qu'ils le sont tous deux chez l'*H. piceus* ♂. De plus, la saillie mésosternale des ♀ est un peu moins étroite et plus fortement sillonnée que dans le sexe correspondant de l'espèce précédente, avec le sillon toujours plus prolongé en arrière, etc. (1),

4. **Hydrophilus aterrimus**, Eschscholtz,

Ovale-suboblong, convexe, lisse, glabre, luisant et d'un noir à peine olivâtre en dessus, d'un noir brillant en dessous avec la poitrine et le 1ᵉʳ arceau ventral mats et soyeux, les antennes et les palpes roux. Elytres striées postérieurement, armées à leur angle sutural d'une épine émoussée. Ventre subcaréné sur le 5ᵉ arceau seulement. Pieds d'un noir luisant, avec les hanches et la base des cuisses antérieures mates et duveteuses.

♂ Le 5ᵉ *article des tarses antérieurs* fortement dilaté en dedans en forme de plaque triangulaire, subéquilatérale, à sommet interne émoussé, avec les *ongles* inermes en dessous, tous deux acérés, inégaux, l'externe plus long et brusquement coudé. *Carène mésosternale* lanciforme, peu élargie, distinctement sillonnée.

♀ Le 5ᵉ *article des tarses antérieurs* simple, à *ongles* non dilatés, égaux, armés d'un crochet en dessous. *Carène mésosternale* à peine élargie, distinctement sillonnée.

Hydrophilus aterrimus, Eschscholtz, Entomogr. I, 128.— Erichson, Col. March. I, 206, 2. — Heer, Faun. Helv. I, 483, 2. — Mulsant, Palp. 110. — Fairmaire

(1) D'ailleurs, dans la séance de la Société entomologique de France du 14 septembre 1853. (p. 69-73), M. Leprieur a parfaitement levé tous les doutes sur la validité de l'*H. pistaceus* Lap. (*inermis* Luc.) En effet, indépendamment de l'épine suturale, il existe un caractère dominateur dans la différence de forme des plaques de l'onychium antérieur des mâles.

et LABOULBÈNE, Faun. Fr. I, 226, 3. — THOMSON, Skand. Col. II, 90, 2. — BEDEL, Faun. Col. Seine, I, 304, note.
Hydrophilus morio, STURM, Ins. IX, 109, pl. 215. — DEJEAN, Cat. 3e éd., 147.

Long. 0,038; — larg. 0,020.

PATRIE. Cette espèce, propre au nord de l'Europe, à l'Allemagne et à la Suisse, a été trouvée aux environs de Strasbourg par feu Linder. Saucerotte l'avait déjà indiquée de la même localité.

OBS. Elle est encore d'une forme plus ramassée et plus convexe que *pistaceus*. La massue des antennes est d'un roux assez clair, avec les 8e et 9e articles plus dégagés et plus visiblement pédicellés, et les lobes internes des 7e et 8e subégalement grêles et prolongés. Le prothorax est un peu plus étroit que les élytres qui sont un peu plus élargies vers les épaules, avec leur angle sutural armé d'une épine émoussée ou rudimentaire, et leurs stries apparentes dès avant le milieu, ce qui a lieu rarement chez *pistaceus* et jamais chez *piceus*. Enfin, le ventre est subcaréné ou simplement relevé en faîte sur le dernier article seulement, et souvent la carène est raccourcie en avant; la pointe métasternale, un peu moins prolongée, est moins droite, subarquée et un peu dirigée en bas, etc.

La plaque de l'onychium antérieur ♂ est subéquilatérale, avec les ongles tous deux acérés.

La larve de l'*Hydrophilus aterrimus* a été décrite et figurée par Letzner, qui en a donné l'histoire (*Jahrb. Schles. Gesell.*, 1853, 211, pl. 2, fig. 31-35), et plus récemment par Schioedte (*Natur. Tidss.*, 1862, p. 216. pl. III, fig. 20-21).

Genre *Hydrous*, HYDROÉ; Linné (inédit).

AUDOUIN et BRULLÉ. Hist. des Ins II, 275. — MULSANT, Palp. 111. — J. DUVAL, Gen. Hydroph. 87, pl. 29, fig. 142. — *Hydrochares*. LATREILLE, Fam. nat. 266 (1).

ÉTYMOLOGIE : ὕδωρ, eau.

CARACTÈRES. *Corps* assez régulièrement ovale-oblong, assez grand, convexe, obtusément arrondi en arrière.

(1) Gemminger et de Harold adoptent le nom d'*Hydrochares* donné par Latreille, antérieur, il est vrai, à l'application exacte qu'Audouin et Brullé avaient faite de celui d'*Hydrous*; mais, avant la publication des Familles naturelles, Leach (Zool. Miscell, t. 3, 94, 1817) avait imposé le nom linnéen aux grands Hydrophiles. Il n'y a nul inconvénient à le rétablir en en changeant la destination.

Tête grande, trapéziforme, sensiblement engagée dans le prothorax. *Epistome* tronqué en avant. *Labre* très court, sinué dans le milieu de son bord antérieur. *Mandibules* peu saillantes, arquées, paraissant bidentées au sommet. *Palpes maxillaires* allongés, grêles, plus longs que les antennes, de 4 articles : le 1er très court : le 2e très long, en massue à peine arquée : le 3e un peu moins long, sublinéaire : le dernier bien plus court, subfusiforme, mousse au bout. *Palpes labiaux* très courts, de 3 articles : le 1er rudimentaire : le 2e assez épais, en massue oblongue : le dernier un peu plus étroit, plus court, subelliptique, mousse au bout. *Menton* grand, transverse, à peine arrondi en avant.

Yeux gros, assez saillants, un peu voilés en arrière par le bord antérieur du prothorax.

Antennes de 9 articles : le 1er grand, oblong, assez large, subarqué, comprimé : le 2e suballongé, plus étroit, un peu plus court, subcylindrique : les 3e à 5e petits, très courts, contigus : les 6e à 9e formant ensemble une massue perfoliée, irrégulière : le 6e glabre, en cornet servant de base à la massue : les 3 derniers duveteux : les 7e et 8e légèrement prolongés en dedans en forme de croissant : le dernier comprimé, irrégulier, subpentagonal.

Prothorax transverse, largement échancré au sommet et à la base, rétréci d'arrière en avant, finement rebordé sur les côtés.

Écusson assez grand, triangulaire.

Élytres ovales-oblongues, obtuses et arrondies en arrière, finement rebordées sur les côtés.

Prosternum court, relevé dans son milieu en une carène comprimée (1). *Anté-épisternums* grands, irréguliers. *Mésosternum* et *métasternum* intimement unis, subégalement et simultanément relevés dans leur milieu en carène étroite, subdentée en avant (2), postérieurement prolongée en pointe ne dépassant pas les trochanters des cuisses postérieures. *Médi-épisternums* grands, transverses. *Métasternum* très grand, subobliquement coupé en arrière. *Postépisternums* suballongés, à peine plus étroits postérieurement. *Postépimères* cachées.

Ventre de 5 arceaux : le 1er plus court dans son milieu, les suivants subégaux, le 5e parfois un peu moins court.

Hanches légèrement distantes, les *antérieures* plus rapprochées, sub-

(1) L'épine terminale de la carène prosternale, manquant dans une des espèces, ne saurait être un caractère générique.

(2) La dent est très petite et dirigée en arrière.

globuleuses ; les *intermédiaires* un peu plus grandes, oblongues, sub-obliques, déprimées ; les *postérieures* en forme de grande lame transverse, suboblique, déprimée, allongée, subarquée en arrière.

Pieds plus ou moins robustes, les *antérieurs* plus courts. *Trochanters* petits, en onglet. *Cuisses* subcomprimées. *Tibias* à peu près aussi longs, subatténués à leur base, armés à leur sommet interne de deux assez fortes épines inégales, plus courtes dans les antérieurs. *Tarses* à 1er article très court, en forme de coin ou d'onglet, seulement visible en dessous ; les *antérieurs* courts, avec les 2e à 4e articles courts et graduellement plus courts ; les *intermédiaires* et *postérieurs* aussi longs ou à peine plus longs que les tibias, subcomprimés, longuement ciliés en dessus, brièvement pectinés en dessous, plus ou moins rémiformes ou propres à la natation, à 2e article allongé, au moins égal aux deux suivants réunis : le 3e oblong, le 4e suboblong : le dernier un peu plus long que le 3e. *Ongles* petits, grêles, plus ou moins arqués, armés en dessous d'une petite dent.

Obs. Les *Hydrous* sont de taille assez grande. Ils ont les mêmes mœurs que les *Hydrophilus*, dont ils diffèrent, outre la taille, par leur forme non atténuée en arrière, par leur lame prosternale non creusée en gouttière, relevée en carène comprimée, par la carène mésosternale subdentée en avant, par la pointe métasternale bien plus courte et ne dépassant pas les trochanters des hanches postérieures, et par les postépimères cachées. De plus, les lobes internes des 8e et 9e articles des antennes ne sont pas ciliés. Enfin, le labre est plus distinctement cilié en avant et l'épistome non avancé en forme de dent à ses angles antérieurs ; le 2e article des palpes maxillaires est moins arqué, et les tarses intermédiaires et postérieurs relativement un peu moins longs. Dans les deux sexes, la carène mésosternale se montre également étroite et le dernier article des tarses antérieurs est simple, etc. (1).

Deux espèces françaises seulement rentrent dans le genre *Hydrous*.

a. *Carène prosternale* subhorizontale, armée postérieurement d'une forte épine, obliquement dirigée en bas. *Palpes* et *pieds* d'un brun noir. *Tibias* et *tarses intermédiaires* et *postérieurs* assez robustes. . . . . 1. CARABOIDES.

(1) Le *Tropisternus apicipalpis* de Chevrolat (Col, Mex. Cent. I, 3e fasc. n. 54. 1834 ; — Laporte de Castelnau, Hist. Col. II, 53, 3) a été indiqué à tort par Mulsant (Op. Ent. VII, 169, 1856), d'après M. Robert du Luc, comme ayant été rencontré dans les montagnes des Maures (Var). C'est une espèce essentiellement américaine, ainsi que tous ses congénères. Le genre, par son prosternum creusé en gouttière, semble faire le passage des *Hydrophilus* aux *Hydrous* et *Hydrobius*.

aa. *Carène prosternale* déclive d'avant en arrière, sans épine postérieurement. *Palpes* et *pieds* roux, avec la base des cuisses et les tibias intermédiaires et postérieurs rembrunis. *Tibias* et *tarses intermédiaires* et *postérieurs* assez grêles. . . . . 2, FLAVIPES.

1. **Hydrous caraboides**, LINNÉ.

Ovale-oblong, convexe, lisse, glabre, brillant et d'un noir olivâtre en dessus, d'un noir mat et duveteux en dessous, avec les antennes rousses à massue brune. Élytres à peine striées, avec des séries de points enfoncés sur les intervalles alternes, les extérieures plus confuses. Carène prosternale armée d'une épine en arrière. Tibias et tarses intermédiaires et postérieurs assez robustes.

♂ *Ongles* de tous les tarses brusquement coudés en forme de grappin.
♀ *Ongles* de tous les tarses plus grêles, simplement arqués.

Dytiscus caraboides, LINNÉ, Faun. Suec. 214, 765.
Dytiscus scarabaeoides, SCHRANK, Enum. Ins. 198, 371.
L'Hydrophile noir picoté, GEOFFROY, Hist. des Ins. I, 183, 2.
Hydrophilus nigricornis, DE GEER, Mém. IV, 376, 2.
Hydrophilus caraboides, FABRICIUS, Syst. ent. 228, 2. — OLIVIER, Ent. III, n. 39, 11, 2, pl. II, fig. 8. — LATREILLE, Hist. nat. 10, 62, pl. 81, fig. 7. — GYLLENHAL, Ins. Suec. I, 114, 2. — STURM, Deut. Faun. IX, 113, pl. 216. — ERICHSON, Col. March. I, 207, 3. — HEER, Faun. Helv. I, 483, 3.
Hydrous caraboides, AUDOUIN et BRULLÉ, Hist. des Ins. II, 276, pl. II, fig. 2. — LAPORTE DE CASTELNAU, Hist. nat. Col II, 52, 1. — MULSANT, Palp. 112, 1. — FAIRMAIRE et LABOULBÈNE, Faun. Fr. I, 226, 1. — J. DUVAL, Gen. Hydroph. pl. 29, fig. 142. — THOMSON, Skand. Col. II, 91, 1.
Hydrocharis caraboides, BEDEL, Faun. Col. Seine, I, 305 et 326.

Variété *a*. *Taille* moindre. *Forme* plus étroite. *Cuisses* et *tibias antérieurs* roussâtres, ainsi que les *palpes*.

Hydrous caraboides, var. B, *intermedius*, MULSANT, Palp. 113. — Var. *flavipes*, THOMSON, Skand. Col. IX, 120 (1).

Long. 0,015 à 0,018 ; — larg. 0,007 à 0,008.

(1) C'est à tort que Thomson, à propos de sa variété du *caraboides*, cite *flavipes*. Ce dernier identique à celui de la France méridionale, n'a pas d'épine postérieure à la carène prosternale, caractère organique qui n'eût pas échappé à l'observateur suédois.

Corps ovale-oblong, convexe, lisse, glabre, brillant et d'un noir olivâtre en dessus.

Tête grande, moins large que le prothorax, subconvexe. *Épistome* grand, offrant en avant deux impressions arquées et fortement ponctuées, situées au devant des yeux et à ouverture en arrière. *Front* creusé le long du bord interne de chaque œil d'un sillon ponctué. *Labre* sensiblement sinué et cilié dans le milieu de son bord antérieur. *Palpes* bruns avec les articulations et le sommet roussâtre. *Menton* assez fortement ponctué. *Yeux* d'un noir brillant, parfois marbré.

Antennes rousses et glabres, avec la massue obscure et ses trois derniers articles mats et duveteux : les 7e et 8e médiocrement prolongés en croissant à leur côté interne.

Prothorax transverse, environ deux fois aussi large que long, presque aussi large en arrière que la base des élytres, arcuément rétréci en avant et subarrondi aux angles ; convexe ; marqué de chaque côté d'une striole de points enfoncés, située derrière les yeux et subparallèle au bord antérieur, et en avant, de 2 autres strioles semblables, obliques, plus écartées entre elles que des côtés et placées vers le premier tiers environ ; offrant en outre, après le milieu des côtés, un groupe de points enfoncés, épars, ceux de devant se serrant suivant une ligne oblique, avec quelques points rares et peu distincts le long des bords antérieur et postérieur, et d'autres plus nombreux dans la première moitié des rebords latéraux.

Écusson triangulaire, à côtés à peine curvilignes.

Élytres 3 fois et demie aussi longues que le prothorax, ovales-oblongues, obtuses et arrondies en arrière ; convexes ; marquées de très fines stries obsolètes, peu apparentes, avec 5 séries de gros points enfoncés, sur les intervalles alternes : les deux premières plus régulières, avancées jusqu'à la base, à points serrés : les autres plus confuses, à points plus fins et plus espacés : la 3e raccourcie en avant.

Dessous du corps très finement chagriné, d'un noir mat et finement duveteux, avec la région médiane du 5e arceau ventral lisse et brillante, excepté à sa base. *Repli du prothorax* très lisse, *celui des élytres* lisse en dehors, chagriné en dedans.

Pieds assez robustes, d'un noir brillant, avec la base des cuisses antérieures parée d'une plaque chagrinée, mate et tomenteuse. *Cuisses* plus ou moins comprimées, ponctuées à leur face inférieure, les intermédiaires plus densément. *Tibias* éparsement ponctués et épineux ; les épines plus serrées et disposées en série longitudinale, sur leur arête externe ;

les *antérieurs* très brièvement ciliés de fauve, en dessous. *Tarses antérieurs* courts ; les *intermédiaires* et *postérieurs* allongés, garnis supérieurement de longs cils fauves et serrés.

PATRIE. Cette espèce se trouve dans presque toute la France. Elle n'est pas rare en Provence.

OBS. La variété *intermedius*, des environs de Lyon, est moindre, plus étroite, un peu moins largement arrondie en arrière et d'une teinte un peu plus verdâtre. Les pieds sont moins noirs, avec les cuisses et tibias antérieurs roux ou roussâtres. Les palpes sont de cette dernière couleur, et les antennes sont testacées à massue rembrunie. Quant à la coloration, elle fait donc passage à l'espèce suivante

L'*H. scrobiculatus* de Panzer *(Faun. Germ.* 67, 11) n'est qu'une anomalie du *caraboides*, à élytres couvertes d'inégalités.

La larve de l'*Hydrous caraboides* a été décrite et figurée pour la première fois par Roesel *(Insect. Belustig.* t. 2, pl. IV, fig. 5 à 7 ; 8 nymphe), et, après lui, par Lyonnet *(Recherches*, 1re part. 129, pl. XII, fig. 47, 48 nymphe et 50 tête grossie); Harris (Aurelian, pl. 26, fig. *e-i)*; Miger *(Ann. Mus. Hist. nat.* t. 14); Sturm *(Deut. Faun.* IX, 113, pl. 216); Westwood *(Introd.*, 1839, I, p. 126, fig. 8), et Mulsant *(Palp.* III), qui tous ont donné, plus ou moins, des détails intéressants sur les évolutions de cet insecte. Sturm, entre autres (pl. 216, fig. *b*, *c*, *d*), a parfaitement figuré la larve et la nymphe. Plus tard, Schioedte est venu ajouter des données nouvelles et des dessins nouveaux à tout ce qui avait déjà paru sur les premiers états de l'*Hydrous caraboides (Nat. Tidss.* 1862, III, 1, p. 215, pl. IV, fig. 1-4 ; — V, fig. 1, et VI, fig. 2).

2. **Hydrous flavipes**, STEVEN.

Ovale-oblong, convexe, lisse, glabre, brillant et d'un noir un peu verdâtre en dessus, d'un noir presque mat et duveteux en dessous, avec les pieds roux et les tarses intermédiaires et postérieurs plus obscurs, les palpes et les antennes d'un roux testacé, celles-ci à massue brune. Élytres presque indistinctement striées, avec des séries de points enfoncés sur les intervalles alternes, les extérieures plus confuses. Carène prosternale sans épine en arrière. Tibias intermédiaires et tibias postérieurs assez grêles.

♂ *Ongles* de tous les tarses brusquement coudés en forme de grappin.
♀ *Ongles* de tous les tarses plus grêles, simplement arqués.

Hydrophilus flavipes, STEVEN *in* SCHOENHERR, Syn. Ins. II, 3.
Hydrous flavipes, MULSANT, Palp. 114. — FAIRMAIRE et LABOULBÈNE, Faun. F. I, 226, 2. — BEDEL, Faun. Col. Seine, I, 305, note.

Long. 0,013 à 0,015 ; — larg. 0,006 à 0,007.

PATRIE. Cette espèce se rencontre dans les fossés, en Languedoc et en Provence (1). — (A R).

OBS. Quoique bien voisine de la précédente, elle en est pourtant essentiellement distincte. La taille est toujours moindre, la forme un peu plus étroite et la couleur généralement moins noire et tirant souvent sur le verdâtre. Les cuisses, surtout les intermédiaires, sont moins densément ponctuées. Les tibias et les tarses intermédiaires et postérieurs sont plus grêles. Les palpes, d'une couleur plus claire, sont d'un roux testacé, avec le bout du dernier article des maxillaires souvent un peu rembruni. Les pieds sont roux avec les hanches et les trochanters noirs, et l'extrême base des cuisses et les genoux un peu enfumés. Comme dans l'*H. caraboides*, les hanches et trochanters antérieurs sont mats et tomenteux, ainsi qu'une plaque basilaire des cuisses attenantes. Enfin, ce qui est concluant par dessus tout, la structure de la carène prosternale n'est plus la même ; au lieu d'être horizontale et épineuse, elle est déclive et sans épine, caractère organique d'une grande valeur ; de plus, sa tranche est moins émoussée.

Genre *Limnoxenus*, LIMNOXÈNE ; Motschoulsky.

MOTSCHOULSKY, Étud. entom., 1859, p. 128.

ÉTYMOLOGIE : λίμνη, marais ; ξένος, hôte.

CARACTÈRES. *Corps* ovale-oblong, moyen, très convexe, arrondi en arrière.

Tête grande, trapéziforme, sensiblement engagée dans le prothorax. *Épistome* tronqué en avant. *Labre* très court, à peine sinué dans le milieu de son bord antérieur. *Mandibules* très peu saillantes, arquées. *Palpes maxillaires* suballongés, peu grêles, à peine plus longs que les antennes, de 4 articles : le 1er très petit : le 2e assez allongé, droit, un peu en

(1) C'est par erreur que Mulsant me cite comme l'ayant pris aux environs de Lyon. L'Insecte auquel il fait allusion, est l'*H. caraboides* var. *intermedius*.

massue : le 3ᵉ bien plus court, obconique : le dernier bien plus long que le 3ᵉ, subfusiforme, subarqué, mousse au bout. *Palpes labiaux* courts, de 3 articles : le 1ᵉʳ rudimentaire : le 2ᵉ en massue oblongue : le dernier un peu plus court, droit au côté interne, subarqué au côté externe (1). *Menton* grand, trapéziforme, arrondi en avant.

Yeux assez gros, peu saillants, voilés en arrière par le bord antérieur du prothorax.

Antennes de 9 articles : le 1ᵉʳ assez long, assez épais, subarqué : le 2ᵉ aussi épais à sa base que le 1ᵉʳ, mais plus court, conique : les 3 suivants plus étroits, graduellement un peu plus épais : le 3ᵉ oblong : les 4ᵉ et 5ᵉ courts, fortement contigus : les 6ᵉ à 9ᵉ formant ensemble une massue oblongue : le 6ᵉ très court, glabre, servant de base à la massue : les 3 derniers duveteux : les 7ᵉ et 8ᵉ courts, transverses : le dernier subcomprimé, subcirculaire ou en ogive courte et obtuse.

Prothorax transverse, largement et bisinueusement échancré au sommet et à la base (2), rétréci d'arrière en avant, finement rebordé sur les côtés.

Ecusson assez grand, triangulaire.

Elytres ovales-oblongues, arrondies en arrière, finement rebordées sur les côtés, ponctuées-striées, creusées postérieurement d'une strie suturale.

Prosternum court, relevé dans son milieu en une carène saillante, subcomprimée, subhorizontale et ciliée sur sa tranche. *Anté-épisternums* grands, irréguliers. *Mésosternum* fortement relevé dans son milieu en une carène comprimée, horizontale et ciliée sur sa tranche, libre et non liée en arrière à celle du métasternum. *Médiépisternums* assez grands, un peu obliques. *Métasternum* grand, subtransversalement coupé à son bord postérieur, avancé entre les hanches intermédiaires en une carène subarquée, au moins aussi élevée que celle du mésosternum ; prolongé en arrière en une pointe courte, ne dépassant pas même le lobe interne des hanches postérieures. *Postépisternums* allongés, un peu rétrécis en languette obtuse tout à fait vers leur sommet. *Postépimères* cachées ou à peine distinctes.

Ventre de 5 arceaux : le 1ᵉʳ plus court dans son milieu : les 2ᵉ à 4ᵉ graduellement un peu plus courts, le 5ᵉ un peu moins court.

(1) Ce côté externe, ainsi que dans le genre *Hydrous*, présente une longue soie près du sommet. Ce léger signe se reproduit dans d'autres genres, je n'y reviendrai pas.

(2) Plus faiblement à la base.

Hanches légèrement distantes. Les *antérieures* subcontiguës, subglobuleuses ; les *intermédiaires* un peu plus grandes, ovales, subobliques, non saillantes ; les *postérieures* en forme de lame allongée, transverse, déprimée, subarquée extérieurement à son bord apical.

Pieds assez robustes, les *antérieurs* un peu plus courts. *Trochanters* petits, en onglet. *Cuisses* subcomprimées, les *antérieures* seules tomenteuses à leur base. *Tibias* presque aussi longs que les cuisses, les *postérieurs* un peu plus longs, tous sublinéaires et plus ou moins épineux, armés à leur sommet interne de deux fortes épines inégales. *Tarses* à 1er article très court, en forme de coin ou d'onglet, seulement visible en dessous ; les *antérieurs* courts, avec les 2e à 4e articles graduellement plus courts ; les *intermédiaires* et *postérieurs* allongés, au moins aussi longs que les tibias, subcomprimés, longuement et densément ciliés en dessus, très brièvement ciliés-frangés en dessous, légèrement rémiformes, à 2e article allongé, au moins égal aux deux suivants réunis : le 3e fortement oblong, le 4e oblong : le dernier plus long que le 3e. *Ongles* petits, grêles, plus ou moins arqués, subangulés ou à peine dentés en dessous.

Obs. L'insecte sur lequel est basée cette coupe générique, a été jusqu'à présent réuni au genre *Hydrobius*. Mais, par la structure des diverses pièces de la poitrine, il a beaucoup plus de rapports avec les *Hydrous*, et l'on peut dire qu'il forme la transition entre ces deux genres. En effet, les *Limnoxenus* diffèrent des *Hydrous* par leur taille moindre et leur forme un peu plus convexe. Les palpes maxillaires sont plus courts et un peu plus épais, avec leur dernier article plus long que le 3e. La carène prosternale est horizontale et ciliée sur sa tranche, sans épine. Il en est de même de celle du mésosternum, qui est libre et non liée à celle du métasternum. Celui-ci n'est relevé en carène qu'à sa partie antérieure, entre les hanches intermédiaires, et sa pointe postérieure, réduite à un angle aigu, ne dépasse pas même le lobe interne des hanches. De plus, les 8e et 9e articles des antennes ne sont nullement prolongés en croissant à leur côté interne. Le labre est moins sinué au sommet. Les tibias sont plus linéaires, et les angles sont moins visiblement dentés en dessous, etc. (1).

(1) Jacquelin Duval (Gen. Hydroph. 1855, 85) avait, du reste, signalé cette forme intermédiaire, remarquable par la structure des carènes mésosternale et métasternale et des tarses intermédiaires et postérieurs, qui la lie aux *Hydrous* ; mais il n'avait pas cru devoir en faire la base d'une coupe générique.

Ce genre est réduit à une seule espèce française, qui a les mêmes mœurs et habitudes que les *Hydrous*.

1. Limnoxenus oblongus, HERBST.

Ovale-oblong ou suballongé, très convexe, finement et densément ponctué, presque glabre, d'un noir verdâtre luisant en dessus, moins brillant en dessous, avec les tarses, les palpes et les antennes roux, la massue de celles-ci brune. Élytres ponctuées-striées, creusées d'une strie suturale dans leur dernière moitié. Cuisses antérieures tomenteuses en devant, au moins dans leur tiers basilaire.

♂ *Ongles des tarses antérieurs* et *intermédiaires* légèrement recourbés en grappin.

♀ *Ongles de tous les tarses* simplement arqués.

Hydrophilus oblongus, HERBST, Nat. VII, 300, 6, pl. 113, fig. 10.
Hydrophilus picipes, DUMÉRIL, Dict. XXII, 257. — STURM, Deut. Faun. X, 4, 1.
Hydrobius oblongus, AUDOUIN et BRULLÉ, Hist. des Ins. II, 281. — ERICHSON, Col. March. 207, 1. — HEER, Faun. Helv. I, 484, 1. — MULSANT, Palp. 120, 2. — FAIRMAIRE et LABOULBÈNE, Faun. Fr. I, 228, 2. — BEDEL, Faun. Col, Seine, I, 308 et 326, 1.
Hydrobius picipes, LAPORTE DE CASTELNAU, Hist. nat. Col. II, 55, 2.

Long. 0,008 à 0,009 ; — larg. 0,004 à 0,0045.

Corps ovale-oblong ou même suballongé, très convexe, finement et densément ponctué, presque glabre, d'un noir verdâtre luisant, en dessus.

Tête grande, moins large que le prothorax, subconvexe. *Épistome* grand, offrant en avant, de chaque côté, une ligne oblique de gros points enfoncés. *Front* creusé vers le bord interne de chaque œil d'une striole oblique de gros points enfoncés. *Labre* à peine sinué en avant. *Palpes* d'un roux parfois assez foncé. *Menton* ponctué. *Yeux* noirs, brillants, souvent marbrés.

Antennes d'un roux testacé, glabres, avec les 3 derniers articles de la massue obscurs, mats et duveteux : les 7e et 8e transverses ; le dernier plus grand.

Prothorax trapéziforme, environ une fois et deux tiers aussi large que long, aussi large en arrière que la base des élytres, arcuément rétréci en avant, avec les angles antérieurs subarrondis et les postérieurs presque droits mais subémoussés; convexe; offrant de chaque côté du disque, outre la ponctuation générale, une série subcirculaire de points enfoncés plus gros, largement interrompue intérieurement en se rapprochant du dos et étroitement vers les bords latéraux.

Écusson triangulaire, à côtés à peine curvilignes, à ponctuation presque analogue à celle du dessus du corps.

Elytres environ deux fois et demie aussi longues que le prothorax, ovales-oblongues, souvent subcomprimées sur les côtés, assez étroitement arrondies en arrière; très convexes; marquées, outre la ponctuation foncière, de dix rangées striales de points enfoncés plus gros: la suturale creusée dans sa dernière moitié en une strie graduellement plus profonde postérieurement: les 3e, 5e, 7e et 9e géminées ou accompagnées en dedans de points un peu plus forts: les 6e et 7e souvent effacées en avant: la 10e ou submarginale divergeant du rebord pour aller se confondre avec la 9e vers le tiers antérieur environ (1).

Dessous du corps finement et rugueusement chagriné-ponctué, d'un noir peu brillant, revêtu d'un très léger duvet grisâtre, avec le repli des élytres et surtout du prothorax plus lisse.

Pieds assez robustes, d'un noir brillant, avec les hanches antérieures chagrinées et tomenteuses, et les tarses d'un roux ferrugineux. *Cuisses* subcomprimées, éparsement ponctuées; les *antérieures* chagrinées, mates et tomenteuses dans leur tiers basilaire au moins; les *intermédiaires* plus ponctuées et légèrement pubescentes à leur base. *Tibias* éparsement ponctués, plus ou moins épineux; les *antérieurs* bisérialement en dessus, unisérialement mais plus finement en dessous. *Tarses antérieurs* assez courts; les *intermédiaires* et *postérieurs* allongés, brièvement ciliés en dessous, garnis en dessus de longs cils fauves et serrés.

Patrie. Cette espèce se rencontre dans les eaux stagnantes, dans presque toute la France. Elle est plus répandue dans les contrées méridionales.

Obs. Pour la structure des diverses pièces de la poitrine, elle a plus d'analogie avec les espèces du genre *Hydrous* qu'avec celles du genre *Hydrobius*, dont elle a seulement la taille et l'aspect général.

L'*Hydrophilus picipes* de Fabricius est un *Catops*.

(1) Tous ces gros points paraissent parés d'une soie couchée, très courte et à peine distincte. Mulsant compte une 11e rangée, pour moi insignifiante, composée de points écartés et sa s ordre, réduite à la région humérale.

Genre *Hydrobius*, HYDROBIE; Leach.

LEACH, Zool. Miscell. 1817, 92. — MULSANT, Palp. 118. — J. DUVAL, Gen. Hydroph. 87, pl. 29, fig. 143.

ÉTYMOLOGIE : ὕδωρ, eau; βιόω, je vis.

CARACTÈRES. *Corps* ovale ou ovale-oblong, moyen, convexe, arrondi en arrière.

Tête grande, trapéziforme, sensiblement engagée dans le prothorax. *Epistome* tronqué en avant. *Labre* très court, subtronqué ou à peine sinué à son bord antérieur. *Mandibules* très peu saillantes, arquées. *Palpes maxillaires* suballongés, peu grêles, un peu plus longs que les antennes, de 4 articles : le 1er très petit : le 2e allongé, droit, un peu en massue : le 3e assez allongé, obconique : le dernier bien plus long que le 3e, en fuseau subarqué, mousse au bout. *Palpes labiaux* courts, de 3 articles : le 1er rudimentaire : le 2e en massue oblongue : le dernier à peine plus court, un peu plus étroit, subelliptique. *Menton* grand, transverse, arrondi en avant.

Yeux assez grands, peu saillants, voilés en arrière par le bord antérieur du prothorax.

Antennes de 9 articles : le 1er assez long, assez épais, subarqué : le 2e un peu moins épais à sa base que le 1er, bien plus court, suboblong, conique : les 3 suivants plus étroits, graduellement plus épais et plus courts, fortement contigus : le 3e oblong ou suboblong : les 4e et 5e très courts : les 6e à 9e formant ensemble une massue oblongue : le 6e très court, glabre, servant de base à la massue : les 3 derniers duveteux : les 7e et 8e courts, transverses, perfoliés : le dernier subcomprimé, en ogive courte et obtuse.

Prothorax transverse, largement et bisinueusement échancré au sommet et à la base (1), rétréci d'arrière en avant, finement rebordé sur les côtés.

Ecusson assez grand, triangulaire.

Elytres ovales ou ovales-oblongues, arrondies en arrière, finement

(1) Plus faiblement à la base, qui paraît parfois simplement bisinueusement tronquée.

rebordées sur les côtés, creusées postérieurement d'une strie suturale, ponctuées-striées ou striées-ponctuées.

Prosternum très court, sans carène saillante, parfois à peine relevé en faîte vers sa pointe médiane. *Anté-épisternums* assez grands, irréguliers. *Mésosternum* relevé dans son milieu en une crête comprimée, tantôt pointue ou angulaire, tantôt tronquée ou subarrondie, un peu renversée en arrière d'où elle émet de sa base un mince filet enfoui entre les hanches intermédiaires. *Médiépisternums* assez grands, obliques. *Métasternum* grand, subobliquement coupé à son bord postérieur, nullement caréné à sa base, simplement prolongé en angle entre les hanches postérieures. *Postépisternums* allongés, subparallèles, arrondis à leur sommet. *Post-épimères* cachées ou à peine distinctes.

Ventre de 5 arceaux : le 1er plus court dans son milieu : les 2e à 4e graduellement à peine plus courts, le dernier un peu plus long.

Hanches antérieures subcontiguës, subglobuleuses, les autres très légèrement distantes ; les *intermédiaires* un peu plus grandes, oblongues, obliques, non saillantes ; les *postérieures* en lame allongée, transverse, déprimée, suboblique et subparallèle.

Pieds médiocres, les *antérieurs* un peu plus courts. *Trochanters* petits, en onglet ; les postérieurs plus allongés. *Cuisses* subcomprimées, glabres seulement dans leur dernière moitié ou leur dernier tiers. *Tibias* environ de la longueur des cuisses, les *postérieurs* un peu plus longs ; tous sub-linéaires et plus ou moins épineux, armés à leur sommet interne de deux épines inégales, assez fortes (1). *Tarses* à 1er article très court, en onglet, seulement visible en dessous ; les *antérieurs* assez courts, avec les 2e à 4e articles graduellement plus courts ; les *intermédiaires* et *postérieurs* allongés, un peu moins longs que les tibias, faiblement comprimés, longuement et peu densément ciliés en dessus, brièvement ciliés-frangés en dessous, non ou peu rémiformes, à 2e article assez allongé, au moins égal aux 2 suivants réunis : le 3e fortement oblong, le 4e un peu plus court : le dernier plus long que le 3e. *Ongles* petits, grêles, plus ou moins arqués, obtusément dentés en dessous à leur base.

Obs. Les *Hydrobius* ne sont pas aussi nageurs que les genres précédents, quoique vivant comme eux dans les marécages et eaux stagnantes.

(1) Ils sont, de plus, brièvement pectinés-frangés au sommet supéro-interne de leur troncature, et cela dans presque tous les genres, mais d'une manière peu distincte dans les petites espèces.

Ils diffèrent des *Limnoxenus* par des caractères notables qui sont loin de faire soupçonner l'analogie de leur forme générale. En effet, le prosternum n'est pas relevé en carène sensible ; la lame mésosternale n'a pas une tranche horizontale aussi développée et elle n'offre qu'une crête pointue ou subarrondie, ou parfois subtronquée, et le métasternum n'est point caréné en avant. Les palpes maxillaires sont relativement un peu moins courts, et les tarses intermédiaires et postérieurs moins comprimés, moins ciliés en dessus et moins rémiformes. En outre, toutes les cuisses sont tomenteuses, excepté leur dernier tiers, caractère plutôt spécifique qui va se reproduire plus ou moins dans les genres suivants.

Deux espèces françaises sont réunies dans ce genre. En voici les différences :

a. *Élytres* ponctuées-striées. *Écusson* un peu moins densément pointillé que les élytres. *Crête mésosternale* arrondie. *Corps* ovale-oblong, très densément pointillé. *Tarses* roux. *Taille* moyenne. . . . 1. CONVEXUS.

aa. *Élytres* striées-ponctuées (1). *Écusson* pointillé de même que les élytres. *Crête mésosternale* pointue. *Corps* ovale, densément pointillé. *Sommet des cuisses*, *tibias* et *tarses* roussâtres. *Taille* moindre. 2. FUSCIPES.

1. **Hydrobius convexus**, ILLIGER (inédit).

Ovale-oblong, convexe, très finement et très densément pointillé, d'un noir olivâtre luisant en dessus, peu brillant en dessous, avec les tarses, les palpes et les antennes roux, la massue de celles-ci rembrunie. Ecusson un peu moins densément pointillé que les élytres. Celles-ci ponctuées-striées, creusées d'une strie suturale dans leur dernière moitié. Crête mésosternale arrondie sur sa tranche. Toutes les cuisses tomenteuses, au moins dans leur moitié basilaire.

♂ *Ongles des tarses antérieurs* et *intermédiaires* assez brusquement arqués.

♀ *Ongles de tous les tarses* plus grêles, régulièrement arqués.

(1) Il est à propos de rappeler ici la différence établie entre les expressions : *ponctuées-striées* et *striées-ponctuées*. La première veut dire : *points en série*, et la deuxième, à *stries ponctuées*.

Hydrobius convexus, DEJEAN, Cat. 3e éd. 148. — AUDOUIN et BRULLÉ, Hist. de Ins. II, 282. — MULSANT, Palp. 118, 1. — FAIRMAIRE et LABOULBÈNE, Faun. Fr. I, 228, 3. — BEDEL, Faun. Col. Seine, I, 307, note.

Long. 0,009 à 0,011 ; — larg. 0,005 à 0,006.

Corps ovale-oblong, convexe, très finement et très densément pointillé, d'un noir olivâtre luisant, en dessus.

Tête grande, moins large que le prothorax, subconvexe. *Épistome* offrant en avant une rangée transversale d'assez gros points enfoncés, géminée, interrompue dans son milieu. *Front* creusé de chaque côté, vers le bord interne des yeux, d'une fossette subarquée et assez fortement ponctuée. *Labre* à peine sinué en avant. *Palpes* roux. *Menton* ponctué. *Yeux* brunâtres, brillants, souvent marbrés.

Antennes d'un roux testacé, glabres, à massue rembrunie ; les 3 derniers articles de celle-ci mats et duveteux ; les 7e et 8e transverses ; le dernier plus grand.

Prothorax trapéziforme, presque deux fois aussi large que long, aussi large en arrière que la base des élytres, arcuément rétréci en avant, avec les angles antérieurs arrondis et les postérieurs un peu moins ; convexe ; offrant de chaque côté du disque, outre la ponctuation générale, une série subcirculaire de points enfoncés plus gros et irrégulièrement géminés, largement interrompue intérieurement et étroitement vers les bords latéraux.

Écusson triangulaire, à côtés faiblement curvilignes, à ponctuation un peu moins fine et un peu moins serrée que celle des élytres.

Élytres environ 3 fois aussi longues que le prothorax, ovales-oblongues, parfois subcomprimées sur les côtés, plus ou moins arrondies en arrière ; convexes ; marquées, outre la ponctuation foncière, de dix rangées striales de points enfoncés plus gros, moins apparents en avant : la suturale creusée dans sa dernière moitié en une strie graduellement plus profonde postérieurement : les 3e, 5e, 7e et 9e accompagnées en dedans de points irréguliers bien plus forts : la 10e divergeant dès le sommet du rebord latéral pour aller se réunir à la 9e vers le tiers antérieur, avec une série de points semblables le long des côtés, épars et sans ordre en arrière, plus serrés et comme disposés en deux rangées vers la base : tous ces gros points donnant en partie naissance à de petits poils pâles, couchés et peu distincts.

Dessous du corps finement et subrugueusement chagriné-ponctué, d'un noir peu brillant et duveteux, le duvet plus long sur le métasternum. *Repli du prothorax* un peu roussâtre. *Crête mésosternale* arrondie, subcrénelée et ciliée sur sa tranche. *Ventre* obscurément maculé de roux sur les côtés des arceaux.

Pieds médiocres, noirs, avec les tarses roux (1). *Cuisses* densément pointillées, mates et tomenteuses au moins dans leur première moitié, très éparsement ponctuées, luisantes et glabres vers leur extrémité (2). *Tibias* éparsement ponctués, plus ou moins épineux. *Tarses antérieurs* assez courts; les *intermédiaires* et *postérieurs* allongés, brièvement ciliés en dessous, garnis en dessus de longs cils fauves et peu serrés.

PATRIE. On trouve cette espèce dans les eaux douces et saumâtres, en Provence et en Languedoc. Elle est peu commune.

Obs. Elle a l'aspect luisant du *Limnoxenus oblongus*, mais, à part les caractères génériques, elle est plus grande, un peu moins convexe et moins comprimée sur les côtés, etc.

Le catalogue allemand de 1883 lui rapporte le *Paulinieri* de Guérin.

2. **Hydrobius fuscipes**, LINNÉ.

Ovale, convexe, finement et densément pointillé, d'un noir de poix bronzé et brillant en dessus, plus mat en dessous, avec l'extrémité des cuisses, les tibias et les tarses roussâtres, les palpes et les antennes d'un roux testacé, le bout de ceux-là et la massue de celles-ci rembrunis. Écusson pointillé comme les élytres. Celles-ci striées-ponctuées, plus profondément en arrière. Crête mésosternale pointue. Toutes les cuisses tomenteuses dans leurs deux tiers basilaires.

♂ *Ongles des tarses antérieurs* assez fortement arqués.

♀ *Ongles des tarses antérieurs* plus légèrement arqués.

Scarabaeus aquaticus, LINNÉ, Faun. Suec. 139, 404.
Dytiscus fuscipes, LINNÉ, Faun. Suec. 214, 766; — Syst. nat. II, 264, 4.
Hydrophile noir strié, GEOFFROY, Hist. Ins. I, 184, 4.
Hydrophilus fuscipes, DE GEER, Mém. IV, 377, 3. — OLIVIER, Ent. III, n. 39.

(1) Les éperons des tibias sont d'un roux de poix plus ou moins foncé, ce qui a lieu souvent quand les tarses sont roux ou testacés.

(2) Comme presque toujours, les hanches antérieures et le lobe interne des autres sont tomenteux.

12, 6, pl. II, fig. 9, *a*, *b*. — LATREILLE, Hist. Nat. X, 63, 6. — GYLLENHAL, Ins. Suec. I, 114, 3.

Hydrophilus scarabaeoides, FABRICIUS, Syst. Ent. 228, 4.

Hydrobius fuscipes, CURTIS, Brit. ent. 243, 1. — AUDOUIN et BRULLÉ, Hist. des Ins. II, 281, pl. 12, fig. 3. — STURM, Deut. Faun. X, 5, 2, pl. 216. — ERICHSON, Col. March., I, 208, 2. — MULSANT, Palp. 122, 3. — HEER, Faun. Helv. I, 484, 2. — FAIRMAIRE et LABOULBÈNE, Faun. Fr. I, 227, 1. — J. DUVAL, Gen. Hydroph. pl. 29, fig. 143. — THOMSON, Skand. Col. II, 92, 1. — BEDEL, Faun. Col. Seine. I, 308 et 326, 2.

Hydrobius scarabaeoides, LAPORTE DE CASTELNAU, Hist. nat. Col. II, 55, 1.

Variété *a*. *Corps* brièvement ovale. *Stries des élytres* effacées en avant.

Hydrobius subrotundus, STEPHENS, II, 128, 4.

Variété *b*. *Corps* oblong. *Stries des élytres* effacées en avant (*aestivus*, Rey).

Variété *c*. *Corps* ovale, d'un vert bronzé en dessus, testacé en dessous.

Hydrobius aeneus, SOLIER, Ann. Ent. Fr. III, 214 (1834).

Long. 0,006 à 0,007 ; — larg. 0,0035 à 0,0045.

PATRIE. Cette espèce est commune dans toute la France, même dans la région méditerranéenne.

Obs. Comme elle est très connue, je ne la décrirai pas plus amplement. Elle est bien distincte de l'*H. convexus* par sa taille moindre, par sa forme moins oblongue et ses élytres creusées de stries plus ou moins profondes. La ponctuation générale est un peu moins fine et moins serrée, et celle de l'écusson analogue à celle des élytres. La crête mésosternale est pointue et peu ciliée, parfois submucronée. Enfin, les tibias, ainsi que l'extrémité des cuisses, sont toujours d'un roux plus ou moins foncé, avec les tarses plus clairs, etc.

La forme du corps est plus ou moins ovale, assez courte chez la variété *subrotundus*, plus oblongue et un peu subcomprimée sur les côtés chez la variété *aestivus*. De plus, dans cette dernière, les stries des élytres sont plus étroites, moins profondes, plus effacées en avant, avec la ponctuation générale plus légère et la crête mésosternale tronquée, peut-être accidentellement (Hyères).

L'*H. aeneus* n'est qu'une variété immature. L'*H. Rottenbergi* de Gerhardt ne me paraît qu'une variété à forme plus ramassée. Du reste, l'*H. fuscipes* varie non seulement quant aux stries, mais encore pour la structure de la crête mésosternale et la couleur des pieds. Ceux-ci sont généralement d'un noir bronzé avec les genoux et les tibias plus ou moins roussâtres et les tarses un peu plus pâles.

L'*H. picicrus* Thomson (Soc. Ent. Fr. Bullet., 28 novembre 1883, p. 203 ; Pet. not. Ent.) différerait du *fuscipes* par sa taille moindre et sa forme plus ramassée et plus convexe, par les angles postérieurs du prothorax encore plus obtus et par ses genoux et tibias d'une couleur plus obscure (1).

Miger (Ann. Mus., 1809, 14) et E. Cussac (Ann. Ent. Fr. 1855, p. 246) ont fait connaître la larve et les métamorphoses de l'*Hydrobius fuscipes*. Schioedte plus tard (Nat. Tidss. 1862, III, 1, p. 217, pl. IV, fig. 5 et V, fig. 2-4), y a ajouté de plus amples détails.

Genre *Enochrus*, Enocre ; Thomson.

Thomson, Skand. Col. II, 93.

Etymologie : ἔνωχρος, pâle.

Caractères. *Corps* ovale, très convexe, arrondi en arrière. *Tête* grande, sensiblement engagée dans le prothorax. *Epistome* échancré en avant. *Labre* très court, sinué à son bord antérieur. *Mandibules* cachées (1). *Palpes maxillaires* peu allongés, assez épais, à peine plus longs que les antennes, de 4 articles : le 1er très petit : le 2e allongé, à peine arqué, un peu en massue : le 3e bien plus court, subobconique : le dernier subfusiforme, subégal au 3e, mousse au bout. *Palpes labiaux* courts, de 3 articles : le 1er rudimentaire : le 2e oblong : le dernier subégal au précédent, subatténué, mousse au bout. *Menton* grand, subtransverse, subarrondi en avant.

Yeux assez grands, peu saillants, voilés en arrière par le bord antérieur du prothorax.

(1) On fait plusieurs espèces aux dépens de l'*H. fuscipes* d'après la forme plus ou moins ramassée, les stries plus ou moins marquées et les tibias plus ou moins obscurs. D'après ce que j'en ai vu, j'ai été amené à réunir en une seule espèce toutes ces diverses nuances, ainsi que l'a fait le catalogue de Berlin, 1883.

(1) Elles sont enfouies entre le labre et le menton qui sont rapprochés.

Antennes de 9 articles : le 1er suballongé, assez épais : le 2e plus court, à peine moins épais à sa base que le précédent, conique : le 3e plus étroit, court : les 4e et 5e très courts, fortement contigus : le 6e encore plus court, plus large, perfolié, glabre, servant de base à la massue : celle-ci oblongue, formée de 4 articles, compris le 6e : les 3 derniers duveteux : les 7e et 8e transverses : le dernier plus grand, ovale.

Prothorax transverse, échancré au sommet et bisinueusement tronqué à la base, rétréci d'arrière en avant, finement rebordé sur les côtés (1).

Écusson assez grand, triangulaire.

Élytres ovales, arrondies en arrière, finement rebordées sur les côtés, creusées d'une strie suturale profonde et de plusieurs autres obsolètes.

Prosternum court, relevé, sur sa ligne médiane, en carène obsolète ou en faîte seulement. *Antéépisternums* assez grands, subtriangulaires. *Mésosternum* relevé dans son milieu en carène comprimée, à pointe antérieure plus saillante. *Médiépisternums* assez grands, obliques. *Métasternum* grand, subtransversalement coupé à son bord postérieur, brièvement angulé entre les hanches postérieures. *Postépisternums* allongés, subparallèles, subarrondis à leur sommet. *Postépimères* peu distinctes.

Ventre de 5 arceaux subégaux : le dernier un peu moins court.

Hanches très légèrement distantes ; les *antérieures* subglobuleuses : les *intermédiaires* un peu plus grandes, oblongues, obliques, non saillantes ; les *postérieures* en lame allongée, transverse, déprimée, subarquée en arrière.

Pieds peu allongés. *Trochanters* petits, en onglet. *Cuisses* subcomprimées, tomenteuses excepté au sommet. *Tibias* environ de la longueur des cuisses, les *postérieurs* un peu plus longs ; tous, sublinéaires et épineux surtout sur leur arête externe, armés à leur sommet interne de 2 épines assez fortes, inégales. *Tarses* à 1er article très court, en onglet. Les *antérieurs* courts, avec les 2e à 4e articles, courts, subégaux ; les *intermédiaires* et *postérieurs* plus allongés, moins longs que les tibias, à peine comprimés, non rémiformes, légèrement ciliés en dessous, parés en dessus de quelques rares et longs cils ; à 2e article assez allongé, subégal aux 2 suivants réunis : le 3e oblong, le 4e suboblong : le dernier subégal au 2e. *Ongles* petits, grêles, arqués, subdentés en dessous.

Obs. La seule espèce de ce genre, peu nageuse, vit dans les marais

(1) La base paraît très finement et très obsolètement rebordée, vue d'un certain jour.

et autres eaux stagnantes. L'épistome échancré, le dernier article des palpes maxillaires subégal au pénultième, les cuisses presque entièrement tomenteuses, telles sont les principales différences qui séparent les *Enochrus* des *Hydrobius*.

1. **Enochrus bicolor**, PAYKULL.

Ovale, très convexe, finement et densément pointillé, d'un testacé brillant, avec le sommet des palpes rembruni, le dessous du corps et les pieds brunâtres, la tête noire à tache antéoculaire testacée. Élytres obsolètement striées-ponctuées en arrière, creusées d'une strie suturale profonde, effacée en avant. Cuisses tomenteuses excepté à leur sommet.

♂ *Ongles des tarses antérieurs* sensiblement recourbés en grappin, distinctement dentés en dessous.

♀ *Ongles de tous les tarses* simplement arqués, obtusément dentés en dessous.

Hydrophilus bicolor, PAYKULL, Faun. Suec. I, 184, 8. — GYLLENHAL, Ins. Suec. I, 121, 10.
Hydrobius bicolor, STURM, Deut. Faun. X, 7, pl. 217, fig. A, B. — MULSANT, Palp. 124, 1. — FAIRMAIRE et LABOULBÈNE, Faun. Fr. I, 228, 4. — THOMSON, Skand. Col. II, 94, 1.
Hydrophilus atricapillus, STEPHENS, Ill. Brit. II, 131, pl. 14, fig. 6.
Philydrus bicolor, LAPORTE DE CASTELNAU, Hist. nat. Col. II, 53, 5.
Philydrus melanocephalus, J. DUVAL, Gen. Hydroph. pl. 29, fig. 144. — BEDEL, Faun. Col. Seine, I, 310 et 328. 1.

Long. 0,0045 ; — larg. 0,003.

Corps ovale, très convexe, finement et densément pointillé, d'un testacé brillant en dessus, d'un brun noirâtre en dessous, avec la tête noire parée en avant de 2 taches testacées.

Tête grande, moins large que le prothorax, subconvexe, d'un noir brillant, parée au-devant des yeux d'une grande tache triangulaire testacée. *Labre* sinué en avant. *Palpes* testacés, à dernier article rembruni à l'extrémité. *Menton* pointillé, plus lisse et subconvexe en son milieu. *Yeux* brunâtres.

Antennes testacées, glabres, à massue plus foncée : les 3 derniers articles de celle-ci mats et duveteux : les 7e et 8e transverses, le dernier plus grand.

Prothorax transverse, plus de deux fois aussi large que long, aussi large en arrière que la base des élytres, subarcuément rétréci en avant, avec les angles antérieurs sensiblement et les postérieurs légèrement arrondis ; convexe, entièrement testacé.

Écusson en triangle un peu plus long que large, testacé, un peu plus finement pointillé que les élytres.

Élytres de 2 fois et demie à 3 fois aussi longues que le prothorax, ovales, arrondies à leur extrémité ; très convexes ; testacées, avec parfois un petit point brun sur le calus huméral ; marquées, outre la ponctuation foncière, de 10 rangées striales de points enfoncés un peu plus gros, effacées en avant, graduellement plus apparentes en arrière où parfois elles sont brunâtres et un peu creusées en strie : la suturale creusée en strie profonde divergeant et s'affaiblissant en avant.

Dessous du corps finement chagriné-pointillé, d'un noir brun peu brillant et duveteux, plus lisse sur la région postéro-médiane du métasternum. *Repli du prothorax et des élytres* testacé, translucide. *Crête mésosternale* subcrénelée et un peu déclive en arrière, saillante et angulée en avant.

Pieds bruns, avec les tarses et les genoux moins foncés et souvent un peu roussâtres. *Hanches* et *cuisses* duveteuses ; celles-ci pointillées-chagrinées, lisses et glabres à leur sommet. *Tibias* médiocrement épineux. *Tarses antérieurs* courts ; les autres plus allongés, peu ciliés.

Patrie. Cette espèce, peu commune, a un habitat assez étendu. Je l'ai reçue de la France septentrionale, de M. Reiche. Je l'ai capturée moi-même aux environs d'Hyères et de Collioure. M. Guillebeau l'a prise au Plantay (Bresse). Elle se rencontre également dans le bassin de la Seine, etc.

Obs. L'*Hydrophilus bicolor* de Fabricius (1) appartiendrait au genre *Philydrus* et serait, suivant Erichson, une variété du *testaceus* du professeur de Kiel ou plutôt du *grisescens* de Gyllenhal.

(1) A l'exemple de Gyllenhal, Sturm, Mulsant, Fairmaire et Laboulbène, Thomson, etc., j'ai cru devoir appliquer à l'insecte en question le nom que lui a imposé Paykull. La description douteuse de Fabricius doit céder sa priorité.

Genre *Philydrus*, PHILYDRE ; Solier (1).

SOLIER, Ann. Ent. Fr. 1834, t. 3, 315. — MULSANT, Palp. 137. — J. DUVAL, Gen. Hydroph. 88.

ETYMOLOGIE : φίλος, ami: ὕδωρ, eau.

CARACTÈRES. *Corps* ovale ou ovale-oblong, plus ou moins convexe, plus ou moins arrondi en arrière.

Tête grande, sensiblement engagée dans le prothorax. *Épistome* plus ou moins échancré en avant. *Labre* très court, subsinué à son bord antérieur. *Mandibules* cachées. *Palpes maxillaires* allongés, grêles, bien plus longs que les antennes ; de 4 articles : le 1er très petit : le 2e très long, subarqué : le 3e sensiblement moins long : le dernier plus court que le 3e, subfusiforme, mousse ou subtronqué au bout. *Palpes labiaux* courts, de 3 articles : le 1er peu distinct : les 2e et 3e suballongés ou oblongs, subégaux. *Menton* grand, transverse, subarrondi en avant.

Yeux assez grands, peu saillants, voilés en arrière par le bord antérieur du prothorax.

Antennes de 9 articles : le 1er allongé, assez épais, subcomprimé : le 2e plus court, aussi épais à sa base, conique : le 3e plus étroit, assez court : les 4e et 5e courts : les 4 derniers formant ensemble une massue suballongée (2) : le 6e cyathiforme, servant de base à la massue : le 7e subtransverse, le 8e transverse : le dernier plus grand, subcomprimé. subovale.

Prothorax transverse, sensiblement échancré au sommet, plus faiblement dans le milieu de sa base, rétréci d'arrière en avant, finement rebordé sur les côtés, parfois à peine sur sa base.

Écusson assez grand, triangulaire.

Élytres ovales-oblongues, plus ou moins arrondies en arrière, finement rebordées sur les côtés, creusées d'une strie suturale profonde, effacée en avant.

Prosternum court, simplement gibbeux ou relevé en faîte obtus, en

(1) A l'exemple de Solier, Laporte, Thomson et Bedel, j'écris *Philydrus*, le mot ὕδωρ perdant souvent l'esprit rude dans la composition, chez les Grecs.

(2) La massue égale presque la longueur du reste de l'antenne, le 7e article étant moins court que dans les genres précédents. Toutefois, cette disposition commence à se mo trer chez *Enochrus*.

arrière sur son milieu. *Anté-épisternums* médiocres, obliques. *Mésosternum* relevé sur son milieu en carène comprimée (1). *Médiépisternums* médiocres, obliques. *Métasternum* grand, subtransversalement coupé à son bord postérieur, subangulé entre les hanches postérieures. *Postépisternums* allongés, subparallèles, arrondis à leur sommet. *Postépimères* non ou peu distinctes.

Ventre de 5 arceaux subégaux, le 5e un peu moins court.

Hanches antérieures subcontiguës, subglobuleuses ; les autres très légèrement distantes ; les *intermédiaires* un peu plus grandes, oblongues, obliques, non saillantes ; les *postérieures* en lame allongée, transverse, déprimée, subarquée en dehors.

Pieds peu allongés. *Trochanters* petits, en onglet. *Cuisses* subcomprimées, tomenteuses excepté au sommet. *Tibias* environ de la longueur des cuisses, les *postérieurs* un peu plus longs ; tous, sublinéaires et plus ou moins épineux, armés à leur sommet interne de 2 assez fortes épines inégales, plus courtes dans les antérieurs. *Tarses* à 1er article très court, en onglet ; les *antérieurs* médiocres, avec les 2e à 4e articles oblongs ou suboblongs, graduellement plus courts ; les *intermédiaires* et *postérieurs* plus allongés, un peu ou parfois à peine moins longs que les tibias, à peine comprimés, non rémiformes, légèrement ciliés en dessous, parés en dessus de quelques rares et longs cils ; à 2e article allongé, au moins égal aux 2 suivants réunis : le 3e oblong, le 4e suboblong : le dernier subégal au 2e. *Ongles* petits, grêles, plus ou moins arqués, subdentés en dessous.

Obs. Les espèces de ce genre habitent les grands marais et parfois aussi les petits ruisseaux à eau stagnante. Les palpes sont plus allongés et plus grêles que chez *Hydrobius* et *Enochrus*, avec leur dernier article généralement moins long que le 3e. L'épistome est moins fortement échancré et la forme générale est plus oblongue que dans ce dernier genre.

Les espèces du genre *Philydrus* ne sont pas bien nombreuses. En voici le tableau :

(1) Dans Mulsant (p. 137), il faut lire *Mesosternum* au lieu de *Metasternum*.

a. *Prothorax* marqué sur les côtés de 2 séries arquées de points plus gros (1). *Tarses postérieurs* grêles ou assez grêles. *Taille* médiocre.

b. *Élytres* sans séries de pores sétifères écartés, bien distincts. *Palpes* roux, concolores. *Ponctuation générale* assez forte et bien marquée. *Tête* et *disque du prothorax* noirs. . . . . 1. FRONTALIS.

bb. *Élytres* avec des séries de pores sétifères écartés.

c. Le 2e *article des palpes maxillaires* noir, à sommet testacé. *Dessus du corps* testacé. *Crête mésosternale* subhorizontale, subdentée en avant. . . . . 2. TESTACEUS..

cc. Le 2e *article des palpes maxillaires* testacé, concolore.

d. *Dessus du corps* testacé, avec le milieu de l'épistome parfois un peu rembruni. Le *dernier article des palpes maxillaires* testacé. *Élytres* presque aussi finement pointillées que le prothorax. *Forme* oblongue. . . 3. GRISESCENS.

dd. *Dessus du corps* noir brun ou roux de poix, avec la tête au moins jusqu'à l'épistome et le disque du prothorax noirs.

e. *Elytres* aussi finement ponctuées que le prothorax. *Forme* ovale, très convexe. *Corps* d'un noir de poix, à côtés du prothorax et des élytres d'un rouge brun. . . . 4. MORENAE.

ee. *Élytres* un peu moins fortement ponctuées que le prothorax. *Forme* ovale-oblongue, moins convexe.

f. *Crête mésosternale* subarquée en arrière, relevée en avant en pointe aiguë. *Dernier article des palpes maxillaires* testacé. *Elytres* d'un noir ou brun de poix. 5. HALOPHILUS.

ff. *Crête mésosternale* déclive en arrière, subtriangulaire. *Dernier article des palpes maxillaires* généralement rembruni au sommet. *Élytres* brunes ou d'un roux fauve. 6. MELANOCEPHALUS.

aa. *Prothorax* sans séries de points plus gros, vers les côtés. *Elytres* sans séries de pores sétifères. *Tarses postérieurs* très grêles. *Taille* petite. (*Methydrus*, R., de μετα. avec, et ρωδρ. eau).

g. Le *dernier article des palpes maxillaires* largement rembruni à son extrémité. *Elytres* d'un brunco fauve, concolores. . . . . 7. MINUTUS.

gg. Le *dernier article des palpes maxillaires* entièrement roux. *Elytres* rousses, à suture noire en majeure partie. 8. COARCTATUS.

(1) Ces séries arquées, situées l'une derrière le bord antérieur, l'autre après le milieu, s'étendent obliquement sur le disque, se regardent et semblent circonscrire un grand espace en forme de cercle ovale.

1. Philydrus frontalis, ERICHSON.

Ovale, convexe, assez finement et très densément pointillé, d'un châtain brillant en dessus, noir en dessous, avec la tête et le disque du prothorax rembrunis, les palpes, la base des antennes et les pieds roux, les cuisses un peu plus obscures. Prothorax paré sur les côtés de 2 séries de points enfoncés plus gros. Élytres creusées d'une strie suturale effacée en avant, plus fortement ponctuées que le prothorax. Carène mésosternale subarrondie sur sa tranche. Cuisses tomenteuses excepté au sommet. Tarses postérieurs assez grêles.

♂ *Ongles* légèrement coudés en grappin. *Côtés de l'épistome* et *labre* testacés.

♀ *Ongles* simplement arqués. *Epistome* et *labre* entièrement noirs ou brunâtres.

Hydrobius frontalis, ERICHSON, Col. March. I, 210, 6 (1837).
Hydrophilus nigricans, ZETTERSTEDT, Ins. Lapp. 123, 7 (1838).
Philydrus nigricans, THOMSON, Skand. Col. II, 97, 4 (1860).
Philydrus frontalis. BEDEL, Faun. Col. Seine, I, 310 et 329, 6. — DE MARSEUL, l'Abeille, 1883, XX, Palp. 137, 20.

Long. 0,005; — larg. 0,003.

Corps ovale, convexe, d'un châtain brillant, avec la tête et le disque du prothorax noirs.

Tête moins large que le prothorax, assez convexe en avant, finement et très densément pointillée, noire ♀. *Labre* très court, subéchancré au sommet, noir ♀. *Palpes* d'un roux testacé, concolores. *Menton* pointillé, plus lisse à sa base. *Yeux* obscurs.

Antennes testacées, glabres, à massue rembrunie : les 3 derniers articles de celle-ci courts et duveteux : le dernier plus grand, subovale.

Prothorax transverse, plus de 2 fois aussi large que long, presque aussi large en arrière que la base des élytres, subarcuément rétréci en avant, avec les angles antérieurs arrondis et les postérieurs émoussés; convexe; finement et très densément pointillé, avec une série arquée de points plus gros, sur les côtés ; d'un noir de poix brillant, devenant châtain latéralement.

Ecusson en triangle isoscèle, plus finement pointillé que les élytres.

Élytres au moins 3 fois et demie aussi longues que le prothorax, sub-ovales-suboblongues, largement arrondies à leur extrémité; convexes ; d'un châtain brillant; très densément mais plus fortement pointillées que le prothorax; creusées d'une strie suturale profonde effacée dans son tiers antérieur; marquées, en outre, de fines rangées de points plus serrés, assez écartées et rayées de brun, plus distinctes postérieurement.

Dessous du corps finement chagriné-pointillé et duveteux, presque mat sur le ventre, plus brillant et plus lisse sur le métasternum. *Repli du prothorax et des élytres* châtain. *Carène mésosternale* subarquée sur sa tranche, subdentée en avant.

Pieds roux, avec les cuisses plus foncées, rembrunies supérieurement, duveteuses, chagrinées et mates, excepté à leur sommet. *Tarses antérieurs* peu allongés; les autres plus longs, peu ciliés : les *postérieurs* assez grêles.

Patrie. Cette espèce préfère les mares des forêts et des montagnes. Elle est assez commune dans le nord de la France, bien plus rare aux environs de Lyon : la Bretagne, le Bourbonnais, la Bresse, le Bugey, etc.

Obs. Elle est remarquable par sa forme convexe et peu allongée, par ses palpes entièrement roux, par ses élytres uniformément châtaines, un peu moins finement ponctuées que dans les espèces suivantes et surtout sans trace de pores sétifères.

Chez les immatures, les élytres et parfois le prothorax passent au testacé grisâtre. L'extrême sommet des palpes maxillaires se montre souvent un peu rembruni. Les pieds sont quelquefois entièrement testacés.

2. **Philydrus testaceus**, Fabricius.

Ovale-oblong, assez convexe, finement et très densément pointillé, d'un testacé assez brillant en dessus, brun en dessous, avec le front rembruni, les cuisses et le 2ᵉ article des palpes maxillaires noirs à sommet testacé. Prothorax paré sur les côtés de 2 séries de points enfoncés plus gros, noté sur le disque de 4 points noirs. Élytres creusées d'une strie suturale effacée en avant, marquées de 3 séries de pores sétifères. Carène mésosternale subhorizontale, subdentée en avant. Cuisses tomenteuses excepté au sommet. Tarses postérieurs assez grêles.

♂ *Ongles* de tous les tarses brusquement coudés en grappin, fortement dentés en dessous. *Épistome* entièrement testacé.

♀ *Ongles* de tous les tarses simplement arqués, obtusément dentés en dessous. *Épistome* plus ou moins rembruni dans son milieu.

Hydrophilus testaceus, FABRICIUS. Syst. El. I, 252, 15.
Hydrobius testaceus, ERICHSON, Col. March. I, 209, 4. — HEER, Faun. Helv. I, 484, 4.
Hydrophilus melanocephalus, ZETTERSTEDT, Ins. Lapp. 123, 6.
Philydrus melanocephalus, var. A. MULSANT, Palp. 138 (1).
Philydrus testaceus, THOMSON, Skand. Col. II, 95, 1.— BEDEL, Faun. Col. Seine, I, 310 et 328, 2. — DE MARSEUL, l'Abeille. 1883, XX. p. 134, 15.

Long. 0,0060 ; — larg. 0,0035.

Corps ovale-oblong, assez convexe, finement et très densément pointillé, d'un testacé assez brillant en dessus, noir en dessous.

Tête grande, moins large que le prothorax, peu convexe, plus ou moins rembrunie sur le front. *Labre* d'un roux testacé. *Palpes* testacés, le 2e article des maxillaires noir excepté à son sommet. *Menton* ponctué. *Yeux* obscurs, marbrés.

Antennes testacées, glabres, à massue plus foncée : les 3 derniers articles de celle-ci mats et duveteux : le 7e subtransverse, le 8e transverse, le dernier plus grand.

Prothorax transverse, au moins 2 fois aussi large que long, au moins aussi large en arrière que la base des élytres, subarcuément rétréci en avant, avec les angles antérieurs arrondis et les postérieurs émoussés ; convexe ; très densément pointillé, avec une série de points plus gros sur les côtés ; d'un roux testacé ; noté sur le dos de 4 petits points noirs disposés en quadrille, les antérieurs vers le premier tiers, les postérieurs plus écartés entre eux, rapprochés de la base.

Écusson en triangle un peu plus long que large, un peu plus finement pointillé que les élytres.

Elytres environ 3 fois aussi longues que le prothorax, ovales-oblongues, arrondies à leur extrémité ; assez convexes ; d'un roux testacé plus ou moins clair; marquées, outre la ponctuation foncière, de 9 rangées de petits points enfoncés nébuleux, figurant çà et là des lignes longitudinales obscures, avec 2 ou 3 séries irrégulières de points plus gros, plus espacés et parfois peu apparents ; creusées d'une strie suturale profonde, effacée dans son tiers antérieur.

(1) La synonymie de cette espèce et des trois suivantes étant inextricable, j'ai rejeté toute les douteuses et suivi en cela Thomson.

Dessous du corps finement chagriné-pointillé, d'un noir brunâtre un peu brillant et duveteux, avec une place lisse sur le milieu du métasternum. *Repli du prothorax et des élytres* d'un roux testacé. *Carène mésosternale* subhorizontale sur sa tranche qui est angulée-subdentée en avant.

Pieds bruns, avec les genoux et les tibias roux et les tarses plus clairs. *Hanches* et *cuisses* duveteuses ; celles-ci chagrinées et mates, lisses et glabres à leur sommet. *Tarses antérieurs* peu, les autres plus allongés, peu ciliés : les *postérieurs* assez grêles.

Patrie. Cette espèce, peu commune, se prend sur différents points de la France : les environs de Paris et de Lyon, la Normandie, le Bourbonnais, le Beaujolais, le Bugey, etc.

Obs. C'est la plus grande du genre, remarquable par sa couleur plus ou moins testacée et par le 2e article des palpes maxillaires constamment noir à sommet testacé. Souvent les hanches antérieures et tous les trochanters sont roussâtres. L'épistome, chez les ♀ est plus ou moins rembruni sur son milieu.

Schioedte a fait connaître la larve et les métamorphoses du *P. testaceus*, F. (Nat. Tidss. 1862, III, 1, p. 218, pl. IV, fig. 6-9. et V, fig. 5-8)

3. **Philydrus grisescens**, Gyllenhal.

Ovale-oblong, assez convexe, finement et densément pointillé, d'un testacé brillant en dessus, noir en dessous, avec le vertex rembruni, ainsi que la moitié inférieure des cuisses. Prothorax paré sur les côtés de 2 séries de points enfoncés plus gros, noté sur le disque de 4 points noirs. Élytres creusées d'une strie suturale effacée en avant, offrant 3 séries de pores sétifères. Carène mésosternale très déclive en arrière, triangulaire. Cuisses tomenteuses excepté au sommet. Tarses postérieurs assez grêles.

♂ *Ongles* de tous les tarses coudés en grappin, sensiblement dentés en dessous. *Labre* roux. *Epistome* d'un roux testacé.

♀ *Ongles* de tous les tarses simplement arqués, obtusément dentés en dessous. *Labre* brunâtre. *Epistome* souvent rembruni sur son milieu.

Hydrophilus grisescens, Gyllenhal, Ins. Suec. IV, 276, 9-10 (partim).
Hydrobius grisescens, Sturm, Deut. Ins. X, 9, pl. 217, fig. B, *b*. — Dejean, Cat. 3e éd. 1837, 148.

Philydrus grisescens, AUDOUIN et BRULLÉ. Hist. nat. Ins. II, 278.— LAPORTE DE CASTELNAU, Hist. Col. II, 52, 2.
Philydrus melanocephalus, var. γ, MULSANT, Palp. 138.
Philydrus bicolor, BEDEL, Faun. Col. Seine, I, 310 et 329, 3.

Variété *a. Milieu du front et du prothorax* rembrunis ou noirs.

Hydrophilus dermestoides, MARSHAM, Ent. Brit. I, 405, 9.
Philydrus dermestoides, LAPORTE DE CASTELNAU, Hist. Col. II, 53, 4.
Philydrus maritimus, THOMSON, Skand. Col. II, 96, 2.
Philydrus bicolor, DE MARSEUL, l'Abeille, 1883, XX, Palp. p. 135, 16.

Long, 0,0054 ; — larg. 0,0034.

PATRIE. Cette espèce, assez rare, se trouve dans les eaux saumâtres, sur le littoral de la Manche, dans la Bretagne, la Provence, le Languedoc, etc.

OBS. Elle est un peu plus brillante que le *P. testaceus* auquel elle ressemble beaucoup. Elle en diffère par le 2e article des palpes maxillaires testacé, concolore ; par la structure de la lame mésosternale qui est plus déclive d'avant en arrière et comme triangulaire, et par ses cuisses plus largement testacées. La ponctuation, surtout celle des élytres, paraît un peu moins serrée, etc.

Quelquefois le vertex est à peine ou non rembruni, et c'est à cette variété de coloration que se rapporterait l'*Hydrophilus bicolor* de Fabricius (Ent. Syst. I, 184, 12), suivant Erichson, Heer et Mulsant. D'autres fois, le front est plus ou moins rembruni et le prothorax présente sur son milieu une tache noire ou nébuleuse, et c'est là le *Philydrus maritimus* de Thomson. Quant à la description de l'*Hydrophilus grisescens* de Gyllenhal, elle me semble viser les deux colorations à la fois, ce qui m'a fait adopter cette dernière dénomination spécifique, qui est antérieure.

Les échantillons de Corse sont d'un testacé plus gris et plus pâle, avec les élytres parées de linéoles longitudinales noires assez distinctes.

J'ai vu une variété à taille un peu moindre, à ponctuation plus subtile et presque obsolète et à dessus du corps presque entièrement testacé en dessus, moins les yeux et le labre qui sont rembrunis, avec les élytres visiblement rayées de lignes longitudinales obscures, formées de petits points noirs disposés en séries. La massue des antennes est presque testacée (*labiatus*, R.).

La larve du *P. grisescens* a été sommairement indiquée par Audouin et Brullé (Hist. nat. Col. II, p. 268, 1835) sous le nom de *bicolor*, un peu plus amplement par Thomson (Skand. Col. II, p. 95) sous le nom de *maritimus*.

4. **Philydrus Morenae**, Heyden.

Ovale, très convexe, très finement et densément pointillé, d'un noir de poix très luisant en dessus, plus mat en dessous, avec les palpes, la base des antennes et les tarses roux, les côtés du prothorax et des élytres rougeâtres. Prothorax avec 2 séries arquées de points bien plus forts, sur les côtés. Élytres aussi finement pointillées que le prothorax, creusées d'une strie suturale très profonde en arrière mais effacée en avant, offrant 3 séries de pores sétifères plus ou moins géminés postérieurement, avec des points semblables encore plus marqués, sur les côtés. Crête mésosternale arquée sur sa tranche, relevée en une petite dent en avant. Cuisses tomenteuses excepté au sommet. Tarses postérieurs grêles.

Hydrobius Morenae, De Heyden, Spain, 1870, p. 67, 13.
Philydrus Morenae, De Marseul, l'Abeille, 1883, t. XX, Hydroph. p. 133, 14.

Long. 0,006 ; — larg. 0,0035.

Patrie. Cette espèce, indiquée de la Sierra-Morena (Espagne) par de Heyden, m'a été communiquée par M. Lucien Lethierry, de Lille, comme ayant été capturée autrefois dans les Pyrénées-Orientales, aux environs de Saint-Paul de Fenouillet, par le capitaine Coye.

Obs. Elle est bien distincte des précédentes par sa couleur plus noire. Elle est plus grande et d'une forme plus ramassée et surtout plus convexe que le *P. halophilus* décrit ci-après, avec la ponctuation du prothorax et des élytres subégale et bien plus fine ; la couleur est d'un noir de poix encore plus foncé, etc. (1).

5. **Philydrus halophilus**, Bedel.

Ovale-oblong, convexe, finement et densément pointillé, d'un noir de poix luisant en dessus, plus mat en dessous, avec les palpes, la base des

(1) Le *P. politus* de Küster (Kaef. Eur. 18, 9) est un peu moindre et un peu plus étroit que *P. Morenae*, d'un aspect encore plus lisse et plus luisant, plus finement, plus légèrement e un peu moins densément pointillé, surtout sur les élytres. La couleur varie du noir de poix au roux ferrugineux. — Carthagène, Biskra (Coll. Pandellé).

antennes, une tache triangulaire au devant des yeux, le limbe du prothorax et les tarses d'un roux de poix. Prothorax avec 2 séries de points enfoncés plus gros, sur les côtés. Élytres un peu moins finement pointillées que le prothorax creusées d'une strie suturale effacée en avant, offrant 3 séries de pores sétifères. Carène mésosternale un peu déclive en arrière, relevée en dent en avant (1). Cuisses tomenteuses excepté au sommet. Tarses postérieurs grêles.

♂ *Ongles* de tous les tarses assez fortement coudés en grappin, fortement dentés en dessous.

♀ *Ongles* de tous les tarses simplement arqués, légèrement dentés en dessous.

Philydrus halophilus, Bedel, Soc. Ent. Fr. 1878, Bull. CLXIX; — Faun. Col., Seine, I, 310 et 329, 5. — De Marseul, l'Abeille, 1883, XX, p. 137, 19.

Long. 0,0045 à 0,0055; — larg. 0,0030 à 0,0035.

Patrie. Cette espèce est assez commune dans les eaux saumâtres, sur le littoral de la Manche et de la Méditerranée.

Obs. Elle se distingue de prime abord des espèces précédentes par sa couleur plus foncée et plus brillante, et par la ponctuation des élytres un peu moins fine et à peine moins serrée que celle du prothorax. La carène mésosternale est moins déclive en arrière que chez *grisescens* (2) et forme un triangle à base plus large, à dent antérieure plus saillante.

Elle varie assez pour la taille et peu pour la couleur. Celle-ci est d'un roux plus ou moins foncé sur les élytres, avec leurs côtés souvent un peu plus clairs.

La base du prothorax est assez distinctement rebordée, surtout dans son milieu.

Chez le ♂, les côtés de l'épistome sont plus largement tachés de roux.

La couleur varie du brun roussâtre au noir de poix foncé.

Le *P. Cossyrensis* de Ragusa est plus grand, plus convexe, plus noir,

(1) La carène est presque toujours ciliée sur sa tranche dans presque toutes les espèces. J'omettrai d'en parler.

(2) La carène mésosternale varie beaucoup. Elle est plus ou moins déclive et plus ou moins arquée en arrière, plus ou moins relevée-dentée en avant. J'en ai vu un exemplaire à carène arrondie ou tronquée, particularité purement accidentelle.

avec les bordures pâles du prothorax et des élytres plus tranchées. Peut-être n'est-il qu'une variété locale du *P. halophilus ?* — Sicile coll. Perris).

6. Philydrus melanocephalus, Olivier.

Ovale-oblong, convexe, finement et très densément pointillé, d'un roux châtain brillant en dessus, d'un noir peu brillant en dessous, avec la majeure partie de la tête et le milieu du prothorax noirs, les palpes et les antennes testacés, la massue de celles-ci et le sommet de ceux-là rembrunis. Prothorax avec 2 séries de points enfoncés plus gros, sur les côtés. Elytres un peu moins finement pointillées que le prothorax, creusées d'une strie suturale effacée en avant, offrant 3 séries de pores sétifères. Carène mésosternale assez sensiblement déclive en arrière. Cuisses plus ou moins obscures, tomenteuses excepté au sommet. Tarses postérieurs grêles.

♂ *Ongles* de tous les tarses assez fortement coudés en grappin, aigument dentés en dessous. *Epistome* largement roux sur les côtés.

♀ *Ongles* de tous les tarses simplement arqués, légèrement dentés en dessous. *Epistome* faiblement roux sur les côtés.

Hydrophilus melanocephalus. Olivier, Ent. III, n. 39, 14, 10, pl. 2, fig. 12. - Fabricius, Syst. El. I, 253, 23. — Gyllenhal, Ins. Suec. I, 119, 9.
Hydrobius melanocephalus, Sturm, Deut. Faun. t. X, p. 10, 6. — Erichson, Col. March. I, 209, 5. — Heer, Faun. Helv. I, 485, 5.
Philhydrus melanocephalus, Audouin et Brullé. Hist. nat. Ins. II, 277. 4. — Laporte de Castelnau, Hist. nat. des Col. II, 52, 3. — Mulsant, Palp. 137. — Fairmaire et Laboulbène, Faun. Fr., I, 230, 2. — Thomson, Skand. Col. II, 96, 3. — De Marseul, l'Abeille, 1883, XX, p. 133, 13.
Philydrus quadripunctatus, Bedel, Faun. Col. Seine, I. 311 et 329, 4.

Variété *a*. *Epistome* et *élytres* d'un roux testacé. *Cuisses* entièrement testacées. *Palpes* non rembrunis à leur sommet.

Long. 0,004 à 0,005 ; — larg. 0,0025 à 0,0035.

Patrie. Cette espèce est assez répandue dans presque toute la France, soit dans les eaux douces, soit dans les eaux saumâtres.

Obs. Elle est d'une couleur plus foncée que les *P. testaceus* et *grisescens*. Elle se distingue du *P. halophilus* par le dernier article des palpes qui est plus ou moins rembruni à son sommet ; la lame mésosternale est généralement un peu plus déclive en arrière, avec ou sans dent antérieure (1). La base du prothorax est assez distinctement rebordée dans son milieu.

Les 4 espèces précédentes ne sont que le démembrement du *melanocephalus*, et répondent exactement aux principales variétés signalées par Mulsant. La présente espèce donne lieu elle-même à plusieurs races dont on fera, sans doute, plus tard, autant d'espèces distinctes. Tel'es sont, entre autres, une variété plus robuste, à couleur plus foncée et presque noire ; et une deuxième à taille moindre, à prothorax, élytres et pieds roux, ainsi que les hanches antérieures et intermédiaires et le lobe interne des postérieures. Le labre et les palpes sont d'un roux testacé, concolore. Le menton est plus densément et plus fortement ponctué (*P. fulvipennis*, R. — Environs de Lyon (2).

La larve du *P. melanocephalus*, ses habitudes et ses mœurs ont été signalées par E. Cussac (Ann. Fr. 1852, p. 622, pl. XIII, fig. 27).

7. Philydrus (Methydrus) minutus, Fabricius.

Ovale-oblong, convexe, finement et densément pointillé, d'un brun de poix brillant en dessus, plus mat en dessous, avec les côtés du prothorax et les élytres d'un brun fauve, les tibias d'un roux de poix, les tarses, la base des antennes et les palpes d'un roux testacé, le dernier article de ceux-ci rembruni. Prothorax sans séries de points plus forts sur les côtés. Élytres à peine moins finement pointillées que le prothorax, creusées d'une strie suturale effacée en avant, offrant en outre de fines stries à peine visibles. Carène mésosternale comprimée, subhorizontale. Cuisses tomenteuses excepté au sommet. Tarses postérieurs très grêles.

♂ *Ongles* de tous les tarses un peu en grappin, distinctement dentés en dessous.

♀ *Ongles* de tous les tarses médiocrement arqués, à peine dentés en dessous.

(1) Malgré toutes ces nuances, le *P. halophilus* pourrait bien n'être qu'une variété locale du *melanocephalus* qui lui-même a le dernier article des palpes parfois immaculé. Quant à la crête mésosternale, elle est variable, chez le premier, au point d'affecter quelquefois la forme triangulaire qu'elle montre chez le *melanocephalus*.

(2) L'examen de plusieurs individus identiques de cette variété suffirait pour en faire une espèce distincte.

Hydrophilus minutus, Fabricius, Ent. Syst. I, 185, 17.
Hydrophilus affinis, Gyllenhal, Ins. Suec. I, 123, 12.
Hydrobius marginellus, var. b, Heer, Faun. Helv. I, 485.
Philydrus marginellus, Audouin et Brullé, Hist. des Ins. II, 278. — Mulsant, Palp. 141. — Fairmaire et Laboulbène, Faun. Fr. I, 229, 1. — Thomson, Skand. Col. II, 97, 5.
Philydrus affinis, Laporte de Castelnau, Hist. Col. II, 53, 6.
Philydrus minutus, Bedel, Faun. Col. Seine, I, 311 et 330, 7.

Long. 0,003; — larg. 0,002.

Patrie. Cette espèce fréquente les eaux stagnantes, du nord au midi de la France. Elle est commune.

Obs. Elle ne peut être confondue avec aucune des précédentes. Elle est d'une taille une fois moindre que le *melanocephalus* dont elle a à peu près la coloration. Les tarses postérieurs, plus grêles, sont un peu moins longs relativement aux tibias.

La tête est toujours plus noire que le reste du dessus du corps, avec souvent une tache fauve plus ou moins réduite, au devant des yeux. Le prothorax, sans séries de points plus forts sur les côtés, est rarement entièrement roux, et les élytres sont généralement d'un brun châtain, parfois plus pâle. Le dernier article des palpes, surtout des maxillaires, est toujours rembruni, excepté à son extrême base, et, de même que dans les espèces précédentes, il est sensiblement moins long que le pénultième. Les tibias sont d'un roux souvent assez obscur. Le prothorax paraît obsolètement rebordé à sa base.

Il est difficile de dire quel est le véritable *marginellus* des anciens auteurs qui ont dû confondre avec lui l'espèce suivante. Plusieurs même, par la dénomination susdite, semblent avoir eu en vue cette dernière ou, même, l'*ovalis* de Thomson, que M. Bedel regarde comme le véritable *marginellus* de Fabricius (1).

Chez les immatures, tout le corps est testacé, avec le front noir.

J'ai vu un exemplaire presque entièrement noir, à côtés du corps un peu roussâtres, à dernier article des palpes maxillaires rembruni, à ponctuation générale un peu plus forte et à taille un peu moindre. C'est

(1) Gyllenhal (I, 123) n'ayant pas vu le *marginellus* de Fabricius et doutant ainsi de son identité, a adopté le nom d'*affinis*, Paykull. Heyden, dans son tableau des *Philhydrus* (De Marseul, l'Ab. 1876, XIV, XCIX), admet également ce dernier nom auquel il réunit comme synonyme le *marginellus* de Thomson. En raison de ces divergences et incertitudes, j'ai suivi les rectifications fondées de M. Bedel.

peut-être le *P. nigritus* de Sharp (Soc. Esp. Hist. nat. 1872, Esp. nouv. Col. p. 262). — Reinosa, Espagne (Coll. Lethierry).

8. **Philydrus (Methydrus) coarctatus**, Gredler.

Ovale-oblong, convexe, finement et densément pointillé, d'un châtain brillant en dessus, noir en dessous, avec la tête noire, le disque du prothorax et la suture rembrunis, les palpes, les antennes et les pieds roux, les cuisses plus obscures. Prothorax sans séries de points plus forts sur les côtés. Élytres un peu moins finement pointillées que le prothorax, creusées d'une strie suturale effacée en avant, offrant en outre de très fines stries presque indistinctes. Carène mésosternale comprimée, subhorizontale. Cuisses tomenteuses excepté au sommet. Tarses postérieurs très grêles.

♂ *Ongles* un peu en grappin, évidemment dentés en dessous.

♀ *Ongles* simplement arqués, à peine dentés en dessous.

Philydrus coarctatus, Gredler, Col. Tyr. 1863, I, 75, 3. — De Marseul, l'Abeille, 1871, VIII, Palp. 112, 2. — Bedel, Faun. Col. Seine, 1881, I, 311 et 330, 8.
Philydrus suturalis, Sharp, 1872.

Long. 0,003 ; — larg. 0,002.

Patrie. Cette espèce, assez rare, se rencontre dans les eaux un peu froides, dans toute la France septentrionale, et quelquefois même dans les collines des environs de Lyon, le Bourbonnais, la Bresse, le Bugey, etc.

Obs. Très voisine du *P. minutus*, elle en diffère par la couleur du dernier article des palpes maxillaires qui n'est point rembruni, et par l'intervalle entre les deux stries suturales, toujours noir. La ponctuation des élytres paraît un peu moins fine et leurs fines stries sont encore moins apparentes, etc.

Quelquefois le pourtour du prothorax est d'un testacé livide, ainsi que les élytres, avec celles-ci à teinte nébuleuse, indécise sur leur disque.

Elle est souvent confondue, dans les collections, avec *Philydrus minutus* et *Cymbiodyta marginellus* (1).

(1) Elle semble former, avec la précédente, un petit groupe (*Methydrus*, R), faisant passage au genre *Cymbiodyta*.

Genre *Cymbiodyta*, Cymbiodyte ; Bedel.

Bedel, Faun. Col. Seine, I, 311.

Etymologie : κύμβιον, nacelle ; δύτης, plongeur

Caractères. *Corps* subelliptique, subconvexe, subarrondi en arrière. *Tête* grande, sensiblement engagée dans le prothorax. *Èpistome* échancré en avant. *Labre* très court, subsinué à son bord antérieur. *Mandibules* cachées. *Palpes maxillaires* allongés, grêles, bien plus longs que les antennes, de 4 articles : le 1er très petit : le 2e très long, un peu en massue : le 3e un peu moins long, en massue : le dernier subégal au 3e, subfusiforme, mousse au bout. *Palpes labiaux* courts, de 3 articles : le 1er peu distinct : les 2e et 3e oblongs : le 2e obconique : le dernier en massue, à peine plus long. *Menton* grand, transverse, subarrondi en avant.

Yeux assez grands, peu saillants, voilés en arrière par le bord antérieur du prothorax.

Antennes de 9 articles : le 1er assez allongé, épais, subcomprimé, le 2e plus court, conique : les 3e à 6e petits, courts : le 6e un peu plus court, servant de base à la massue : celle-ci de 3 articles : le 7e subtransverse, le 8e transverse : le dernier grand, subovale.

Prothorax transverse, largement échancré au sommet, très faiblement dans le milieu de sa base ; rétréci d'arrière en avant, distinctement rebordé sur les côtés, à peine à son bord antérieur.

Ecusson assez grand, triangulaire.

Elytres ovales-oblongues, subarrondies en arrière, visiblement rebordées sur les côtés, creusées d'une strie suturale profonde, effacée en avant.

Prosternum court, formant, entre les hanches antérieures, un angle assez court. *Anté-épisternums* médiocres, obliques. *Mésosternum* relevé sur son milieu en pointe conique. *Médiépisternums* médiocres, obliques. *Métasternum* grand, subtransversalement coupé en arrière, subangulé (1)

(1) L'angle semble émettre de son sommet, entre les hanches, 2 petites lanières ou épines subparallèles, et, cela également, dans les genres *Philydrus*, *Enochrus* et même *Hydrobius*.

entre les hanches postérieures. *Postépisternums* allongés, subparallèles, subarrondis au sommet. *Postépimères* peu distinctes.

Ventre de 5 arceaux subégaux, le 5e pourtant un peu moins court.

Hanches antérieures subcontiguës, subglobuleuses ; les autres très légèrement distantes : les *intermédiaires* oblongues, subtransverses, peu saillantes : les *postérieures* en lame allongée, transverse, déprimée, assez étroite, subparallèle.

Pieds peu allongés. *Trochanters* petits, en onglet. *Cuisses* larges, subcomprimées, tomenteuses excepté au sommet. *Tibias* environ de la longueur des cuisses, les *postérieurs* un peu plus longs ; tous sublinéaires ou un peu rétrécis à leur base, éparsément épineux, armés à leur sommet interne de 2 éperons inégaux, plus courts et subarqués dans les antérieurs. *Tarses* à 1er article très court, en onglet ; les *antérieurs* médiocres, avec les 2e à 4e articles assez courts, subégaux ; les *intermédiaires* et *postérieurs* plus allongés, grêles, moins longs que les tibias, à peine comprimés, non rémiformes, légèrement ciliés en dessous, parés en dessus de quelques cils plus longs, très rares ; à 2e article allongé, au moins égal aux 2 suivants réunis : le 3e oblong : le 4e suboblong : le dernier subégal au 2e. *Ongles* petits, grêles, arqués, subdentés en dessous à leur base.

OBS. Avec les mêmes mœurs que le genre *Philydrus*, les *Cymbiodytes* s'en distinguent suffisamment par la structure des palpes maxillaires dont le dernier article est subégal au pénultième et par celle de leur lame mésosternale en pointe conique, subcomprimée. Le prothorax n'est pas visiblement rebordé à sa base, etc.

Une seule espèce rentre dans le genre *Cymbiodyta*.

1. **Cymbiodyta marginella**, FABRICIUS.

Subelliptique, assez convexe, finement et densément pointillé, d'un noir brillant en dessus, plus mat en dessous, avec les bords antérieur et latéraux du prothorax et les côtés des élytres d'un roux de poix, les tarses, la base des antennes et les palpes d'un roux testacé, le dernier article des maxillaires concolore, subégal au 3e. Prothorax marqué sur les côtés de 2 séries de points enfoncés plus gros. Élytres à peine moins finement pointillées que le prothorax, creusées d'une strie suturale effacée en avant, avec 3 séries de pores distincts. Carène mésosternale en pointe conique, assez étroite. Cuisses tomenteuses excepté au sommet.

♂ *Ongles des tarses antérieurs et intermédiaires* un peu en grappin.
♀ *Ongles de tous les tarses* médiocrement arqués.

Hydrophilus marginellus, Fabricius, 1792, Ent. Syst. I, 185.
Philydrus marginellus, Laporte de Castelnau, Hist Col. II, 53, 7. — Var. B, Mulsant, Palp. 141. — Var. B, Fairmaire et Laboulbène, Faun. Fr. I, 230. — De Marseul, l'Abeille, 188?, XX, Palp, p. 139, 23 (1).
Philydrus ovalis, Thomson, Skand. Col. II, 97, 6.
Cymbiodyta marginellus, Bedel, Faun. Col. Seine, I, 311 et 330.

Long. 0,0038 ; — larg. 0,0022.

Corps subelliptique, ass z convexe, finement et densément pointillé, d'un noir brillant, avec les côtés moins foncés.

Tête moins large que le prothorax, peu convexe, finement et densément pointillée, entièrement noire. *Labre* noir, subsinué à son sommet. *Palpes* d'un roux testacé, concolores. *Menton* assez fortement ponctué. *Yeux* obscurs.

Antennes testacées, glabres, à massue rembrunie : les 3 derniers articles de celle-ci mats et duveteux : le dernier plus grand, subovale.

Prothorax plus de 2 fois aussi large que long, presque aussi large en arrière que la base des élytres, rétréci en avant ; non ou peu arqué sur les côtés, avec les angles antérieurs arrondis et les postérieurs obtus et subémoussés ; assez convexe ; finement et très densément pointillé ; marqué latéralement de 2 séries arquées de points enfoncés, plus forts et bien distincts ; d'un noir brillant avec le bord antérieur et les côtés souvent d'un brun rougeâtre.

Écusson en triangle subogival, très finement pointillé, noir.

Élytres environ 3 fois et demie aussi longues que le prothorax, suboblongues, subarrondies à leur extrémité ; assez convexes, plus platement sur le dos ; finement et densément pointillées ; marquées, en outre, de 3 rangées bien distinctes de pores sétifères ; creusées d'une strie suturale profonde, effacée dans son tiers antérieur ; d'un noir brillant, avec la marge latérale parfois moins foncée.

Dessous du corps très finement chagriné-pointillé et duveteux, mat sur le ventre, plus brillant sur le métasternum, lisse et luisant sur la partie postéro-médiane de celui-ci. *Repli du prothorax et des élytres* châtain. *Carène mésosternale* en partie conique, subcomprimée.

Pieds noirs ou noirâtres, à tarses testacés. *Cuisses* duveteuses, chagrinées et mates excepté à leur sommet. *Tarses* peu ou médiocrement allongés, les autres plus longs, peu ciliés.

Patrie. Cette espèce se rencontre dans les eaux stagnantes, dans une grande partie de la France : les environs de Paris, la Picardie, la Normandie, la Bretagne, le Bourbonnais, le Beaujolais, les Alpes, etc. Elle est assez rare dans les environs de Lyon, plus commune dans ceux de Fréjus.

Obs. L'insecte est le plus souvent entièrement noir ou noirâtre avec le bord antérieur du prothorax étroitement d'un brun rougeâtre. La couleur moins foncée des côtés du prothorax et des élytres est plutôt due à une transparence. La ponctuation des élytres paraît un peu plus forte que celle du prothorax. Les côtés de ceux-ci sont tantôt à peine arqués, tantôt droits ou même subsinués.

Genre *Paracymus*, Paracyme ; Thomson.

Thomson, Skand. Col. 120.

Etymologie : παρὰ, auprès de ; κῦμα, flot.

Caractères. *Corps* ovale ou suboblong, convexe, arrondi en arrière.

Tête grande, sensiblement engagée dans le prothorax. *Épistome* échancré en avant. *Labre* très court, subsinué à son bord antérieur. *Mandibules* cachées. *Palpes maxillaires* peu allongés, assez épais, de la longueur des antennes, de 4 articles : le 1er très petit : les 2e et 3e oblongs, obconiques, subarqués : le dernier suballongé, subfusiforme, plus long que le 3e. *Palpes labiaux* courts, de 3 articles : le 1er rudimentaire : le 2e suboblong : le 3e un peu plus court et plus étroit, subovalaire. *Menton* grand, transverse, à peine arrondi en avant.

Yeux assez grands, peu saillants, un peu voilés en arrière par le bord antérieur du prothorax.

Antennes de 9 articles : le 1er suballongé, assez épais : le 2e plus court, assez épais, conique : les 3e à 5e plus étroits, très petits, fortement contigus : le 6e plus large, très court, perfolié, servant de base à la massue : celle-ci oblongue, de 4 articles, en comptant le 6e : les 7e et 8e courts, transverses, le dernier plus grand, subovale.

Prothorax transverse, échancré au sommet, bisinueusement tronqué à la base, rétréci d'arrière en avant, finement rebordé sur les côtés, non ou à peine sur la base.

Ecusson médiocre, triangulaire.

Elytres ovales, arrondies en arrière, finement rebordées sur les côtés, creusées d'une strie suturale profonde, effacée en avant.

Prosternum très court, finement caréné sur sa ligne médiane. *Anté-épisternums* assez grands. *Mésosternum* relevé sur son milieu en carène comprimée, tranchante. *Médiépisternums* médiocres, obliques. *Métasternum* grand, subobliquement coupé à son bord postérieur, à peine angulé entre les hanches postérieures. *Postépisternums* allongés, subarrondis à leur sommet. *Postépimères* cachées.

Ventre de 5 arceaux subégaux, le dernier à peine moins court.

Hanches antérieures subcontiguës, subovalaires ; les autres très légèrement distantes ; les *intermédiaires* non plus grandes, ovales, obliques, non saillantes ; les *postérieures* en lame allongée, transverse, déprimée, subparallèle, subarquée en dehors.

Pieds peu allongés. *Trochanters* petits, en onglet. *Cuisses* subcomprimées ; les *antérieures* et *intermédiaires* tomenteuses à leur base, les *postérieures* entièrement glabres (1). *Tibias* environ de la longueur des cuisses, subrétrécis à leur base, plus ou moins épineux, armés à leur sommet interne de 2 assez fortes épines, inégales, plus courtes et plus arquées dans les antérieurs. *Tarses* à 1er article court, moins court dans les intermédiaires et postérieurs, mais en tous cas, plus court que le 2e ; les *antérieurs* peu allongés, avec les 2e à 4e articles courts, subégaux ; les *intermédiaires* et *postérieurs* allongés, un peu moins longs que les tibias, sublinéaires, légèrement ciliés en dessous ; à 2e article suballongé, subégal aux 2 suivants réunis, ceux-ci à peine oblongs : le dernier aussi long ou un peu plus long que le 2e. *Ongles* petits, grêles, subarqués, subdentés en dessous.

Obs. Les espèces du genre *Paracymus* habitent les eaux douces et saumâtres. Il se distingue des *Hydrobius*, *Enochrus* et *Philydrus* par son prosternum distinctement carinulé sur toute la ligne médiane ; des *Hydrobius* par son épistome échancré ; des *Enochrus* par le dernier

(1) Ou très éparsement pubescentes.

article des palpes maxillaires plus long que le 2e ; des *Philydrus* par ces mêmes palpes maxillaires bien moins allongés et relativement moins grêles, à dernier article également plus long que le 3e, au lieu que chez les *Philydrus* il est plus court.

Deux espèces constituent ce genre. En voici les différences :

a. *Tête prothorax* et *élytres* assez finement pointillés.

b. *Hanches antérieures* très finement chagrinées, simplement duveteuses. *Cuisses intermédiaires* finement chagrinées et tomenteuses dans leur premier tiers seulement. *Tibias*, *genoux* et *tarses* roux. *Palpes* d'un roux testacé, avec l'extrême sommet du dernier article rembruni. *Carène mésosternale* subhorizontale sur sa tranche ou un peu déclive en arrière. *Forme* plus oblongue. 1. AENEUS.

bb. *Hanches antérieures* scabreuses et éparsement ciliées. *Cuisses intermédiaires* finement chagrinées et tomenteuses dans leurs deux premiers tiers environ. *Tibias* d'un noir de poix, *tarses* roux. *Palpes* d'un roux de poix, à dernier article largement rembruni. *Carène mésosternale* en pointe conique, un peu crochue et recourbée en arrière. *Forme* moins oblongue. . . . 2. NIGROAENEUS.

aa. *Tête* et *prothorax* très finement pointillés, *élytres* moins finement. *Taille* moindre. . . . . 3. PUNCTILLATUS.

1. **Paracymus aeneus**, GERMAR.

Ovale-suboblong, convexe, finement et densément pointillé, d'un noir bronzé brillant en dessus, d'un noir mat en dessous, avec les genoux, les tibias, les tarses, la base des antennes et les palpes d'un roux ferrugineux ou testacé, le dernier article de ceux-ci rembruni au sommet. Élytres creusées d'une strie suturale effacée en avant, Carène mésosternale subhorizontale ou un peu déclive. Hanches antérieures très finement chagrinées, duveteuses. Cuisses intermédiaires tomenteuses dans leur premier tiers.

Hydrophilus aeneus, GERMAR, Ins. Spec. nov. 96, 163.
Hydrobius punctulatus, STURM, Deut. Faun. X, 15, pl. 217, f. C.
Hydrobius salinus, BIELZ, Verh. Sieb. Ver. 1851, 152.
Hydrobius aeneus, REDTENBACHER, Faun. Austr. ed. 2, 104.
Paracymus aeneus, THOMSON, Skand. Col. IX, 120, 1. — BEDEL, Faun. Col. Seine, I, 308 et 327, 2.

Long. 0,0028 ; — larg. 0,0018.

Corps oblong, convexe, finement et densément pointillé, d'un noir bronzé brillant en dessus, d'un noir mat en dessous.

Tête moins large que le prothorax, subconvexe. *Palpes* d'un roux testacé, à sommet du dernier article un peu rembruni. *Menton* subconvexe, bronzé, éparsement ponctué. *Yeux* obscurs, marbrés.

Antennes testacées, glabres, à massue un peu plus foncée, grisâtre : les 3 derniers articles de celle-ci mats et duveteux : les 7e et 8e transverses, le dernier plus grand, subovale.

Prothorax presque 2 fois aussi large que long, presque aussi large en arrière que la base des élytres, subarcuément rétréci en avant, avec les angles antérieurs arrondis et les postérieurs obtus ; convexe ; entièrement d'un noir bronzé brillant.

Écusson en triangle un peu plus long que large, plus finement pointillé que les élytres et le prothorax.

Élytres environ 3 fois aussi longues que le prothorax, ovales, mais souvent subparallèles ou subcomprimées dans le milieu de leurs côtés ; arrondies à leur extrémité ; convexes ; entièrement d'un noir bronzé brillant ; un peu plus fortement ponctuées que le prothorax ; creusées d'une strie suturale profonde, effacée dans son tiers ou quart antérieur.

Dessous du corps très finement chagriné, d'un noir mat et duveteux, avec le milieu du métasternum lisse. *Repli du prothorax et des élytres* un peu roussâtre, celui-ci large en avant. *Carène mésosternale* subhorizontale ou peu déclive sur sa tranche, parfois relevée en dent antérieurement.

Pieds brunâtres, avec le sommet des cuisses, les tibias et les tarses d'un roux ferrugineux. *Hanches antérieures* finement chagrinées et duveteuses. *Cuisses antérieures* chagrinées et tomenteuses, excepté à leur sommet ; les *intermédiaires* seulement dans leur premier tiers, brillantes et très éparsement ponctuées sur le reste de leur surface ; les *postérieures* presque glabres, très éparsement pubescentes, peu ponctuées. *Tarses antérieurs* peu, les autres plus allongés, à peine ciliés.

Patrie. Cette espèce, peu commune, est exclusive aux eaux saumâtres. Elle se prend dans la France méridionale, aux environs d'Hyères, de Fréjus, d'Aiguesmortes, de Marignane, etc.

Obs. Elle se rapporte exactement à la description qu'en a donnée Thomson. La plupart des auteurs l'ont confondue avec la suivante, à l'exception de John Sahlberg et du catalogue Stein et Weise.

La taille varie. Les pieds sont parfois entièrement roux.

2. Paracymus nigroaeneus, J. Sahlberg.

Ovale, convexe, finement et densément pointillé, d'un noir bronzé brillant en dessus, d'un noir presque mat en dessous, avec les genoux, les tarses, la base des antennes et les palpes d'un roux de poix, le dernier article de ceux-ci largement rembruni. Élytres creusées d'une strie suturale effacée en avant. Carène mésosternale en pointe conique un peu crochue et recourbée en arrière. Hanches antérieures scabreuses, éparsement subhispido-ciliées. Cuisses intermédiaires tomenteuses dans leurs deux premiers tiers.

Hydrobius aeneus, Mulsant, Palp. 125, 2. — Fairmaire et Laboulbène, Faun. Fr. I, 228, 5.

Paracymus nigroaenus, J. Sahlberg, Palp. Fen. 219, 51. — Bedel, Faun. Col. Seine, I, 308 et 327, 1. — De Marseul, l'Abeille, 1882, XX, Palp. 129, 4.

Long. 0,0025 ; — larg. 0,0017.

Patrie. Cette espèce se rencontre dans presque toutes les zones de la France : les environs de Paris et de Lyon, la Bretagne, la Bourgogne, le Bourbonnais, les montagnes du Beaujolais, les Pyrénées, etc. Elle se plaît dans les eaux vives et les rigoles des prés, surtout dans les régions boisées ou montagneuses, où elle n'est pas très rare.

Obs. Elle a été longtemps confondue avec la précédente à laquelle appartient l'échantillon indiqué du midi par Mulsant. Bien que très voisine de l'*aeneus*, elle en est pourtant réellement distincte. Elle est généralement un peu moins comprimée sur les côtés ou même nullement. L'écusson paraît un peu moins étroit, plus subéquilatéral, un peu moins finement pointillé. Les genoux et les tibias sont ordinairement plus obscurs. Les palpes, d'un roux plus foncé, ont leur dernier article plus largement rembruni. A ces signes de minime importance, viennent s'ajouter trois autres de grande valeur spécifique. D'abord les hanches antérieures, au lieu d'être simplement chagrinées et duveteuses, sont scabreuses et comme verruqueuses, surtout à leur côté externe, et, de plus, hérissées de cils subhispides. Ensuite, les cuisses intermédiaires sont tomenteuses dans leurs deux derniers tiers environ, au lieu de l'être dans leur premier tiers seulement. Enfin, la carène mésosternale, moins prolongée, est réduite à une pointe conique, un peu crochue et recourbée en arrière (1).

3. **Paracymus punctillatus**, Rey.

Subovale, convexe, glabre, d'un noir bronzé et luisant en dessus, presque mat en dessous, avec les tarses et les palpes d'un roux testacé et le sommet de ceux-ci rembruni. Tête et prothorax très finement pointillés, les élytres un peu plus fortement.

Long. 0,0016 ; — larg. 00011.

Patrie. Cette intéressante espèce a été trouvée à Nice et au Var par M. A. Grouvelle, à qui la science doit déjà de nombreuses découvertes.

Obs. Elle est moindre et surtout bien moins fortement ponctuée que le *P. aeneus* et *nigroaeneus*. Elle est encore plus finement pointillée que le *P. relaxus*, avec la ponctuation de la tête et du prothorax évidemment plus fine que celle des élytres, et les pieds plus obscurs.

Le sommet des tibias est parfois roussâtre. Le front offre quelquefois un reflet verdâtre.

Genre *Brachypalpus*, Brachypalpus ; Laporte.

Laporte de Castelnau, Hist. des Col. II, 56. — *Anacaena*, Thomson, Skand. Col. II, 99 (2)

Etymologie : βραχὺς, court ; *palpus*, palpe.

Caractères. *Corps* subhémisphérique ou subovale, convexe, arrondi en arrière.

Tête grande, plus ou moins engagée dans le prothorax. *Epistome* plus ou moins échancré en avant. *Labre* très court, subsinué à son bord an-

(1) A mon avis, ces trois derniers caractères sont seuls réels et concluants ; mais ils ne peuvent être observés que sur des échantillons collés à la renverse ou piqués.

Le *P. relaxus*, Rey (Rev. d'Ent. III, 1884, p. 267), dont j'ai vu 3 exemplaires identiques, me paraît devoir constituer une espèce distincte. L'aspect général est un peu plus lisse et la ponctuation est un peu moins forte et surtout moins serrée. Les côtés du prothorax m'ont paru plus finement rebordés. Les élytres sont moins obtuses en arrière ou même obtusément subacuminées, ce qui leur donne une forme un peu plus oblongue. La couleur est d'un bronzé un peu plus verdâtre. Les pieds et les palpes sont comme chez *aeneus*, etc. — Biskra (Puton).

(2) Ce genre répond aussi aux *Creniphilus* de Motschoulsky, Bull. Mosc. 1845 et *Tritonus* de Mulsant.

térieur. *Mandibules* cachées, à pointe finement bidentée. *Palpes maxillaires* peu allongés, assez épais, environ de la longueur des antennes, de 4 articles : le 1er très petit; le 2e plus ou moins épaissi, en massue ovale-oblongue ; le 3e plus étroit, plus court, oblong, obconique; le dernier bien plus long que que le 3e, subfusiforme, subtronqué au bout. *Palpes labiaux* courts, de 3 articles : le 1er rudimentaire; les 2e et 3e suboblongs; le dernier un peu plus long, mousse au bout. *Menton* grand, transverse, à peine arrondi en avant.

Yeux grands, non saillants, voilés en arrière par le bord antérieur du prothorax.

Antennes de 9 articles ; le 1er suballongé, assez épais; le 2e plus court, conique; les 3e à 5e étroits, très petits, contigus; le 6e plus large, très court, servant de base à la massue ; celle-ci oblongue, de 4 articles en comptant le 6e; les 7e et 8e courts, transverses; le dernier plus grand, subovale.

Prothorax transverse, échancré au sommet, tronqué à la base, rétréci d'arrière en avant, finement rebordé sur les côtés, obsolètement sur le milieu de la base.

Ecusson assez grand, triangulaire.

Elytres courtes, parfois ovales; arrondies en arrière, très finement rebordées sur les côtés, creusées d'une strie surturale profonde, effacée en avant.

Prosternum très court, sans carène. *Anté-épisternums* assez grands. *Mésosternum* sans carène, ou avec une légère crête tout à fait en arrière. *Médiépisternums* grands, transverses. *Métasternum* grand, subtransversalement coupé postérieurement, non ou à peine angulé entre les hanches postérieures. *Postépisternums* allongés, subparallèles, subarrondis au sommet. *Postépimères* cachées.

Ventre de 5 arceaux subégaux, le 5e un peu moins court.

Hanches antérieures contiguës, subglobuleuses; les autres très rapprochées; les *intermédiaires* un peu plus grandes, oblongues, subobliques, non saillantes ; les *postérieures* en lame allongée, étroite, transverse, déprimée, subparallèle ou à peine arquée en arrière.

Pieds peu allongés. *Trochanters* petits, en onglet. *Cuisses* subcomprimées, tomenteuses excepté à leur sommet. *Tibias* environ de la longueur des cuisses (1), rétrécis à leur base, plus ou moins épineux, armés à leur

(1) Les postérieurs sont néanmoins un peu plus longs.

sommet interne de deux éperons acérés, inégaux. *Tarses* à 1er article court, moins court dans les intermédiaires et postérieurs, mais, en tous cas, plus court que le 2e; les *antérieurs* peu allongés, avec les 2e à 4e articles courts, subégaux; les *intermédiaires* et *postérieurs* un peu plus allongés, moins longs que les tibias, sublinéaires, à peine ciliés; à 2e article suballongé, subégal aux 2 suivants réunis, ceux-ci oblongs ou suboblongs : le dernier un peu moins long que le 2e. *Ongles* très petits, grêles, arqués, obsolètement dentés en dessous.

Obs. Les *Brachypalpus* (1) ont les mêmes mœurs que les *Philydrus* et *Paracymus*. Ils diffèrent de ces derniers par leurs prosternum et mésosternum non carénés, celui-ci toutefois muni souvent d'une petite crête apicale, en forme de pointe. Le 2e article des palpes maxillaires est plus épaissi et le 3e relativement un peu plus court. Les cuisses postérieures sont aussi tomenteuses que les autres, etc.

Quatre espèces assez distinctes rentrent dans le genre *Brachypalus*. En voici le tableau :

a. *Mésosternum* sans crête ou carène. *Palpes maxillaires* assez épais. *Pieds* enntièrement roux ainsi que les hanches antérieures. *Tarses postérieurs* asse grêles. *Corps* subhémisphérique, d'un noir de poix à côtés testacés (*Anacaena*, de α privatif et ἀκαίνα pointe) (2), ... 1. GLOBULUS.

aa. *Mésosternum* relevé en arrière en une petite crête conique. *Palpes maxillaires* moins épais, un peu moins courts. *Cuisses* et *hanches antérieures* souvent rembrunies. *Tarses postérieurs* plus grêles et un peu plus longs. *Corps* subovale. *Taille* un peu moindre (*Brachypalpus* in sp.).

b. *Tête* noire, sans tache. *Palpes maxillaires* d'un roux de poix, à dernier article noir.

c. *Côtés du prothorax* sensiblement arrondis, rougeâtres. *Ponctuation des élytres* assez forte. *Crête mésosternale* très courte. *Élytres* d'un noir de poix, à côtés d'un brun rougeâtre. . . . , ... 2. AMBIGUUS.

(1) Le nom d'*Anacaena* Thoms., n'étant pas consacré par un long usage et n'étant point admis dans les catalogues, j'ai cru devoir rappeler le nom bien antérieur de *Brachypalpus* Lap. et réserver celui d'*Anacaena* à la première espèce, seule alors connue de l'auteur suédois.

(2) Thomson (Skand. Col. II, p. 99) a créé son genre *Anacaena* sur la seule espèce *globulus*, dont le mésosternum est sans crête postérieure. Les autres qui ont ce segment armé d'une pointe relevée, doivent rentrer, selon moi, dans le genre *Brachypalpus* de Laporte de Castelnau. Si l'*ambiguus* ne faisait pas transition, ces deux sous-genres devraient former deux coupes génériques distinctes.

cc. *Côtés du prothorax* à peine arrondis, légèrement testacés. *Ponctuation des élytres* plus ou moins fine. *Crête mésosternale* plus accusée. *Élytres* uniformément d'un brun roussâtre. 3. LIMBATUS.

bb. *Tête* noire, à tache testacée au-devant des yeux. *Palpes maxillaires* testacés, à *dernier article* rembruni dans sa dernière moitié seulement. *Prothorax* et *élytres* d'un testacé livide avec des teintes ou linéoles nébuleuses. *Taille* encore un peu moindre. . . . . 4. BIPUSTULATUS.

1. Brachypalpus (Anacaena) globulus, PAYKULL.

Subhémisphérique, très convexe, finement et densément pointillé, d'un noir de poix luisant en dessus, d'un noir mat en dessous, avec les côtés du prothorax et des élytres testacés, les hanches antérieures, les pieds, la base des antennes et les palpes roux, l'extrémité de ceux-ci rembrunie. Prothorax sensiblement arqué sur les côtés. Élytres creusées d'une strie suturale effacée en avant. Mésosternum sans crête. Cuisses tomenteuses excepté à leur sommet. Tarses postérieurs assez grêles.

Hydrophilus globulus, PAYKULL, Faun. Suec. I, 183, 13.— GYLLENHAL, Ins. Suec. I, 117, 6 (partim).
Hydrobius globulus, STURM, Deut. Faun. X, 18, 11. — HEER, Faun. Helv. I, 484, 3.— MULSANT, Palp. 126, 2.— DE MARSEUL, l'Abeille, 1882, XX, Palp. p. 130, 6.
Hydrobius limbatus, FAIRMAIRE et LABOULBÈNE, Faun. Fr. I, 229, 6.
Anacaena globulus, THOMSON, Skand. Col. II, 99, 1. — BEDEL, Faun. Col. Seine, I, 309 et 327, 1.

Long. 0,003 ; — larg. 0,0025.

Corps subhémisphérique, très convexe, finement et densément pointillé, d'un noir de poix luisant en dessus, d'un noir mat en dessous.

Tête moins large que le prothorax, subconvexe. *Palpes* d'un roux sublestacé, à dernier article rembruni au moins dans sa dernière moitié. *Menton* légèrement ponctué. *Yeux* obscurs, marbrés.

Antennes d'un roux testacé, glabres, à massue un peu plus foncée, grisâtre : les 3 derniers articles de celle-ci mats et duveteux : les 7e et 8e transverses : le dernier plus grand.

Prothorax plus de 2 fois aussi large que long, presque aussi large en arrière que la base des élytres, arcuément rétréci en avant; avec tous les angles arrondis; très convexe; d'un noir de poix luisant, passant sur les côtés au testacé livide.

Ecusson en triangle subéquilatéral, à peine pointillé.

Élytres 3 fois aussi longues que le prothorax, arrondies sur les côtés, plus fortement en arrière ; très convexes ; un peu moins finement pointillées que la tête et le prothorax ; d'un noir de poix luisant, passant au roux livide latéralement ; creusées d'une strie suturale profonde, effacée en avant.

Dessous du corps très finement chagriné, d'un noir presque mat et duveteux, avec l'extrémité du métasternum plus lisse. *Repli du prothorax et des élytres* roux et translucides. *Carène mésosternale* tout à fait nulle.

Pieds d'un roux ferrugineux, ainsi que les hanches antérieures (1) et parfois un peu les intermédiaires. *Cuisses* toutes chagrinées et tomenteuses excepté dans leur dernier quart ou tiers. *Tarses postérieurs* assez grêles, à 3e article suboblong (2).

PATRIE. Cette espèce est très commune dans toute la France, jusque dans la région méditerranéenne; plus rare dans le Nord.

OBS. Elle est remarquable par sa teinte noire et sa forme ramassée, subhémisphérique et très convexe. Elle varie peu, si ce n'est par la couleur de la marge latérale du prothorax et des élytres qui est d'un roux plus ou moins pâle. La ponctuation de la tête et du prothorax est souvent très légère, parfois presque obsolète.

Il est douteux qu'on doive attribuer à cette espèce le *Coelostoma allobrox* de Laporte (Hist. des col., II, 58, 2), qui dit : *pattes et palpes d'un brun foncé,* ce qui n'a pas précisément lieu ici.

2. **Brachypalpus ambiguus**, REY.

Brièvement ovale, densément pointillé, d'un noir de poix luisant en dessus, d'un noir mat en dessous, avec les côtés du prothorax et des élytres d'un brun rougeâtre, les cuisses parfois obscures, les genoux, les tibias, les tarses, la base des antennes et les palpes roux, le dernier article de ceux-ci rembruni. Prothorax sensiblement arqué sur les côtés. Elytres évidemment plus fortement ponctuées que le prothorax, creusées d'une strie

(1) Les hanches antérieures sont presque lisses en dedans.

(2) Dans les espèces de ce genre, l'ongle interne des tarses antérieurs ♂ m'a paru un peu moins grêle que l'externe.

suturale effacée en avant. Mésosternum avec une petite crête conique, très courte, renversée en arrière. Cuisses tomenteuses excepté à leur sommet. Tarses postérieurs grêles.

Long. 0,0026 ; — Larg. 0,0022

Patrie. Cette espèce, assez rare, a été capturée dans les terrains crayeux des environs de Dieppe par feu M. Maurel ; aux entours de Nantua, de Lyon et de Sorèze par M. Guillebeau. Je l'ai prise moi-même dans le Beaujolais. Je l'ai également vue des Hautes-Alpes (Fairmaire), de Lille et des Vosges (Puton), de la Grande-Chartreuse (des Gozis), de la Bretagne (Hervé).

Obs. Elle est, quant à la forme, comme intermédiaire entre le *B. globosus* et le *limbatus*, de la taille de celui-ci, mais de la couleur du premier. Elle diffère de tous les deux par la ponctuation des élytres relativement plus forte, bien moins fine que celle du prothorax, dont la marge latérale est d'une couleur généralement moins pâle. Elle se distingue du *B. globosus* par la présence d'une crête mésosternale, par le dernier article des palpes entièrement rembruni et par ses tarses postérieurs à peine plus grêles ; du *B. limbatus*, par les côtés du prothorax plus arrondis et moins testacés, par sa couleur plus sombre, surtout sur les élytres, par sa crête mésosternale un peu moins accusée et par ses tarses postérieurs à peine moins grêles. Les élytres sont plus obtuses en arrière, etc.

Ces dernières sont tantôt noires, tantôt d'un brun châtain, sans teinte plus pâle sur les côtés bien apparente. Les pieds sont parfois entièrement roux, d'autres fois avec les cuisses plus ou moins rembrunies.

3. **Brachypalpus limbatus**, Fabricius.

Subovale, subconvexe, finement et densément pointillé, d'un noir de poix brillant en dessus, mat en dessous, les côtés du prothorax testacés, les élytres d'un brun roussâtre, les cuisses plus ou moins obscures, les genoux, les tibias, les tarses, la base des antennes et les palpes roux, le dernier article de ceux-ci rembruni. Prothorax à peine arqué sur les côtés. Élytres un peu moins finement pointillées que le prothorax, creusées d'une strie suturale effacée en avant. Mésosternum avec une petite crête conique, renversée en arrière. Cuisses tomenteuses excepté à leur sommet. Tarses postérieurs grêles.

Sphaeridium limbatum, Fabricius, Ent. Syst. I, 82, 21 (1792).
Hydrophilus minutus, Olivier, Ent. III, n° 39, 15, 12, pl. II, fig. 13, *b* (1).
Hydrobius globulus, Laporte de Castelnau, Hist. Col. II, 57, 2 (1840).
Hydrobius nitidus, Heer, Faun. Helv. I, 485, 8 (1841).
Hydrobius globulus, var. B, Mulsant, Palp. 127.
Hydrobius ovatus, Reiche, Ann. Ent. Fr. 1861, 203.
Hydrobius limbatus, De Marseul, l'Abeille, 1882, XX, Palp. p. 131, 7.
Anacaena limbata, Bedel, Faun. Col. Seine, I, 309 et 328, 2.

Long. 0,0026 ; — Larg. 0,002

Patrie. Cette espèce se trouve très communément, dans les eaux stagnantes, dans presque toute la France.

Obs. Elle ressemble au *B. globosus*, mais elle est moindre, moins hémisphérique et plus ovale, avec les élytres d'une couleur moins foncée, d'un brun fauve ou roussâtre, les cuisses souvent plus obscures et le dernier article des palpes plus rembruni. Les tarses postérieurs sont plus grêles et un peu plus longs, avec leur 3e article un peu plus oblong. Les tibias sont un peu moins fortement épineux; le menton est plus lisse à sa base ; les côtés du prothorax sont un peu moins fortement arrondis, ainsi que les angles antérieurs. Enfin, un caractère important et presque générique, doit valider d'une manière définitive cette espèce si longtemps méconnue, c'est de présenter au sommet du mésosternum une petite crête conique, assez saillante et renversée en arrière (2). — J'ai dit, dans la description précédente, en quoi le *limbatus* diffère de l'*ambiguus*. On peut y ajouter que les tarses postérieurs sont encore plus grêles.

Les élytres varient du roux de poix au roux testacé livide, et dans ce dernier cas, elles offrent, après leur tiers, sur la suture, une tache nébuleuse, plus apparente dans l'insecte vivant, et l'écusson reste toujours noir. D'autres fois, elles sont d'un testacé grisâtre, avec les points enfoncés rembrunis et, çà et là, quelques linéoles et teintes brunâtres mal

(1) La figure donnée par Olivier convient parfaitement à l'insecte ci-décrit.

(2) Thomson n'avait pas connu cette espèce dans ses Coléoptères de Scandinavie, car ce caractère ne lui eût pas échappé. Il l'a décrit plus tard sous le nom d'*Ananaena carinata* (Op. ent. II, 1870, p. 126). En tous cas, M. Bedel (Faun. p. 309, 2) l'a parfaitement fait ressortir.

déterminées. Parfois, la couleur pâle des côtés du prothorax s'étend le long du bord antérieur, plus rarement le long de la base. Rarement, les teintes brunes se montrent presque noires.

Les hanches antérieures sont lisses en avant. Les cuisses, ainsi que toutes les hanches, sont ordinairement noires, à l'exception de leur extrémité et des trochanters. Rarement, les pieds sont entièrement roux, moins les hanches postérieures.

On rapporte à cette espèce le *variabilis* de Sharp (Ent. Montl., VI, p. 255).

4. Brachypalpus bipustulatus, Marsham.

Courtement ovale, convexe, très finement et assez densément pointillé, d'un testacé livide et brillant en dessus, d'un brun mat en dessous, avec la tête noire, parée au devant des yeux d'une grande tache triangulaire pâle, les pieds roux à cuisses plus obscures, la base des antennes et les palpes d'un roux testacé, le dernier article des maxillaires largement rembruni à son extrémité. Élytres creusées d'une strie suturale effacée en avant. Mésosternum avec une petite crête conique. Cuisses tomenteuses excepté à leur sommet. Tarses postérieurs grêles.

Hydrophilus bipustulatus, Marsham, Ent. Brit. 406, 13.
Brachypalpus similis, Laporte de Castelnau, Hist. des Col. II. 57, 3.
Hydrobius globulus, var. C. Mulsant. Palp. 127.
Hydrobius bipustulatus, Sharp, Ent. Montl. Mag. 1870, 256, 3. — De Marseul, l'Abeille, 1882, XX. Palp. 131, 9.
Anacaena bipustulata, Bedel. Faun. Col. Seine, I, 309, et 328, 3.

Long., 0,002; — larg., 0,0015.

Patrie. — Cette espèce, un peu moins commune que la précédente, se prend dans les mêmes localités.

Obs. — Elle diffère du *Br. limbatus* par sa forme un peu plus ramassée et sa couleur générale constamment plus pâle. La ponctuation est plus légère et moins serrée, surtout sur le prothorax et les élytres. Les cuisses, quoique moins noires, sont ordinairement plus obscures que les tibias. Le dernier article des palpes maxillaires n'est point complètement rembruni et sa base est toujours plus ou moins rousse, et le dernier des labiaux est à peine ou non obscurci au som... La tête est d'un noir submétallique, avec une grande tache triangulaire, pâle, au-devant des yeux, parfois étendue sur une majeure partie de l'épistome. Le prothorax est tantôt entièrement d'un testacé livide et subconcolore, tantôt noté de 8 taches nébuleuses transversalement disposées, l'une sur le milieu du dos, les autres sur les côtés du disque. L'écusson est brunâtre. Les élytres sont presque uniformément d'un testacé livide, devenant souvent grisâtre par l'effet des points enfoncés qui sont obscurs et de quelques petites taches ou linéoles brunes dont elles sont parées.

Sa taille, peu variable, est celle des plus petits exemplaires du *Br. limbatus*, chez lequel elle varie beaucoup. La crête mésosternale est à peu près la même. L'épistome est parfois plus faiblement échancré en avant (1).

Genre *Helochares*, Hélochare; Mulsant.

Mulsant, Palp., errata.

Étymologie : ἕλος, marais ; χαίρω, je me plais.

Caractères. *Corps* oblong, médiocrement convexe, arrondi en arrière.

Tête grande, assez engagée dans le prothorax. *Épistome* échancré en avant. *Labre* très court, subsinué à son bord antérieur. *Mandibules* cachées (2). *Palpes maxillaires* très allongés, grêles, bien plus longs que les antennes, de 4 articles : le 1er très petit; le 2e très long, subarqué, un peu en massue; le 3e un peu moins long, à peine arqué, légèrement en massue ; le dernier plus court que le 3e, subfusiforme, mousse ou sub-

(1) L'*Hydrobius seriatopunctatus* de Perris (l'Ab. 1875, XIII, 2) répond à l'*Hemisphaera infima* de Pandellé (Soc. Esp. d'Hist. nat. 1876, Uhagon, Col. de Badajoz, 1re partie. p. 57) et devra s'appeler *Hemisphaera seriatopunctata*, Perris. — Ovale, noir brillant, avec le somme des élytres souvent roussâtre et les côtés du prothorax parés d'une étroite bordure pâle. Le prothorax est très finement et vaguement pointillé, avec 2 rangées régulières de petits points sur le milieu du dos. Les élytres offrent 8 séries assez régulières de petits points, plus confuse sur les côtés. Les pieds sont roux, à cuisses plus foncées. — Long. 0,0013. — Corse (Collection Perris).

L'*Hydrobius punctatostriatus* de Letzner (Arb. Schles. Ges. 1840, Ent. p. 3), espèce de Silésie, constitue le genre *Crenitis* de Bedel (Faun. 1882, 306; — De Marseul, l'Ab. 1883. I. Hydroph. 133, 12). Cet insecte est remarquable par sa forme oblongue, par ses yeux légèrement saillants, par son mésosternum sans crête ni carène, par ses élytres striées-ponctuées, et par les tibias intermédiaires et postérieurs à peine épineux. — Long. 0.004. — Silésie.

(2) A dents terminales émoussées.

tronqué au bout. *Palpes labiaux* très courts, de 3 articles : le 1er rudimentaire ; le 2e épaissi en massue ovale-oblongue ; le dernier presque aussi long, mais plus grêle, mousse au bout. *Menton* grand, transverse, subtronqué et subimpressionné en avant.

Yeux assez grands, faiblement saillants, un peu voilés en arrière par le bord antérieur du prothorax.

Antennes de 9 articles : le 1er allongé, subcomprimé ; le 2e moins long, un peu moins épais, conico-subcylindrique ; le 3e petit, les 4e et 5e très courts, submoniliformes ; le 6e plus grand, subcyathiforme, servant de base à la massue ; celle-ci allongée, de 4 articles en comptant le 6e ; les 7 et 8e, transverses ; le dernier bien plus grand, ovale-oblong.

Prothorax transverse, largement échancré au sommet, bisinueusement tronqué à la base, rétréci d'arrière en avant, très finement rebordé sur les côtés.

Ecusson en triangle plus long que large.

Elytres oblongues, largement arrondies en arrière, très finement rebordées sur les côtés, sans strie suturale.

Prosternum court, sans carène, simplement gibbeux ou en faîte en arrière. *Anté-épisternums* assez grands. *Mésosternum* sans carène, simplement relevé en tubercule à son sommet. *Médiépisternums* assez grands, obliques. *Métasternum* grand, subobliquement coupé à son bord apical, à peine angulé entre les hanches postérieures. *Postépisternums* allongés, subparallèles. *Postépimères* cachées ou peu distinctes.

Ventre de 5 arceaux subégaux, le 5e un peu moins court.

Hanches antérieurs contiguës, subglobuleuses ; les autres très rapprochées ; les *intermédiaires* à peine plus grandes, subovales, subobliques, non saillantes ; les *postérieures* en lame allongée, étroite, transverse, subparallèle, un peu arquée en dehors.

Pieds suballongés. *Trochanters* petits, en onglet, les postérieurs plus grands. *Cuisses* subcomprimées, tomenteuses excepté au sommet. *Tibias* environ de la longueur des cuisses, les *postérieurs* néanmoins un peu plus longs, tous, sublinéaires ou rétrécis tout à fait à leur base, brièvement épineux, armés à leur sommet interne de deux éperons acérés, inégaux, plus robustes, subarqués et infléchis dans les antérieurs. *Tarses* à 1er article très court ; les *antérieurs* assez courts, avec les 2e à 4e articles courts, subégaux : les *intermédiaires* et *postérieurs* allongés, moins longs que les tibias, sublinéaires, légèrement ciliés ; à 2e article plus ou moins allongé, subégal aux deux suivants réunis, ceux-ci oblongs ou suboblongs : le dernier un peu plus long que le 2e, plus ou moins épaissi vers son extrémité. *Ongles* petits, assez grêles, plus ou moins arqués, grossièrement dentés en dessous.

Obs. Les *Helochares* vivent dans les eaux courantes comme dans les eaux stagnantes. Ils sont bien distincts des *Paracymus* et *Brachypalpus* par leur taille plus grande, leur forme moins convexe et plus oblongue, leurs palpes maxillaires bien plus développés et à dernier article plus court que le pénultième, leurs élytres sans strie suturale et leurs tibias plus finement et brièvement épineux, etc. C'est à tort qu'on les réunit parfois aux *Philydrus* qui ont toujours le mésosternum relevé en crête ou en carène plus ou moins saillante et les élytres creusées d'une strie suturale.

Quatre espèces françaises rentrent dans le genre *Helochares*. En voici les différences :

a. *Forme* oblongue, peu convexe. *Élytres* subparallèles dans leurs deux premiers tiers, à rangées de points plus gros peu apparentes.

b. *Ponctuation générale* relativement assez forte et uniforme sur la tête, le prothorax et les élytres. *Angles postérieurs du prothorax* assez marqués et presque droits. *Corps* d'un roux testacé. *Pieds* roux à cuisses rembrunies. *Taille* moyenne. . . . . 1. LIVIDUS.

bb. *Ponctuation générale* assez fine, un peu plus forte sur les élytres que sur la tête et le prothorax. *Corps* d'un testacé pâle. *Pieds* entièrement testacés. *Taille* moindre. . 2. SUBCOMPRESSUS.

aa. *Forme* ovale-oblongue. *Élytres* plus ou moins arquées sur leurs côtés, à rangées de points plus gros bien apparentes. *Angles postérieurs du prothorax* obtus et subarrondis.

c. *Ponctuation générale* assez fine et uniforme sur la tête, le prothorax et les élytres. *Corps* d'un roux ferrugineux assez brillant. *Élytres* souvent à linéoles longitudinales obscures. 3. PUNCTULATUS.

cc. *Ponctuation générale* très fine, ordinairement plus subtile et plus légère sur les élytres que sur la tête et le prothorax. *Corps* d'un gris testacé luisant. *Élytres* à rangées de points noirs en arrière et sur les côtés. . . . . 4. DILUTUS.

1. **Helochares lividus**, Forster.

Oblong, peu convexe, assez fortement et très densément ponctué, d'un roux testacé assez brillant en dessus, d'un noir mat en dessous, avec les cuisses brunâtres et tomenteuses excepté à leur sommet, quelques teintes nébuleuses sur le prothorax et des linéoles obscures sur les élytres. Prothorax à angles postérieurs assez marqués et presque droits. Élytres subparallèles antérieurement sur leurs côtés, sans strie suturale, aussi fortement ponctuées que la tête et le prothorax, marquées de 3 rangées peu apparentes de points plus gros.

♂ *Ongles* de tous les tarses recourbés en grappin, les postérieurs moins fortement, à dent basilaire bien accusée.

♀ *Ongles* de tous les tarses simplement arqués, à dent basilaire obtuse.

Dytiscus lividus, FORSTER, Cent. I, p. 52.
Hydrophilus griseus, FABRICIUS, I, 189, 11. — PAYKULL, Faun. Suec. I, p. 183, 7. — GYLLENHAL, Ins. Suec. I, p. 122, 11.
Hydrobius lividus, STEPHENS, Syn. II, p. 130, 40.
Hydrobius griseus, STURM, Deut. Faun. t. X, p. 12, 7. — HEER, Faun. Helv. I, p. 485, 6.
Philydrus griseus, LAPORTE DE CASTELNAU, Hist. Col. II, 52, 1.
Helochares lividus, MULSANT, Palp. p. 134 (partim.) (1). — THOMSON, Skand. Col. II, p. 98, 1. — BEDEL, Faun. Col. Seine, I, p. 312 et 320.
Philhydrus lividus, FAIRMAIRE et LABOULBÈNE, Faun. Fr. I. 230, 3 (partim.).

Long. 0,005 à 0,007 ; — larg, 0,0025 à 0,0035.

Corps oblong, peu convexe, assez fortement et très densément ponctué, d'un roux testacé livide assez brillant en dessus, d'un noir mat en dessous.

Tête moins large que le prothorax, assez fortement et très densément pointillée, peu convexe, d'un roux testacé livide, avec le vertex et parfois le milieu du front rembrunis. *Labre* noir, parfois roussâtre. *Palpes* testacés, à dernier article des maxillaires rembruni au sommet (2). *Menton* rugueusement ponctué. *Yeux* obscurs.

Antennes testacées, glabres, à massue duveteuse et d'un gris brunâtre, les 7e et 8e articles transverses : le dernier bien plus grand, ovale-oblong.

Prothorax presque 2 fois aussi large que long, presque aussi large en arrière que les élytres, subarcuément rétréci en avant, avec les angles

(1) Cet insecte est décrit dans Mulsant sous le nom d'*Helophilus* qu'il a, dans l'errata, changé en *Helochares*.

(2) Ce caractère se retrouve également dans les autres espèces du genre.

antérieurs subarrondis et les postérieurs assez marqués et presque droits; peu convexe; assez fortement et très densément ponctué, avec 2 séries latérales peu apparentes de points plus forts, dont l'antérieure un peu arquée et la postérieure raccourcie et presque droite; noté en arrière sur le dos de 4 points enfoncés plus forts et subfovéiformes, disposés en quadrille mais avec les 2 postérieurs plus écartés; d'un roux testacé livide, avec le disque paré de quelques teintes nébuleuses plus ou moins fondues ou réunies.

Ecusson en triangle plus long que large, un peu plus finement pointillé que le prothorax, brunâtre.

Elytres près de 3 fois aussi longues que le prothorax, oblongues, subparallèles dans les deux premiers tiers de leur longueur et assez arrondies au sommet; peu convexes à la suture; sans strie suturale; marquées entre la ponctuation foncière qui est assez forte et très serrée, de 3 rangées de points plus gros, irrégulières et peu apparentes; d'un roux testacé livide parfois assez sombre, avec souvent des linéoles longitudinales noirâtres

Dessous du corps finement chagriné, d'un noir brunâtre mat et duveteux. *Repli du prothorax et des élytres* roussâtre et plus brillant. *Dernier arceau ventral* subentaillé au bout ♂ ♀.

Pieds brunâtres, avec les genoux, les tibias et les tarses roux, les hanches obscures et tomenteuses, le lobe interne des intermédiaires et postérieures un peu roussâtre. *Cuisses* chagrinées, mates et tomenteuses, excepté à leur extrémité. *Tibias* finement et brièvement épineux.

Patrie. Cette espèce se trouve dans les eaux douces, dans tout le nord de la France, le bassin de la Seine, l'Alsace, etc. Elle est médiocrement commune.

Obs. Elle est remarquable par sa forme oblongue, par sa ponctuation générale relativement assez forte et uniforme sur la tête, le prothorax et les élytres, et surtout par les angles postérieurs du prothorax assez marqués et presque droits.

Elle varie un peu pour la coloration qui passe du roux testacé sans tache au roux brunâtre.

On rapporte sans doute avec raison à l'*Helochares lividus* l'*Hydrophile fauve* de Geoffroy (Hist. des Ins. I, p. 184, 5) et l'*Hydrophilus fulvus* de Marsham (Ent. Brit. I, p. 408,20). Quant à l'*Hydrophilus lividus* d'Olivier (Ent. t. III, n. 39, p. 15, 11, pl. I, fig. 4. *a, b)*, il me semble plutôt se rapporter à l'*H. dilutus*, à cause de cette phrase : *Tête et prothorax lisses.*

Mulsant (p. 133) a décrit la larve de l'*Helochares lividus* (1), et, d'après les données de Lyonnet, Bravais, Audouin et Brullé, a publié des détails intéressants sur sa manière de vivre. Depuis lors, E. Cussac a fait l'histoire encore plus détaillée de ses mœurs et métamorphoses (Ann. Ent. Fr. 1852, X, p. 622 à 627, pl. XIII, fig. 17-26).

2. Helochares subcompressus, Rey.

Oblong, peu convexe, assez finement et très densément pointillé, d'un testacé pâle et assez brillant en dessus, obscur en dessous, avec le vertex un peu rembruni, les pieds entièrement testacés, et les cuisses tomenteuses excepté à leur sommet. Élytres sans strie suturale, subcomprimées sur leurs côtés, subdéprimées sur la suture, un peu moins finement pointillées que le prothorax, sans rangées bien apparentes de points plus gros.

Long. 0,004 ; — larg. 0,002.

Patrie. Cette espèce a été trouvée dans le département de Vaucluse ou dans les environs, par M. H. Nicolas. Elle m'a été communiquée par M. Lethierry, de Lille.

Obs. Elle pourrait bien être une variété immature de l'*H. lividus*. Toutefois, je la maintiens jusqu'à plus amples renseignements. Elle est moindre, plus pâle et moins brillante. Surtout, les élytres sont subcomprimées sur les côtés, ce qui leur donne une forme plus parallèle ; elles sont subdéprimées sur la suture, à ponctuation un peu moins fine que celle du prothorax et sans séries bien apparentes de points plus gros. Les pieds sont entièrement testacés, etc. L'examen d'un exemplaire semblable suffirait pour trancher la question.

3. Helochares punctulatus, Sharp.

Ovale-oblong, médiocrement convexe, assez finement et très densément pointillé, d'un roux ferrugineux assez brillant en dessus, noir et duveteux en dessous, avec le disque du front un peu rembruni, les cuisses brunâtres et tomenteuses excepté à leur sommet et des linéoles obscures aux élytres.

(1) Ne serait-ce pas plutôt la larve de l'*Helochares dilutus* commun dans nos contrées, au lieu que le *lividus* est de la France septentrionale ?

Prothorax à angles postérieurs obtus et subarrondis. Élytres à peine arquées sur les côtés, sans strie suturale, aussi fortement pointillées que la tête et le prothorax, marquées de 3 rangées assez apparentes de points plus gros.

♂ *Ongles* de tous les tarses recourbés en grappin, les postérieurs moins fortement, à dent basilaire bien accusée.

♀ *Ongles* de tous les tarses simplement arqués, à dent basilaire obtuse.

Helochares punctulatus, SHARP, Ent. monthl. Mag. 1869.

Variété *a. Dessus du corps* entièrement fauve.

Variété *b. Dessus du corps* d'un brun de poix à bords latéraux graduellement roussâtres.

Hydrophilus erytrocephalus, FABRICIUS, Ent. Syst. I, 185, 16 ?

Long. 0,0045 ; — larg. 0,003.

PATRIE. Cette espèce est assez rare, dans les parties stagnantes des rivières, dans les environs de Lyon, le Beaujolais, la Bresse, le Bugey. Elle est également du Bourbonnais (Des Gozis) et de la Bretagne (Hervé), etc.

OBS. Elle est moins oblongue, plus convexe et moins parallèle que l'*H, lividus*, à ponctuation générale un peu moins forte et surtout à angles postérieurs du prothorax moins marqués, plus obtus et plus arrondis. Les rangées de points plus gros qui parent les élytres, sont plus apparentes ; celles des côtés du prothorax sont bien distinctes, l'antérieure subarquée, la postérieure raccourcie et presque droite, parfois même toutes deux subsulciformes, etc.

4. **Helochares dilutus**, ERICHSON.

Ovale-oblong, médiocrement convexe, très finement et densément pointillé, d'un gris testacé luisant en dessus, noir et duveteux en dessous, avec le vertex un peu rembruni et les cuisses obscures et tomenteuses excepté à leur sommet, et des rangées de points noirs sur les côtés et vers l'extrémité des élytres. Prothorax à angles postérieurs subobtus et subarrondis. Élytres subarquées sur les côtés, sans strie suturale, un peu plus finement poin-

tillées que la tête et le prothorax, marquées de 3 rangées bien apparentes de points plus gros, outre les points noirs des côtés et de l'extrémité.

♂ *Ongles* de tous les tarses recourbés en grappin, les postérieurs moins fortement, à dent basilaire bien accusée.

♀ *Ongles* de tous les tarses simplement arqués, à dent basilaire obtuse.

Philhydrus dilutus, Erichson, Wiegman Arch. 1843, I. p. 228.
Helochares lividus, Mulsant, Palp. p. 134 (partim).
Philhydrus lividus, Fairmaire et Laboulbène, Faun. Fr. I, 230, 3 (partim). — Jacq. Duval, 1855, Gen. Hydroph. pl. 29, fig. 145.

Variété *a*. *Dessus du corps* entièrement d'un roux testacé ou fauve.

Philhydrus bicolor, Audouin et Brullé. Hist. nat. Ins. II, p. 277, pl. 11, fig. 3 ?

Variété *b*. *Dessus du corps* d'un testacé livide, parfois avec le front et le dos du prothorax nébuleux.

Hydrophilus pallidus, Rossi, Mant. I, p. 66, et t. II, p. 153 ?

Variété *c*. *Elytres* marquées de lignes brunes plus ou moins étendues.

Long. 0,004 à 0,006 ; — larg. 0,002 à 0,003.

Patrie. Cette espèce est commune dans les eaux stagnantes, dans les environs de Lyon, dans toute la France méridionale et la région pyrénéenne, etc.

Obs. Elle est plus luisante et à couleur foncière plus pâle que chez *lividus* et *punctulatus*, à ponctuation encore moins forte que chez ce dernier, plus subtile et plus légère sur les élytres que sur la tête et le prothorax, avec les rangées de points plus gros bien apparentes. Les angles postérieurs du prothorax sont plus obtus et plus émoussés que dans *lividus*.

La couleur foncière passe du gris testacé au roux fauve, avec le vertex plus ou moins rembruni. Les élytres offrent sur les côtés et vers leur extrémité des rangées de points noirs et souvent sur leur disque des lignes longitudinales obscures. J'ai vu un exemplaire de Corse, chez lequel ces lignes sont dilatées et réunies et forment comme une large bande discale noire (Coll. Revelière (1).

(1) L'*H. melanophthalmus*, Muls. (Palp. 1844, p. 137), espèce d'Espagne, se distinguerait par ses élytres ponctuées-striées. Cet insecte serait très rare dans les collections, et tous les sujets que j'ai reçus sous cette dénomination étaient des *P. dilutus*, espèce répandue en Grèce, en Algérie et dans tout le bassin de la Méditerranée.

Genre *Laccobius*, Laccobie ; Erichson.

Erichson, Col. March. I, 1837, 202 ; — Mulsant, Palp. 129 ; — J. Duval, 1855, Gen. Hydroph. 88, pl. 30, fig. 146.

Etymologie : λάκκος, lac ; βιόω, je vis.

Caractères. *Corps* ovale ou subhémisphérique, plus ou moins convexe, subacuminé en arrière.

Tête grande, engagée dans le prothorax. *Epistome* échancré en avant. *Labre* très court, tronqué ou à peine sinué à son bord antérieur. *Mandibules* cachées. *Palpes maxillaires* peu allongés, assez épais, à peine plus longs que les antennes, de 4 articles : le 1er très petit : les 2e et 3e oblongs, obconiques, subégaux : le dernier plus long, subfusiforme. *Palpes labiaux* petits, de 3 articles : le 1er peu distinct ; les 2e et 3e suboblongs, subégaux ou le dernier à peine plus long, en fuseau court. *Menton* grand, transverse, subtronqué au sommet.

Yeux grands, faiblement saillants, voilés en arrière par le bord antérieur du prothorax.

Antennes de 8 articles : le 1er grand, allongé, assez épais, subcomprimé ; le 2e bien plus court, subconique, subdilaté en dedans ; le 3e très petit, bien plus étroit ; les 4e et 5e subcyathiformes, servant de base à la massue ; celle-ci allongée, de 3 articles sans compter ceux qui lui servent de base (1) ; les 6e et 7e transverses ; le 8e grand, irrégulièrement ovale-oblong.

Prothorax transverse, échancré au sommet, tronqué à la base, rétréci d'arrière en avant, très finement rebordé sur les côtés.

Ecusson médiocre, triangulaire.

Elytres assez courtes, plus ou moins arrondies sur les côtés, obtusément acuminées en arrière, à peine rebordées sur les côtés, sans strie suturale.

Prosternum très court, plus ou moins caréné sur sa ligne médiane. *Anté-épisternums* médiocres. *Mésosternum* relevé sur son milieu en carène

(1) Les 4e et 5e qui servent de base à la massue, sont très courts, fortement contigus et graduellement élargis de manière à ne former ensemble qu'une seule coupe ou entonnoir recevant le 6e.

comprimée, saillante. *Médiépisternums* médiocres, subobliques. *Métasternum* grand, subobliquement coupé en arrière, subangulé entre les hanches postérieures. *Postépisternums* allongés, subparallèles, subarrondis en languette au sommet. *Postépimères* cachées.

Ventre de 5 arceaux subégaux, l'avant-dernier souvent échancré, le dernier parfois rétractile.

Hanches antérieures contiguës, subglobuleusement ovalaires; les autres très rapprochées; les *intermédiaires* un peu plus grandes, oblongues, subobliques, non saillantes; les *postérieures* en lame allongée, transversalement suboblique, subparallèle, subarquée en arrière.

Pieds médiocres. *Trochanters antérieurs* petits, les *intermédiaires* un peu plus grands, en onglet; les *postérieurs* bien plus développés, allongés, subparallèles ou subelliptiques, prolongés au moins jusqu'au tiers de la cuisse, se détachant un peu de celle-ci à leur sommet. *Cuisses* subcomprimées; les *antérieures* subclaviformes et tomenteuses dans leur moitié basilaire, les autres presque glabres. *Tibias* environ de la longueur des cuisses, plus ou moins rétrécis à leur base, épineux, armés à leur sommet interne de 2 forts éperons grêles, inégaux, plus courts, infléchis et et subarqués dans les antérieurs; les *postérieurs* plus longs, plus ou moins arqués. *Tarses* à 1er article très court; les *antérieurs* peu allongés, grêles ♀, avec les 2e à 4e articles suboblongs, graduellement un peu moins longs; les *intermédiaires* et *postérieurs* allongés, un peu ou à peine moins longs que les tibias, à peine ciliés en dessous, parfois parés en dessus de quelques longues soies; à 2e article allongé, subégal aux 2 suivants réunis, ceux-ci oblongs; le dernier à peine moins long que le 2e. *Ongles* petits, très grêles, arqués, obusément dentés à leur base en dessous.

Obs. Ce genre, dont les mœurs sont analogues à celles des précédents, se distingue de ceux-ci par ses antennes de 8 articles au lieu de 9, et surtout par la structure des trochanters postérieurs qui sont très développés, subparallèles ou subelliptiques, et qui se détachent plus ou moins de la cuisse à leur sommet. Comme dans *Helochares*, les élytres sont sans strie suturale, mais la taille est moindre, la forme plus raccourcie, les prosternum et mésosternum sont plus ou moins carénés, etc.

Cette coupe générique compte un certain nombre d'espèces françaises dont suit le tableau :

a. *Corps* ovale-oblong, subconvexe, peu brillant. *Elytres* uniformément pâles, à ponctuation fine et serrée, non en rangées, si ce n'est latéralement. *Prothorax* alutacé entre les points. Le 4e *article des tarses postérieurs* à peine moins long que le 3e. *Taille* médiocre. . . . . 1. PALLIDUS.

aa. *Corps* ovale ou subhémisphérique, convexe, brillant. *Élytres* à ponctuation en rangées plus ou moins régulières. Le 4e *article des tarses postérieurs* évidemment moins long que le 3e (1).

b. *Rangées de points des élytres* nombreuses et rapprochées, formées de points serrés.

c. *Cuisses intermédiaires* densément pointillées et pubescentes sur un faible espace après le sommet du trochanter. *Prothorax* presque lisse entre les points. *Elytres* obsolètement ponctuées sur les côtés. *Forme* subhémisphérique.

d. *Elytres* presque uniformément d'un gris testacé, à *rangées striales* alternativement régulières et subdiffuses. *Prosternum* distinctement caréné, fortement angulé en avant. *Épistome* maculé ou non. *Labre* subsinué. *Taille* assez grande. . 2. NIGRICEPS.

dd. *Elytres* pâles, linéées de points bruns, avec une tache subapicale imponctuée, pâle, bien tranchée ; à *rangées striales* toutes régulières. *Prosternum* à carène médiane recourbée en dessous à son sommet en forme de dent ciliée. *Epistome* largement maculé de pâle, *Labre* subtronqué. *Taille* moindre. 3. DIPUNCTATUS.

cc. *Cuisses intermédiaires* ♂ normales, éparsement ponctuées et presque glabres après le sommet du trochanter. *Taille* médiocre.

e. *Epistome* immaculé. *Prothorax* lisse entre les points. *Elytres* d'un roux ou gris brunâtre, à ponctuation des côtés plus légère ou obsolète.

f. *Tarses postérieurs* grêles, à 2e article allongé, au moins égal aux 2 suivants réunis. *Elytres* à *rangées striales* assez diffuses. *Labre* subsinué. *Forme* ovale. . . . . . 4. OBSCURATUS.

ff. *Tarses postérieurs* moins grêles, à 2e article suballongé, un peu moins long que les 2 suivants réunis. *Elytres* à *rangées striales* assez régulières. *Labre* subtronqué. *Forme* subhémisphérique. . . . . 5. REGULARIS.

ee. *Épistome* maculé. *Prothorax* plus ou moins alutacé entre les points. *Labre* subtronqué. *Elytres* d'un gris souvent brunâtre.

g. *Élytres* à ponctuation des côtés plus légère, à *rangées striales* diffuses. *Forme* subovale. *Taille* médiocre. . . . . 6. ALUTACEUS.

(1) Dans ce genre, il est vrai, les tarses postérieurs varient de longueur d'une espèce à l'autre. Thomson, dans son tableau (X, p. 310) s'est servi des proportions relatives des 2e à 5e articles. Quant à moi, je n'ai pu y réussir pour les espèces françaises qui, plus nombreuses, présentent, à l'égard d'un tel caractère, des variations qui en diminuent l'importance.

gg. *Elytres* à ponctuation des côtés forte jusque près de la marge latérale, à *rangées striales* toutes régulières. *Forme* courtement ovale. *Taille* un peu moindre. . . . . 7. MINUTUS.

bb. *Rangées de points des élytres* écartées, avec des rangées intermédiaires de points bien plus fins et espacés. *Epistome* maculé. *Labre* subtronqué.

h. *Prothorax* alutacé entre les points. *Ponctuation des élytres* assez forte. *Taille* assez petite.

i. *Élytres* subarrondies au sommet ; d'un gris brunâtre, à taches discales brunes, à tache apicale pâle. *Forme* courtement ovalaire. . . . . 8. ALTERNUS.

ii. *Élytres* subacuminées au sommet ; en majeure partie noires, avec la marge latérale, l'extrémité et une tache subapicale pâles. *Forme* ovale-suboblongue. . . . . 9. SARDEUS.

hh. *Prothorax* lisse entre les points. *Ponctuation des élytres* fine et régulière. *Taille* moindre.

k. *Élytres* testacées, à sommet plus pâle. *Prothorax* éparsement ponctué, d'un noir bronzé ou verdâtre, à côtés testacés. . 10. GRACILIS.

kk. *Élytres* d'un noir ou brun de poix, à bordure pâle. *Prothorax* vaguement ponctué, noir à bordure pâle.

l. *Bordure latérale* pâle assez large. *Elytres* à disque d'un noir métallique. *Forme* subovale. *Taille* petite. . . 11. SELLAE.

ll. *Bordure latérale* pâle étroite. *Élytres* à disque noir linéé de roux sombre. *Forme* courtement ovale. *Taille* très petite. . . . . 12. THERMARIUS.

1. Laccobius pallidus, Mulsant et Rey.

Ovale-oblong, subconvexe, finement pointillé, d'un testacé pâle et peu brillant en dessus, d'un noir presque mat en dessous, avec la base des cuisses antérieures rembrunie l'écusson, le dos du prothorax et la tête d'un noir métallique, celle-ci parée de chaque côté d'une tache antéoculaire pâle. Tête et prothorax distinctement alutacés entre les points. Élytres densément et assez confusément pointillées, sans séries régulières bien distinctes. Cuisses antérieures tomenteuses au moins dans leur tiers basilaire. Tarses postérieurs à 4e article à peine moins long que le 3e.

♂ *Tarses antérieurs* à 2e et 3e articles épaissis.

♀ *Tarses antérieurs* simples.

Laccobius pallidus, Mulsant et Rey, Op. Ent. 1861, XII, 61. — Rottenberg, Berl. Ent. Zeit. 1874, XVIII, 321, 9. — Bedel, Faun. Col. Seine, I, 314 et 332, 5. — De Marseul, l'Abeille. 1883, XX, Palp. p. 147, 34.

Long. 0,003 ; — Larg. 0,002.

Corps ovale-oblong, subconvexe, finement pointillé, d'un testacé pâle et peu brillant en dessus, d'un noir presque mat en dessous, avec la tête et le dos du prothorax d'un noir métallique, bronzé, violâtre ou parfois verdâtre.

Tête moins large que le prothorax, subconvexe, assez densément pointillée et distinctement alutacée entre les points, d'un noir métallique peu brillant, avec une tache pâle au devant de chaque œil. *Labre* à peine sinué au milieu de son bord apical. *Palpes* pâles, avec le bout du dernier article des maxillaires à peine rembruni. *Menton* pointillé. *Yeux* obscurs.

Antennes d'un testacé pâle, glabres, avec la massue duveteuse, parfois un peu moins claire.

Prothorax plus de 2 fois aussi large que long, à peine moins large en arrière que la base des élytres, subarcuément rétréci en avant, avec les angles antérieurs fortement arrondis et les postérieurs subobtus et subémoussés; subconvexe; assez densément pointillé et distinctement alutacé entre les points; d'un testacé grisâtre et livide peu brillant, avec le milieu du disque paré d'une tache d'un noir métallique violâtre, embrassant environ le tiers de la largeur totale, et à bords ondulés et baveux.

Écusson en triangle, à peine plus long que large, bronzé, très finement pointillé.

Élytres environ 3 fois et demie aussi longues que le prothorax, ovales-oblongues, subacuminées en arrière; subconvexes; finement, densément et assez confusément pointillées, sans séries régulières bien apparentes, si ce n'est 2 ou 3 sur les côtés; uniformément d'un testacé livide et grisâtre, peu brillant.

Dessous du corps chagriné-pointillé, d'un noir presque mat et duveteux, avec un trait lisse sur le métasternum. *Repli du prothorax* et *des élytres* pâle.

Pieds d'un testacé clair, avec les trochanters un peu moins pâles et toutes les hanches noires (1). *Cuisses antérieures* brunâtres, finement chagrinées, mates et tomenteuses, au moins dans leur tiers basilaire. *Tibias postérieurs* sensiblement recourbés en dedans vers les deux tiers de leur longueur. *Tarses postérieurs* à 4e article à peine moins long que le 3e.

(1) Moins les moignons internes qui sont parfois un peu roussâtres.

PATRIE. Cette espèce, peu commune, se prend dans les eaux assez vives, dans les collines du Bourbonnais et du Lyonnais, la Provence et le Roussillon, etc.

OBS. J'ai cru devoir la placer en tête du genre à cause de sa forme oblongue et médiocrement convexe, qui la lie aux *Helochares*. En outre, elle se distingue de tous ses congénères par son prothorax plus largement pâle sur les côtés et par ses élytres concolores, assez confusément pointillées et presque sans vestige de points en séries, etc.

Le *Brachypalpus pallidus* de Laporte, ayant des séries de points enfoncés bruns, tombe en synonyme d'une autre espèce, ce qui m'a permis de conserver cette dénomination spécifique.

Les exemplaires provenant de la Corse (Coll. Brisout, Pandellé et Revelière) ont la bordure latérale pâle du prothorax bien moins large et moins tranchée, et les cuisses noires dans leurs deux premiers tiers ou au moins dans leur première moitié, mais sans autre distinction appréciable. Cette variété affecte principalement le sexe féminin (*Laccobius femoralis*, R.) et parfois elle présente sur les élytres quelques taches nébuleuses indécises.

2. **Laccobius nigriceps**, THOMSON.

Subhémisphérique, convexe, pointillé, d'un gris testacé brillant en dessus, noir en dessous, avec la base des cuisses antérieures rembrunie,

(1) En tête du genre se placerait le :

Laccobius decorus, Gyl. — Oblong, pâle en dessus, avec le vertex, le disque du prothorax et l'écusson d'un vert bronzé. Elytres très densément ponctuées-striées, à points obscurs. Dessous du corps noir, pieds pâles. — Suède.

Hydrophilus decorus, GYLLENHAL, Ins. Suec. IV, p. 275.

Près du *pallidus* marcherait le

Laccobius Revelieri, PERRIS (Ann. Fr. 1864, p. 278 ; — ROTTENBERG, Rev. Berl Ent. Zeit t. 18, p. 323, 11 ; — DE MARSEUL, 1871, l'Abeille, VIII, Palp. p. 113, 3). — Ovale-oblong, subconvexe, très finement pointillé, d'un testacé assez brillant en dessus, noir en dessous, avec la tête, l'écusson et le dos du prothorax d'un vert obscur bronzé, les côtés de l'épistome tachés de pâle. Tête et prothorax très finement alutacés, celui-ci à peine pointillé. Elytres à séries peu régulières de points enfoncés brunâtres, fins et serrés. Tibias postérieurs à peine épineux. Tarses postérieurs à 4e article plus court que le 3e. — Long. 2 mill. — Sicile, Corse (Mayet, Pandellé, Perris, Revelière).

OBS. Bien moindre et plus finement pointillée que *pallidus* dont il a la forme et la coloration. Sa taille le rapprocherait du *gracilis*, mais il est moins brillant, et il se reconnaît entre tous par sa tête et surtout son prothorax à peine visiblement pointillés, et par ses élytres à ponctuation vague à peu près comme chez *pallidus*.

Le *Laccobius leucaspis*, KIES. (Heyden, Reis. Spain. p. 68) ne me semble qu'une variété du *L. Perrisi*, à taille un peu plus forte, à écusson pâle et à prothorax plus visiblement pointillé.

l'écusson, le disque du prothorax et la tête d'un noir métallique. Labre subsinué. Prothorax presque lisse entre les points. Élytres à rangées striales assez irrégulières. Prosternum distinctement caréné, angulé en avant. Cuisses antérieures feutrées dans leur moitié basilaire. Tibias postérieurs assez densément épineux. Le 2e article des tarses postérieurs allongé, subégal aux 2 suivants réunis.

♂ *Tarses antérieurs* à 2e et 3e articles épaissis. *Cuisses intermédiaires* densément pointillées et pubescentes sur un faible espace, après le sommet du trochanter.

♀ *Tarses antérieurs* simples. *Cuisses intermédiaires* normales.

Limnebius minutus, Audouin et Brullé, Hist. Ins. II, p. 286, pl. 12, fig. 6 (1).
Laccobius minutus, Mulsant, Palp. p. 129 (partim). — J. Duval, Gen. Hydroph. pl. 30, fig. 146.
Laccobius nigriceps, Thomson, Skand. Col. II, p. 93, 2, et X, add. p. 314, 2. — Rottenberg, Berl. Ent. Zeit. 1874, XVIII, p. 308, 1.
Laccobius sinuatus, Bedel, Faun. Col. Seine, I, 313 et 331, 1. — De Marseul, l'Abeille, 1883, XX, Palp. p. 141, 27.

Variété *a (maculiceps*, Rott.) *Tête* parée de chaque côté d'une tache antéoculaire pâle.

Long. 0,004 ; — Larg. 0,003.

Corps subhémisphérique, convexe, assez densément pointillé, d'un gris testacé brillant en dessus, avec la tête et le dos du prothorax d'un noir métallique un peu violâtre.

Tête moins large que le prothorax, peu convexe, assez densément pointillée et obsolètement chagrinée entre les points ; d'un noir métallique brillant et un peu violâtre. *Labre* subsinué à son sommet. *Palpes* d'un testacé pâle, avec le bout du dernier article des maxillaires un peu rembruni. *Menton* rugueux. *Yeux* obscurs.

Antennes pâles, glabres, avec les 3 derniers articles de la massue duveteux et souvent un peu rembrunis.

Prothorax plus de 2 fois aussi large que long (2), aussi large à sa base

(1) Les auteurs ayant confondu la plupart des espèces de ce genre, je me borne à la plus stricte synonymie. Quant à la figure donnée par Audouin et Brullé, elle convient parfaitement à l'espèce en question.

(2) Par cette expression j'entends toujours : *la longueur du prothorax dans son milieu et sa largeur à sa base.*

que les élytres, subarcuément rétréci en avant avec les angles antérieurs arrondis et les postérieurs subobtus ; très convexe; modérément pointillé, presque lisse entre les points, offrant souvent près des côtés des intervalles plus grands, lisses et brillants ; d'un noir métallique luisant et un peu violâtre sur le disque ; paré sur les côtés d'une large bande testacée émettant une lisière le long des bords antérieur et postérieur, celle du bord antérieur plus large et avancée jusques environ le tiers de la largeur, celle du bord postérieur plus étroite, prolongée parfois d'une manière confuse jusque près de l'écusson.

Écusson en triangle à peine plus long que large, à peine pointillé, d'un brun bronzé ou violâtre.

Élytres environ 3 fois aussi longues que le prothorax, assez larges, obtusément acuminées en arrière; convexes; un peu plus densément et à peine moins finement pointillées que le prothorax, avec les points un peu brunâtres et disposés en rangées longitudinales assez irrégulières dont quelques-unes formées de points plus fins ; offrant, en outre, 2 ou 3 séries de points plus gros, très espacés et peu distincts ; d'un testacé livide paraissant grisâtre par l'effet des séries de points bruns, avec la marge latérale, l'extrémité et parfois la base un peu plus pâles ; parées souvent çà et là de quelques teintes nébuleuses indécises formées par la réunion des points bruns, et quelquefois d'une petite tache antéapicale pâle, peu tranchée.

Dessous du corps très finement chagriné, d'un noir mat et duveteux avec un trait lisse au métasternum et le ventre assez brillant et ruguleux. *Repli du prothorax* et *des élytres* pâle et translucide. *Carène prosternale* bien accusée, fortement avancée en angle. *Crête mésosternale* en lame et tranchante, subdentée en avant.

Pieds d'un testacé clair, avec les trochanters moins pâles et toutes les hanches noires. *Cuisses antérieures* brunâtres, très finement chagrinées, mates et tomenteuses dans leur moitié basilaire. *Tibias postérieurs* subarqués, assez densément épineux en dehors. *Tarses postérieurs* grêles, à 2e article allongé, au moins aussi long que les 2 suivants réunis.

PATRIE. Cette espèce se rencontre assez communément dans les eaux stagnantes, dans presque toute la France.

OBS. Elle est la plus grande du genre. Outre sa forme convexe et subhémisphérique, elle se distingue aisément du *L. pallidus* par sa teinte plus brillante, par son prothorax plus lisse entre les points et moins largement pâle sur les côtés, et par ses élytres moins claires, moins finement, moins densément et moins confusément pointillées, etc.

Je l'ai vue quelque part sous le nom de *major* Kiesenw.

La variété *maculiceps* Rott. ne se distingue du type que par une tache pâle au devant des yeux.

Je ne crois pas que le *sinuatus* de Motschulsky (Bull. Mosc. 1849, III, p. 80, 40), doive s'appliquer au *L. nigriceps*. D'après la description, la taille serait bien moindre, la forme plus oblongue, les rangées striales seraient plus régulières, plus légères, effacées en arrière, et la ponctuation de la tête serait plus forte relativement à celle du prothorax (1). Tout ce que j'ai vu sous le nom de *sinuatus* se rapporte d'ailleurs au *gracilis* de Rottenberg.

Quant au *minutus* de Fairmaire et Laboulbène, il semble rappeler autant le *nigriceps* que les *minutus* et *bipunctatus*. On peut en dire autant du *minutus* de J. Duval (Gen. Hydroph. pl. 30, fig. 146).

Peut-être le *L. nigriceps* répond-il au *perla* de Fourcroy (1785) ?

3. **Laccobius bipunctatus**, Fabricius.

Subhémisphérique, convexe, pointillé, d'un testacé pâle et assez brillant en dessus, noir en dessous, avec les hanches antérieures et la base des cuisses adjacentes d'un roux brunâtre, l'écusson, la tête et le disque du prothorax d'un noir métallique, celui-ci paré latéralement d'une très large bordure pâle, plus ou moins étroitement interrompue aux bords antérieur et postérieur. Épistome fortement maculé. Labre subtronqué. Prothorax presque lisse entre les points. Élytres à rangées de points bruns assez forts, très régulières, à tache subapicale pâle assez grande, bien distincte et liée à une large bande apicale de même couleur. Prosternum à carène médiane recourbée en dessous à son sommet en forme de dent ciliée. Cuisses antérieures feutrées dans leur moitié basilaire. Tibias postérieurs peu épineux. Le 2e article des tarses postérieurs un peu moins long que les 2 suivants réunis.

♂ *Tarses antérieurs* à 2e et 3e articles épaissis. *Cuisses intermédiaires*

(1) Les types, étant souvent en désaccord avec la description, j'ai dû préférer le nom imposé par Thomson et Rottenberg, qui ont bien caractérisé l'espèce.

densément pointillées et pubescentes sur un faible espace après le sommet du trochanter.

♀ *Tarses antérieurs* simples. *Cuisses intermédiaires* normales.

Hydrophilus bipunctatus, FABRICIUS, Syst. Ent. 229, n. 7. — OLIVIER, Ent. n. 39, p. 16, 3, pl. II, fig. 14, *a*, *b*. — MARSHAM, Ent. Brit. 406, 11.
Hydrophilus minutus, GYLLENHAL, Ins. Suec. I, 116, 5 (partim). (1).
Laccobius minutus, var. B, MULSANT, Palp. 130.
Laccobius bipunctatus, THOMSON, Skand. Col. X, 311, 11, a. — ROTTENBERG, Berl. Ent. Zeit. 1874, 315. 4. — BEDEL, Faun. Col. Seine, 1881, 1, p. 313 et 331, 4. — DE MARSEUL, l'Abeille, 1883, XX, Palp. p. 144, 30.

Long. 0,0025 ; — Larg. 0,0019.

PATRIE. Cette espèce est assez rare, dans les ruisseaux et les mares froides, dans une grande partie de la France et même dans les régions méditerranéenne et pyrénéenne.

OBS. Elle diffère de prime abord du *L. nigriceps* par sa taille moindre et sa couleur plus pâle, par son épistome constamment et fortement taché sur les côtés, par ses élytres à rangées de points bien plus régulières et à tache subapicale pâle bien tranchée. En outre, la bordure latérale pâle du prothorax, bien plus large, pénètre bien plus avant dans la tache discale noire le long des bords antérieur et postérieur (2). Les élytres sont à peine plus obtuses en arrière. Le prosternum, moins sensiblement caréné, est recourbé en dessous en avant en forme de dent ciliée, et la crête mésosternale ne paraît pas dentée à son bord antérieur. Les tibias postérieurs sont un peu moins épineux, avec leurs tarses relativement moins grêles, à 2e article un peu moins long que les 2 suivants réunis.

Les élytres sont tantôt presque entièrement d'un testacé pâle, tantôt un peu obscurcies ou maculées de nébuleux sur leur disque avec la base et l'extrémité plus pâles, et, dans ce dernier cas, la tache subapicale pâle ressort encore davantage (3).

Le *Brachypalpus bipunctatus* de Laporte me semble, par la taille indiquée, se rapporter plutôt au *nigriceps* (Hist. Col. II, p. 56, 1).

(1) Dans Mulsant, il faut lire 116, au lieu de 216.

(2) La tache discale émet dans la partie pâle une languette irrégulière, enclosant ordinairement une petite tache pâle.

(3) Dans la plupart des espèces, outre la marge apicale qui est pâle souvent par transparence, il existe sur chaque élytre, avant l'extrémité près de la suture, une tache blanchâtre et plus lisse. Ici, elle est bien distincte.

4. Laccobius obscuratus, ROTTENBERG.

Ovale, convexe, pointillé, d'un roux ou gris brunâtre brillant en dessus, noir en dessous, avec la base des cuisses antérieures rembrunie, l'écusson, le disque du prothorax et la tête d'un noir submétallique. Labre subsinué. Prothorax lisse entre les points. Élytres à rangées striales assez irrégulières. Prosternum subcaréné, angulé en avant. Tibias postérieurs assez densément épineux. Le 2e article des tarses postérieurs allongé, subégal aux deux suivants réunis.

♂ *Tarses antérieurs* à 2e et 3e articles épaissis.
♀ *Tarses antérieurs* simples.

Laccobius nigriceps var. *obscuratus*, ROTTENBERG. Berl. Ent. Zeit. 1874, t. XVIII, p. 308.

Variété *a* (*minor* Rott.). *Taille* moindre. *Ponctuation* parfois plus légère.

Variété *b* (*albescens*, Rott). *Tête et dos du prothorax* d'un noir bronzé un peu cuivreux. *Elytres* d'un gris pâle avec quelques taches nébuleuses, à ponctuation fine. *Forme* plus ramassée.

Variété *c* (*subregularis*, R.). *Elytres* d'un brun de poix, à ponctuation un peu plus forte et en séries plus régulières. *Forme* plus ramassée.

Long. 0,003 à 0,0036 ; — Larg. 0,002 à 0,0026.

PATRIE. Cette espèce est assez commune dans la France méridionale, au bord des eaux douces et saumâtres. Je l'ai également vue des Hautes-Pyrénées et des Alpes, etc.

OBS. Elle se distingue aisément des *L. nigriceps* et *bipunctatus* par sa couleur plus obscure et sa forme moins ramassée et plus ovalaire, et surtout par les cuisses intermédiaires ♂ normales et sans espace plus densément ponctué après le sommet des trochanters (1).

La variété *minor* est plus petite, à ponctuation plus légère. — Hyères, Collioure

(1) Ce caractère qui m'a été signalé par M. Pandellé, est d'un grand secours pour distinguer le *L. obscuratus* et tous les suivants des *L. nigriceps* et *bipunctatus*, qui seuls ont la base des cuisses intermédiaires avec un espace plus densément pointillé chez les ♂.

La variété *albescens* a les élytres grises, mêlées de taches blanches et de taches nébuleuses, à ponctuation fine. — Provence, Italie, Sicile.

La variété *subregularis* semble faire passage au *L. regularis* par sa forme un peu plus courtement ovalaire et par ses rangées striales plus régulières. — Lyon.

Un échantillon de petite taille m'a présenté sa crête mésosternale à dent antérieure bien plus saillante. — Grande-Chartreuse.

Ces diverses variétés, ou du moins quelques-unes d'entre elles, pourraient bien être des espèces ; mais jusqu'à nouvel ordre je les réunis au *nigriceps*, n'ayant su y découvrir de limites bien fixes (1).

5. **Laccobius regularis**, Rey.

Subhémisphérique, très convexe, pointillé, d'un brun de poix très brillant en dessus, noir en dessous, avec les palpes, les antennes et les pieds d'un roux testacé et la base des cuisses antérieures rembrunie, les côtés du prothorax et des élytres roussâtres et des linéoles de même couleur sur le disque de celles-ci. Labre subtronqué. Prothorax lisse entre les points. Élytres à rangées de points assez forts, toutes assez régulières. Crête mésosternale recourbée en pointe en avant, la carène prosternale assez accusée, angulée antérieurement. Cuisses antérieures tomenteuses dans leur moitié basilaire. Tibias postérieurs assez épineux. Le 2e article des tarses postérieurs un peu moins long que les 2 suivants réunis.

♂ *Tarses antérieurs* à 2e et 3e articles épaissis.

♀ *Tarses antérieurs* simples.

Long. 0,003 ; — Larg. 0,002.

Patrie. Cette espèce est assez rare. Les environs de Lyon, les Hautes-Pyrénées (Coll. Pandellé).

Obs. Elle a la forme subhémisphérique du *L. nigriceps* et la couleur sombre du *L. obscuratus*. Elle se distingue par son épistome toujours sans tache ; par son prothorax plus également et un peu moins éparsement

(1) Le *L. cupreus* Rey (Rev. d'Entom. III, 1884, p. 267), est très remarquable par sa couleur cuivreuse, éclatante et empourprée, avec l'extrême base du vertex, la suture frontale et celle des élytres d'un vert métallique, les côtés de celles-ci et du prothorax pâles. Peut-être est-ce là une variété accidentelle. — Bastelica en Corse (Revelière).

ponctué et sans places lisses sensibles près des côtés, et par ses élytres à rangées striales toutes assez régulières et formées de points moins fins et moins légers, etc.

Pour la couleur et la ponctuation, elle répond assez bien à la description du *L. globosus* de Heer ; mais l'auteur donnant à celui-ci l'épistome taché, j'ai dû me ranger à l'avis de M. Bedel qui regarde le *L. globosus* comme synonyme du *L. minutus* de Linné.

6. **Laccobius alutaceus**, THOMSON.

Subovale, convexe, pointillé, d'un gris obscur brillant en dessus, noir en dessous, avec la tête, l'écusson et le prothorax noirs, les côtés de celui-ci, de l'épistome et des élytres pâles, les palpes, les antennes et les pieds testacés, la base des cuisses antérieures rembrunie. Labre subtronqué. Tête et prothorax très finement alutacés et finement et éparsement ponctués. Élytres à rangées de points noirs assez fins, diffuses et plus ou moins anastomosées, à tache subapicale pâle réunie à la bordure pâle du sommet. Carène mésosternale assez relevée. Cuisses antérieures tomenteuses dans leur tiers basilaire. Tibias postérieurs assez épineux.

♂ *Tarses antérieurs* à 2e et 3e articles subépaissis.

♀ *Tarses antérieurs* simples.

Laccobius alutaceus, THOMSON, Skand. Col. 1868, X, p. 313, 1, c. — BEDEL, Faun. Col. Seine, 1881, 1, p. 314 et 331, 2. — DE MARSEUL, l'Abeille, 1883, XX, Palp. 143, 28.

Long. 0,0023 ; — Larg. 0,0019.

PATRIE. Cette espèce est assez commune dans le nord de la France et la Bretagne. Elle est plus rare dans les provinces méridionales : le Bourbonnais, la Bresse, le Bugey, les environs de Lyon, la Provence, etc.

OBS. Elle se distingue du *L. bipunctatus* par son prothorax évidemment alutacé entre les points qui sont plus fins et moins serrés. La ponctuation des élytres est plus subtile, plus diffuse, avec la tache subapicale pâle beaucoup plus réduite et moins apparente, et leur couleur générale plus obscure. La taille est un peu plus grande, etc.

Elle varie un peu pour la coloration qui est parfois moins obscure. La tache de l'épistome est plus ou moins tranchée. Les élytres sont souvent pâles à leur base, ainsi que sur les côtés et au sommet. Le labre n'est pas subsinué, etc.

La tache noire du prothorax est assez largement interrompue au sommet et à la base, généralement bilobée en avant sur les côtés, qui sont largement pâles. Les élytres sont souvent fortement rembrunies.

Les palpes maxillaires sont pâles, un peu plus foncés au bout. Les antennes, testacées, ont le dernier article de la massue rembruni.

7. **Laccobius minutus**, Linné.

Courtement ovalaire, convexe, pointillé, d'un testacé brunâtre et assez brillant en dessus, noir en dessous, avec les côtés de l'épistome et du prothorax et la marge extérieure des élytres pâles, les antennes, les palpes et les pieds testacés, la base des cuisses antérieures rembrunie, l'écusson, le disque du prothorax et la tête d'un noir métallique. Labre subtronqué. Tête et prothorax obsolètement alutacés, assez finement et assez densément ponctués, celui-ci à bordure latérale pâle décomposée en dedans et largement interrompue aux bords antérieur et postérieur. Élytres à rangées de points noirs assez forts, très régulières, à tache postérieure pâle, petite, parfois peu distincte. Carène mésosternale relevée en pointe en avant, la prosternale obsolète. Cuisses antérieures tomenteuses dans leur moitié basilaire. Tibias postérieurs médiocrement épineux.

♂ *Tarses antérieurs* à 2e et 3e articles épaissis.

♀ *Tarses antérieurs* simples.

Chrysomela minuta, Linné, Faun. Suec. 166, 533 (partim) (1); — Syst. nat. I, 2, 593.

Laccobius globosus, Heer, Faun. Helv. I, 481, 2.

Brachypalpus pallidus, Laporte de Castelnau, Hist. Col. II, 57, 4 (2).

Laccobius minutus, Mulsant, p. 129, I (partim). — Thomson, Skand. Col. II, 93, 1, et X, 312, 1, b. — Rottenberg, Ent. Zeit. XVIII, 316, 5. — Bedel, Faun. Col. Seine, I, 314 et 331, 3.

Long. 0,0022; — Larg. 0,0016.

Patrie. Cette espèce, peu commune, se prend sur différents points de

(1) Dans Mulsant, il faut lire 533, au lieu de 553.
(2) Dans Mulsant, il faut lire 57, au lieu de 37.

la France : le bassin de la Seine, les environs de Lyon, la Bresse, les Alpes, etc.

Obs. Elle est moindre que *L. alutaceus*, moins obscure sur les élytres qui sont moins finement mais plus sérialement ponctuées. La tête et le prothorax sont moins densément et plus finement ponctués, moins distinctement alutacés entre les points. Les côtés de l'épistome sont nettement pâles. Les tarses postérieurs sont relativement un peu moins grêles et moins allongés, etc.

Elle ressemble beaucoup au *bipunctatus*, avec la forme un peu plus ovale, la tête et le prothorax moins lisses entre les points. La bordure pâle des côtés de celui-ci, moins décomposée, en dedans, pénètre moins dans la partie noire le long des bords antérieur et postérieur. Surtout la tache postérieure pâle des élytres est plus petite et bien moins tranchée, etc.

Le prothorax est parfois presque lisse entre les points.

Les palpes maxillaires sont rarement concolores, souvent avec leur dernier article rembruni au bout. La massue des antennes est testacée, à dernier article parfois un peu obscur.

Comme la plupart des auteurs anciens et même Erichson, Heer, Mulsant, etc., ont réuni sous le nom de *minutus* les diverses espèces reconnues aujourd'hui, j'ai dû marcher avec la science et me ranger à la manière de voir des descripteurs récents, tels que Thomson, Rottenberg (1), Bedel et de Marseul.

Le *L. globosus* de Heer se rapporte sans doute aux variétés les plus obscures qui, en même temps offrent la ponctuation des élytres forte usque vers le rebord latéral, avec la tache subapicale pâle tantôt effacée, tantôt bien tranchée (2).

8. **Laccobius alternus** Motschulsky.

Courtement ovalaire, assez convexe, pointillé, d'un gris nébuleux, assez brillant en dessus, noir en dessous, avec les hanches antérieures et la

(1) Cet auteur classe le *L. minutus* parmi les espèces à prothorax finement alutacé entre les points, tandis que Thomson (X, 313) ne fait pas mention de cette particularité.

(2) Le *L. densatus*, Rey (Rev. Entom. III, 1884, p. 267) est moindre, plus oblong et plus obscur, à élytres plus densément ponctuées-striées et à ponctuation non effacée postérieurement. — Daourie (Lethierry).

majeure partie de toutes les cuisses, brunâtres, l'écusson, la tête et le disque du prothorax d'un noir violâtre, celui-ci paré latéralement d'une bordure pâle médiocre, étroitement étendue le long des bords antérieur et postérieur. Labre subtronqué. Tête et prothorax finement chagrinés entre les points. Élytres subarrondies au sommet, à rangées de points régulières, écartées, avec des séries intermédiaires de points plus fins et moins serrés, et les 2e, 5e et 7e intervalles à séries de points plus gros et espacés ; d'un gris livide, avec des taches nébuleuses sur leur disque et une tache pâle assez tranchée, avant l'extrémité. Cuisses antérieures tomenteuses, au moins dans leur tiers basilaire. Tibias postérieurs peu épineux.

♂ *Tarses antérieurs* à 2e et 3e articles épaissis.

♀ *Tarses antérieurs* simples.

Laccobius alternus, MOTSCHULSKY, Et. ent. 1855, 84. — ROTTENBERG, Berl. Ent. Zeit. 1874, 320, 8. — DE MARSEUL, l'Abeille, 1883, XX, Palp. p. 146, 33.

Variété *a*. *Élytres* d'un testacé gris pâle, presque immaculées. *Tête* parée de chaque côté d'une petite tache antéoculaire pâle.

Long. 0,0021 ; — larg. 0.0016.

PATRIE. Cette espèce, peu commune, se trouve dans les petits ruisseaux, dans les collines des environs de Lyon, les Alpes, la Savoie, le Bugey, les Pyrénées, etc.

OBS. Elle est bien distincte de toutes les précédentes par les rangées de points des élytres écartées, avec des séries de points plus fins et plus espacés dans les intervalles, et les 3 rangées ordinaires de points plus gros plus apparentes. La tête et le prothorax sont plus distinctement chagrinés entre les points, la tache antéoculaire est moins constante et la marge pâle du prothorax, plus réduite (1). Les palpes sont entièrement, les antennes presque entièrement testacées, avec parfois le dernier article de la massue un peu rembruni. Les élytres, sur un fond gris livide, présentent généralement 3 taches obscures principales et peu déterminées, l'une subhumérale et deux obliquement disposées vers le milieu du disque, plus une teinte nébuleuse précédant la tache apicale blanche qui est bien tranchée. Enfin, toutes les cuisses sont d'un brun de poix, excepté

(1) Bien que plus réduite dans son milieu, elle se prolonge tout autant en un filet étroit, le long des bords antérieur et postérieur. Dans cette espèce et les suivantes, le prothorax est relativement plus court que dans les précédentes.

à leur extrémité, ce que je n'ai point encore observé jusque-là, si ce n'est pour la base des antérieures, etc.

La variété *a* a les élytres bien plus pâles et presque sans tache.

Cette espèce, bien tranchée et longtemps méconnue, répond sans doute au *L. minutus* var. C. de Mulsant (p. 130). Je l'avais séparée sous le nom de *L. alternans* (inédit), mais en l'attribuant, à tort, au *L. globosus* de Heer.

9. Laccobius Sardeus, Baudi.

Ovalaire-suboblong, convexe, pointillé, d'un noir de poix à peine métallique et assez brillant en dessus, noir en dessous, avec les palpes, les genoux, les tibias et les tarses testacés, les côtés du prothorax étroitement bordés de pâle, l'extrémité des élytres et une tache subapicale bien tranchée également pâles. Tête et prothorax finement alutacés entre les points. Élytres subacuminées au sommet, à rangées de points régulières, écartées, avec des séries intermédiaires de points plus fins et bien moins rapprochés et les 2e, 5e et 7e à séries de points un peu plus gros et espacés. Cuisses antérieures tomenteuses à leur base. Tibias postérieurs finement épineux.

♂ *Tarses antérieurs* à 2e et 3e articles épaissis.

♀ *Tarses antérieurs* simples.

Laccobius Sardeus, Baudi, Berl. Zeit. 1864, p. 222, note. — De Marseul, l'Abeille. 1875, XIII, p. 47.

Laccobius viridiceps, var. *Sardeus*, Rottenberg. 1874. Berl. Ent. Zeit. t. 18, p. 312, 2.

Long. 0,002 ; — larg. 0,0014.

Patrie. Sardaigne, Sicile, Carniole (1).

Obs. Cette espèce ressemble au *L. alternus*. Elle est généralement moindre, plus convexe et d'une couleur plus obscure. La forme est moins ramassée et les élytres sont moins obtuses à leur sommet.

Elle varie beaucoup pour la coloration des élytres. J'ai pris pour type les sujets chez lesquels celles-ci sont presque entièrement noires, avec une tache pâle antéapicale, bien tranchée et liée par derrière à une bor-

(1) Je l'ai vue quelque part indiquée de Marseille, mais cet *habitat* me paraît erroné.

dure apicale de même couleur. D'autres fois les élytres sont pâles, avec une tache humérale et 4 ou 5 taches discales nébuleuses ou noirâtres, parfois bien tranchées, mais souvent indécises et tendant à s'étendre et se réunir pour ramener à la couleur typique.

Rottenberg regarde le *L. Sardeus* de Baudi comme une variété obscure (1) de son *L. viridiceps*, dont il dit « *prothorace valde nitido* » et que de Marseul (*L'Abeille* 1883, t. xx, p. 140), d'après cette phrase « *Pronotum poli entre les points* », fait rentrer avec raison dans sa division A.O:, l'insecte de Baudi a le prothorax distinctement alutacé entre les points, il ne peut partant être assimilé au *viridiceps* de Rottenberg, qui, selon moi, doit sans doute être synonyme de *gracilis*, Motsch.

10. **Laccobius gracilis**, Motschulsky.

Courtement ovalaire, convexe, finement pointillé, d'un testacé pâle et brillant en dessus, noir en dessous, avec l'écusson, la tête et le prothorax d'un bronzé cuivreux ou verdâtre, celui-ci paré latéralement d'une bordure pâle assez large, plus ou moins étendue le long des bords antérieur et postérieur, celle-là souvent notée de chaque côté d'une petite tache testacée. Tête et prothorax éparsement ponctués, lisses entre les points. Élytres à rangées de points fines et régulières, écartées, avec des séries intermédiaires de points plus fins et plus espacés. Cuisses antérieures tomenteuses dans leur moitié basilaire environ. Tibias postérieurs peu épineux.

♂ *Tarses antérieurs* à 2e et 3e articles épaissis.
♀ *Tarses antérieurs* simples.

Laccobius gracilis, Motschulsky, Et. ent. 1855. 84. — De Marseul, l'Abeille, 1883, XX, Hydroph. 145, 31.
Laccobius viridiceps. Ruttenberg. Berl. Ent. Zeit. 1870, XIV, 23 ; — 1874, XVIII. 312, 2.
Laccobius intermittens, Kiesenwetter *in* Heyden. Reis. Sudl. Spanien. 1870. 69.

Variété *a*. *Suture des élytres* notée avant et après le milieu d'une petite tache brune.

(1) Le catalogue allemand (3e éd. 1883, p. 35) regarde, au contraire, le *viridiceps* Rott. comme une variété du *Sardeus* Baudi.

Variété *b*. *Élytres* d'un testacé obscur d'un éclat métallique verdâtre.

Long. 0,002 ; — larg. 0,0016.

Patrie. Cette espèce est commune dans les eaux stagnantes, sur divers points de la France, principalement dans les provinces méridionales : la Provence, le Roussillon et même les environs de Lyon. J'en ai vu de l'Ardèche, dans la collection Sédillot, et d'autres du Bourbonnais dans la collection des Gozis.

Obs. Bien que très voisine du *L. alternus*, elle s'en distingue nettement par sa taille moindre, par sa forme plus convexe, par sa tête et son prothorax plus lisses entre les points, et par ses élytres généralement plus pâles et à ponctuation plus subtile. Les pieds sont presque entièrement testacés, avec les cuisses non ou à peine plus foncées à leur base.

Le bout des palpes maxillaires et, plus rarement, des antennes est à peine rembruni. La ponctuation de la tête et du prothorax est peu serrée, et celle-là est tantôt sans tache, tantôt avec une très petite tache testacée, peu tranchée, au devant des yeux. Quelquefois les élytres paraissent densément linéolées de brun, mais les intervalles alternes restent toujours plus finement et plus éparsement pointillés.

La variété *a* présente sur la suture deux petites taches brunes, l'une avant le milieu, souvent effacée, l'autre après le milieu, plus constante — Fréjus.

La variété *b* a les élytres d'un testacé plus obscur avec un léger éclat métallique verdâtre, et, çà et là, quelques teintes brûnâtres sur le disque — Villié-Morgon (Rhône).

La tête et le prothorax varient du noir bronzé au bronzé verdâtre ou cuivreux, ou même empourpré.

Quelquefois les élytres paraissent toutes également et finement ponctuées-striées. D'autres fois, la forme est un peu moins oblongue et le prothorax encore plus éparsement ponctué, et c'est là ce que j'ai reçu sous le nom de *viridiceps* Rott. — Sicile.

On attribue au *L. gracilis* le *subtilis* de Kiesenwetter (in Heyden, Reis. Sudl. Span.)

11. **Laccobius Sellae**, Sharp.

Subovale, assez convexe, éparsement pointillé, d'un noir submétallique luisant en dessus, plus mat en dessous, avec le prothorax et les élytres parés d'une ceinture latérale pâle assez large et bien tranchée, les palpes, les antennes et les pieds d'un testacé clair, et la base des cuisses un peu plus foncée. Labre subtronqué. Tête et prothorax éparsement pointillés, très lisses entre les points. Élytres à rangées de points régulières et écartées, avec des séries intermédiaires de points plus fins et espacés. Cuisses antérieures tomenteuses dans leur tiers basilaire. Tibias postérieurs finement et éparsement épineux.

♂ *Tarses antérieurs* à 2e et 3e articles subépassis.

♀ *Tarses antérieurs* simples.

Laccobius Sellae, SHARP. Soc. ent. Ital. 317. — DE MARSEUL, l'Abeille, XVII, p. 117.

Long. 0,0021 ; — larg. 0,0016.

Corps subovale, assez convexe, d'un noir submétallique luisant, avec une ceinture pâle, bien tranchée et assez large, sur les côtes du prothorax et des élytres.

Tête moins large que le prothorax, finement et éparsement pointillée lisse entre les points ; d'un noir métallique, avec une légère transparence rousse au devant des yeux. *Labre* subtronqué. *Palpes* d'un testacé pâle, avec le bout extrême des maxillaires à peine rembruni. *Yeux* obscurs.

Antennes d'un testacé pâle, glabres, avec les trois derniers articles de la massue duveteux.

Prothorax fortement transverse, environ deux fois et demie aussi large que long, aussi large en arrière que la base des élytres, subarcuément rétréci en avant, avec les angles antérieurs arrondis et les postérieurs obtus ; convexe ; finement et éparsement pointillé et très lisse entre les points ; d'un noir submétallique luisant, avec une bordure latérale pâle, bien tranchée, embrassant environ le 7e de la largeur totale, étendue, en un filet étroit, jusqu'au tiers du bord postérieur, plus confusément le long du bord antérieur.

Écusson triangulaire, noir, presque lisse ou à peine pointillé.

Élytres de 3 à 4 fois aussi longues que le prothorax, subovales, obtusément acuminées en arrière ; assez convexes ; marquées de rangées de petits points, régulières et écartées, avec des séries intermédiaires de points bien plus fins et espacés, et, en outre, de 2 ou 3 rangées de points plus gros, peu apparentes ; d'un noir submétallique luisant, avec le pourtour extérieur paré d'une ceinture pâle, assez large et bien tranchée, translucide, graduellement plus élargie jusqu'avant le sommet et notée d'une petite tache brune après son milieu.

Dessous du corps très finement chagriné, d'un noir mat et duveteux avec un trait lisse sur le métasternum, et le ventre assez brillant et ruguleux. *Repli du prothorax et des élytres* pâle et translucide.

Pieds d'un testacé pâle, avec les hanches noires, les antérieures brunes, les cuisses graduellement un peu rembrunies vers leur base; *les antérieures* mates et duveteuses dans leur tiers basilaire. *Tibias postérieurs* subarqués, finement et éparsement épineux en dehors.

PATRIE. Cette intéressante petite espèce a été capturée par feu l'abbé Clair, au bord des sources thermales de Valdieri (Piémont), non loin de la frontière française.

OBS. Elle se distingue de tous ses congénères par sa couleur générale noire avec une bordure pâle ou blanchâtre bien tranchée sur les côtés du prothorax et dans le pourtour externe des élytres, élargie postérieurement dans celles-ci.

La tête et le prothorax sont plus éparsement pointillés et encore plus lisses entre les points que chez *L. gracilis*. La carène prosternale est plus obsolète; les tibias postérieurs sont plus distinctement épineux en dehors, etc.

Avec la couleur du *L. Sardeus*, elle en diffère par son fond lisse et brillant et par son prothorax et ses élytres plus largement bordés de pâle.

12. **Laccobius thermarius**, TOURNIER.

Courtement ovalaire, convexe, très finement pointillé, d'un noir brunâtre brillant, avec le prothorax et les élytres parés d'une étroite ceinture latérale pâle et la tête notée d'une petite tache antéoculaire de même couleur, les palpes, les antennes et les pieds testacés, la base des cuisses et les hanches rembrunies. Tête et prothorax luisants, à fond lisse, plus finement et plus éparsement pointillés sur ce dernier. Élytres finement linéées de brun et de gris, à rangées régulières de points fins, subégaux, manquant par places, avec les intervalles étroits.

Laccobius thermarius, TOURNIER, Suisse, V, 436. — DE MARSEUL, l'Abeille, 1883, XX, Hydroph. p. 145, 32.

Long. 0.0018; — larg. 0.0012.

Patrie. Baden en Suisse, au bord des eaux thermales.

Obs. Plus petit et plus court que *L. Sellae*, dont il n'est peut-être qu'une variété à bordure latérale pâle plus étroite et à élytres finement linéées de brun et de gris. La tête est un peu plus fortement ponctuée. D'ailleurs, il se trouve dans les mêmes conditions, c'est-à-dire au bord des eaux thermales.

DEUXIÈME BRANCHE

CHÉTARTHRIAIRES

Caractères. *Tête* subtriangulaire, infléchie, un peu engagée dans le prothorax. *Yeux* non saillants, un peu voilés en arrière par le bord antérieur du prothorax. *Celui-ci* rétréci en avant, aussi large en arrière que les élytres. *Écusson* triangulaire. *Élytres* couvrant tout l'abdomen, creusées d'une strie suturale. *Ventre* de 5 arceaux: les deux premiers excavés, recouverts de deux grandes plaques écailleuses. *Corps* subglobuleux, subcontractile.

Genre *Chaetarthria*, Chétarthrie; Stephens (1).

Stephens, Ill. Brit. V, 1832, 401. — *Cyllidium*, Erichson, Col. March. 1837, I, 211; — Mulsant, Palp. 143. — J. Duval, 1855, Gen. Hydroph. 90, pl. 30, fig. 149.

Étymologie : χαίτη, crinière; ἄρθρον, article.

Caractères. *Corps* subglobuleux, très convexe ou voûté, pouvant en partie se contracter en boule.

Tête grande, subtriangulaire, infléchie, un peu engagée dans le prothorax. *Epistome* à peine échancré en avant. *Labre* transverse, tronqué et cilié au sommet. *Mandibules* cachées. *Palpes maxillaires* courts, assez

(1) Pour les genres, comme il n'y a pas à s'y tromper, j'admets la loi de priorité, et je suis en cela, d'accord avec les récents catalogues. Cette coupe, indiquée par Waterhouse, sous le nom de *Chaetarthria*, a été publiée par Stephens quelques années avant le premier volume des Coléoptères de la Marche de Brandebourg (Voyez Mulsant, p. 143, et Laporte, p. 100).

épais, moins longs que les antennes, de 4 articles : le 1er très petit : le 2e suballongé, un peu en massue : le 3e bien plus court : le dernier plus long que le pénultième, subégal au 2e, subfusiforme, tronqué au bout. *Palpes labiaux* très courts, de 3 articles : le dernier plus long que le 2e, subfusiforme. *Menton* subtransverse, arrondi en avant.

Yeux assez grands, non saillants, un peu voilés en arrière par le bord antérieur du prothorax.

Antennes de 9 articles : le 1er allongé, grêle, en forme de scape, égalant presque la moitié de la longueur de l'antenne, un peu coudé à sa base et subépaissi au sommet : le 2e très court, plus épais, subtransverse, subglobuleux : les 3e à 5e plus étroits, très petits, serrés : le 6e plus large, servant de base à la massue : celle ci subovoïde, de 3 articles sans compter le 6e : les 7e et 8e transverses, le dernier plus petit.

Prothorax très court, bisinué au sommet : tronqué à la base, rétréci d'arrière en avant, très finement rebordé sur les côtés.

Écusson assez grand, triangulaire.

Elytres subhémisphériques, subarrondies en arrière, très finement rebordées sur les côtés, creusées d'une strie suturale.

Prosternum très court, triangulaire entre les hanches antérieures. *Mésosternum* très court, enfoui, muni sur son milieu d'une petite carène comprimée. *Métasternum* court. *Postépisternums* allongés, subparallèles. *Postépimères* cachées.

Ventre paraissant de 4 arceaux, mais en réalité de 5 ; les 2 premiers recouverts par deux grandes plaques écailleuses, subconcaves et contiguës : le 1er court, le 2e plus grand, les suivants courts (1).

Hanches antérieures subcontiguës, subglobuleusement ovalaires ; les autres très rapprochées ; les *intermédiaires* un peu plus grandes, oblongues, subobliques, non saillantes ; les *postérieures* en lame assez allongée, transverse, subparallèle.

Pieds assez courts, assez robustes. *Trochanters* petits, en onglet. *Cuisses* assez larges, subcomprimées. *Tibias* environ de la longueur des cuisses, assez épais, subcomprimés, rétrécis vers leur base, finement épineux, munis au bout de leur sommet interne de 2 petits éperons acérés. *Tarses* bien plus courts que les tibias, à peine ciliés, à 1er article très court : les

(1) Quand on soulève les plaques, les deux premiers arceaux, creusés de chaque côté d'une profonde fossette ovale et commune, sont en partie voilés par de longs cils blonds, assez grossiers, naissant de la base du ventre.

2e à 4e courts ou assez courts, graduellement plus courts : le dernier subégal aux 2 précédents réunis. *Ongles* très petits, grêles, arqués.

Obs. Les espèces de ce genre sont moins aquatiques que celles des genres voisins ; toutefois elles hantent les lieux humides.

Leur corps subglobuleux, subcontractile presque à la manière des Agathidies, et les plaques écailleuses de la base du ventre, font de cette coupe générique une des mieux caractérisées.

Il en existe une seule espèce française.

1. Chaetarthria seminulum. Paykull.

Subglobuleux, voûté, d'un noir brillant, avec les côtés du prothorax et des élytres et le dessous du corps moins foncés, les palpes, les antennes et les pieds d'un roux de poix. Tête et prothorax presque lisses. Élytres légèrement pointillées, creusées d'une strie suturale effacée en avant. Tarses courts.

Hydrophilus seminulum, Paykull, Faun. Suec. I, 190, 16. — Gyllenhal, Ins. Suec. I, 118, 8.

Hydrobius seminulum, Stephens, Syn. 2, 135, 25. — Sturm, Deut. Faun. X, 19, 12.

Cyllidium seminulum, Erichson, Col. March. I, 211. — Heer, Faun. Helv. I, 486, 1. — Mulsant, Palp. 144, 1. — Fairmaire et Laboulbène. Faun. Fr. I, 233, 1. — J. Duval, 1855, Gen. Hydroph. pl. 30, fig. 149.

Coelostoma seminulum. Laporte de Castelnau. Hist. des Col. II, 59, 4.

Chaetarthria seminulum, Thomson, Col. Skand. II, 100, 1.— Bedel, Faun. Col. Seine. I, 314 et 332.

Long. 0,0015 ; — Larg. 0,0013.

Corps subglobuleux, voûté, en majeure partie d'un noir brillant, moins foncé en dessous.

Tête moins large que le prothorax, en triangle tronqué en avant, subconvexe, lisse ou à peine chagrinée, d'un noir assez brillant. *Palpes* d'un roux de poix. *Yeux* obscurs.

Antennes rousses, glabres, à massue pubescente, formant un coude à son insertion avec le funicule.

Prothorax fortement transverse, près de trois fois aussi large que long, aussi large en arrière que la base des élytres, subarcuément rétréci d'arrière en avant, avec les angles antérieurs subarrondis et les postérieurs arrondis; très convexe; presque lisse ou à peine chagriné; d'un noir brillant avec les côtés offrant une légère transparence roussâtre.

Écusson en triangle subéquilatéral, presque lisse ou à peine chagriné, d'un noir brillant.

Élytres 3 fois au moins aussi longues que le prothorax, subhémisphériques, subarrondies en arrière; voûtées ; creusées d'une strie suturale profonde, effacée en avant ; marquées de points peu profonds, assez serrés (1), souvent obsolètes vers la base, parfois rangés en stries sur les côtés et vers l'extrémité; d'un noir brillant, avec le pourtour extérieur roussâtre par transparence.

Dessous du corps d'un brun souvent un peu rougeâtre, presque lisse et brillant sur la poitrine, ruguleusement chagriné, plus mat et duveteux sur le ventre.

Pieds d'un rouge brun. *Cuisses* très finement pointillées et légèrement pubescentes, les *postérieures* plus lisses et plus brillantes. *Tibias* finement épineux. *Tarses* courts, un peu plus pâles.

Patrie. Cette espèce, assez répandue, habite presque toutes les parties de la France, au bord des eaux, dans les mousses et les détritus plus ou moins humides. Suivant Perris (Excursions, 1850, 468), elle ne se trouve pas dans les eaux, mais, comme les *Georyssus*, dans le sable humide (2).

Obs. Elle varie beaucoup pour la taille. La ponctuation des élytres est plus ou moins marquée. Parfois les pieds postérieurs, et même les intermédiaires, sont assez obscurs, avec les trochanters, les genoux et les tarses plus clairs. Chez les immatures, le corps est entièrement roux.

Je ne vois pas qu'on puisse lui rapporter le *Dermestes nigrinus* de Marsham (Ent. Brit. I, 77, 54), qui dit : *ovato-oblongus... laevis*, ce qui n'a pas lieu dans *seminulum*.

(1) Les intervalles des points sont ou presque lisses, ou à peine chagrinés.

(2) Je l'ai prise quelquefois dans la terre sous des tas de détritus végétaux. Ses tarses postérieurs courts et à peine ciliés indiquent effectivement des habitudes peu nageuses.

TROISIÈME BRANCHE

LIMNOBIAIRES

Caractères. *Tête* inclinée, subtriangulaire, sensiblement engagée dans le prothorax. *Yeux* peu saillants, le plus souvent voilés en arrière par le bord antérieur du prothorax. *Celui-ci* rétréci en avant, presque aussi large en arrière que la base des élytres. *Écusson* triangulaire. *Élytres* plus ou moins tronquées, plus courtes que l'abdomen, sans strie suturale. *Ventre* de 7 arceaux. Le *dernier article des tarses* très développé. *Corps* ovale ou oblong.

Obs. Cette branche, remarquable par ses élytres tronquées et son ventre de 7 arceaux, peut être partagée en deux rameaux :

Hanches postérieures	
normales, ne recouvrant pas la base des cuisses postérieures. *Ventre* peu convexe, normal, à 1er arceau court. *Antennes* de 9 articles. *Tarses* de 5 articles.	1er ram. Limnobiates.
en forme de lame transversale recouvrant la base des cuisses postérieures. *Ventre* très convexe, conique, à 1er arceau grand. *Antennes* de 8 articles. *Tarses* paraissant de 3 articles.	2e ram. Hydroscaphates.

PREMIER RAMEAU

LIMNOBIATES

Caractères. *Antennes* de 9 articles. *Prothorax* à angles antérieurs arrondis, les postérieurs obtus. *Postépisternums* subparallèles. *Ventre* peu convexe, légèrement rétréci en arrière, à 1er arceau court. *Hanches postérieures* normales, ne recouvrant pas la base des cuisses postérieures. *Tarses* de 5 articles : le dernier des postérieurs allongé, plus court que les 3 précédents réunis.

Un seul genre répond à ce rameau :

Genre *Limnobius*, Limnobie ; Leach.

Leach, Miscell. 1817, III, 93. — Mulsant, Palp. 88. — J. Duval, 1855, Gen. Hydroph. 89, pl. 30, fig. 148.

Etymologie : λίμνη, marais ; βιόω, je vis.

Caractères. *Corps* ovale ou oblong, plus ou moins convexe. *Tête* grande, subtriangulaire, sensiblement engagée dans le prothorax. *Épistome* grand, subéchancré en avant (1). *Labre* transverse, incliné, subsinué dans le milieu de son bord antérieur. *Mandibules* cachées. *Palpes maxillaires* plus ou moins longs, assez grêles, bien plus longs que les antennes, de 4 articles : le 1er très petit : les autres plus ou moins allongés, subégaux : les 2e et 3e subépaissis vers leur extrémité : le dernier subfusiforme. *Palpes labiaux* très petits, peu distincts, grêles, de 3 articles : le dernier ovalaire-oblong. *Menton* grand, transverse, arrondi en avant.

Yeux assez grands, peu saillants, voilés en arrière par le bord antérieur du prothorax.

Antennes de 9 articles : les deux premiers assez longs, subégaux : le 1er subarqué, le 2e subatténué au sommet : le 3e plus court, obconique : le 4e transverse, angulairement dilaté en dehors : les 5e et 6e très petits, noueux : les 7e à 9e formant une massue serrée, obconique.

Prothorax transverse, bisinueusement échancré au sommet, tronqué à la base, rétréci d'arrière en avant, très finement rebordé sur les côtés, à angles antérieurs arrondis, les postérieurs obtus.

Écusson assez grand ou médiocre, triangulaire.

Élytres ovales ou ovales-oblongues, parfois assez courtes, plus ou moins atténuées en arrière et généralement tronquées à leur bord apical, laissant plus ou moins à découvert le sommet de l'abdomen ; sans strie suturale ; finement rebordées sur les côtés, parfois très finement dans la partie supérieure de la suture.

Prosternum court, angulé au-devant des hanches antérieures entre lesquelles il émet une petite tranche linéaire, très fine. *Anté-épisternums* assez réduits, subtriangulaires. *Mésosternum* court, subcarinulé à sa base, simple dans son milieu, prolongé au sommet, entre les hanches intermédiaires, en une lame plus ou moins large, sillonnée sur son milieu, parfois entaillée à sa base, tronquée au sommet. *Médiépisternums* très grands, irréguliers. *Métasternum* grand, subtransversalement coupé à son bord apical, légèrement entaillé entre les hanches postérieures. *Postépisternums* allongés, étroits, subparallèles, subarrondis au bout. *Postépimères* cachées.

Ventre de 7 arceaux : les 1er et 5e courts, subégaux : le 6e bien plus grand que le précédent : le dernier petit, court, souvent rétractile.

Hanches antérieures très rapprochées, les autres plus ou moins dis-

(1) L'épistome est séparé du front par une suture arquée parfois subimpressionnée.

tantes ; les *antérieures* subovalaires, obliquement couchées : les *intermédiaires* plus courtes, subglobuleuses, un peu saillantes ; les *postérieures* en lame allongée, assez étroite, transverse, subarquée à son bord apical.

Pieds assez courts, parfois assez robustes. *Trochanters* en onglet, les antérieurs très petits, les intermédiaires plus grands, les postérieurs bien plus grands. *Cuisses* subcomprimées. *Tibias* environ de la longueur des cuisses, plus ou moins rétrécis vers leur base, parfois sublinéaires, plus ou moins épineux (1), munis au bout de leur sommet interne de 2 très petits éperons peu distincts ; les *postérieurs* un peu plus longs. *Tarses* bien plus courts que les tibias, grêles, sublinéaires ; à 1er article très court, peu distinct ; les *antérieurs* et même les *intermédiaires* semblant n'avoir que 3 articles, et les *postérieurs* que 4 ; ceux-ci sensiblement plus longs, subcomprimés, à peine ciliés en dessous, parés en dessus de quelques très longs cils, plus ou moins caducs : le dernier article de tous les tarses très développé, un peu en massue, plus court, dans les postérieurs, que les 3 précédents réunis, ceux-ci subégaux, suballongés ou oblongs ; aussi long que les précédents réunis, dans les autres. *Ongles* petits, grêles, arqués, à peine dentés en dessous, à leur base.

Obs. Ce genre, à mœurs aquatiques, préfère les ruisseaux et les fossés plutôt que les grands marais. Il est bien distinct des précédents par ses élytres tronquées et un peu plus courtes que l'abdomen (2)., et surtout par son ventre composé de 7 arceaux au lieu de 5.

Selon Miger, dit Mulsant (p. 90), la larve des *Limnobius* serait terrestre et carnassière.

Ce genre renferme un certain nombre d'espèces dont voici le tableau :

a. *Suture des élytres* non visiblement rebordée postérieurement. *Lame mésosternale* plus longue que large, sillonnée dans toute sa longueur.

b *Menton* subexcavé sur son milieu, relevé sur les côtés. Le 3e *article des palpes maxillaires* ♂ sensiblement dilaté. *Lame mésosternale* étroite. *Dessus du corps* obsolètement pointillé, d'un roux de poix, à tête et disque du prothorax noirs. . 1. PAPPOSUS.

bb. *Menton* plan. Le 3e *article des palpes* ♂ normal.

c. *Pieds* d'un roux de poix, à cuisses plus ou moins rembrunies, au moins les postérieures. *Lame mésosternale* assez étroite. *Taille* moyenne.

(1) Ils varient, du reste, d'un sexe à l'autre, et pour la forme, et pour les épines,

(2) Certaines ♀, toutefois, semblent faire exception

d. *Cuisses postérieures* ♂ angulées-subdentées en dessous après le trochanter. Le 6e *arceau ventral* ♂ avec une houppe de poils serrés sur son milieu. *Dessus du corps* noir. . . . . 2. TRUNCATULUS.

dd. *Cuisses postérieures* ♂ inermes, simples.

e. *Labre* angulairement sinué au sommet. *Prothorax* fortement arqué sur les côtés. *Dessus du corps* finement alutacé et finement pointillé, d'un noir brillant.

f. *Dent du 6e arceau ventral* ♂ sillonné sur sa ligne médiane. *Angles antérieurs du prothorax* largement arrondis. . . . . 3. TRUNCATELLUS.

ff. *Dent du 6e arceau ventral* ♂ subconvexe sur sa ligne médiane. *Angles antérieurs du prothorax* à peine arrondis. . . . . 4. NITIDULOIDES.

ee. *Labre* subtronqué ou à peine sinué au sommet. *Dessus du corps* presque entièrement lisse ou obsolètement alutacé, d'un noir luisant.

g. *Prothorax* modérément arqué sur les côtés, à angles antérieurs médiocrement arrondis. Le 6e *arceau ventral* ♂ échancré ou bidenté au sommet, garni en avant de l'échancrure d'une épaisse pubescence pâle déprimée. *Cuisses postérieures* ♂ fortement voûtées en dessus. . . 5. NITIDUS.

gg. *Prothorax* fortement arqué sur les côtés, à angles antérieurs largement arrondis. Le 6e *arceau ventral* ♂ garni sur son milieu d'une forte houppe de poils fauves subdivergents. *Cuisses postérieures* ♂ normales. . 6. CRINIFER.

cc. *Pieds* entièrement roux ou même d'un roux clair. *Lame mésosternale* étroite. *Taille* petite ou très petite.

h. *Prothorax* obsolètement alutacé, imponctué. *Élytres* presque lisses, imponctuées. *Dessus du corps* noir. *Taille* très petite. . . . . 7. ALUTA.

hh. *Prothorax* obsolètement pointillé, lisse entre les points. *Élytres* plus ou moins pointillées.

i. *Élytres* presque entièrement noires ou brunes, à marge un peu roussâtre, distinctement pubescentes, assez convexes, sensiblement atténuées en arrière. *Taille* petite. . . 8. SERICANS.

ii. *Elytres* uniformément rousses ou châtaines. *Taille* très petite.

k. *Élytres* très finement et obsolètement pointillées, peu convexes, éparsement pubescentes, peu atténuées en arrière. *Prothorax* entièrement roux. *Forme* très oblongue. . . . . 9. PUNCTILLATUS.

kk. *Élytres* à peine pointillées, assez convexes, presque glabres, sensiblement atténuées en arrière. *Prothorax* rembruni sur son milieu. *Forme* ovale-oblongue. . 10. MYRMIDON.

aa. *Suture des élytres* très finement rebordée postérieurement. *Lame mésosternale* courte, plus large ou au moins aussi large que longue, profondément et angulairement creusée en avant. *Taille* très petite *(Bolimnius*, anagramme de *Limnobius)* (1).

l. *Corps* fortement oblong. *Élytres* brunes, sensiblement atténuées en arrière. *Cuisses postérieures* non rembrunies. . . 11. OBLONGUS.

ll. *Corps* assez court, obovale. *Elytres* d'un roux brunâtre, assez fortement atténuées en arrière. *Cuisses postérieures* assez souvent rembrunies, au moins à leur base. . . . . . 12. ATOMUS.

1. **Limnobius papposus**, MULSANT.

Ovale-oblong, assez convexe, à peine pointillé, éparsement pubescent d'un brun ou roux de poix assez brillant avec la tête et le disque du prothorax noirs, les antennes et les palpes testacés, le dernier article des maxillaires rembruni à son extrémité, les pieds roux et les cuisses plus ou moins largement obscurcies. Labre à peine sinué au sommet. Menton relevé sur les côtés. Prothorax médiocrement arqué latéralement, à angles antérieurs sensiblement arrondis. Élytres un peu relevées en gouttière sur les côtés, subrétrécies en arrière et largement tronquées au sommet. Lame mésosternale étroite. Hanches intermédiaires légèrement distantes.

♂ *Le* 6e *arceau ventral* brillant, garni sur son milieu d'une houppe déprimée de longs poils blonds, partagée en 2 faisceaux divergents. *Le* 7e subcarinulé au bout. *Pygidium* terminé par 2 petites soies assez écartées. *Hanches postérieures* offrant entre elles 2 petites dents peu distinctes. *Cuisses postérieures* subarquées en dessus, subrectilignes en dessous. *Tibias posterieurs* à peine rétrécis à leur base, à peine atténués au sommet. *Tarses antérieurs* à premiers articles subépaissis. *Le* 3e *article des palpes maxillaires* sensiblement dilaté.

Le 6e *arceau ventral* un peu brillant, à peine pubescent, subtronqué ou à peine arrondi au sommet. *Le* 7e mutique. *Pygidium* terminé par 2 petites soies rapprochées (1). *Hanches postérieures* inermes. *Cuisses postérieures* normales. *Tibias postérieurs* sublinéaires. *Tarses antérieurs* simples. *Le* 3e *article des palpes maxillaires* simplement en massue. *Taille* un peu moindre.

(1) Ces soies sont toujours plus rapprochées à leur base et plus divergentes au sommet chez les ♀, dans presque toutes les espèces.

Limnobius papposus, MULSANT, Palp. 92, 2. — FAIRMAIRE et LABOULBÈNE, Faun. Fr. I, 232, 2. — THOMSON, Skand. Col. II, 69, 2. — BEDEL, Faun. Col. Seine, I, 315 et 322, 1.

Variété *a*. *Dessus du corps* d'un fauve testacé, avec la tête souvent rembrunie. *Pieds* entièrement testacés.

Hydrophilus truncatellus, var. *b*, GYLLENHAL, Ins. Suec. I, 124.
Limnobius papposus, var. C, MULSANT, Palp. 92.

Long. 0,0021 ; — larg, 0,0015.

Corps ovale-oblong, assez convexe, à peine pointillé, d'un brun ou roux de poix assez brillant; revêtu d'une très fine pubescence pâle, couchée et assez courte, éparse en dessus, plus serrée en dessous.

Tête moins large que le prothorax, à peine convexe, très finement et obsolètement pointillée, d'un noir de poix assez brillant. *Labre* subtronqué ou à peine sinué à son bord antérieur. *Palpes* testacés, avec le bout du dernier article des maxillaires rembruni. *Menton* très finement chagriné, plus lisse à sa base, subexcavé dans son milieu et relevé sur ses côtés. *Yeux* obscurs.

Antennes testacées, à massue à peine plus foncée, pubescente.

Prothorax fortement transverse, environ deux fois et demie aussi large que long, presque aussi large en arrière que la base des élytres; médiocrement arqué sur les côtés et rétréci en avant avec les angles antérieurs sensiblement arrondis et les postérieurs subobtus et tombant un peu en dedans des épaules ; assez convexe ; obsolètement alutacé et à peine pointillé, avec une série de points bien plus forts, le long du bord antérieur, interrompue au milieu (1); légèrement pubescent ; d'un noir de poix assez brillant, avec les côtés graduellement et largement roussâtres et parfois l'extrême base.

Écusson grand, presque lisse, brunâtre.

Élytres environ trois fois aussi longues que le prothorax, suboblongues, modérément atténuées en arrière et largement tronquées au sommet ; assez convexes ; subcomprimées et un peu ou à peine relevées en gouttière après le milieu de leurs côtés, avec les angles postéro-externes arrondis et parfois subexplanés ; obsolètement alutacées et à peine poin-

(1) Cette série de points plus forts, le long des côtés du bord antérieur, est un caractère ommun à tous les *Limnobius*, et ces points sont souvent subgéminés.

tillées, éparsement pubescentes ; d'un brun châtain plus ou moins roussâtre et assez brillant.

Dessous du corps noir. *Antépectus* et *médipectus* finement chagrinés, peu brillants. *Lame mésosternale* étroite, plus de deux fois aussi longue que large, mousse ou subarrondie au bout. *Postpectus* subruguleux, densément pubescent, peu brillant. *Ventre* subconvexe, subaspèrement pointillé, assez densément pubescent, à 6e et 7e arceaux plus ou moins lisses et plus brillants. *Pygidium* subruguleux ou chagriné.

Pieds roux, à cuisses plus ou moins rembrunies. *Cuisses* et *tibias intermédiaires* et *postérieurs* distinctement pointillés, les *antérieurs* plus lisses. *Tibias* finement épineux, surtout sur leur tranche externe. *Hanches intermédiaires* légèrement distantes.

PATRIE. Cette espèce, peu commune, se trouve dans les eaux stagnantes, dans plusieurs parties de la France ; les environs de Lyon, le Beaujolais, le Bourbonnais, la Bourgogne, les Vosges, la Savoie, les Alpes, les Pyrénées, le bassin de la Seine, etc.

OBS. Elle est remarquable, entre toutes, par la sculpture du menton qui est creusé au milieu et plus ou moins relevé de chaque côté ♂ ♀, et par la forme dilatée du 3e article des palpes maxillaires ♂.

La couleur, surtout celle des élytres, varie du brun châtain au roux testacé, avec le disque du prothorax ou seulement la tête ordinairement plus foncés. Je n'ai vu aucun exemplaire à élytres franchement noires.

Quelquefois les pieds antérieurs, plus rarement tous les pieds sont entièrement testacés.

La ponctuation du vertex est à peine plus apparente que celle de l'épistome.

2. Limnobius truncatulus, THOMSON.

Ovale, assez convexe, brillant, presque lisse, éparsement et très finement pubescent, noir, à prothorax et élytres bordés de poix; labre tronqué au sommet.

♂ *Le* 6e *arceau ventral* paré en son milieu d'une houppe de longs poils blonds et serrés. *Cuisses postérieures* armées en leur milieu d'une dent obtuse.

♀ Le 6e *arceau ventral* simple. *Cuisses postérieures* inermes.

Long, 0,0016 ; — larg. 0,0012.

PATRIE. Hautes-Pyrénées (Pandellé).

OBS. Cette espèce diffère du *L. papposus* par sa taille un peu moindre, par sa couleur plus obscure, par sa tête moins visiblement pointillée et par la dent des cuisses antérieures ♂ (1).

3. **Limnobius truncatellus**, THUNBERG.

Oblong, assez convexe, très finement pointillé, légèrement pubescent, d'un noir brillant avec les côtés du prothorax et des élytres un peu moins foncés, les palpes, la base des antennes, les tibias et les tarses roux. Labre angulairement sinué au sommet. Menton plan. Prothorax fortement arqué sur les côtés, à angles antérieurs largement arrondis. Élytres un peu relevées en gouttière latéralement, subrétrécies en arrière et largement tronquées au sommet. Lame mésosternale assez étroite. Hanches intermédiaires modérément distantes.

♂ Le 6e *arceau ventral* lisse, terminé par une forte dent sillonnée en dessous et souvent roussâtre. *Pygidium* terminé par 2 petites soies assez écartées. *Cuisses postérieures* arquées en dessus, subrectilignes en dessous. *Tibias antérieurs* et *intermédiaires* assez robustes et assez fortement arqués ; les *postérieurs* grêles et arqués à leur base, brusquement et subparallèlement dilatés dès leur premier tiers, garnis d'une frange de longs cils serrés vers l'extrémité de leur tranche externe. *Tarses antérieurs* à premiers articles subépaissis (2).

♀ Le 6e *arceau ventral* moins lisse, inerme, subéchancré à son bord apical. *Pygidium* terminé par 2 petites soies un peu moins écartées. *Tibias* moins robustes, à peine arqués, de forme normale. *Tarses antérieurs* simples. *Taille* moindre.

(1) Faute de matériaux suffisants, j'ai rapporté la description de Thomson (Skand. Col. II, p. 69, 3). et renvoie, pour plus amples détails, à celle de Marseul (l'Abeille, 1883, XX, p. 151, 40)

(2) Les pieds des ♂ diffèrent abondamment de ceux des ♀. Ils sont plus robustes dans toutes leurs parties. En outre, les cuisses postérieures sont garnies en dessous de longs cils blonds, couchés et souvent caducs. Les tibias intermédiaires sont, en dedans, finement ciliés de blanc, outre les épines, avec quelques cils bien plus longs, surtout dans leur dernière moitié, etc.

Hydrobius truncatellus, THUNBERG, Diss. Ins. Suec. III, 86. — PAYKULL, Faun. Suec. I, 189, 15. — GYLLENHAL, Ins. Suec. I, 123, 13.
Hydrobius truncatellus, STURM, Deut. Faun. X, 20, 13.
Limnobius truncatellus, ERICHSON, Col. March. I. 201, 1. — LAPORTE DE CASTELNAU, Hist. des Col. II, 56. — HEER, Faun. Helv. I, 481. 1. — MULSANT, Palp. 90, 1. — FAIRMAIRE et LABOULBÈNE, Faun. Fr. I, 232, 1. — THOMSON, Skand. Col. II, 68, 1. — BEDEL, Faun. Col. Seine, I, 315 et 333, 2.

Variété *a*. *Dessus du corps* d'un roux testacé avec la tête noire. *Pieds* entièrement testacés ainsi que les hanches antérieures et intermédiaires.

Long. 0,0020 à 0,0024 ; — larg. 0,0011 à 0,0016.

PATRIE. Cette espèce, la plus grande du genre, est assez commune dans toutes les parties de la France, jusque dans les régions subalpines et même dans la zone méditerranéenne. Elle ne dédaigne pas les eaux vives.

OBS. Elle est remarquable par sa ponctuation assez évidente, par son labre visiblement sinué-angulé, et par la structure du 6e arceau ventral et des tibias postérieurs, chez les ♂. Elle se distingue de prime abord du *papposus* par sa taille plus grande et sa couleur plus noire et plus brillante.

Chez les immatures, le dessus du corps est d'un roux testacé, avec la tête noire ou brune, et les pieds, ainsi que les hanches antérieures et même intermédiaires, entièrement testacés (*L. rufescens*, R.).

La ♀ est bien moindre que le ♂, avec le 6e arceau ventral moins grand et moins lisse.

On rapporte au *L. truncatellus* l'*Hydrophilus parvulus* de Herbst (Nat. t. VII, 314, 25, pl. 114, fig. 10).

4. **Limnobius nitiduloïdes**, BAUDI.

Oblong, assez convexe, finement et distinctement pointillé, à peine pubescent, d'un noir de poix brillant, avec les côtés du prothorax et des élytres moins foncés, les palpes et la base des antennes roux, et les pieds d'un roux de poix. Labre subsinué au sommet. Menton plan. Prothorax assez fortement arqué sur les côtés, à angles antérieurs obtus ou à peine arrondis. Élytres assez largement relevées en gouttière latéralement, surtout postérieurement, subrétrécies en arrière et largement tronquées au sommet.

♂ Le 6e *arceau ventral* lisse, terminé par une forte dent, subconvexe sur sa ligne médiane, finement rebordé latéralement et flanqué de chaque côté à sa base d'une fossette profonde. *Pygidium* subtronqué au sommet, terminé par 2 soies écartées. *Cuisses postérieures* arquées en dessus. *Tibias postérieurs* presque droits ou à peine flexueux, garnis en dedans d'une frange de longs cils serrés, blonds, souvent obsolètes ou caducs dans le dernier quart.

♀ Le 6e *arceau ventral* largement échancré au sommet. *Pieds* simples. *Taille* moindre.

Limnobius nitiduloides, Baudi, Esp. Ital. du genre *Limnobius*, p. 35. — De Marseul, l'Abeille, 1879, XVII, p. 89, 1.

Long. 0,0024 ; — Larg. 0,0012.

Patrie. Apennins, lac Bolsena (Baudi) ; Alpes-Maritimes (C. Brisout)

Obs. Cette espèce ressemble au *L. truncatellus*, dont elle diffère par sa ponctuation encore plus distincte ; par les angles antérieurs du prothorax moins largement arrondis, par ses élytres ♂ un peu plus explanées en arrière sur les côtés ; par la sculpture de la dent du 6e arceau ventral ♂, et par la structure et la villosité plus longue et plus serrée des tibias postérieurs ♂, etc.

5. **Limnobius nitidus**, Mulsant.

Subovale, convexe, presque lisse, à peine pubescent, d'un noir luisant, avec les palpes, les antennes, les tibias et les tarses roux. Labre subtronqué au sommet. Menton plan. Prothorax modérément arqué sur les côtés, à angles antérieurs médiocrement arrondis. Élytres subcomprimées mais non ou à peine relevées en gouttière sur les côtés, subatténuées en arrière et largement tronquées au sommet. Lame mésosternale assez étroite. Hanches intermédiaires modérément distantes.

♂ Le 6e *arceau ventral* presque lisse, garni, sur sa région médiane et à son extrémité, d'une épaisse pubescence pâle et déprimée, et puis terminé par 2 dents cornées, courtes et mousses, séparées entre elles par une échancrure semicirculaire. *Pygidium* ruguleux, terminé par 2 petites soies, parfois géminées. *Hanches postérieures* armées chacune, près de trochanters, d'une épine assez forte, acérée, souvent confondue avec les poils. *Cuisses intermédiaires* brièvement ciliées en dessous, avec quelques cils bien plus longs; les *postérieures* fortement voûtées en dessus, subrectilignes et éparsement ciliées en dessous. *Tibias antérieurs* assez robustes, subarqués en dehors ; les *postérieurs* grêles à leur base, assez brusquement et subparallèlement élargis dès leur premier quart jusqu'à leur dernier tiers et de là atténués jusqu'au sommet. *Tarses antérieurs* à premiers articles subépaissis.

♀ Le 6e *arceau ventral* presque lisse, inerme, subarqué à son bord apical. *Pygidium* ruguleux, terminé par 2 petites soies rapprochées. *Hanches postérieures* inermes. *Cuisses* normales. *Tibias antérieurs* assez grêles, presque droits, les *postérieurs* simples. *Tarses antérieurs* simples.

Limnebius nitidus, Mulsant, Palp. 94, 3. — Fairmaire et Laboulbène, Faun. Fr. I, 233, 3. — J. Duval, 1855, Gen. Hydroph. pl. 30, fig. 148?
Limnebius furcatus, Baudi, Bull. Soc. Ital. IV, 37. — De Marseul, 1879, l'Abeille, XVII, 90, 2. — Bedel, Faun. Col. Seine, 1881, 316 et 333, 3.

Variété *a*. Tout le *corps* d'un roux testacé, en dessus et en dessous.

Long. 0,0015 à 0,0020 ; — larg. 0,0011 à 0,0011 à 14.

Patrie. Cette espèce n'est pas rare dans les fossés et les ruisseaux, dans presque toute la France. Elle est commune en Provence et dans le Languedoc, le Roussillon et la région pyrénéenne.

Obs. Elle est moins grande et un peu moins oblongue que *L. truncatellus*, un peu plus convexe, un peu plus brillante et surtout plus lisse, sans ponctuation bien appréciable. Le labre n'est pas visiblement sinué en avant. Le prothorax, moins fortement arqué sur les côtés, a les angles antérieurs moins largement arrondis. Enfin, la sculpture du 6e arceau ventral ♂ n'est plus la même, ainsi que la structure des tibias postérieurs, etc.

La ♀ est d'une taille un peu moindre.

Quelques immatures sont entièrement d'un roux testacé. Chez quelques adultes, les trochanters et le sommet des cuisses ont une couleur roussâtre, et, rarement, les côtés du prothorax et des élytres montrent une transparence moins foncée.

Les séries de points géminés, situées vers les sinus du bord antérieur du prothorax, sont assez accusées (1).

Le *similis* de Baudi (Soc. Ital. IV, 37) est sans doute une variété un peu immature, à côtés du prothorax et du dessous du corps fauves.

6. Limnobius crinifer, Rey.

Subovale, convexe, presque lisse, à peine pubescent, d'un noir luisant, avec les palpes, les antennes, les tibias et les tarses roux. Labre subtronqué. Menton plan. Prothorax fortement arqué sur les côtés, à angles antérieurs largement arrondis. Élytres non ou à peine relevées en gouttière latéralement, subrétrécies en arrière et largement tronquées au sommet. Lame mésosternale assez étroite. Hanches intermédiaires légèrement distantes.

♂ Le 6e *arceau ventral* brillant, subtronqué ou à peine arrondi au sommet, garni sur son milieu d'une forte houppe de longs poils fauves, subdivergents : le 7e subcarinulé. *Pygidium* pointillé, terminé par 2 petites soies assez écartées. *Tarses antérieurs* à 1er article subépaissi.

♀ Le 6e *arceau ventral* un peu brillant, subtronqué au sommet, à peine pubescent : le 7e non carinulé. *Pygidium* pointillé, terminé par 2 petites soies assez rapprochées. *Tarses antérieurs* simples.

Long. 0,0020 ; — larg. 0,0014.

Patrie. L'Autriche, la Suisse (collection Guillebeau) et, probablement aussi, les Alpes françaises.

Obs. Cette espèce a la forme et la couleur du *nitidus*, avec les distinctions masculines du *papposus*. Elle a les côtés du prothorax plus fortement arqués, à angles antérieurs plus largement arrondis, que chez le premier. Elle diffère du deuxième par sa couleur plus noire et sa

(1) Le *L. mundus* Baudi (Berl. Ent Zeit. 1864, 223) est d'une taille moindre que *L. nitidus* ♀, avec une forme un peu plus oblongue et un peu plus atténuée en arrière. Les élytres, évidemment pubescentes, sont légèrement tronquées chez le ♂, très obliquement chez la ♀, où elles sont subacuminées et recouvrent entièrement l'abdomen. — Long. 0,0012. — Chypre.

Le *L. cassidioïdes* Baudi (p. 224) est moindre, moins convexe, d'un brun de poix, et surtout plus glabre et plus luisant. Les élytres ♀ recouvrent entièrement l'abdomen comme dans *mundus*. La taille est celle de l'*atomus*. — Le Caire (collection Revelière), Chypre.

forme plus convexe. Les élytres sont plus lisses. Le 3e article des palpes maxillaires n'est pas dilaté chez les ♂, et la houppe du 6e arceau ventral est composée de poils plus longs, moins déprimés et moins divergents. Les cuisses postérieures ♂ sont de forme normale, comme chez la ♀. Enfin, le menton, moins lisse, est plan au lieu d'être subexcavé dans son milieu et relevé sur les côtés (1).

Comme chez toutes les espèces, la ♀ est moindre que le ♂ (2).

7. **Limnobius aluta**, Bedel.

Ovale-oblong, convexe, presque lisse, éparsement pubescent, d'un noir brillant, avec les côtés du prothorax et le sommet des élytres obscurément d'un brun rougeâtre, les palpes, les antennes et les pieds d'un roux de poix. Prothorax obsolètement alutacé, imponctué, faiblement arqué sur les côtés, à angles antérieurs légèrement arrondis et les postérieurs presque droits. Élytres sensiblement atténuées en arrière dès après leur base et assez largement tronquées au sommet, presque lisses, imponctuées, obsolètement alutacées.

♂ *Tarses antérieurs* à premiers articles subépaissis. *Pygidium* terminé par 2 petites et courtes soies écartées.

♀ *Tarses antérieurs* simples. *Pygidium* à soies anales plus rapprochées.

Limnobius atomus, Gerhardt, Berl. 1876, 169.
Limnobius aluta, Bedel, 1881, Faun. Col. Seine, 315 et 333, 5. — De Marseul, 1883, l'Abeille, XX, Palp. 152, 42.

Long. 0,0010 ; — larg. 0,0006.

Patrie. Cette rare espèce habite les eaux froides. Lille (collection Mayet) ; bassin de la Seine ; Bugey (Guillebeau), etc.

Obs. Elle est bien moindre et un peu plus oblongue que les *L. nitidus* et

(1) On a accordé quelque importance à la texture du menton qui, plus ou moins chagriné, est tantôt mat, tantôt assez brillant. Quant à moi, je l'ai presque toujours vu un peu plus lisse chez les ♀ que chez les ♂; c'est là, du reste, une nuance très fugitive. Le *L. papposus* seul mérite une mention spéciale pour la sculpture du menton.

(2) Mon *L. crinifer* doit ressembler beaucoup au *Limnobius truncatulus* de Thomson (Skand. Col. II, 69, 3), dont le 6e arceau ventral ♂ serait garni sur son milieu d'une houppe serrée de poils blonds, mais dont les cuisses postérieures ♂ seraient armées, en dessous, dans leur milieu, d'une dent obtuse, ce que je n'ai point aperçu dans *crinifer*.

crinifer, plus distinctement pubescente et un peu moins brillante, avec les côtés du prothorax et le sommet des élytres d'une couleur moins foncée. Le prothorax est plus faiblement arqué latéralement avec les angles antérieurs moins fortement arrondis et les postérieurs plus droits. Les cuisses ne sont pas rembrunies, etc.

Elle ressemble plutôt aux espèces suivantes.

8. **Limnobius sericans**, Mulsant et Rey.

Oblong, assez convexe, presque lisse, éparsement et distinctement pubescent, d'un brun de poix brillant, avec la marge latérale du prothorax et des élytres roussâtre, les palpes, les antennes, les pieds, ainsi que les hanches antérieures et intermédiaires, d'un roux testacé. Labre subtronqué à son bord antérieur. Prothorax obsolètement pointillé, assez fortement arqué sur les côtés, à angles antérieurs assez fortement arrondis. Élytres subrelevées en gouttière sur les côtés, atténuées en arrière et assez largement et obtusément tronquées au sommet, presque imponctuées. Lame mésosternale assez étroite. Hanches intermédiaires légèrement distantes.

♂ Le 6e *arceau ventral* grand, presque lisse et à peine pubescent, subarrondi à son bord apical. Le 7e subéchancré au bout, terminé par 2 petites soies, assez écartées. Le 6e *segment abdominal* subtronqué au sommet. *Tibias antérieurs* fortement et triangulairement dilatés de la base à l'extrémité. *Tarses antérieurs* à premiers articles subépaissis.

♀ Le 6e *arceau ventral* moins grand, moins lisse, plus visiblement pubescent, subéchancré à son bord apical. Le 7e conique, terminé par 2 petites soies très rapprochées (1). Le 6e *segment abdominal* subogival. *Tibias antérieurs* légèrement dilatés de la base à l'extrémité. *Tarses antérieurs* simples.

Limnobius sericans, Mulsant et Rey, Op. Ent. 1861, XII, 59. — De Marseul, l'Abeille, 1879, XVII, 92, 6.
Limnobius nitidus, Bedel. Faun. Col. Seine, I, 316 et 333, 4.

Long. 0,0013 ; — larg. 0,0008.

Patrie. Cette espèce est assez rare. Elle se trouve dans les eaux

(1) Ces soies, souvent accolées, semblent n'en former qu'une.

froides, aux environs de Lyon, dans les montagnes lyonnaises, dans le Beaujolais, la Bresse, le Bugey, à la Grande-Chartreuse, le Piémont, les montagnes de l'Esterel, le bassin de la Seine, etc.

Obs. Elle est de moitié moindre que le *L. papposus*, un peu plus lisse mais plus distinctement pubescente-soyeuse. Elle est un peu plus grande et plus oblongue que *L. aluta;* le prothorax, bien que plus poli foncièrement, paraît très finement et obsolètement pointillé. Les élytres sont plus distinctement pubescentes, presque lisses, non ou à peine pointillées; elles sont moins carrément tronquées que dans les espèces précédentes et même subarrondies à leur sommet, avec l'angle sutural par suite plus obtus (1). Les pieds sont toujours entièrement d'un roux testacé, ainsi que les hanches antérieures et même les intermédiaires. Les tibias postérieurs et le 6e arceau ventral des ♂ n'offrent pas de distinction particulière.

Elle varie pour la couleur. Le dessus du corps est souvent d'un roux de poix avec la tête et le disque du prothorax rembrunis, d'autrefois d'un fauve testacé avec la tête seule plus foncée.

J'ai vu dans la collection Guillebeau un exemplaire, provenant du Bugey, à couleur plus noire, à corps à peine roussâtre sur les côtés, avec les élytres un peu plus distinctement ponctuées (2).

On réunit au *L. sericans* le *Fussi* de Gerhardt, 1876.

9. **Limnobius punctillatus**, Rey.

Fortement oblong, assez étroit, peu convexe, d'un roux de poix brillant, avec la tête noire, les palpes, les antennes et les pieds d'un roux testacé. Labre subsinué à son bord antérieur. Tête et prothorax presque glabres. Celui-ci obsolètement pointillé, lisse entre les points, légèrement arqué sur les côtés, à angles postérieurs presque obtus. Élytres subcomprimées latéralement, subparallèles jusqu'au tiers de leur longueur, puis subatténuées

(1) L'angle apical externe est toujours plus ou moins largement arrondi, et cela dans toutes les espèces,

(2) Le *L. mucronatus* de Baudi (Esp. ital. du G. *Limnobius*, p. 39; — l'Abeille, t. XVII, p. 92) est moindre, plus convexe et moins pubescent que *L. sericans*, avec les élytres plus atténuées en arrière et à troncature plus franche et moins arrondie à l'angle externe ♂, prolongées, obliquement coupées et recouvrant tout le pygidium chez les ♀, avec le 6e arceau ventral ♂ armé d'une pointe saillante et droite. — Long. 1,2 mill. — Apennins, Sardaigne, Corse (Perris, Revelière). — La ♀ paraît peu différer du *L. mundus*.

en arrière et assez largement mais obtusément tronquées au sommet, très finement et obsolètement pointillées et éparsement pubescentes.

♂ M'est inconnu.

♀ Le 6e *segment abdominal* subogivalement arrondi, terminé par une petite soie.

Long. 0,0006 ; — larg. 0,0003.

Patrie. Cette espèce atomique a été trouvée, au printemps, dans un petit ruisseau, aux environs de Villié-Morgon, dans le Beaujolais.

Obs. Elle est bien plus petite que *L. sericans*, avec une forme encore plus étroite. Elle est d'une couleur moins sombre, à tête seule noirâtre. Le prothorax est plus légèrement arqué sur les côtés, à angles antérieurs un peu moins arrondis ; il est presque aussi lisse ou confusément et obsolètement pointillé. Les élytres, assez distinctement pubescentes, présentent, outre leur chagrination obsolète, une ponctuation très fine et légère, assez visible près de la base. Comme le *L. sericans*, elle a la troncature des élytres subarquée, avec l'angle sutural naturellement plus obtus.

C'est, avec le *myrmidon* et l'*atomus*, la plus petite espèce française.

10. **Limnobius myrmidon**, Pandellé.

Ovale-oblong, assez convexe, d'un brun ou roux de poix brillant, avec la tête et le disque du prothorax rembrunis, les palpes, les antennes et les pieds d'un roux testacé. Labre subsinué à son bord antérieur. Tête et prothorax presque glabres, presque lisses, à peine pointillés sur les côtés. Prothorax subarqué sur les côtés, à angles postérieurs presque droits. Elytres assez fortement et subarcuément atténuées en arrière, largement et subobtusément tronquées au sommet, presque glabres, subalutacées, presque lisses ou à peine pointillées.

♂ Le 6e *arceau ventral* grand, presque lisse, à peine pubescent. *Tarses antérieurs* à premiers articles subépaissis.

♀ Le 6e *arceau ventral* moins grand, moins lisse, plus pubescent. *Tarses antérieurs* simples.

Limnobius myrmidon, Pandellé (inédit).

Long. 0,0008 ; — larg. 0,0006.

Patrie. Les environs de Tarbes (Pandellé, Perris).

Obs. Cette espèce est moins oblongue et plus obscure que *L. punctillatus*, avec les élytres plus convexes, moins parallèles et surtout plus fortement atténuées en arrière, moins distinctement pointillées et moins pubescentes. Les angles postérieurs du prothorax sont plus droits, etc. (1).

11. Limnobius (Bolimnius) oblongus, Rey.

Fortement oblong, assez étroit, convexe, presque lisse et presque glabre, d'un noir de poix brillant, avec les palpes, les antennes et les pieds d'un roux de poix, ainsi que les hanches antérieures et intermédiaires. Labre à peine sinué à son bord antérieur. Prothorax médiocrement arqué sur les côtés, à angles antérieurs modérément arrondis. Élytres subcomprimées latéralement, subparallèles jusque près du milieu de leur longueur et puis atténuées en arrière et assez largement tronquées au sommet, à suture très finement rebordée dans sa partie postérieure. Lame mésosternale large et courte, angulairement entaillée en avant. Hanches intermédiaires assez largement distantes.

♂ Le 6e *segment abdominal* subtronqué, terminé par deux petites soies légèrement écartées. *Tarses antérieurs* à premiers articles subépaissis.

♀ Le 6e *segment abdominal* conique, terminé par 2 petites soies très rapprochées. *Tarses antérieurs* simples. *Élytres* moins oblongues et moins parallèles.

Limnobius oblongus, Rey, Rev. d'Ent. 1883, II. p. 88.

Long. 0,0010 ; — larg. 0,0006.

Corps fortement oblong, assez étroit, convexe, presque lisse et presque glabre, d'un noir de poix brillant.

(1) Le *L. perpavulus* Rey (Rev. d'Entom. III, 1884, p. 208) est à peine distinct du *L. myrmidon*, dont il n'est peut-être qu'une variété locale. Il est d'une couleur un peu plus sombre et d'une taille sensiblement moindre. — Corte en Corse (Revelière).

Le *L. subglaber* Rey (Rev. d'Entom. III, 1884, p. 208) est plus distinct par sa taille un peu plus grande, sa couleur plus noire et sa surface un peu plus lisse, même sur les côtés du prothorax. Les palpes et les pieds sont plus obscurs ou brunâtres. Les élytres paraissent un peu moins atténuées en arrière ; elles recouvrent tout l'abdomen chez les ♀, où elles sont souvent un peu roussâtres. Néanmoins, il pourrait bien n'être encore qu'une variété de *L. myrmidon*. — Corte en Corse (Revelière).

Tête moins large que le prothorax, peu convexe, presque lisse et presque glabre, d'un noir brillant. *Vertex* à peine moins lisse que l'épistome. *Labre* à peine sinué à son bord antérieur. *Palpes* roux, à sommet du dernier article des maxillaires un peu rembruni. *Menton* presque lisse, brillant. *Yeux* obscurs.

Antennes d'un roux testacé, à massue parfois plus foncée et duveteuse.

Prothorax fortement transverse, deux fois et demie aussi large que long, presque aussi large en arrière que la base des élytres, à peine plus large vers le milieu de ses côtés, arcuément rétréci d'arrière en avant; médiocrement arqué latéralement, avec les angles antérieurs modérément arrondis et les postérieurs subobtus; convexe; lisse et presque glabre; d'un noir luisant.

Écusson médiocre, lisse.

Élytres environ trois fois aussi longues que le prothorax, oblongues, subparallèles jusque près du milieu de leur longueur, et puis atténuées en arrière et assez largement tronquées au sommet; convexes; subcomprimées sur leurs côtés; presque lisses ou à peine chagrinées, presque glabres (1); d'un noir ou brun de poix brillant, avec parfois quelques légères transparences rousses. *Suture* très finement rebordée postérieurement.

Dessous du corps noir, peu brillant. *Lame mésosternale* courte, presque plus large que longue, profondément et angulairement creusée ou entaillée en avant. *Ventre* aspèrement pointillé, pubescent, à 6e arceau presque lisse et presque glabre.

Pieds d'un roux de poix, ainsi que les hanches antérieures et intermédiaires, ces dernières assez largement distantes.

Patrie. Cette petite espèce a été capturée, en mars, dans les détritus des inondations, à Saint-Raphaël (Var). — Lorgues (Puton); — Cannes (Grouvelle).

Obs. Elle est encore moindre que *L. sericans*, plus oblongue, plus comprimée sur les côtés, plus convexe, plus lisse, plus glabre, plus brillante et d'une couleur plus foncée. La forme et la sculpture de la lame mésosternale et le rebord postérieur de la suture la différencient de toutes les espèces précédentes, telles que *punctillatus* et *myrmidon*, etc.

La troncature des élytres paraît parfois subarrondie (2).

(1) Leur partie postérieure offre quelques petits poils pâles, très clairsemés.

(2) Le *L. evanescens* Kiesw. (Berl. Ent. Zeit. 1865, 375), par sa forme oblongue, trouve naturellement sa place après le *L. oblongus*. Il est d'une taille bien moindre; les côtés du

1. Limnobius (Bolimnius) atomus, Duftschmidt.

Subovale, assez court, convexe, presque lisse et presque glabre, d'un brun de poix brillant, avec les côtés du prothorax et les élytres d'un roux brunâtre, les palpes, les antennes et les pieds roux, les cuisses postérieures parfois légèrement rembrunies. Labre à peine sinué à son bord antérieur. Prothorax assez légèrement arqué sur les côtés, à angles antérieurs légèrement arrondis. Élytres assez fortement atténuées en arrière dès après leur base et assez largement tronquées au sommet, à suture très finement rebordée postérieurement. Lame mésosternale large et courte, angulairement entaillée en avant. Hanches intermédiaires assez largement distantes.

♂ *Tarses antérieurs* à premiers articles subépaissis.
♀ *Tarses antérieurs* simples.

Hydrophilus atomus, Dufschmidt, Faun. Austr. I, 245, 11 (1805).
Hydrophilus minutissimus, Germar, Ins. Spec. nov. 96, n. 164 (1824).
Hydrodius minutissimus, Sturm, Deut. Faun. X, 21, 14.
Limnobius minutissimus, Erichson, Col. March. I, 202, 2. — Heer, Faun. Helv. I, 481, 2.
Limnobius atomus, Mulsant, Palp. 95, 4. — Fairmaire et Laboulbène, Faun. Fr. I, 233, 4. — Thomson, Skand. Col. X, 297.
Limnobius picinus, Bedel, Faun. Col. Seine, I, 315 et 334, 6.

Long. 0.0007 ; — larg. 0.0005.

Patrie. Cette espèce se prend dans la plupart des provinces de la France : aux environs de Lille, de Paris et de Lyon, dans le Bourbonnais, le Beaujolais, la Bresse, la Savoie, les Alpes, la Provence, les Landes, etc. (A C).

Obs. Elle ressemble beaucoup au *L. myrmidon*, mais elle est plus large, moins oblongue, plus ramassée et plus convexe. Les élytres sont plus brusquement atténuées en arrière, plus lisses ou obsolètement chagrinées, sans ponctuation distincte, un peu moins comprimées sur

prothorax sont moins fortement arqués, avec les angles antérieurs moins arrondis ; les élytres, un peu plus sensiblement atténuées en arrière, bien que d'un aspect plus lisse, sont excessivement finement chagrinées en travers. — Long. 0,0007. — Espagne, Corse.

les côtés, plus carrément tronquées au sommet avec l'angle sutural plus droit.

Elle est plus courte et moins noire que *L. oblongus*, avec les élytres plus fortement atténuées en arrière.

Chez les immatures, le dessus du corps est d'un testacé livide, avec la tête plus foncée et les pieds entièrement testacés, ainsi que les hanches antérieures et intermédiaires. Chez les adultes, les cuisses sont plus ou moins mais légèrement rembrunies à leur base, au moins les postérieures.

Le menton est presque lisse, brillant. La lame mésosternale, large et courte, est profondément creusée ou entaillée en avant. La massue des antennes, à peine plus foncée, est distinctement pubescente. Le dernier article des palpes maxillaires est parfois presque entièrement rembruni (1).

A la variété pâle peut-être doit-on rapporter l'*Hydrophilus mollis* de Marsham (Ent. Brit. 407, 16)?

DEUXIÈME RAMEAU

HYDROSCAPHATES

CARACTÈRES. *Antennes* de 8 articles apparents. *Prothorax* à angles antérieurs aigus, les postérieurs droits. *Postépisternums* rétrécis en onglet acéré. *Ventre* très convexe, fortement rétréci en cône postérieurement, à 1er arceau grand. *Hanches postérieures* en forme de grande lame transversale recouvrant la base des cuisses postérieures. *Tarses* de 3 articles apparents, le dernier des postérieurs très allongé, au moins égal aux précédents réunis.

Ce rameau ne donne lieu qu'à un seul genre.

(1) L'anus est terminé en pointe, avec 1 seule soie ou 2 soies accolées. Suivant le sexe, la forme paraît plus ou moins oblongue.

Genre *Hydroscapha*, Hydroscaphe ; Leconte.

Leconte, Trans. Amer. Ent. Soc. 1874, V, p. 46.

Etymologie ὕδωρ, eau ; σκάφη, barque.

Caractères. *Corps* ovale, médiocrement convexe, scaphidiforme.

Tête grande, subtriangulaire, sensiblement engagée dans le prothorax. *Épistome* grand, subéchancré en avant. *Labre* transverse, infléchi, subarrondi au sommet. *Mandibules* cachées. *Palpes maxillaires* assez longs, assez grêles, de 4 articles : le dernier allongé, fusiforme. *Palpes labiaux* peu distincts. *Menton* grand, transverse, trapéziforme.

Yeux assez grands, peu saillants, non voilés en arrière par le bord antérieur du prothorax, enchâssés dans les sinus de celui-ci.

Antennes de 8 articles apparents : le 1er plus gros et plus long que le 2e : celui-ci rétréci à la base, un peu plus long que le 3e : les 3e à 7e graduellement un peu plus courts et à peine plus larges : le 8e allongé.

Prothorax transverse, bisinué au sommet, à angles antérieurs avancés et aigus, tronqué à la base, à angles postérieurs droits ; rétréci d'arrière en avant, à peine rebordé sur les côtés.

Écusson médiocre, triangulaire.

Élytres ovales, atténuées en arrière, largement tronquées au sommet et laissant à découvert l'extrémité de l'abdomen ; très finement rebordées sur les côtés, sans strie suturale.

Prosternum très court, peu visible. *Mésosternum* court, offrant entre les hanches intermédiaires une lame déprimée, assez courte, large, pentagonale, angulée en avant, tronquée en arrière. *Métasternum* grand, largement tronqué entre les hanches postérieures. *Postépisternums* étroits, postérieurement rétrécis en onglet acéré. *Postépimères* cachées.

Ventre très convexe, fortement rétréci en cône en arrière, de 7 arceaux rétractiles : le 1er grand, presque aussi long que les 4 suivants réunis : le 2e court : les 3e et 4e encore plus courts, subégaux : le 5e un peu moins court : le 6e plus étroit, assez long, en cône subtronqué : le dernier très petit, parfois indistinct.

Hanches antérieures petites, transverses, coniques, contiguës ; les *intermédiaires* ovales, déprimées, assez largement distantes ; les *postérieures* très largement distantes en dedans, affectant en dehors la forme d'une grande lame transverse, irrégulièrement semidiscoïdale et recouvrant la base des cuisses postérieures.

Pieds assez courts, assez grêles. *Trochanters* médiocres. *Cuisses* subcomprimées, subfusiformes. *Tibias* environ de la longueur des cuisses, subrétrécis vers leur base, très finement épineux sur leur tranche externe ; les *postérieurs* un peu plus longs. *Tarses* grêles, plus courts que les tibias, paraisssant de 3 articles seulement ; le 1er un peu plus court que le 2e : le dernier au moins aussi long que les 2 précédents réunis. *Ongles* petits, très grêles, arqués.

Obs. Les mœurs des *Hydroscapha* sont tout à fait celles des *Limnobius*. Ils s'en distinguent par les antennes de 8 articles au lieu de 9, par les angles du prothorax plus marqués, par la structure de la lame mésosternale, par l'écartement notable des hanches postérieures qui sont en forme de lame transversale recouvrant la base des cuisses, et par le ventre plus convexe, conique et à 1er arceau plus grand. Les tarses paraissent de 3 articles au lieu de 5, avec le dernier encore plus long, etc. (1).

Je ne connais qu'une seule espèce française d'*Hydroscapha*.

1. **Hydroscapha gyrinoides**, Aubé.

Ovale, assez convexe, d'un roux de poix foncé brillant, avec la tête noire, les palpes, les antennes et les pieds testacés. Labre subarrondi en avant. Prothorax faiblement arqué sur les côtés, presque lisse, à angles antérieurs avancés et aigus, et les postérieurs droits. Élytres subatténuées en arrière et largement tronquées au sommet, légèrement pubescentes et très finement pointillées. Lame mésosternale large et courte. Hanches intermédiaires assez largement, les postérieures largement distantes.

(1) C'est à tort, selon moi, qu'on rapproche le genre *Hydroscapha* des *Scaphisoma*. Car, la tête n'est pas, comme chez ces derniers, subparallèlement rétrécie au devant des yeux ; le dernier article des palpes maxillaires n'est pas conique ; les antennes ne sont pas insérées sur le front au côté interne des yeux ; les angles postérieurs du prothorax ne s'infléchissent pas en arrière pour embrasser les épaules ; l'écusson n'est pas presque indistinct ; les élytres n'ont pas de strie suturale ; les postépisternums ne sont pas larges et enfin les postépimères ne sont pas apparentes. De plus, les tibias sont épineux en dehors au lieu d'être ciliés en dedans. La forme convexe et conique du ventre ne saurait les rapprocher des *Trichopteryx*, etc D'ailleurs, leurs mœurs aquatiques les rangent naturellement à la suite des *Limnobius*.

♂ Le 6e *segment abdominal* tronqué, terminé par 2 petites soies assez écartées (1). Le 7e non saillant, indistinct.

♀ Le 6e *segment abdominal* subémoussé, terminé par 2 petites soies rapprochées. Le 7e petit, distinct.

Limnobius gyrinoides (Raymond), Aubé, Cat. Grenier. Matér. 1863, 127, 155.— De Marseul, l'Abeille, 1871, VIII, 115, 6.

Long. 0,0005; — larg. 0,00035.

Corps ovale, assez convexe, d'un roux de poix foncé, avec la tête noire.

Tête moins large que le prothorax, subconvexe, presque lisse et presque glabre, d'un noir brillant. *Labre* subtronqué à son bord antérieur. *Palpes* testacés, avec le dernier article des maxillaires légèrement mais largement rembruni. *Menton* presque lisse. *Yeux* obscurs.

Antennes testacées, à massue à peine ou non plus foncée, duveteuse.

Prothorax deux fois aussi large que long, à peine aussi large en arrière que la base des élytres; bisinué au sommet; assez rétréci d'arrière en avant; faiblement arqué sur les côtés, avec les angles antérieurs avancés et aigus et les postérieurs droits; convexe; lisse et presque glabre; d'un roux de poix foncé, brillant.

Écusson lisse, d'un roux de poix brillant.

Élytres plus de deux fois aussi longues que le prothorax, ovales, subélargies après les épaules, rétrécies en arrière dès leur tiers basilaire et largement tronquées au sommet; assez convexes; très finement pointillées et légèrement pubescentes, avec la ponctuation plus distincte et plus serrée postérieurement; d'un roux de poix brillant et plus ou moins foncé.

Dessous du corps d'un noir brillant, assez convexe. *Lame mésosternale* large et courte. *Ventre* convexe, fortement rétréci en cône en arrière, lisse et à peine pubescent.

Pieds testacés. *Hanches intermédiaires* assez largement, les *postérieures* largement distantes.

Patrie. Cette petite et intéressante espèce a été découverte à Fréjus par feu Raymond. Je l'ai prise moi-même à Saint-Raphaël, à l'embouchure

(1) La manière dont se termine le 6e segment abdominal, dans les deux sexes, est une similitude de plus qui doit rapprocher le genre *Hydroscapha* du g. *Limnobius*.

du petit ruisseau de la Garonne. Elle se trouve également dans les Pyrénées (R.).

Obs. Elle est encore moindre que *L. atomus*, auquel elle ressemble un peu, à part les caractères génériques. Les angles du prothorax accusés et la ponctuation des élytres la font reconnaître aisément.

La couleur du prothorax et des élytres varie du roux brunâtre au roux testacé (1).

QUATRIÈME BRANCHE

BÉROSAIRES

Caractères. *Tête* infléchie, non ou peu engagée dans le prothorax. *Yeux* saillants, semiglobuleux, libres, non voilés en arrière par le bord antérieur du prothorax. *Celui-ci* peu rétréci en avant, un peu moins large en arrière que les élytres. *Écusson* en triangle allongé. *Ventre* de 6 arceaux, le 6e parfois peu distinct.

Obs. Cette branche, remarquable par ses yeux saillants et par son écusson allongé, a les pieds postérieurs plus rémiformes que les derniers Hydrophilaires. Elle donne lieu à un seul genre.

Genre *Berosus*, Bérose ; Leach.

Leach, Zool. Miscell. III, 1817, 92. — Mulsant, Palp. 97. — J. Duval, 1855. Gen. Hydroph. 89, pl. 30, fig. 147.

Etymologie : βῆρος, espèce de vêtement.

Caractères. *Corps* ovalaire ou oblong, très voûté.

Tête assez grande, infléchie, non ou peu engagée dans le prothorax. *Épistome* transverse, n'embrassant point les yeux latéralement, subsinué

(1) Le *L. longicauda*, Pand. (inédit), a la taille un peu plus forte, la forme un peu moins convexe, et surtout le prothorax distinctement pointillé, bien que d'une manière moins ostensible que les élytres. Le seul exemplaire que j'ai vu, m'a paru immature. — Madrid. — On doit peut-être rapporter cet insecte à l'*H. Crotchi* de Sharp (Ent. Month. Mag. Londr. XI, p. 103. 1874), insecte de même provenance, bien que l'auteur lui donne le prothorax presque lisse.

sur les côtés, tronqué ou à peine échancré au sommet (1). *Labre* court, subarrondi en avant. *Mandibules* robustes, arquées, tridentées à leur extrémité. *Palpes maxillaires* assez allongés, aussi longs ou plus longs que les antennes, de 4 articles : le 1er très court : le 2e allongé, en massue : le 3e plus court, oblong, obconique : le dernier plus long que le 3e, fusiforme. *Palpes labiaux* courts, de 3 articles : le 1er rudimentaire : le 2e suboblong, assez épais, en massue : le 3e un peu plus étroit, un peu plus long, subfusiforme ou en cylindre subarqué. *Menton* grand, transverse, arrondi ou subangulé en avant.

Yeux gros, saillants, semiglobuleux, libres, non voilés en arrière par le bord antérieur du prothorax.

Antennes de 7 articles : le 1er grand, allongé, arqué, épaissi en massue subcomprimée : le 2e un peu moins long, plus étroit, subcylindrique ou subatténué vers son extrémité : le 3e court, obconique : le 4e plus large, très court, peu apparent, servant de base à la massue : celle-ci suballongée, de 3 articles sans compter le 4e : les 5e et 6e transverses : le dernier plus grand, obturbiné ou obpyriforme.

Prothorax transverse, à peine échancré au sommet, bisinueusement tronqué à la base, peu élargi en arrière, très finement rebordé dans son pourtour, parfois plus obsolètement sur la marge postérieure.

Écusson assez étroit, en triangle allongé.

Élytres ovales ou ovales-oblongues, subacuminées en arrière, parfois armées d'une épine terminale; striées-ponctuées.

Prosternum très court, réduit, entre les hanches antérieures, à un triangle rugueux (2), parfois subcarinulé. *Anté-épisternums* grands, irréguliers. *Mésosternum* assez grand, déclive d'arrière en avant, souvent caréné, parfois sans carène, sur sa ligne médiane. *Médiépisternums* assez grands, irréguliers. *Métasternum* grand, subobliquement coupé, de chaque côté, à son bord apical, déclive latéralement, offrant sur son milieu un espace plan, subcarinulé en avant et fovéolé en arrière, où il est plus ou moins angulé entre les hanches postérieures (3). *Postépisternums* médiocres, graduellement rétrécis vers leur sommet qui est subarrondi. *Postépimères* cachées.

(1) Il est séparé du front par une fine suture subangulée.

(2) Ce triangle est plus ou moins entaillé en avant, quelquefois prolongé en pointe en arrière.

(3) La fossette, ovale ou en losange, est à fond lisse, et l'angle postérieur est parfois flanqué de chaque côté, d'une petite dent.

Ventre de 6 arceaux apparents ; le 1er court, plus ou moins carinulé à sa base : les 2e à 4e un peu plus courts, subégaux : le 5e un peu moins court, souvent 4-denté au sommet : le 6e subsemicirculaire ou en ogive courte et obtuse, souvent caché par les armures du 5e.

Hanches antérieures subconiques, subcontiguës (1); les *intermédiaires* oblongues, obliques, déprimées, très rapprochées ; les *postérieures* très rapprochées, en lame allongée, assez étroite, transversalement oblique, subparallèle.

Pieds assez longs. *Trochanters* petits, en onglet. *Cuisses* subépaissies et plus ou moins largement tomenteuses à leur base, plus grêles et glabres à leur extrémité. *Tibias* assez brusquement rétrécis à leur base, munis à leur sommet interne de deux forts éperons inégaux, plus courts et subarqués dans les antérieurs ; les *intermédiaires* et *postérieurs* plus ou moins épineux, souvent, surtout les postérieurs, garnis de longs cils pâles. *Tarses* aussi longs ou à peine moins longs que les tibias, à 1er article très court ; les *antérieurs*, avec les 2e à 4e articles assez courts et subégaux ♀, ou le 2e plus long, surtout chez les ♂ ; les *intermédiaires* et *postérieurs* subcomprimés, rémiformes, garnis, surtout les postérieurs, de longs cils couchés ; à 2e article allongé, les 3e et 4e graduellement moins longs : le dernier de tous les tarses allongé, aussi long ou plus long que les deux précédents réunis. *Ongles* assez développés, parfois assez grêles, plus ou moins arqués, dentés en dessous à leur base, pourvus entre eux d'un appendice membraneux, aussi long qu'eux, plus court dans les antérieurs, divisé à leur extrémité en deux petites lanières subspatulées.

Obs. Ce genre s'éloigne des derniers Hydrophilaires *(Chaetarthria, Limnobius)* qui sont peu nageurs, mais il rappelle, par les pieds postérieurs rémifères, les genres *Hydrous* et *Hydrobius*, et, d'autre part, par les yeux saillants et le prothorax rétréci en avant, il se lie quelque peu à la famille des Hélophoriens (2).

Les espèces qui composent cette coupe générique, sont essentiellement aquatiques et peu nombreuses. En voici le tableau :

(1) Elles offrent à leur sommet une espèce d'ombilic.

(2) Le cou est souvent distinct, séparé du vertex par une fine arête transversale, à peine angulee sur son milieu.

a. *Elytres* armées chacune d'une épine à leur extrémité, en dehors de l'angle sutural. *Vertex* non carinulé. *Menton* à peine arrondi en avant. *Ventre* de 6 arceaux bien apparents *(Enoplurus*, Hope).

b. *Mésosternum* à carène médiane obsolète, surtout après son milieu. *Elytres* d'un testacé pâle, à taches noires. *Forme* ovalaire. 1. GUTTALIS.

bb. *Mésosternum* à carène médiane bien accusée dans toute sa longueur. *Élytres* d'un testacé fauve ou grisâtre. *Forme* oblongue. 2. SPINOSUS.

aa. *Elytres* inermes. *Ventre* de 5 arceaux apparents, le 5e quadridenté au sommet, le 6e voilé. *Vertex* subcarinulé *(Berosus* in sp.).

c. *Carène ventrale* obsolète, réduite au quart ou au tiers basilaire. *Menton* éparsement ponctué, à peine angulé en avant. *Cuisses* distinctement ponctuées vers leur extrémité. *Forme* ovalaire. *Taille* assez grande. . . . . 3. AERICEPS.

cc. *Carène ventrale* bien accusée, prolongée au moins jusqu'aux deux tiers du 1er arceau. *Menton* densément ponctué. *Cuisses* lisses vers leur extrémité.

d. *Stries des élytres* fortes et profondes; à *interstries* subconvexes, assez fortement et éparsement ponctués. *Menton* fortement arrondi en avant. *Carène mésosternale* assez saillante, mousse ou arrondie sur sa tranche. *Forme* ovalaire. . . . . 4. LURIDUS.

dd. *Stries des élytres* fines ; à *interstries* plans, assez finement et densément ponctués. *Menton* nettement angulé en avant. *Carène mésosternale* faiblement saillante, horizontale et crénelée sur sa tranche qui est dentée antérieurement. *Forme* oblongue. . 5. AFFINIS.

1. Berosus (Enoplurus) guttalis, Rey.

Ovale, très voûté, ponctué, presque glabre, d'un jaune testacé brillant en dessus, d'un noir mat en dessous, avec les pieds testacés, les antennes et les palpes pâles, le bout de ceux-ci un peu rembruni, et les élytres parées de 3 ou 4 taches noires. Prothorax à peine rétréci en avant, subrectiligne sur les côtés. Élytres aigument prolongées à leur angle sutural ♀, armées d'une forte épine en dehors de celui-ci ♂ ♀; striées-ponctuées, à intervalles sérialement pointillés. Cuisses tomenteuses, au moins dans leur moitié basilaire. Mésosternum à carène faible ou obsolète. Ventre de 6 arceaux.

♂ Le 5e *arceau ventral* muni au sommet de 2 petites dents écartées. *Tarses antérieurs* à 2e et 3e articles épaissis, spongieux en dessous, le 2e plus grand. *Angle sutural des élytres* non prolongé, presque droit.

♀ Le 5e *arceau ventral* inerme. *Tarses antérieurs* simples. *Angle sutural des élytres* prolongé en pointe aiguë.

Berosus spinosus, var. B, MULSANT, Palp. I, 98.
Berosus guttalis, REY, Rev. d'Entom. 1883, t. II, p. 88.

Long. 0,005; — larg. 0,003.

Corps ovalaire, très voûté, presque glabre, d'un jaune testacé brillant en dessus, avec les élytres tachées de noir.

Tête un peu moins large que le prothorax, subconvexe, testacée, avec le vertex un peu plus foncé. *Front* assez densément et plus fortement ponctué que l'épistome, marqué sur son milieu d'une très fine suture longitudinale. *Labre* subconvexe, densément pointillé, testacé, pubescent au sommet. *Palpes* flaves, à bout du dernier article un peu rembruni. *Menton* testacé, presque lisse ou vaguement ponctué, à peine arrondi en avant. *Yeux* obscurs, à facettes souvent obsolètes.

Antennes pâles, à massue pubescente.

Prothorax deux fois aussi large que long, un peu moins large en arrière que les élytres, à peine rétréci d'arrière en avant et presque rectiligne sur ses côtés, avec les angles antérieurs arrondis et les postérieurs obtus ; convexe ; déclive en avant ; distinctement rebordé à la base, avec le rebord limité par une série de petits points serrés ; un peu moins ponctué que le front ; d'un jaune testacé, avec parfois une teinte plus foncée, sur le disque, de chaque côté de la ligne médiane.

Écusson en triangle allongé et très aigu, ponctué, testacé.

Élytres quatre fois aussi longues que le prothorax, ovales, prolongées en angle aigu à leur angle sutural ♀ et armées, en dehors de celui-ci d'une forte épine acérée ; voûtées ; creusées de dix stries ponctuées, non ou à peine crénelées, et du commencement d'une 11e entre la suturale et la 2e, avec les intervalles plans, marqués d'une série de petits points, celle des deux premiers plus confuse et comme doublée ; d'un jaune testacé, avec 4 taches noires ou brunes : 2 près de la suture, dont l'une vers le tiers antérieur, souvent effacée, l'autre vers le tiers postérieur, parfois géminée : la 3e près des côtés, après le milieu : la 4e plus en dedans, avant l'extrémité.

Dessous du corps d'un noir mat, chagriné et duveteux. *Mésosternum* à carène obsolète. *Angle postérieur du métasternum* finement carinulé.

Ventre de 6 arceaux : le 6e subsemicirculaire ou en ogive courte et obtuse.

Pieds testacés, ainsi que les hanches antérieures. *Cuisses* mates et tomenteuses à leur base, les antérieures sur un peu plus du tiers, les autres sur un peu plus de la moitié de leur longueur. *Tibias et tarses intermédiaires et postérieurs* longuement et densément ciliés de blond.

Patrie. Cette espèce habite les eaux douces. Je l'ai rencontrée à Milhaud, près de Nîmes, dans une mare, autour d'un cadavre de chien. Elle se prend aussi à Montpellier, en Alsace et dans diverses autres localités, etc. — (AR).

Obs. La forme varie un peu, elle est ovale ou suboblongue. Quelqu'une des taches des élytres fait parfois défaut.

Elle différerait du *B. bispina* de Reiche et de Saulcy (Ann. Soc. ent. Fr. 1856, 356, 68), par les intervalles des stries des élytres bien moins densément ponctués.

2. Berosus (Enoplurus) spinosus, Steven.

Oblong, assez étroit, voûté, ponctué, d'un fauve grisâtre, brillant en dessus, d'un noir mat en dessous, avec les pieds d'un roux testacé, les antennes et les palpes d'un testacé pâle, le bout de ceux-ci un peu rembruni, et les élytres parées de 3 taches brunes. Prothorax presque subparallèle, rectiligne sur ses côtés. Élytres peu et subaigument prolongées à leur angle sutural ♀, armées d'une forte épine en dehors de celui-ci, striées-ponctuées, à intervalles sérialement ponctués. Cuisses tomenteuses, au moins dans leur moitié basilaire. Mésosternum à carène bien accusée. Ventre de 6 arceaux.

♂ *Tarses antérieurs* à 2e et 3e articles épaissis, spongieux en dessous, le 2e plus grand. *Angle sutural des élytres* droit ou subarqué. *Interstries* lisses entre les points.

♀ *Tarses antérieurs* simples. *Angle sutural des élytres* prolongé en pointe plus ou moins aiguë. *Interstries* obsolètement alutacés entre les points.

Hydrophilus spinosus, Steven, 1808, Schoenherr. Syn. Ins. II, 8.
Hydrobius spinosus, Germar, Faun. Ins. Eur. III, 5.
Berosus spinosus. Sturm, Deut. Faun. X, 30, pl. 208.— Laporte de Castelnau, Hist. Col. II, 56, 3. — Mulsant, Palp. 98, 1. — Fairmaire et Laboulbène, Faun.

Fr. I, 231, 1. — J. Duval, Gen. Hydroph. 1855, pl. 30. fig. 147. — Bedel, Faun. Col. Seine, I, 303 et 325. 1.
Anchialus spinosus. Thomson, Skand. Col. I, 87, 1.

Long. 0,005; — larg. 0,0023.

Patrie. Cette espèce, moins répandue que la précédente, est exclusive aux eaux saumâtres. Je l'ai prise dans la mer, en juin, aux environs de Montpellier et d'Hyères. Je l'ai vue également de la Loire-Inférieure.

Obs. Elle a été confondue avec la précédente par Mulsant et dans plusieurs collections. Elle en diffère par une forme plus oblongue et plus étroite, par une couleur moins jaune et moins pâle, et surtout par son mésosternum à carène bien accusée sur toute sa longueur (1). De plus, il y a moins de différence entre la ponctuation du front et celle de l'épistome; le prothorax, plus parallèle, est plus nettement bimaculé; les élytres sont moins fortement et moins aigument prolongées à leur angle sutural; les intervalles alternes des stries, surtout les 2e et 4e (sans compter le sutural), sont plus fortement sériés-ponctués; enfin, le 5e arceau ventral ♂ n'est pas muni à son sommet de 2 petites dents.

Les points enfoncés des élytres, plus gros chez les ♂, sont ordinairement brunâtres, ce qui leur imprime une teinte plus obscure que chez la précédente espèce. Le labre est parfois rembruni. Rarement, les élytres sont d'un roux fauve.

Le *B. spinosus* de Heer (Faun. Helv. I, 482, 3) semblerait se rapporter à ladite espèce, mais la localité me paraît étrange. J'en ai vu 3 exemplaires dans la collection Guillebeau, provenant de Suisse, différant, toutefois, de ceux des eaux saumâtres par l'angle sutural des élytres plus aigu et plus prolongé ♂ ♀, avec la ponctuation des interstries un peu plus forte. En tous cas, je n'y vois qu'une variété locale conduisant au *B. bispina* de Reiche (Ann. Fr. 1856, 356, 68), dont les intervalles des stries sont densément ponctués, ce qui n'a pas lieu ici.

Les métamorphoses de la larve du *B. spinosus* ont été étudiées par Schioedte (Nat. Tidss, 1862, III, 1, p. 213, pl. V, fig. 9-14, et pl. VII, fig. 3).

(1) Thomson (Skand. Col. II, 87) a établi son genre *Anchialus* sur le *spinosus* et lui donne pour caractères d'avoir le mésosternum caréné et les élytres épineuses. Ce dernier est seul réel et le premier est faible dans l'autre espèce. Le signe des épines reste donc unique et ne saurait suffire à la création d'une coupe générique. Quant à celui des palpes maxillaires, il est peu tranché et ne saurait servir d'auxiliaire. Je rejette donc le genre *Anchialus*, du reste primé par le nom d'*Enoplurus*, Hope (Col. man. 2e part. 128, 1838).

3. Berosus aericeps, CURTIS.

Ovalaire, très voûté, ponctué, presque glabre, d'un jaune roux livide, plus ou moins brillant en dessus, noir en dessous, avec la tête d'un vert cuivreux ou doré, le dos du prothorax d'un vert bronzé, les palpes, les antennes et les pieds testacés, et les cuisses intermédiaires et postérieures brunâtres à leur base. Prothorax peu rétréci en avant, à peine arqué sur les côtés. Élytres obtusément acuminées au sommet, inermes, striées-ponctuées, à intercervalles éparsement et subsérialement ponctués ; parées de quelques taches nébuleuses peu tranchées. Cuisses tomenteuses dans leur tiers ou leur moitié basilaire, éparsement ponctuées vers leur extrémité. Mésosternum fortement relevé en carène comprimée, échancrée-crénelée sur sa tranche. Ventre de 5 *arceaux, à carène basilaire obsolète et raccourcie.*

♂ Le 5e *arceau ventral* subsillonné au-devant des dents intermédiaires. *Tarses antérieurs* à 2e et 3e articles épaissis, spongieux en dessous. *Prothorax* et *élytres* lisses entre les points, brillants.

♀ Le 5e *arceau ventral* non visiblement sillonné au-devant des dents intermédiaires. *Tarses antérieurs* simples. *Prothorax* et *élytres* très finement chagrinés entre les points, moins brillants.

Hydrophilus luridus, OLIVIER, Ill. n. 39, 13, 9, pl. I, fig. c. *f*.
Berosus aericeps, CURTIS, Ent. Brit. V, 240. — MULSANT, Palp. 99. — FAIRMAIRE et LABOULBÈNE, Faun. Fr. I, 231, 2,
Hydrophilus signaticollis, CHARPENTIER, Hor. Ent. 204.
Berosus luridus, AUDOUIN et BRULLÉ, Hist. des Ins. II, 285, pl. 12, fig. 5.
Berosus signaticollis, STURM. Deut. Faun. X, 27, 2. — LAPORTE DE CASTELNAU, Hist. des Col. II, 55, 1. — HEER, Faun. Helv. I, 482, 2. — BEDEL, Faun. Col. Seine, I, 303 et 325, 2.

Long. 0,005 ; — larg. 0,003.

PATRIE. Cette espèce, bien connue, est assez commune dans une grande partie de la France. Elle n'est pas rare à Saint-Raphaël (Provence).

OBS. Le vertex est subcarinulé ; le ventre est composé de 5 arceaux seulement, avec le 5e quadridenté à son bord postérieur, les dents extérieures grossières et émoussées, les intermédiaires, très petites, plus aiguës, très rapprochées ; les élytres sont inermes : tels sont les caractères qui séparent cette espèce des précédentes. Elle appartient aux *Berosus* vrais.

La tête, d'un vert brillant, souvent cuivreux, doré, irisé ou azuré, est couverte d'une ponctuation assez forte, un peu plus serrée sur l'épistome, rugueuse autour des yeux. Le labre est vert ou cuivreux, plus finement et plus densément ponctué. Le menton, à peine angulé en avant, est éparsement ponctué. Le cou, parfois distinct, est noir, subrugueusement ponctué. Le prothorax est un peu moins densément ponctué que la tête, moins uniformément, avec une ligne médiane lisse ; il offre en avant, vers le tiers antérieur, 2 petites linéoles obliques, écartées, formées de points plus serrés. L'écusson est bronzé ou cuivreux, densément ponctué. Les élytres sont parées en arrière et sur l'intervalle externe, de longs cils blonds, souvent plus fournis sur celui-ci. Les intervalles sont plans, éparsement, assez finement et subsérialement ponctués, avec les 2ᵉ (sans compter le sutural), 4ᵉ et 6ᵉ un peu plus fortement, et tous ces points enfoncés ordinairement noirs ou brunâtres. Les taches, peu apparentes, sont ordinairement au nombre de 5, 1 vers le premier tiers, 3 après le milieu et 1 avant l'extrémité. La carène mésosternale, en forme de crête saillante et comprimée, est subéchancrée, crénelée et ciliée sur sa tranche. Le métasternum est comme tridenté en arrière dans son milieu, avec la dent médiane plu large et plus saillante. La carène ventrale est obsolète, réduite au quart ou au tiers basilaire. Les cuisses sont éparsement ponctuées vers leur extrémité.

La tache prothoracique, généralement ovale, est souvent divisée en deux par une ligne longitudinale fauve. Les hanches antérieures sont parfois un peu rembrunies.

La couleur foncière, surtout celle des élytres, varie beaucoup. Elle est généralement d'un jaune roux livide, souvent grisâtre ou même un peu verdâtre; d'autres fois elle est presque entièrement brunâtre. J'ai vu 2 exemplaires ♀ de cette dernière nuance, sous le nom de *B. Corsicus*, Desbr. — Corse (collection Revelière). (1).

Miger (Ann. Mus. 1810, 14), a fait connaître une larve qui se rapporte au *B. aericeps* ou au *luridus*.

4. **Berosus luridus**, Linné.

Ovale, très voûté, ponctué, presque glabre, d'un testacé rougeâtre

(1) Cette variété, dont je n'ai vu que des ♂, est moindre et plus étroite, et les élytres sont un peu plus fortement ponctuées et à interstries moins larges. Peut-être doit-elle constituer une espèce distincte ?

assez brillant en dessus, d'un noir presque mat en dessous, avec la tête d'un vert cuivreux ou violâtre, le dos du prothorax paré d'une grande tache de même couleur, plus élargie en arrière, en partie divisée dans son milieu par une ligne rousse, les palpes, les antennes et les pieds d'un roux testacé, les cuisses intermédiaires et postérieures rembrunies à leur base. Prothorax rétréci en avant, subrectiligne sur les côtés. Élytres obtusément acuminées au sommet, inermes, fortement striées-ponctuées, à intervalles subconvexes, assez fortement, subéparsement et subsérialement ponctués; parées de quelques taches nébuleuses peu tranchées. Cuisses tomenteuses au moins dans leur tiers basilaire, lisses à leur extrémité. Mésosternum assez fortement relevé en carène arrondie sur sa tranche. Ventre de 5 *arceaux, à carène basilaire bien accusée et prolongée.*

♂ *Tarses antérieurs* à 2e et 3e articles épaissis, spongieux en dessous.
♀ *Tarses antérieurs* simples.

Dytiscus luridus, LINNÉ, Faun. Suec. 214, 767.
Hydrophilus luridus, FABRICIUS, Syst. Ent. 229, 7. — LATREILLE, Hist. nat. X, 65. — GYLLENHAL, Ins. Suec. I, 115, 4.
Berosus luridus, LEACH, Miscell. 3, 93.— STURM, Deut. Faun. X. 25.— ERICHSON, Col. March. 203, 1. — LAPORTE DE CASTELNAU, Hist. des Col. II, 56, 2. — HEER, Faun. Helv. I, 482, 1. — MULSANT, Palp. 100. — FAIRMAIRE et LABOULBÈNE, Faun. Fr. I, 231, 3. — THOMSON, Skand. Col. II, 86, 1. — BEDEL, Faun. Col. Seine, I, 304 et 325, 3.
Berosus globosus, CURTIS, Ent. Brit. 240, 3.

Long. 0040 ; — larg. 0,0026.

PATRIE. Cette espèce, plus rare que l'*aericeps*, habite les parties froides et tempérées de la France : les environs de Paris, le Bourbonnais, les Alpes, les montagnes lyonnaises, etc.

OBS. Elle est moindre que *B. aericeps*, presque plus globuleuse. Le prothorax est plus densément et un peu plus fortement ponctué. Les élytres sont plus profondément striées-ponctuées-crénelées, avec leurs intervalles plus étroits, plus convexes et un peu plus ponctués. La carène mésosternale, au lieu d'être échancrée-crénelée, est obtuse ou arrondie sur sa tranche. La carène ventrale est plus accusée et plus prolongée. Les cuisses sont plus lisses à leur extrémité, etc.

Le menton, fortement arrondi en avant, est densément ponctué. Les dents intermédiaires du 5e arceau ventral sont peu distinctes. Les taches des élytres sont assez confuses, au nombre de 5 : 1 près de la suture, vers le tiers antérieur : 3 après le milieu, et 1, souvent effacée, avant l'extrémité. Quelquefois même, elles manquent toutes ou en partie. Le fond des stries et des points est noir, de sorte que les élytres paraissent souvent comme linéées de noir et de roux (1).

5. **Berosus affinis**, Audouin et Brullé.

Oblong, voûté, densément ponctué, presque glabre, d'un testacé grisâtre, livide et assez brillant en dessus, d'un noir presque mat en dessous, avec la tête et le dos du prothorax d'un bronzé verdâtre ou empourpré, les palpes, les antennes et les pieds testacés, et les cuisses intermédiaires et postérieures noirâtres à leur base. Prothorax à peine rétréci en avant, subrectiligne sur les côtés. Élytres très obtusément acuminées au sommet, inermes, assez finement striées-ponctuées, à intervalles plans, assez finement et densément ponctuées, parées de quelques taches nébuleuses, souvent effacées. Cuisses tomenteuses dans leur tiers ou moitié basilaire, lisses vers leur extrémité. Mésosternum faiblement relevé en carène bidentée. Ventre de 5 arceaux, à carène basilaire bien accusée et prolongée.

♂ *Tarses antérieurs* à 2e et 3e articles épaissis, spongieux en dessous.
♀ *Tarses antérieurs* simples.

Hydrophilus luridus, Olivier, III, n. 39, 13, 9, pl. I, fig. 3, *a*, *b*.
Berosus affinis, Audouin et Brullé, Hist. des Ins. II, 285. — Mulsant, Palp. 102, 4. — Fairmaire et Laboulbène, Faun. Fr. I, 232.— Bedel, Faun. Col. Seine, I, 304 et 325, 4.
Berosus punctatissimus, Dejean, Cat. 1837, 147.

Variété *a*. *Taille* moindre. *Élytres* éparsement pubescentes.

Berosus murinus, Kuster, Kaef. Eur. I, 36.

Variété *b*. *Forme* un peu moins oblongue. *Prothorax* paré, en avant,

(1) Le *B. sculptus* Solsky (Hor. Ross. IX, 73, 308) a la forme ramassée et les stries profondes du *luridus*; mais les interstries, bien moins densément ponctués, sont plus distinctement crénelés par les points des stries qui sont plus gros et moins rapprochés. La taille est un peu moindre, — Astrakan (Puton).

sur les côtés, de quelques longs cils horizontaux. *Élytres* garnies, sur leur intervalle externe, de cils blonds, couchés, bien distincts.

Berosus subciliaris, Rey.

Long. 0,0030 à 0,0043 ; — larg. 0,0020 à 0,0026.

Patrie. Cette espèce est commune dans une grande partie de la France, surtout dans les régions méridionales.

Obs. Elle est bien distincte du *B. luridus* par sa forme moins globuleuse et plus oblongue, par la ponctuation générale moins forte et plus serrée, et par sa couleur ordinairement un peu plus pâle. Le menton, angulé en avant, est plus densément ponctué. Les stries des élytres sont moins profondes et moins grossières, à intervalles plus larges et plus déprimés. Surtout, la carène mésosternale est moins saillante, etc.

La tache dorsale du prothorax, parfois divisée en deux par un étroit filet testacé, est souvent bilobée en avant et plus ou moins dilatée de chaque côté en arrière.

Les taches brunes des élytres, parfois assez distinctes, sont au nombre de 5.

Vues de profil, les élytres offrent souvent de petits poils blonds, semi-couchés et naissant des points des intervalles, surtout dans la variété *subciliaris*, qui, en outre, a les côtés du prothorax parés, surtout en avant, de longs cils droits (1). La variété *murinus* a les élytres éparsement pubescentes sur presque toute leur surface. Mais tous ces poils et cils sont très caducs et sujets à disparaître.

Le *B. Hispanicus* Kuster (Käf. Eur. 12, 80), bien que plus profondément strié, ne me paraît qu'une variété du *B. affinis* ♂. — Algérie (Puton).

(1) Cette variété répond peut-être au *B. salmuriensis* d'Ackermann (Ann. Soc. Maine-et-Loire, I, 1853, 197).

DEUXIÈME FAMILLE

SPERCHÉENS

CARACTÈRES. *Corps* en ovale court. *Tête* infléchie. *Labre* invisible en dessus, caché par l'épistome : *celui-ci* largement et subangulairement échancré en avant. *Antennes* de 6 articles, la massue de 5. *Prothorax* subrétréci antérieurement, un peu moins large en arrière que les élytres, sans sillons, ni fossettes. *Ecusson* en triangle allongé. *Tibias* longitudinalement pluricarénés. *Tarses postérieurs* nullement natatoires. Le 1er article *des tarses* très court, les 2e à 4e courts, subégaux (1).

OBS. Cette famille, bien tranchée par son labre caché, par ses antennes de 6 articles, par son écusson allongé et par la structure des tarses, donne lieu à un seul genre.

Genre *Spercheus*, SPERCHÉE ; Kugelann.

KUGELANN, 1798, Illiger, Verz. Kaef. Preuss. p. 241. — MULSANT, Palp. p. 24. — J. DUVAL, 1855, Gen. Hydroph. p. 91, pl. 30, fig. 150.

ETYMOLOGIE : σπερχω, je presse?

CARACTÈRES. *Corps* en ovale court, très voûté.

Tête assez grande, infléchie, transverse, brusquement rétrécie derrière les yeux, moins large que le prothorax. *Épistome* grand, transverse, fortement relevé sur les côtés, largement et angulairement échancré en avant, séparé du front par une suture transversale, interrompue au milieu. *Labre* très court, non visible vu de dessus, situé sous l'épistome, densément cilié et subsinué à son bord antérieur. *Mandibules* peu saillantes,

(1) J. Duval donne les 4 premiers articles des tarses comme subégaux, tandis que le 1er est bien plus court ou seulement visible en dessous, surtout dans les pieds intermédiaires et postérieurs. Les Sperchéens font le passage des Bérosaires aux Hélophoriens ; mais d'autre part, ils sembleraient lier ceux-ci aux Géophilides ou Sphéridiens par l'intermédiaire des genres *Cyclonotum* et *Dactylosternum*.

cornées, arquées. *Palpes maxillaires* assez développés, plus longs que les antennes, de 4 articles : le 1er très petit : les 2e et 3e suballongés, obconiques, subégaux : le dernier plus long, un peu plus épais, subfusiforme. *Palpes labiaux* assez courts, de 3 articles : le 1er petit : le 2e oblong, obconique : le dernier plus long, subfusiforme. *Menton* grand, transverse, coupé carrément.

Yeux médiocres, assez saillants, semiglobuleux.

Antennes médiocres, de 6 articles : le 1er en forme de scape allongé, subcomprimé, subparallèle, plus étroit que les suivants : ceux-ci formant une massue allongée, irrégulière, pubescente, dont le 1er article est assez grand, subtransverse : le 2e très court et suboblique : les deux suivants plus grands et transverses, et le dernier plus long que le pénultième, subovalaire, à peine acuminé au sommet.

Prothorax très court, subarcuément rétréci en avant, un peu moins large en arrière que les élytres, largement et bisinueusement échancré au sommet, lobé au devant de l'écusson ; finement rebordé antérieurement, relevé en forme de tranche sur les côtés. *Repli* assez large, subexcavé, subarqué en dedans.

Ecusson en triangle allongé et très aigu.

Elytres subovales, très voûtées, obtuses au sommet, subcomprimées sur les côtés qui sont pourvus d'un fin rebord antérieurement relevé en gouttière ; ponctuées, avec des côtes longitudinales obsolètes, plus accusées en arrière. *Repli* assez étroit, subexcavé, visible jusqu'à l'angle sutural, subexplané à la base, mais redressé en dedans en s'approchant de l'extrémité.

Prosternum très court, prolongé, jusqu'au milieu des hanches antérieures, en angle subaigu, rarement subcarinulé à son sommet. *Antéépisternums* grands, irréguliers. *Mésosternum* court, subcaréné sur sa ligne médiane (1), prolongé, au-devant des hanches intermédiaires, en angle assez court, droit ou subaigu. *Médiépisternums* assez grands, irréguliers. *Métasternum* court, subobliquement coupé de chaque côté à son bord apical, subaigument angulé entre les hanches intermédiaires ; en angle très ouvert au-devant des postérieures, avec le sommet de l'angle projetant entre celles-ci 2 petites languettes, et ses côtés prolongés laté-

(1) J. Duval (91) dit : *Sternum caréné dans aucune de ses parties.* Mais, j'ai toujours vu le mésosternum distinctement subcaréné, au moins sur le milieu de sa ligne médiane.

ralement en sillon sur le disque. *Postépisternums* assez larges, encore plus larges antérieurement. *Postépimères* cachées.

Ventre de 5 segments apparents : le 1er un peu moins court que les suivants : ceux-ci courts, subégaux : le dernier plus grand, semilunaire.

Hanches antérieures en forme de virgule, oblongues, obliques, convexes en devant, subcontiguës ; les *intermédiaires* un peu moindres, suboblongues, moins obliques, assez saillantes, subcontiguës : les *postérieures* légèrement distantes en dedans ; à *lame supérieure* brusquement rétrécie en dehors en pointe sublinéaire ; à *lame inférieure* subhorizontale, transverse, allongée, un peu oblique.

Pieds assez robustes, peu allongés. *Trochanters* médiocres, en onglet. *Cuisses* subcomprimées, non ou peu renflées, granuleuses, avec une plaque basilaire mate. *Tibias* solides, plus ou moins arqués, longitudinalement pluricarénés ou sillonnés, à peine visiblement éperonnés et brièvement frangés au bout. *Tarses* plus courts que les tibias, subcomprimés, ciliés en dessous, de 5 articles : le 1er très court, parfois seulement visible en dessous : les suivants un peu moins courts, obliques, subégaux : le dernier grand, en massue, aussi long ou plus long que les précédents réunis. *Ongles* forts, arqués, obtusément dentés ou simplement dilatés en dessous à leur base, offrant entre eux un petit lobe bicilié.

Obs. Les Sperchées vivent dans la vase des eaux stagnantes, accrochés aux racines des plantes aquatiques. Les ♀, selon la remarque de Kugelann, confirmée par les observations de M. Reiche, portent leurs œufs dans une espèce de sac retenu sous le ventre par les pieds postérieurs (1).

La conformation des palpes maxillaires les rapproche des Hydrophiliens et Hélophoriens et la structure des pieds les lierait un peu aux Sphéridiens.

Une seule espèce rentre dans le genre *Spercheus*.

1. **Spercheus emarginatus**, Schaller.

Court, ovale, très voûté, presque glabre, d'un gris testacé brillant en dessus, noir et mat en dessous, avec le front et le disque du prothorax

(1) C'est ce qu'explique la forme du ventre dont les derniers arceaux sont, chez les ♀, plus ou moins impressionnés ou excavés sur les côtés.

largement rembrunis, les palpes et les antennes testacés, le bout de ceux-là et la massue de celles-ci obscurs, les pieds d'un roux de poix, et les élytres parées d'une étroite bande longitudinale, subsuturale, irrégulière et de 3 ou 4 petites taches discales, noires. Tête assez fortement ponctuée, éparsement pubescente, obliquement biimpressionnée entre les yeux, avec les parties relevées de l'épistome, testacées, ciliées sur leur tranche. Prothorax très court, subarcuément rétréci en avant, un peu moins large que les élytres, convexe, fortement et densément ponctué, subimpressionné sur les côtés du disque, éparsement cilié sur ses tranches latérales. Écusson allongé, d'un roux de poix, presque lisse. Élytres courtement ovalaires, obtuses au sommet, subcomprimées sur les côtés, fortement voûtées sur le dos, fortement et densément ponctuées, légèrement ou obsolètement ciliées sur leurs côtés, chargées de 6 à 8 côtes imponctuées, plus pâles, faibles ou effacées antérieurement, plus effacées en arrière où quelques-unes se lient alternativement de manière à former certains calus : la suturale saillante depuis avant le milieu jusque près de l'angle sutural qui se relève un peu.

♂ *Épistome* subsinué sur ses côtés au-devant des angles antérieurs qui sont un peu déjetés en dehors en forme de dent obtuse.

♀ *Épistome* subarqué sur ses côtés ou non sinué au devant des angles antérieurs qui sont arrondis.

Dytiscus emarginatus, Schaller, 1783, Schrift. Ges. Hal. I, p. 327.
Hydrophilus emarginatus, Fabricius, Ent. Syst. I, 183, 7.
Hydrophilus sordidus, Marsham, Ent. Brit. p. 403, 5 ; — verrucosus, id. ♀, p. 404.
Spercheus emarginatus, Kugelann, Illiger Verz. p. 243. — Walkenaer, Faun. Par. I, p. 63, 1. — Latreille, Hist. Nat. X, p. 71, pl. 81, fig. 8. — Gyllenhal, Ins. Suec. I, p. 125. — Audouin et Brullé, Hist. Ins. II, p. 302, pl. 13, fig. 3. — Sturm, Deut. Faun. IX, p. 95, 1, pl. 214. — Erichson, Col. March. I, p. 193. — Laporte de Castelnau, Hist. Col. II, p. 57, 1. — Heer, Faun. Helv. I, p. 473, 1. — Mulsant, Palp. p. 25, 1. — Fairmaire et Laboulbène, Faun. Fr. I, p. 234, I. — J. Duval, Gen. Hydroph. pl. 30. fig. 150. — Thomson. Skand. Col. II, p. 84. 1. — Bedel, Faun. Col. Seine, I, p. 301 et 324.

Long. 0,0060 ; — larg. 0,0040.

Patrie. Cette espèce, assez rare, habite les parties septentrionales de la France, dans la vase des fossés : bassin de la Seine, de la Somme, du Rhin, etc.

Obs. Comme elle est bien connue et unique dans le genre, je me dispenserai de la décrire complètement.

Quand les élytres sont plus ou moins encroûtées de vase, elles paraissent comme entièrement brunâtres, avec quelques vestiges plus sombres rappelant les taches discales et la bande subsuturale.

Les pieds sont d'un roux de poix souvent livide, avec les cuisses plus foncées et leurs plaques basilaires mates, obscures ainsi que les hanches, chagrinées et plus ou moins soyeuses.

La larve du *S. emarginatus*, ses métamorphoses et ses mœurs ont été suffisamment décrites par Kiesenwetter (Ent. Zeit. Stett. 1845, p. 220), et E. Cussac (Ann. Fr. t. X, 1852, p. 617, pl. XIII, fig. 8-16). Schioedte (Nat. Tidss, 1872, III, 8, p. 217, pl. IX, fig. 1-12) est venu en compléter l'histoire par de nouveaux détails et dessins.

TROISIÈME FAMILLE

HÉLOPHORIENS

Caractères. *Tête* inclinée ou non. *Antennes* de 7 ou 9 articles. *Prothorax* non plus étroit en avant qu'en arrière où il est sensiblement moins large que les élytres, n'embrassant jamais la base de celles-ci (1); creusé de sillons ou de fossettes ; à angles postérieurs plus ou moins accusés. *Ecusson* petit, subsemicirculaire. *Tarses* nullement natatoires, à 1er article très court, souvent peu distinct.

Obs. Cette famille, bien distincte par la forme et la sculpture du prothorax, se compose d'insectes à mouvements très lents. Elle peut se diviser en 2 branches.

Ventre	de 5 arceaux.	1re br. Helophoraires.
	de 6 arceaux.	2e br. Hydrénaires.

(1) Un caractère d'une certaine importance et qu'on n'a pas mentionné, peut être ajouté à ous les autres, c'est que la base du prothorax vient s'appuyer contre la base même des élytres, au lieu que dans les Hydrophiliens et Sphéridiens la base de celles-ci est plus ou moins recouverte par la base du prothorax ou au moins par ses angles postérieurs.

PREMIÈRE BRANCHE

HÉLOPHORAIRES

CARACTÈRES. *Ventre* de 5 arceaux apparents, le 5e semicirculaire ou subogival, souvent débordé par une pièce submembraneuse semblant appartenir au segment supérieur correspondant. *Tarses* paraissant de 4 ou 5 articles, le 2e toujours bien apparent. *Corps* allongé, oblong ou ovale-oblong.

Je partage cette branche en 2 rameaux, ainsi qu'il suit :

Prothorax
- court, creusé de 5 sillons longitudinaux. *Antennes* de 9 articles. *Arceaux du ventre* plans, le 5e simple. Le 2e *article des tarses postérieurs* allongé, plus long que le 3e. . . . 1er ram. HELOPHORATES.
- aussi long ou plus long que large, creusé de fossettes. *Antennes* de 7 articles. *Arceaux du ventre* carénés en travers, le 5e débordé par une pièce submembraneuse. Le 2e *article des tarses postérieurs* court, à peine égal au 3e. . . . . . . 2e ram. HYDROCHOATES.

PREMIER RAMEAU

HÉLOPHORATES

CARACTÈRES. *Corps* suboblong, oblong ou suballongé, subparallèle.

Tête plus ou moins inclinée, un peu enchâssée dans le prothorax, moins large que celui-ci. *Yeux* peu ou assez saillants. *Antennes* de 9 articles. *Prothorax* court, bien plus large que long, creusé de 5 sillons longitudinaux. *Arceaux du ventre* plans, le 5e simple, non débordé par une pièce submembraneuse. Le *dernier article des tarses postérieurs* suballongé, plus long que le 3e.

OBS. Ce rameau, remarquable par son prothorax court et à sillons longitudinaux, renferme 2 genres d'un aspect analogue mais assez distincts :

Repli des élytres
- évidemment prolongé jusqu'à l'angle sutural. *Yeux* peu saillants. *Prothorax* nullement métallique, à *repli* assez large. *Interstries altenser des élytres* toujours relevés en côtes saillantes. . . . EMPLEURUS.
- réduit en arrière à une simple tranche. *Yeux* assez saillants. *Prothorax* plus ou moins métallique, à *repli* plus ou moins étroit. *Interstries alternes des élytres* plans ou rarement relevés en côtes peu saillantes. . . . . HELOPHORUS.

Genre *Empleurus*, EMPLEURE; Hope.

HOPE, Col. Man : II, 149.

ÉTYMOLOGIE : ἔμπλευρος, qui a des côtes.

CARACTÈRES. *Corps* oblong, subparallèle, peu convexe.

Tête assez grande, subverticale, subsemicirculaire ou subogivale, sensiblement engagée dans le prothorax. *Épistome* grand, subtronqué au sommet, séparé du front par un fin sillon en forme de Y ou de chevron pédonculé. *Labre* très court, subarrondi en avant. *Mandibules* courtes, larges, arquées, terminées par une pointe aiguë, parfois armées d'une dent avant le sommet de leur tranche interne *(rugosus)* (1). *Palpes maxillaires* développés, aussi longs ou plus longs que les antennes, de 4 articles graduellement un peu plus épais : le 1er très petit : le 2e plus ou moins allongé, un peu en massue : le 3e bien plus court, plus ou moins oblong, obconique : le dernier plus épais et notablement plus long que le 3e, plus ou moins renflé en fuseau subacuminé. *Palpes labiaux* très petits, de 3 articles : le 1er rudimentaire : le 2e oblong, en massue : le dernier à peine plus long, arqué en dehors (2). *Menton* grand, un peu plus long que large, rétréci en avant, mousse au bout.

Yeux assez gros, subarrondis, non ou peu saillants, ne débordant pas les côtés de l'épistome, parfois un peu voilés en arrière par le bord antérieur du prothorax.

Antennes de 9 articles : le 1er suballongé, épais, en massue : le 2e un peu moins épais, conique : les 3e à 5e petits, suboblongs, grêles : le 6e plus épais, très court, servant de base à la massue : celle-ci brusque, ovale-oblongue, de 3 articles subcomprimés et pubescents : les deux premiers très courts : le dernier plus grand, subhémisphérique, mousse.

Prothorax très court, fortement bisinué au sommet, avec le lobe médian large, un peu prolongé au-dessus de la tête en forme de capuchon, et les angles antérieurs avancés en oreillettes ; largement rebordé sur les côtés; subangulé dans le milieu de sa base ; non sensiblement plus étroit en

(1) Cette dent, bien distincte dans *rugosus*, est nulle ou presque nulle dans *nubilus*, ce qui prouve une fois de plus l'insuffisance des caractères tirés des organes buccaux.

(2) Il paraît terminé par 1 ou 2 petits cils.

avant qu'en arrière où il est un peu moins large que les élytres, avec les angles postérieurs bien accusés ; creusé de 5 sillons longitudinaux à intervalles en relief. *Repli* assez large, un peu rétréci en arrière.

Écusson petit, en ogive mousse.

Élytres oblongues, subparallèles antérieurement, plus ou moins obtusément acuminées en arrière ; plus ou moins rebordées en gouttière sur les côtés ; fortement ponctuées-striées, avec les interstries alternes costiformes et un rudiment de strie et de côte juxtascutellaires. *Repli* prolongé jusqu'à l'angle sutural.

Prosternum très court, subaigument angulé entre les hanches antérieures. *Anté-épisternums* très grands, irréguliers. *Mésosternum* court, rétréci, entre les hanches intermédiaires, en pointe subtronquée. *Médiépisternums* assez grands, irréguliers. *Métasternum* grand, subobliquement coupé, de chaque côté, à son bord apical ; avancé, entre les hanches intermédiaires, en pointe subtronquée, parfois subcarinulée (1) ; prolongé, entre les hanches postérieures, en un petit angle à sommet incisé. *Postépisternums* allongés, subparallèles, un peu rétrécis en arrière, mousses au bout. *Postépimères* très petites ou cachées.

Ventre de 5 arceaux apparents : les 4 premiers graduellement à peine plus courts : le 5e un peu plus grand, subsemilunaire.

Hanches antérieures subovalairement globuleuses, subcontiguës ; les *intermédiaires* subovales, peu saillantes, légèrement distantes ; les *postérieures* rapprochées ; en lame allongée, assez étroite, transversale, subrétrécie en dehors.

Pieds assez longs, assez robustes. *Trochanters* médiocres, en onglet. *Cuisses* subcomprimées, en fuseau allongé ; les *antérieures* avec une plaque mate à leur base interne. *Tibias* sublinéaires, brusquement rétrécis à leur base, environ de la longueur des cuisses, denticulés ou hispido-ciliés (2) sur leur tranche externe, armés à leur sommet interne de 2 éperons parfois inégaux ; les *antérieurs* plus courts, subdilatés et dentés à leur sommet externe. *Tarses* plus courts que les tibias, à 1er article très court ; les *antérieurs* avec les 2e à 4e articles assez courts et subégaux ; les *intermédiaires* et *postérieurs* à 2e article oblong, sensiblement plus long que le 3e. *Ongles* médiocres, assez grêles, arqués, acérés, à peine dentés à leur base en dessous.

(1) Cette pointe subtronquée vient s'appliquer exactement contre celle du mésosternum.

(2) Les tibias paraissent quadrangulés et ciliés sur chaque arête. Les antérieurs sont évidemment denticulés, les autres hispido ou subhispido-ciliés, en dehors.

Obs. Les espèces de ce genre, remarquables par leur aspect rugueux et terreux et par leurs élytres chargées de côtes longitudinales, habitent les lieux humides et vaseux. Elles sont au nombre de 4 françaises.

a. *Angle huméral des élytres* déjeté en dehors en forme de dent. *Prothorax* à reliefs dorsaux surélevés, interrompus et mamelonnés. *Elytres* à marge latérale relevée en forte gouttière. *Taille* grande. 1. RUGOSUS.

aa. *Angle huméral des élytres* mutique. *Elytres* à marge latérale relevée en étroite gouttière.

b. *Côtes des élytres* non interrompues.

c. *Reliefs dorsaux du prothorax* un peu surélevés, irréguliers, flexueux, subinterrompus. *Côtes des élytres* toutes également élevées. Le 2e *article des palpes maxillaires* très allongé. *Taille* moyenne. . . . . 2. PORCULUS.

cc. *Reliefs dorsaux du prothorax* non surélevés, réguliers, contigus. Les 2e et 3e *côtes des élytres* souvent un peu surbaissées vers leur premier quart. Le 2e *article des palpes maxillaires* bien moins allongé. *Taille* moindre. . . . . 3. NUBILUS.

bb. *Côtes* 2e et 4e *des élytres* nettement interrompues, l'une avant, l'autre après le premier tiers. *Reliefs dorsaux du prothorax* non ou peu surélevés, assez irréguliers, flexueux. *Taille* à peine moindre. 4. ALPINUS.

1. Empleurus rugosus, Olivier.

Oblong, subparallèle, peu convexe, d'un fauve testacé terreux et peu brillant, avec la tête, le disque du prothorax et la poitrine rembrunis, les élytres parsemées de taches brunes, les antennes, les palpes et les pieds d'un testacé livide. Tête granuleuse, ciliée-frisée sur ses bords. Prothorax un peu moins large que les élytres, subcrénelé et cilié-frisé sur les côtés, granuleux, à reliefs dorsaux surélevés, tomenteux, interrompus et mamelonnés, à oreillettes subarrondies. Élytres oblongues, largement rebordées en gouttière, subcrénelées et ciliées-frisées sur les côtés, grossièrement ponctuées-striées, à interstries alternes fortement relevés en côtes ciliées-frisées, et l'angle huméral déjeté en dehors en forme de dent. Le 2e article des tarses postérieurs fortement oblong, le 2e des palpes maxillaires allongé.

Helophorus rugosus, Olivier, 1792, Ent. III, n° 38, p. 6, 2, pl. I, fig. 5, *a*, *b*. — Audouin et Brullé, Hist. Ins. II, 305. — Laporte de Castelnau, Hist. Col.

II, 46, 4. — MULSANT, Palp. 29, 1 (partim). — FAIRMAIRE et LABOULBÈNE, Faun. Fr. I, 235, 1.
Helophorus rufipes, BEDEL, Faun. Col. Seine, I, 299 et 321.

Long., 0,0050; — larg., 0,0030.

Corps oblong, subparallèle, peu convexe, d'un fauve testacé terreux et peu brillant.

Tête sensiblement moins large que le prothorax, sensiblement encapuchonnée par celui-ci; déprimée ou même un peu excavée entre les yeux, granuleuse, à peine pubescente, brièvement ciliée-frisée sur ses bords, d'un noir ou brun peu brillant. *Labre* rugueux, brunâtre, cilié. *Mandibules* rembrunies au sommet. *Palpes* testacés, le 1er article des maxillaires allongé, en massue. *Yeux* obscurs.

Antennes testacées, à massue pubescente.

Prothorax au moins 2 fois aussi large que long (1), un peu moins large que les élytres, subarqué sur les côtés, avec ceux-ci à peine sinués au devant des angles postérieurs qui sont droits et les oreillettes antérieures saillantes et subarrondies; peu convexe; creusé de 5 sillons longitudinaux flexueux, les externes confondus avec la marge latérale qui est large, subdenticulée et ciliée-frisée sur sa tranche; rugueusement granulé; d'un roux brunâtre et terreux, à marge moins foncée; à reliefs dorsaux surélevés, interrompus et mammelonnés, plus ou moins tomenteux.

Écusson petit, ruguleux, brunâtre.

Élytres oblongues, subparallèles jusqu'à leur tiers postérieur et puis obtusément acuminées en arrière; largement rebordées en gouttière sur les côtés qui sont subcrénelés et ciliés-frisés, avec l'angle huméral déjeté en dehors en forme de dent; peu convexes; grossièrement ponctuées-striées, à intervalles alternes fortement relevés en côtes ciliées-frisées; d'un fauve testacé terreux, peu brillant; parées de taches brunes disposées ordinairement suivant 5 bandes transversales : la 1re nébuleuse, réduite à la région scutellaire : la 2e peu distincte, après le 1er tiers, assez large, subinterrompue sur le 3e intervalle : la 3e, après le milieu, réduite à 2 taches noires bien tranchées et nodiformes, l'une sur la 4e côte, l'autre sur la 2e, celle-ci souvent prolongée obliquement jusqu'à la su-

(1) Dans Mulsant (p. 31), au lieu de : *de moitié plus long que large*, et il faut lire : *de moitié moins long que large*

ture, de manière à former avec sa similaire une espèce de chevron à ouverture en arrière : la 4e vers le dernier tiers, plus confuse, plus large, étendue jusque sur la 4e côte, mais souvent subinterrompue sur le 3e intervalle : la 5e, avant l'extrémité, assez apparente, raccourcie en dehors, parfois interrompue au 2e intervalle.

Dessous du corps très éparsement pubescent, brunâtre, avec le ventre ordinairement roux. *Antépectus* et *médipectus* ruguleux, mats, à lame médiane non carinulée. *Postpectus* obsolètement granulé sur les côtés, à métasternum plus lisse et plus brillant sur son milieu, non carinulé antérieurement. *Ventre* très éparsement et faiblement granuleux, un peu brillant.

Pieds d'un testacé livide, recouverts d'une courte pubescence pâle et subhispide, peu serrée sur les cuisses, en séries aux tibias. *Tarses* plus longuement pubescents.

Patrie. Cette espèce habite les terrains sablonneux et argileux, au pied des arbres et sous les détritus, au bord des rivières, dans une grande partie de la France : le bassin de la Seine, le Bourbonnais, les environs de Lyon, la Provence, le Languedoc, les Pyrénées, etc.

Obs. Elle est remarquable par sa taille plus avantageuse que dans toute autre. Ce qui la distingue, surtout, c'est la conformation des épaules qui sont déjetées en dehors en forme de dent (1).

Elle varie beaucoup pour la couleur qui passe du fauve obscur au gris testacé, avec les taches des élytres plus ou moins apparentes, plus ou moins réduites et plus ou moins nombreuses. Chez les immatures, tout le dessous du corps est testacé, et même le métasternum.

Le *variegatus* de Solier serait une variété à taches noires des élytres plus tranchées, plus grandes et ramifiées.

On rapporte au *rugosus* l'*Opatrum rufipes* de Bosc (Bull. Soc. Phil. I, p. 8 (2).

Perris (Ann. Soc. Ent. Fr. 1876, 5e série, t. VI, p. 183) a consacré près de deux pages à une description longue et soignée de la larve de l'*Empleurus* (Helophorus) *rugosus*, avec quelques détails sur ses mœurs. M. Gobert, dans son catalogue du département des Landes (1876, p. 78) parle encore longuement de la même larve.

(1) La description et la figure données par Olivier n'indiquent pas la dent des épaules, de sorte qu'elles s'appliqueraient aussi bien au *porculus*, espèce presque aussi répandue, du moins dans la France centrale et méridionale. Pour Mulsant celui-ci était le *rugosus* et le *rugosus* de Bedel était le *variegatus*, Sol.

2. Empleurus porculus, Bedel.

Ovale-oblong, subparallèle, peu convexe, d'un gris testacé terreux et peu brillant, avec la tête, le disque du prothorax et la poitrine rembrunis, les élytres parsemées de quelques taches brunes, les palpes, les antennes et les pieds d'un roux testacé. Tête granuleuse, brièvement ciliée sur ses bords. Prothorax un peu moins large que les élytres, à peine cilié sur les côtés, granuleux, à reliefs dorsaux peu surélevés, irréguliers, flexueux, subinterrompus et subtomenteux, à oreillettes émoussées. Elytres ovales-oblongues, étroitement rebordées en gouttière, brièvement ciliées-frisées sur les côtés, grossièrement ponctuées-striées, à interstries alternes fortement relevés en côtes très brièvement ciliées-frisées, et l'angle huméral mousse. Le 2e article des tarses postérieurs oblong, le 2e des palpes maxillaires très allongé, grêle.

Helophorus porculus, Bedel, Faun. Col. Seine, I, 298 et 322, 1 *bis*. — De Marseul, l'Abeille, 1883, XX. Palp. 156, 50.

Long. 0,0045 ; — larg. 0,0025.

Patrie. Cette espèce est assez commune, au pied des plantes et sous les détritus humides, dans les endroits sablonneux, dans la France centrale et méridionale : le Bourbonnais, les environs de Lyon, le Beaujolais, la Provence, le Languedoc, les Pyrénées, etc. Elle est rare dans le bassin de la Seine.

Obs. Elle se distingue de tous ses congénères par le développement des palpes maxillaires, dont le 2e article est bien plus allongé et plus grêle ; du *rugosus* par sa taille moindre, à peine plus convexe ; par les reliefs dorsaux du prothorax un peu moins surélevés, moins interrompus et moins mamelonnés, par les épaules sans saillie dentiforme ; par la gouttière latérale des élytres plus étroite et par le 2e article des tarses postérieurs moins fortement oblong, etc.

Les taches des élytres, avec à peu près la même disposition, sont généralement moins apparentes.

Le dessous du corps est parfois entièrement rembruni, d'autres fois entièrement d'un roux obscur, avec le ventre souvent plus clair. La pointe antérieure du métasternum est subcarinulée.

3. **Empleurus nubilus**, Fabricius.

Oblong, subparallèle, peu convexe, d'un testacé grisâtre et terreux peu brillant, avec la tête obscure, les élytres parsemées de taches brunes; les palpes, les antennes et les pieds d'un roux testacé. Tête brièvement pubescente, granuleuse. Prothorax un peu moins large que les élytres, cilié-frisé sur les côtés, granuleux, à reliefs dorsaux non ou peu surélevés, réguliers, contigus et tomenteux, à oreillettes saillantes à sommet émoussé. Élytres oblongues, étroitement rebordées en gouttière, subdenticulées et ciliées-frisées sur les côtés, assez grossièrement ponctuées-striées, avec les interstries alternes fortement relevés en côtes ciliées-frisées, et l'angle huméral mousse. Le 2e article des tarses postérieurs oblong, le 2e des palpes maxillaires allongé.

Helophorus nubilus, Fabricius, Gen. Ins. Mant. 1877, p. 213. — Olivier, Ent. III, no 38, p. 6, 3, pl. I, fig. 2, *a*, *b*. — Latreille, Hist. Nat. X, p. 75, 2. — Gyllenhal, Ins. Suec. I, 136, 6. — Audouin et Brullé, Hist. Ins. II, 305. — Laporte de Castelnau, Hist. Col. II, 46, 5. — Heer, Faun. I, 476, 8. — Mulsant, Palp. 30, 2. — Fairmaire et Laboulbène, Faun. Fr. I, 235, 2. — Thomson, Skand. Col. II, 78, 1. — Bedel, Faun. Col. Seine, I, 322, 2.

Long. 0,0035 ; — larg. 0,0020.

Patrie. Cette espèce est commune, dans presque toute la France, sous les mousses, les détritus, et les pierres, dans les lieux humides et vaseux. Je ne l'ai pas vue dans la zone méditerranéenne.

Obs. Elle se distingue du *porculus* par sa taille moindre, par les reliefs dorsaux du prothorax plus réguliers, non ou peu surélevés, continus, non interrompus, et par le 2e article des palpes maxillaires moins grêle et bien moins allongé. Les élytres sont moins obtusément acuminées en arrière. Le sillon médian du prothorax est droit et régulier ; les internes sont plus ou moins flexueux ; les externes, tantôt assez, tantôt peu marqués, sont plus rarement confondus avec la marge latérale.

Les côtés du prothorax sont ordinairement subarqués, d'autres fois presque droits, ce qui rend les oreillettes plus ou moins émoussées.

La couleur générale varie du roux ferrugineux au roux brunâtre. Les taches brunes des élytres ne sont bien apparentes que sur les exemplaires à élytres testacées ; elles semblent disposées suivant 4 bandes transversales : la 1re confuse, derrière l'écusson, étendue jusqu'à la 3e côte : la 2e peu distincte, avant le milieu, embrassant les 1er et 2e intervalles des côtes, interrompue sur le 3e, mais reparaissant plus en avant derrière e épaules : la 3e, après le milieu, assez tranchée, le plus souvent réduite à 2 taches, l'une sur la 2e côte, l'autre sur la 4e : la 4e, avant l'extrémité, souvent nulle ou réduite à une tache nébuleuse embrassant les 1er et 2e et parfois 3e intervalles (1). Ces bandes, très variables, offrent quelquefois entre elles des teintes sombres peu limitées. Les 2e et 3e côtes sont souvent un peu surbaissées avant leur 1er tiers.

Le prothorax est souvent plus foncé que les élytres. Le dessous du corps est roux, avec le métasternum souvent plus obscur. Les pointes prosternale et mésosternale sont généralement subcarinulées, ainsique la saillie antérieure du métasternum.

On attribue au *nubilus* les *costatus* de Goeze et *striatus* de Fourcroy.

4. **Empleurus Alpinus**, Heer.

Ovale-oblong, subparallèle, peu convexe, d'un gris livide ou testacé assez brillant, avec la tête et le prothorax plus obscurs et plus mats, la poitrine plus ou moins rembrunie, les palpes et les antennes d'un roux de poix, les pieds d'un roux ferrugineux et les élytres vaguement tachées de brun. Tête brièvement pubescente, granuleuse. Prothorax un peu moins large que les élytres, subcrénelé et cilié-frisé sur les côtés, granuleux, à reliefs dorsaux non ou peu surélevés, assez irréguliers, flexueux et subtomenteux, à oreillettes assez saillantes à sommet subaigu. Élytres ovales-oblongues, étroitement rebordées en gouttière, obsolètement denticulées et ciliées-frisées sur les côtés, avec les interstries alternes fortement relevés en côtes, les 2e et 4e nettement interrompues, l'une avant, l'autre vers le 1er tiers, et l'angle huméral mousse. Le 2e article des tarses postérieurs oblong, le 2e des palpes maxillaires assez allongé.

Helophorus alpinus, Heer, Faun. Helv. I, 476, 9.
Helophorus fracticostis, Fairmaire, Ann. Ent. Fr. 1859, 29.

Long. 0,0031 ; — larg. 0,0018.

(1) Chez quelques immatures, les élytres offrent 2 bandes transversales et leur somme pâles.

Patrie. Cette espèce, assez rare, se rencontre sous les pierres des chemins et sous les mousses des forêts humides, surtout des régions montagneuses : les Alpes, le Mont-Pilat, le Puy-de-Dome, le Mont-Dore, les montagnes du Lyonnais, les Pyrénées, etc.

Obs. Elle ressemble beaucoup au *nubilus*. Elle en diffère par une taille moindre, une teinte grise moins rousse, moins terreuse et plus brillante, et surtout par les 2e et 4e côtes des élytres nettement interrompues. Les reliefs dorsaux du prothorax sont moins réguliers et plus flexueux. Les élytres sont plus vaguement tachées de brun, avec les points des séries relativement plus grossiers et plus profonds, etc. Elles sont parfois d'un gris assez obscur.

On rapporte à l'*Alpinus* le *Schmidti* de Villa (Col. Eur. alt. suppl. 1838, p. 63 (1).

Genre *Helophorus*, Hélophore ; Fabricius.

Fabricius, 1775, Syst. Ent. p. 66. — Mulsant, Palp. 28. — J. Duval, Gen. Hydroph. 91, pl. 31, fig. 151.

Etymologie : ἕλος, marais ; φορὸς, qui se transporte.

Caractères. *Corps* oblong ou ovalaire-oblong, parfois suballongé, subparallèle, peu ou médiocrement convexe.

Tête grande, un peu inclinée, subtriangulaire, un peu engagée dans le prothorax. *Epistome* grand, plus ou moins tronqué au sommet, séparé du front par un sillon en forme de Y ou de chevron pédonculé. *Labre* très court, subarrondi en avant. *Mandibules* courtes, larges, arquées, terminées par une dent brusque et aiguë, ciliées frangées à la base de leur côté interne. *Palpes maxillaires* plus ou moins allongés, au moins aussi longs que les antennes, de 4 articles : le 1er très court : le 2e assez long,

(1) On peut placer ici le

Helophorus tuberculatus, Gyllenhal (Ins. Suec. I, p. 129, 4). Entièrement d'un noir peu brillant et parfois un peu bronzé. Prothorax légèrement 5-sillonné, à reliefs peu élevés. Elytres ponctuées-striées, à interstries alternes surmontés de forts tubercules oblongs, lisses et luisants, entremêlés de quelques côtes longitudinales. — Suède, Laponie, Allemagne boréale.

Obs. Cette espèce semble faire passage au genre *Helophorus* par la sculpture du prothorax ; mais le prolongement du repli des élytres, la forme de celui du prothorax et le peu de sailli des yeux la rangent forcément dans le genre *Empleurus*.

un peu en massue : le 3e plus court, oblong, parfois assez court, obconique : le dernier un peu plus épais et notablement plus long que le 3e, subfusiforme ou subovalaire-oblong. *Palpes labiaux* courts, de 3 articles : le 1er rudimentaire : le 2e plus ou moins allongé : le dernier plus épais, plus ou moins renflé, souvent hérissé en dehors de longs poils un peu frisés. *Menton* grand, rétréci en avant.

Yeux assez gros, subarrondis, généralement assez saillants, débordant l'épistome, parfois un peu voilés en arrière par les angles antérieurs du prothorax.

Antennes de 9 articles : le 1er suballongé, épais, en massue subarquée : le 2e un peu plus court, un peu moins épais, conique : les 3e à 5e petits, grêles, oblongs ou suboblongs : le 6e plus épais, triangulaire ou obconique, formant la base de la massue : celle-ci brusque, oblongue, de 3 articles subcomprimés et pubescents : les deux premiers transverses : le dernier plus long, courtement ovale, mousse au bout.

Prothorax court, à peine bisinué au sommet, avec les angles antérieurs un peu avancés et le lobe médian non prolongé en capuchon ; rebordé sur les côtés ; subangulé dans le milieu de sa base ; non plus étroit en avant qu'en arrière, où il est évidemment moins large que les élytres, avec les angles postérieurs plus ou moins accusés ; creusé de 5 sillons longitudinaux à intervalles en relief. *Repli* étroit, subdilaté en avant, lisse.

Écusson petit, subsemicirculaire.

Élytres suballongées ou oblongues, subarrondies ou obtusément acuminées en arrière, plus ou moins rebordées sur les côtés, striées-ponctuées, à interstries parfois subcostiformes. *Repli* réduit à une simple tranche en arrière.

Prosternum court, angulé entre les hanches antérieures, non ou à peine carinulé en arrière. *Anté-épisternums* très grands, irréguliers. *Mésosternum* court, rétréci entre les hanches intermédiaires, en angle subcarinulé, aigu mais à sommet subtronqué. *Médiépisternums* assez grands, irréguliers. *Métasternum* grand, subobliquement coupé, de chaque côté, à son bord apical ; avancé, entre les hanches intermédiaires, en pointe subtronquée, souvent subcarinulée ; prolongé, entre les hanches postérieures, en un petit angle à sommet incisé. *Postépisternums* allongés, graduellement rétrécis en arrière, mousses au bout. *Postépimères* très petites ou cachées.

Ventre de 5 arceaux apparents ; les 4 premiers graduellement à peine plus courts : le 5e un peu plus grand, subsemilunaire ou en ogive obtuse.

Hanches antérieures subovalairement globuleuses, contiguës ; les *intermédiaires* subovales, peu saillantes, légèrement distantes; les *postérieures* plus ou moins rapprochées, en lame très étroite, transversale, atténuée en dehors.

Pieds allongés, assez grêles. *Trochanters* médiocres, en onglet. *Cuisses* subcomprimées, en fuseau allongé ; les *antérieures* avec une plaque mate et tomenteuse, à leur base interne. *Tibias* sublinéaires, un peu rétrécis à leur base, environ de la longueur des cuisses; offrant plusieurs arêtes hispido-ciliées ; armés à leur sommet interne de 2 éperons bien distincts ; les *antérieurs* plus élargis à leur extrémité, subdenticulés en dehors. *Tarses* plus courts que les tibias, à 1er article très court; les *antérieurs* à 2e article oblong, un peu plus long que le 3e ; les *intermédiaires* et *postérieurs* à 2e article allongé, bien plus long que le 3e. *Ongles* médiocres, assez grêles, arqués, obtusément dentés à leur base en dessous.

Obs. Ce genre est bien distinct des *Empleurus* par son aspect moins rugueux, moins terreux et plus brillant ; par sa forme moins épaisse et plus élancée ; par sa tête moins verticale, moins arrondie et plus triangulaire ; par son prothorax plus ou moins métallique, à reliefs moins prononcés, à bord antérieur bien moins fortement sinué et non prolongé au-dessus de la tête en forme de capuchon, à repli plus étroit et plus lisse ; par ses élytres à interstries non ou moins relevés en forme de côtes. Surtout, les yeux, plus saillants, débordent toujours les côtés de l'épistome, et le repli des élytres n'est jamais prolongé jusqu'à l'angle sutural, avant lequel il est réduit à une tranche.

Les espèces qui composent ce genre sont essentiellement aquatiques et assez nombreuses. J'en donne 2 tableaux.

a. *Élytres* offrant à leur base un commencement de strie entre la suturale et la 2e.

b. *Interstrie marginal des élytres* creusé en gouttière, les *alternes* sensiblement relevés en forme de côtes obtuses. *Repli du prothorax* assez étroit. *Taille* moyenne. . . . . 1. INTERMEDIUS.

bb. *Interstrie marginal des élytres* relevé en forme de côte ou carène, les *alternes* presque plans ou subconvexes. *Repli du prothorax* très étroit.

c. *Sommet du dernier arceau ventral* finement crénelé. *Reliefs dorsaux du prothorax* à granulation râpeuse. Le 3e *article des tarses postérieurs* un peu plus long que le 4e. *Taille* grande. . . . . 2. AQUATICUS.

cc. *Sommet du dernier arceau ventral* non ou à peine crénelé. *Reliefs dorsaux du prothorax* à granulation écrasée. Le 3e *article des tarses postérieurs* non ou à peine plus long que le 4e. *Taille* moyenne. . . . . 4. AEQUALIS.

1. **Helophorus intermedius**, MULSANT.

Oblong, subparallèle, peu convexe, d'un fauve testacé assez brillant, avec la tête et le prothorax d'un vert cuivreux, la poitrine obscure, les élytres parsemées de taches brunes, les palpes, les antennes et les pieds testacés, le bout de l'onychium un peu rembruni. Tête à peine pubescente, finement granuleuse. Prothorax court, un peu moins large que les élytres, très finement cilié-frisé sur les côtés, finement granuleux, légèrement tomenteux, à sillons internes très flexueux. Élytres oblongues, légèrement ciliées-frisées sur les côtés, assez finement striées-ponctuées, avec une strie scutellaire, à interstries alternes médiocrement relevés en côtes obtuses et finement ciliées-frisées, le marginal creusé en gouttière. Le 3e article des tarses postérieurs un peu plus long que le 4e. Repli du prothorax assez étroit.

Helophorus intermedius, MULSANT, Palp. 32, 3. — FAIRMAIRE et LABOULBÈNE, Faun. Fr. I, 236, 3.
Helophorus griseus, AUDOUIN et BRULLÉ, Hist. Ins. II, 305.
Helophorus alternans, BAUDI, Mem. Ac. Tor. 184, pl. I, fig. 16.

Long. 0,0043 ; — larg. 0,0021.

Corps oblong, subparallèle, peu convexe, d'un fauve testacé assez brillant.

Tête moins large que le prothorax, déprimée entre les yeux, à peine pubescente, couverte d'une fine granulation serrée et ombiliquée ; d'un vert cuivreux et souvent pourpré (1). *Labre* ruguleux, métallique, pubescent. *Mandibules* rousses, à pointe rembrunie. *Palpes* testacés. *Yeux* obscurs.

Antennes testacées, à massue pubescente, parfois un peu plus foncée (2).

(1) L'épistome est plus ou moins convexe ou gibbeux, et cela, dans toutes les espèces.
(2) C'est souvent que, dans les espèces testacées, la massue est un peu plus foncée. Je n'y reviendrai pas.

Prothorax environ 2 fois aussi large que long, un peu moins large que les élytres, faiblement arqué sur les côtés, qui sont un peu rétrécis en arrière et à peine sinués au devant des angles postérieurs qui sont droits, avec les antérieurs assez saillants et émoussés ; peu convexe ; creusé de 5 sillons longitudinaux : le médian droit : les internes très flexueux : les externes plus réguliers, séparés de la marge latérale par un relief affaibli, celle-là finement ciliée-frisée sur sa tranche ; d'un vert cuivreux, souvent pourpré, assez brillant, avec les côtés et parfois étroitement le bord antérieur parés d'une transparence testacée : à reliefs dorsaux subdéprimés, légèrement tomenteux, à granulation fine et ombiliquée. *Repli* assez étroit, presque lisse.

Écusson petit, subruguleux, métallique, empourpré.

Élytres oblongues, subparallèles jusqu'à leur tiers postérieur et puis obtusément acuminées en arrière ; étroitement rebordées et légèrement ciliées-frisées sur les côtés ; peu convexes ; assez finement striées-ponctuées, avec une strie juxta-scutellaire ; à intervalles alternes médiocrement relevés en côtes obtuses et finement ciliées-frisées ; d'un fauve testacé assez brillant, avec quelques petites taches brunes, dont l'une nébuleuse et souvent nulle sur la région scutellaire ; les autres moindres, plus tranchées, situées, l'une vers le milieu de la 4e côte, l'autre, un peu plus en arrière, sur la 2e, parfois dilatée jusqu'à la suture et souvent précédée d'une petite tache diaphane, avec une tache semblable, subarrondie et un peu plus grande, vers le dernier quart, occupant les 2e et 3e interstries.

Dessous du corps subruguleusement granuleux, d'un noir ou brun fuligineux presque mat, revêtu d'une fine pubescence pâle, peu serrée, avec le ventre roussâtre à base graduellement plus foncée. *Pointes prosternale* et *mésosternale* subcarinulées à leur sommet, la *mésosternale antérieure* étroite, obsolètement carinulée.

Pieds testacés, à onychium un peu rembruni au bout. *Cuisses* revêtues d'une éparse et courte pubescence pâle, plus serrée, plus raide et en séries aux tibias. *Tarses* ciliés en dessous.

PATRIE. Cette espèce est commune, dans les petits ruisseaux, dans toute la France méridionale : la Provence, le Languedoc, le Roussillon, etc.

OBS. Elle est remarquable par le repli du prothorax moins étroit que dans les espèces suivantes et par les interstries des élytres alternativement et évidemment relevés en côtes jusqu'à l'extrémité.

La teinte métallique de la tête et du prothorax est verte ou bleue, ou irisée, ou cuivreuse, ou dorée, ou pourprée. Les élytres sont parfois assez obscures. Les hanches sont mates comme le dessous du corps; les antérieures et intermédiaires sont d'un roux brunâtre ou rousses à base rembrunie; les postérieures sont généralement obscures, avec leur partie interne parfois roussâtre. J'ai vu un exemplaire entièrement noir, à stries des élytres un peu moins élevées. — Fort-Queyras (abbé Carret).

L'*H. intermedius*, par ses élytres rebordées en gouttière, fait la transition du genre *Helophorus* au genre *Empleurus*; mais les autres caractères l'éloignent de ce dernier,

L'*H. alternans* de Baudi, à côtes ordinairement plus saillantes, à prothorax plus largement bordé de testacé, est à peine une variété distincte. Les élytres, parfois plus obscures, sont pâles à leur base et à leur extrémité, et parées de 4 ou 5 taches de même couleur, plus ou moins tranchées, sur leur disque. Les reliefs dorsaux du prothorax sont généralement plus saillants, et les points des stries paraissent un peu plus gros. Je l'ai également vue sous le nom de *dimidiatus*. — Corse, Sicile, Corfou (1).

2. Helophorus aquaticus, Linné.

Suballongé, subparallèle, peu convexe, d'un gris testacé brillant, avec la tête et le prothorax d'un vert bronzé, le dessous du corps noir et mat, les élytres marquées de 2 points noirs, les palpes, les antennes et les pieds testacés, le bout de l'onychium un peu rembruni. Tête à peine pubescente, légèrement ciliée-frisée sur les côtés, granuleuse-ombiliquée. Prothorax

(1) Trois espèces voisines viennent se grouper autour de l'*intermedius*, savoir

Helophorus oxygonus, Bedel (Faun. Col. Seine, 1881, I, p. 299, note). Remarquable par les angles postérieurs du prothorax et les épaules fortement et simultanément déjetés en dehors en dent aiguë. Les reliefs dorsaux du prothorax sont moins surélevés, plus réguliers et moins mamelonnés, avec les angles antérieurs plus aigus, que chez *Empleurus rugosus*. La tête et le prothorax sont légèrement métalliques et un peu empourprés. — Long. 0,0050-0,0052. — Batna en Algérie (Coll. Pandellé).

Helophorus micans, Faldermann (Faun. transc. I, p. 234); *acutipalpis*, Mulsant et Wachanru, (Mém. Ac. Lyon, 2 sér., II, 1852, 5). Plus pâle que *intermedius*, à sillons du prothorax plus larges, plus profonds et plus lisses, avec les côtés du même segment plus fortement sinués en arrière; les côtes des élytres plus saillantes; le 3e article des tarses postérieurs à peine plus long que le 4e; le dernier article des palpes maxillaires plus acuminé au bout. — Russ. mér., Caramanie

Helophorus Fennicus, Paykull (Faun. Suec. I, 243, 4). Plus grand et surtout plus allongé et plus tomenteux que *intermedius*, à prothorax non ou à peine métallique et à sillons plus droits, à côtes des élytres plus prononcées, etc. — Suède, Laponie.

court, un peu moins large que les élytres, obsolètement crénelé et légèrement cilié-frisé sur les côtés, à sillons internes flexueux, à reliefs granuleux-ombiliqués et subtomenteux, les intermédiaires à granulation râpeuse. Élytres suballongées, à peine crénelées et légèrement ciliées-frangées sur les côtés, à peine pubescentes, assez fortement striées-ponctuées avec une strie scutellaire, à interstries marqués d'une série de très petits points, les alternes plans ou un peu relevés en côtes à leur base et à leur extrémité, le marginal relevé en côte distincte jusque près du sommet. Le 3e article des tarses postérieurs un peu plus long que le 4e. Repli du prothorax très étroit. Ventre très finement crénelé à son bord postérieur (1).

Silpha aquatica, Linné, Syst. Nat. ed. X, 362 ; — Faun. Suec. 461.
Helophorus aquaticus, Olivier, Ent. III, n. 38, 5, 1, pl. I, fig. 1, *a*, *e*. — Latreille, Hist. Nat. X, 74, pl. 81, fig. 9. — Gyllenhal, Ins. Suec. I, 126, 1. — Brullé, Hist. Ins. II, 304. — Mulsant, Palp. 33, 4. — Thomson, Skand. Col. II, 79, 5. — Bedel, Faun. Col. Seine, I, 300 et 322, 3.
Helophorus grandis, Illiger Kaef. Preus. 272, 1. — Laporte de Castelnau, Hist. Col. II, 45, 1. — Heer, Faun. Helv. I, 473. 1. — Fairmaire et Laboulbène, Faun. Fr. I, 236, 4. — J. Duval, Gen. Hydroph. pl. 31, fig. 151.

Var. *a*. *Marges latérales du prothorax* d'un roux livide. *Stries des élytres* plus marquées, à *interstries alternes* plus sensiblement et plus longuement relevés en côtes obtuses. *Forme* un peu plus convexe.

Long. 0,0065 ; — larg. 0,0025.

Patrie. Cette espèce fréquente les eaux stagnantes, du nord au midi de la France, où elle est très commune.

Obs. Elle diffère de l'*intermedius* par le repli du prothorax bien plus étroit, par les interstries alternes des élytres moins relevés, et par le marginal, surtout, relevé en côte saillante, au lieu d'être creusé en gouttière.

Les hanches antérieures sont tantôt entièrement noires, tantôt rousses au sommet. Chez les immatures, l'extrémité du ventre est plus ou moins roussâtre.

La tête et le prothorax sont d'un vert bronzé, cuivreux, azuré ou pourpré. La taille varie beaucoup. La massue des antennes est parfois un

(1) Ce caractère ne s'aperçoit bien que de dessus et quand les élytres sont entr'ouvertes.

peu rembrunie. Les élytres, rarement sans taches, offrent ordinairement 2 points noirs : l'un sur le milieu du 7e interstrie, l'autre plus en arrière, sur le 3e, souvent lié à la suture.

Parfois, elles ont, sur la suture, une teinte métallique verdâtre, tantôt réduite, tantôt étendue jusque sur le 2e interstrie ou, même, reparaissant sur quelques alternes. D'autres fois, elles sont presque entièrement d'un gris obscur.

Les variétés méridionales ont les stries des élytres plus fortement ponctuées, à interstries alternes plus régulièrement relevés. Entre autres, j'en citerai une à forme un peu plus convexe et un peu plus atténuée en avant, avec les côtés du prothorax d'un roux livide et les élytres à stries un peu plus profondes et à interstries alternes encore plus relevés (1). Elle est des eaux saumâtres (*H. maritimus*, R.). — Aiguesmortes.

J'ai vu un échantillon à prothorax nébuleux, à côtés et bord antérieur un peu roussâtres, avec chaque arceau ventral maculé de roux latéralement. Ce même individu montre accidentellement 8 articles aux antennes au lieu de 9.

Schioedte (Nat. Tidss. 1862, t. I, p. 212, pl. VII, fig. 4-11) a donné les métamorphoses et les dessins de la larve de l'*Helophorus aquaticus* L. sous le nom de *H. grandis*, Duft.

3. **Helophorus aequalis**, Thomson.

Oblong, subparallèle, subconvexe, d'un testacé brunâtre, submétallique et brillant, avec la tête et le prothorax d'un vert bronzé obscur, le dessous du corps noir et mat (2), *les élytres marquées de 2 points noirs et de taches nébuleuses, les palpes, les antennes et les pieds testacés, le bout de l'onychium rembruni. Tête à peine pubescente, granuleuse-ombiliquée. Prothorax court, un peu moins large que les élytres, à peine crénelé et à peine cilié sur les côtés, à sillons internes flexueux, à reliefs granuleux-ombiliqués et sublomenteux, les intermédiaires à granulation écrasée. Élytres oblongues, à peine ciliées sur les côtés, à peine pubescentes, assez*

(1) Dans tous les cas, dans cette espèce, les côtes, lorsqu'elles existent, ne sont jamais visiblement prolongées jusqu'au sommet des élytres comme chez *intermedius*. Les séries de petits points paraissent parfois géminées.

(2) Il est généralement revêtu d'une fine pubescence duveteuse, plus ou moins apparente et plus ou moins pâle. J'omettrai souvent d'en parler.

fortement striées-ponctuées avec une strie scutellaire, à interstries presque plans, marqués d'une série de très petits points, les alternes un peu relevés en côte à leur extrémité, le marginal relevé en côte distincte jusqu'au sommet. Le 3e article des tarses postérieurs non ou à peine plus long que le 4e. Repli du prothorax très étroit. Ventre simple et mutique au sommet.

Helophorus aequalis, Thomson, 1868, Skand. Col. X, 300, 5, *b.*

Long. 0.0045 ; — larg. 0.0022.

Patrie. Cette espèce, peu commune, fréquente les mares des régions boisées ou montagneuses : le bassin de la Seine, les environs de Lyon, les montagnes du Beaujolais, le Bugey, les Vosges, la Grande-Chartreuse, les Alpes, la Savoie, etc.

Obs. Elle se distingue à peine de l'*H. aquaticus*. Elle est de la taille des plus petits exemplaires de ce dernier. Les élytres sont un peu plus convexes, un peu moins allongées et surtout plus obscures. La granulation des reliefs dorsaux du prothorax est plus écrasée ; le 3e article des tarses postérieurs n'est pas visiblement plus long que le 4e, et, enfin, le sommet du ventre paraît simple et mutique, au lieu d'être finement crénelé, etc.

Elle varie un peu pour la taille et pour la couleur. Les élytres, rarement claires, sont le plus souvent obscures, avec les 2 points noirs ordinaires et, de plus, quelques taches nébuleuses indéterminées. Parfois tout le dessus du corps est obscur ou presque noir. — Belgique (abbé Carret).

Les interstries alternes sont un peu relevés en arrière, et le posthuméral est souvent costiforme à sa base.

Les pieds sont souvent d'un testacé de poix, avec la base des cuisses parfois un peu rembrunie.

Comme dans l'*aquaticus*, la pointe métasternale antérieure, la lame mésosternale et, plus rarement, la pointe extrême du prosternum sont subcarinulées.

Somme toute, l'*H. aequalis* me paraît une faible espèce (1).

(1) L'*H. frigidus* Graëlls (1847, Ann Fr. p. 305, p.. IV, fig. 1) se distingue à peine de l'*H. aequalis* par son prothorax à granulation encore plus écrasée et réduite sur les reliefs dorsaux, surtout en leur milieu, à une simple et fine ponctuation au lieu de points ombiliqués ; par les stries des élytres un peu moins fortement ponctuées et leurs interstries moins relevés en côte en arrière, etc. — Escorial (Espagne). — C'est encore là une très faible espèce.

aa. *Elytres* sans commencement de strie entre la suturale et la 2e. *Taille* moindre.

d. *Antennes* et surtout *palpes* plus ou moins obscurs : ceux-ci assez courts et assez épais. *Corps* bronzé ou brunâtre.

e. *Reliefs dorsaux du prothorax* surélevés ; les *sillons internes* très flexueux, le médian profond, fovéolé. *Interstries externes des élytres* convexes. *Pieds* d'un roux de poix, à tarses plus foncés. *Taille* moyenne. . . . . 4. NIVALIS.

ee. *Reliefs dorsaux du prothorax* subdéprimés ; les *sillons internes* peu flexueux, le médian peu profond, non ou à peine fovéolé. *Interstries des élytres* presque tous plans. *Pieds* d'un brun ou noir bronzé. *Taille* un peu moindre. . . 5. GLACIALIS.

dd. *Antennes*, *palpes* et *pieds* roux ou testacés.

f. *Reliefs dorsaux du prothorax* plus ou moins granuleux.

g. *Prothorax* peu convexe, ou surélevé sur le dos à marge latérale explanée. *Forme* plus ou moins allongée ou oblongue.

h. Le *dernier article des palpes maxillaires* plus ou moins allongé, subfusiforme, à côté interne presque rectiligne : le pénultième oblong.

i *Sillon du vertex* non ou à peine évasé en avant. *Élytres* à interstries tous ou en partie subconvexes.

k. *Prothorax* presque aussi large que les élytres : *celles-ci* suballongées, subparallèles, fortement striées-ponctuées-crénelées, non visiblement ensellées derrière l'écusson, d'un bronzé plus ou moins obscur. *Taille* assez grande. 6. CRENATUS.

kk. *Prothorax* moins large que les élytres : *celles-ci* oblongues ou ovales-oblongues, visiblement ensellées derrière l'écusson, d'un brun ou roux châtain. *Taille* moyenne.

l. *Prothorax* régulièrement arqué sur les côtés, à *reliefs dorsaux* faiblement granuleux, à *sillons internes* légèrement flexueux. *Élytres* ovales-oblongues, non subparallèles antérieurement. Le *dernier article des palpes maxillaires* assez épais. . . . . 7. ARCUATUS.

ll. *Prothorax* subsinué en arrière sur les côtés, à *reliefs dorsaux* sensiblement granuleux, à *sillons internes* assez fortement flexueux. *Élytres* oblongues, subparallèles antérieurement. Le *dernier article des palpes maxillaires* plus allongé. . . . . 8. ASPERATUS.

ii. *Sillon du vertex* plus ou moins évasé en avant.

m. *Élytres* très fortement striées-ponctuées, à *interstries* subconvexes, les *alternes* un peu plus relevés. *Taille* moyenne.

n. *Élytres* oblongues, subparallèles dans leurs deux premiers tiers, à points des stries profonds et serrés. *Prothorax* plus ou moins surélevé et fovéolé sur le milieu du dos.

o. *Prothorax* à peine moins large en avant que les élytres, sensiblement surélevé et fortement fovéolé sur le milieu du dos. *Elytres* à tache pâle subsuturale bien distincte. Le *dernier article des palpes maxillaires* allongé, subelliptique. . . . . 9. DORSALIS.

oo. *Prothorax* évidemment moins large en avant que les élytres, à peine surélevé et à peine fovéolé sur son milieu. *Élytres* à tache pâle subsuturale peu distincte. Le *dernier article des palpes maxillaires* très allongé, subfusiforme. . . . . 10. FULGIDICOLLIS.

nn. *Élytres* ovales-oblongues, subarquées sur leurs côtés dès après les épaules, à points des stries très grossiers et peu serrés. *Prothorax* subdéprimé et non fovéolé sur le milieu du dos. *Élytres* avec 2 taches fauves. 11. QUADRISIGNATUS.

mm. *Élytres* assez fortement ou assez finement striés-ponctuées, à *interstries alternes* non plus relevés que les autres.

p. *Élytres* à reflet métallique sensible au moins sur la région suturale, plus ou moins ensellées derrière l'écusson, à *interstries* peu convexes, assez larges. *Sillons internes du prothorax* flexueux-angulés. *Taille* moyenne. . . . . 12. OBSCURUS.

pp. *Elytres* sans reflet métallique sensible, non visiblement ensellées derrière l'écusson. *Sillons internes du prothorax* légèrement flexueux. *Taille* petite.

q. *Élytres* assez finement striées-ponctuées, à *interstries* plans, plus larges que les points excepté dans leur dernier cinquième ; d'un gris testacé avec 2 taches noires ou nébuleuses. . . . . 13. MINUTUS.

qq. *Élytres* assez fortement striées-ponctuées, à *interstries* subconvexes ou en partie.

r. *Elytres* d'un testacé ferrugineux avec une tache noire, à *interstries* non ou à peine plus larges que les points. *Tête* et *prothorax* d'un bronzé souvent verdâtre. *Taille* petite. . . . . 14. DISCREPANS.

rr. *Élytres* d'un testacé obscur avec 2 taches nébuleuses, à *interstries* étroits, à peine plus larges que les points. *Tête* et *prothorax* d'un bronzé souvent cuivreux ou empourpré. *Taille* très petite. 15. GRANULARIS.

hh. Le *dernier article des palpes maxillaires* plus ou moins renflé, ovalaire-oblong : le pénultième court. *Taille* petite. . . . . 16. GRISEUS.

gg. *Prothorax* régulièrement bombé à marge latérale déclive. *Interstries des élytres* étroits. *Forme générale* assez trapue.

s. *Prothorax* fortement granuleux, à *côtés* sinués en arrière, à *sillons internes* assez larges et flexueux. *Élytres* très fortement striées-ponctuées, à *interstries* finement ciliés-frisés, les *alternes* plus relevés. Le *dernier article des palpes maxillaires* subovalairement renflé, le *pénultième* court. . . . . 17. ARVERNICUS.

ss. *Prothorax* assez fortement granuleux, à *côtés* régulièrement arqués, à *sillons internes* fins et presque droits. *Elytres* fortement striées-ponctuées, à *interstries* glabres, également convexes. Le *dernier article des palpes maxillaires* allongé, subfusiforme, le *pénultième* oblong. 18. PUMILIO.

ff. *Reliefs dorsaux du prothorax* comme laminés et presque lisses, à *sillons internes* étroits et presque droits. *Élytres* fortement striées-ponctuées-subcrénelées, à *interstries* étroits et subconvexes. *Sillon du vertex* net, profond, non évasé en avant. *Taille* petite. . . . . 19. NANUS.

1. Helophorus nivalis, GIRAUD.

Ovale-oblong, peu parallèle, subconvexe, d'un brun de poix submétallique assez brillant, avec la tête et le prothorax d'un bronzé verdâtre obscur, le dessous du corps fuligineux, la base et le sommet des élytres un peu roussâtres, les palpes et les antennes rembrunis, celles-ci à base plus claire, et les pieds d'un roux de poix à tarses plus foncés. Tête à peine pubescente, faiblement granuleuse-ombiliquée. Prothorax court, un peu moins large que les élytres, presque glabre, à sillons internes très flexueux, le médian profond et dilaté en fossette oblongue, à reliefs dorsaux surélevés et à granulation écrasée. Élytres ovales-oblongues, presque glabres, ensellées vers leur 1er tiers, assez fortement striées-ponctuées-crénelées, à interstries marqués d'une série de très petits points, les internes presque plans, les externes surélevés et convexes. Palpes assez épais.

Helophorus nivalis, GIRAUD, Verh. Zool. Wien. I, 1851, 92. — MILLER, loc. cit. 109.
Helophorus tristis, ULRICH, inédit.

Long. 0,0035 ; — larg. 0,0017.

Patrie. Cette espèce, particulière à l'Autriche et à la Styrie, se rencontre également en Suisse. Peut-être se trouvera-t-elle un jour dans les Alpes françaises. — (R).

Obs. Elle se distingue des précédentes par les élytres sans strie scutellaire entre la suturale et la 2e; de l'*aequalis* par sa taille moindre, ses palpes, ses antennes et ses pieds d'une couleur plus sombre.

Les palpes sont presque entièrement d'un noir ou brun de poix, avec leur dernier article sensiblement et subovalairement épaissi.

Les antennes sont brunâtres, à 2 premiers articles testacés.

Le sillon médian du prothorax est plus ou moins élargi en fossette oblongue, avec les reliefs dorsaux un peu relevés, mais à granulation écrasée, subombiliquée en avant et en arrière, réduite à des points au milieu.

Les élytres, assez obscures, ont souvent, à la base et au sommet, une transparence livide, et quelques linéoles semblables, sur les côtés. Elles sont évidemment ensellées derrière la région scutellaire.

Les pointes prosternale et mésosternale sont subcarinulées, ainsi que la pointe mésosternale antérieure.

Les échantillons provenant de l'Autriche, ont les élytres ordinairement d'un roux châtain, parfois subimpressionnées vers les côtés, avec les interstries 5e et 7e subcostiformes sur la majeure partie de leur longueur. La base des palpes et les pieds sont d'un roux plus clair, à sommet de l'onychium seul noir. On prendrait aisément cette variété pour une espèce distincte (*H. semicostatus*. R), et c'est elle qui répond le mieux à la description.

5. **Helophorus glacialis**, Villa.

Oblong, peu parallèle, peu convexe, d'un bronzé obscur ou brunâtre, brillant, avec la tête et le prothorax d'un noir verdâtre, le dessous du corps fuligineux, les palpes, les antennes et les pieds rembrunis, ceux-ci un peu bronzés. Tête presque glabre, finement granuleuse-ombiliquée. Prothorax court, un peu moins large que les élytres, presque glabre, à sillons internes assez flexueux, le médian peu profond, non ou peu dilaté en fossette ; à reliefs dorsaux subdéprimés ou peu surélevés et à granulation écrasée. Elytres oblongues, presque glabres, ensellées vers leur

1er *tiers, assez finement striées-ponctuées-subcrénelées, à interstries presque tous plans, marqués d'une série de très petits points. Palpes assez épais.*

Helophorus glacialis. VILLA, Col. Eur. Dupl. 1833, 34. — HEER, Faun. Helv. I, 475, 5. — FAIRMAIRE et LABOULBÈNE, Faun. Fr. I, 238, 10.
Helophorus nivalis, THOMSON, Skand. Col. II, 82, 12.

Long. 0,0033; — larg. 0.0015.

PATRIE. Cette espèce, commune en Suisse, se trouve également à une certaine altitude, en Savoie, dans les Alpes et les Pyrénées. Je l'ai capturée moi-même à la Grande-Chartreuse, près des neiges. — (A C.).

OBS. Elle est un peu moindre, moins ovalaire et plus obscure dans toutes ses parties, et surtout aux pieds, que l'*H. nivalis*, auquel elle ressemble beaucoup. Le sillon médian du prothorax est moins profond, moins élargi; les internes sont un peu moins flexueux, et les reliefs dorsaux moins surélevés. Les interstries des élytres sont presque tous plans. La forme générale est un peu moins convexe, avec les côtés du prothorax, vus de dessus, un peu moins arqués antérieurement. Les pointes prosternale, mésosternale et métasternale antérieure sont plus obsolètement carinulées, etc.

Les élytres sont tantôt d'un bronzé obscur uniforme, tantôt avec des transparences ou linéoles moins foncées, parfois avec 2 taches notamment plus pâles, l'une sur le milieu du 1er tiers, l'autre, plus rapprochée de la suture, vers le dernier quart; plus rarement d'un testacé grisâtre à reflet bronzé avec quelques taches brunes indécises. Elles sont ensellées vers leur 1er tiers.

Mulsant paraît n'avoir pas connu cette espèce.

Elle varie pour la taille.

Les *H. nivalis* et *glacialis* se distinguent, au premier abord, de tous leurs congénères par leur teinte générale d'un bronzé obscur et puis par leurs palpes, antennes et pieds plus rembrunis. Le sillon du vertex est étroit mais subimpressionné en avant. Le dernier article des palpes n'est pas allongé, au contraire assez court et renflé (1).

(1) Près de là viendrait l'*H. insularis* de Reiche (Ann. Ent. Fr. 1861, I, p. 204), espèce d'un aspect un peu plus lisse et comme vernissé; à tête faiblement granuleuse-ponctuée; à reliefs dorsaux du prothorax comme sublaminés et à granulation souvent réduite à des points, les

L'histoire de la larve de l'*H. glacialis*, Heer, a été présentée par de Heyden (Jahresb. Ges. Graub. 1863, 8, p. 32).

6. **Helophorus crenatus**, Rey.

Suballongé, subparallèle, subconvexe, d'un bronzé obscur un peu brillant, avec le dessous du corps d'un noir mat et duveteux, les palpes, les antennes et les pieds d'un roux de poix, le bout des palpes et de l'onychium un peu rembrunis. Tête presque glabre, granuleuse-ombiliquée Prothorax court, aussi large en avant que les élytres, un peu moins large en arrière que celles-ci, assez fortement arqué sur les côtés et subsinueusement rétréci postérieurement, presque glabre, à sillons internes sensiblement flexueux, à reliefs tous également et assez fortement granuleux-ombiliqués. Élytres suballongées, subparallèles jusqu'après leur milieu, non visiblement ensellées, fortement striées-ponctuées, à interstries subconvexes et distinctement crénelés, marqués d'une série de très petits points. Sillon du vertex non évasé en avant. Le dernier article des palpes suballongé.

Helophorus crenatus, Rey, Revue d'Entom t, III, 1884, p. 268.

Long. 0,0042 ; — larg. 0,0019.

Patrie. Cette espèce, dont M. Pandellé m'a communiqué un échantillon provenant d'Angleterre, a été recueillie dans les eaux douces, à 5 kilomètres de la mer, aux environs de Morlaix, dans les premiers jours de mai, par M. E. Hervé, ancien notaire et l'un des fondateurs de la Société d'Études scientifiques de cette ville. J'en dois plusieurs exemplaires à sa générosité.

Obs. Elle diffère des *H. nivalis* et *glacialis* par sa taille plus grande et

sillons étroits, les internes légèrement flexueux ; à élytres suballongées, ensellées derrière la base, modérément striées-ponctuées, à interstries assez larges, plans et distinctement pointillés en série. La tête et le prothorax sont d'un bronzé souvent empourpré, les élytres d'un gris brun ou roux bronzé à taches nébuleuses plus ou moins fondues. Les pieds sont comme chez *glacialis*. Le ♂ est d'une taille moindre, d'un bronzé plus obscur dans toutes ses parties, avec les élytres plus distinctement ensellées. — Corse, Monte Renoso (Revelière).

Obs. Cette espèce diffère de l'*H. glacialis* par sa taille un peu moindre, sa couleur plus métallique ; les reliefs dorsaux du prothorax moins saillants et plus légèrement ponctués, etc Malgré ces signes, elle pourrait bien en être une variété locale ; en effet, comme lui, elle fréquente les lieux élevés, près des neiges.

sa forme plus parallèle ; par ses palpes moins épais, plus allongés et moins obscurs ; par ses élytres plus fortement striées-ponctuées et à interstries plus convexes, et surtout par le sillon du vertex plus linéaire, etc.

Ce dernier caractère la rapproche des *H. strigifrons* et *laticollis* de Thomson. Mais elle est plus grande et plus parallèle que le premier, avec le prothorax plus fortement arqué sur les côtés, à sillons intermédiaires plus flexueux et à reliefs dorsaux moins relevés et à granulation nullement écrasée, etc.

Elle se distingue du deuxième par son prosternum sans carène, son prothorax plus granuleux sur son disque et ses élytres plus sombres. La taille est un peu moindre, etc.

7. **Helophorus arcuatus**, Mulsant.

Ovale-oblong, peu convexe, brun ou d'un châtain foncé un peu brillant, avec la tête et le prothorax d'un bronzé obscur un peu verdâtre, le dessous du corps d'un noir mat et duveteux, les élytres notées de 2 petites taches nébuleuses, les palpes, les antennes et les pieds d'un roux testacé, le bout des palpes et de l'onychium un peu rembruni. Tête presque glabre, granuleuse-ombiliquée. Prothorax très court, un peu moins large que les élytres, sensiblement arqué sur les côtés, presque glabre, à sillons internes légèrement flexueux, à reliefs granuleux-ombiliqués, les internes plus faiblement. Élytres ovales-oblongues, presque glabres, ensellées après l'écusson, assez fortement striées-ponctuées, à interstries subconvexes surtout les extérieurs, marqués d'une série de très petits points. Sillon du vertex non ou à peine évasé en avant. Le dernier article des palpes suballongé.

Helophorus granularis, var. *arcuatus*, Mulsant, Palp. p. 36.

Long. 0,0038 ; — larg. 0,0018.

Patrie. Cette espèce, qui est très rare, a été capturée dans les environs d'Aix-les-Bains, en Savoie.

Obs. Elle se distingue de *H. nivalis* et *glacialis* par ses élytres moins foncées et moins métalliques, et surtout par ses palpes, antennes et pieds d'une couleur bien moins obscure.

Elle diffère de l'*H. crenatus* par sa taille moindre et sa forme un peu moins parallèle. Le prothorax, moins large antérieurement, n'est point subsinué en arrière sur ses côtés, avec les reliefs internes plus légèrement granuleux. Les élytres, moins obscures, sont distinctement ensellées et moins fortement striées-ponctuées. Les palpes, les antennes et les pieds sont d'un roux moins foncé. Enfin, la pointe prosternale présente un rudiment de carène qu'on ne voit point chez *crenatus*, etc. (1).

8. **Helophorus asperatus**, Rey.

Oblong, subparallèle, peu convexe, d'un roux châtain un peu brillant, avec la tête et le prothorax d'un bronzé verdâtre-obscur, le dessous du corps d'un noir mat et duveteux, les élytres notées de 2 petites taches nébuleuses, les palpes et les antennes testacés, les pieds d'un roux testacé et le bout de l'onychium un peu rembruni. Tête presque glabre, granuleuse-ombiliquée. Prothorax court, moins large que les élytres, sensiblement arqué en avant sur les côtés, presque glabre, à sillons internes assez fortement flexueux, à reliefs tous aspèrement et également granuleux-ombiliqués. Élytres oblongues, presque glabres, ensellées après l'écusson, fortement striées-ponctuées, à interstries subconvexes surtout les extérieurs, parés d'une série de très petits points. Sillon du vertex non ou à peine évasé en avant. Le dernier article des palpes très allongé, subfusiforme.

Long. 0,0038; — larg. 0,0016.

Patrie. Cette espèce habite les Alpes fribourgeoises. Elle doit probablement se rencontrer également dans la Savoie et les Alpes françaises. J'en ai vu un exemplaire du Jura (Puton). — (T R).

Obs. Elle ressemble beaucoup à l'*H. arcuatus*. Mais les élytres sont moins ovalaires, un peu plus étroites et plus parallèles dans leur première moitié, avec leurs stries un peu plus fortement ponctuées. Le prothorax, un peu moins régulièrement arqué, paraît un peu sinué en arrière

(1) L'*H. strigifrons* Thomson (Skand. Col. X. p. 308, 15) est un peu moindre et plus convexe, à sillon du vertex encore plus linéaire, à prothorax plus élevé et plus lisse sur le dos, à sillons intermédiaires plus flexueux, avec les interstries externes des élytres plus relevés et les épaules moins arrondies, etc. — Finlande (Puton).

sur les côtés, et, surtout, la granulation des reliefs est plus rugueuse, aussi forte sur les internes que sur les externes. Les palpes sont d'unes couleur plus pâle, les maxillaires plus développés, à dernier article plus allongé, non ou moins rembruni au bout. Le dessous du corps est à peu près de même, etc.

On la prendrait volontiers pour une variété de l'*H. obscurus* décrit plus loin. Mais le prothorax est plus convexe, plus fortement granulé et à sillons internes plus flexueux. Les élytres, moins ensellées derrière l'écusson, n'offrent pas de reflet bronzé; leurs stries sont plus grossièrement ponctuées avec leurs intervalles plus étroits et plus convexes, etc.

Le prothorax est plus granuleusement ponctué que chez *laticollis*. Thomson (Skand. Col. II, p. 81, 11).

Le prothorax est parfois plus faiblement granulé. Les élytres offrent quelquefois 2 taches pâles assez distinctes.

9. **Helophorus dorsalis**, Marsham.

Suballongé, subparallèle, subconvexe, d'un gris testacé brillant, avec la tête et le prothorax d'un vert métallique plus ou moins cuivreux, le dessous du corps fuligineux et duveteux, les élytres notées de 2 petites taches noires, la subsuturale précédée d'une petite tache pâle sur le 3e interstrie, le bord antérieur et les marges latérales du prothorax à peine roussâtres, les palpes, les antennes et les pieds testacés, le bout de l'onychium rembruni. Tête presque glabre, granuleusement ponctuée, à peine ombiliquée. Prothorax court, sensiblement arqué sur les côtés, à peine moins large en avant que les élytres, presque glabre, sensiblement subélevé et fortement fovéolé sur son milieu, à sillons internes fortement flexueux, à reliefs granuleux-ombiliqués, les internes à granulation subécrasée. Elytres suballongées, presque glabres, très fortement striées-punctuées, à interstries assez étroits, subconvexes, marqués d'une série de très petits points : les alternes un peu plus relevés que les autres. Sillons du vertex évasé en avant. Le dernier article des palpes maxillaires allongé, subelliptique.

Hydrophilus dorsalis, Marsham, 1802, Ent. Brit. I, p. 410, 25 (1).

(1) D'après 3 types anglais, provenant de Curtis, le *dorsalis* de Marsham est identique à celui de Mulsant.

Helophorus dorsalis, Mulsant, 1844, Palp. p. 40. — Fairmaire et Laboulbène, Faun. Fr. I, 236, 6.
Helophorus Mulsanti, Rye, 1867, Cat.—Bedel, Faun. Col. Seine, 1881, I, p. 300 et 322, 5.

Long. 0,0040 ; — larg. 0,0018.

Patrie. Cette espèce est assez commune, dans les eaux saumâtres, dans la Provence, le Languedoc, le Roussillon et sur les côtes de la Manche.

Obs. Elle diffère des *H. arcuatus* et *asperatus* par le sillon du vertex plus évasé en avant, par sa tête et son prothorax moins obscurs, avec ce dernier plus large et plus arqué antérieurement sur les côtés, à milieu du dos plus relevé et fovéolé et à sillons internes plus flexueux. Les élytres sont plus pâles et plus brillantes, plus parallèles, à interstries alternes un peu plus relevés que les autres et la tache subsuturale noire, bien plus distincte, est toujours précédée d'une petite tache pâle, oblongue, située sur le 3e interstrie, etc.

La tête et le prothorax sont d'un vert métallique avec le fond des sillons cuivreux, d'autres fois entièrement cuivreux ou empourprés. L'écusson est cuivreux, brillant (1). Les prosternum et mésosternum sont rugueux, parfois obsolètement carinulés à leur pointe, et la pointe mésosternale antérieure est simplement relevée en dos d'âne. Souvent le dernier arceau ventral est un peu roussâtre. Chez les immatures, les élytres sont pâles et le dessous du corps testacé, à métasternum un peu plus foncé.

Le dernier article des palpes maxillaires est allongé, un peu ou à peine renflé en ellipse subacuminée, à bord interne à peine arqué.

Les exemplaires des Pyrénées-Orientales, ont le prothorax encore plus relevé, plus profondément fovéolé et plus laminé sur son milieu, avec les côtés plus sinués en arrière au-devant des angles postérieurs qui sont plus droits.

Outre la petite tache pâle du 3e interstrie, les élytres présentent derrière la tache brune un espace carré plus clair, flanqué d'une petite tache pâle à ses angles postérieurs, sur le 4e interstrie qu'elle déborde. Le calus huméral est aussi plus pâle, et l'on aperçoit souvent, près des

(1) En général, l'écusson affecte la couleur du prothorax, c'est-à-dire qu'il est d'un bronzé plus ou moins obscur, d'autres fois cuivreux ou doré. Je néglige souvent d'en parler, car il est presque toujours sans importance.

côtés, une étroite bande oblique, formée de linéoles pâles, étendue du 5e au 8e interstrie, mais interrompue sur le 6e.

On attribue à l'*H. dorsalis* le *Demoulini*, Mathieu (Ann. Soc. Belg. I, 1857)? (1).

10. **Helophorus fulgidicollis**, Motschulsky.

Oblong, subparallèle, subconvexe, d'un roux ferrugineux assez brillant, avec la tête et le prothorax d'un vert cuivreux éclatant, le dessous du corps fuligineux et duveteux, les élytres sans tache pâle ni point noir apparents, le bord antérieur et les marges latérales du prothorax pâles, les palpes, les antennes et les pieds testacés, le bout de l'onychium un peu rembruni. Tête presque glabre, granuleuse-ombiliquée. Prothorax court, faiblement arqué sur les côtés, évidemment moins large en avant que les élytres, presque glabre, à peine subélevé et à peine fovéolé sur son milieu, à sillons internes modérément flexueux, à reliefs granuleux-ombiliqués, les internes à granulation non écrasée. Élytres oblongues, presque glabres, très fortement striées-ponctuées, à interstries assez étroits, subconvexes, marqués d'une série de très petits points : les alternes un peu plus relevés que les autres. Sillon du vertex évasé en avant. Le dernier article des palpes maxillaires très allongé, subfusiforme.

Helophorus fulgidicollis, Motschulsky, Schrenck Reise, 1860. p. 105. — De Marseul, l'Abeille, 1878, XVI, p. 66, 48.

Long. 0,0038 ; — larg. 0,0016.

Patrie. Cette espèce se trouve avec la précédente, en Languedoc, en Provence, aux environs d'Hyères et de Fréjus, etc. ; mais elle est moins commune. M. Grouvelle l'a capturée au bord de la Siagne.

Obs. Elle en est très voisine. Toutefois, je ferai remarquer que le prothorax est moins fortement arqué sur les côtés, où il est évidemment moins large que les élytres ; il est plus déprimé et bien moins distincte-

(1) L'*H. puncticollis*, Baudi (Coll. Perris) est bien voisin, avec la tête et le prothorax plus obscurs, celle-là plus obsolètement granulée-ombiliquée, simplement ponctuée sur son milieu, celui-ci plus déprimé, cylindracé et comme finement pointillé, et les élytres moins fortement striées-ponctuées et à interstries plus larges, plans ou presque plans. Pour le reste et surtout pour la forme des palpes, il se rapproche des *H. glacialis* et *insularis*. — M. Renoso en Corse (Revelière,) — J'en ai vu un exemplaire indiqué des Alpes, sans doute par erreur.

ment fovéolé sur son milieu, avec les reliefs dorsaux à granulation moins écrasée, à sillons internes moins flexueux, à bords antérieur et latéraux plus visiblement entourés de pâle. Les élytres, de couleur moins claire, sont ordinairement dénuées de tache pâle en avant de la tache noire. Surtout, le dernier article des palpes maxillaires est plus allongé, plus fusiforme, à bord inférieur plus rectiligne (1). Enfin, la tête et le prothorax sont constamment d'une couleur métallique plus éclatante, le fond des sillons cuivreux, les reliefs latéraux dorés ou empourprés, les dorsaux ordinairement d'un vert brillant, etc.

Le dernier arceau ventral est souvent roussâtre. La pointe prosternale est tantôt simple, tantôt finement carinulée. La lame mésosternale et la pointe métasternale antérieure sont obsolétement carinulées ou simplement relevées en dos d'âne.

J'ai vu dans la collection Guillebeau plusieurs échantillons identiques à élytres d'un roux ferrugineux plus clair, avec une tache subsuturale brune assez apparente, vers le tiers postérieur. — Le Havre.

Les stries des élytres varient quant à la force de leur ponctuation. La couleur en est parfois assez pâle.

La structure des palpes maxillaires est à peu près celle de l'*H. asperatus*, mais l'avant-corps est moins obscur ; les sillons internes du prothorax sont moins flexueux et les élytres plus grossièrement crénées-striées et à interstries plus costiformes (2).

11. **Helophorus 4-signatus**, Bach.

Oblong, peu convexe, d'un bronzé obscur assez brillant, avec la tête et

(1) Comme on pourra le constater, le dernier article des palpes maxillaires varie souvent de grandeur suivant les espèces et quelquefois même un peu dans la même espèce.

(2) L'*H. angustatus*, Motsch. (Schrenck, 1860, 105) est plus allongé, avec les côtés du prothorax sensiblement sinués en arrière et ses angles antérieurs plus avancés, et les interstries des élytres un peu moins costiformes. La couleur générale est d'un testacé assez clair, avec un faible reflet métallique au prothorax et quelques taches nébuleuses obsolètes aux élytres. — Le Caire (Coll. Revelière).

L'*H. cognatus*, Rey (Rev. d'Entom. III, 1884, p. 268) est en quelque sorte intermédiaire entre *dorsalis* et *obscurus*. Le prothorax est un peu moins surélevé et moins fortement fovéolé sur son milieu que dans le premier, avec les stries moins fortement ponctuées et à interstries moins convexes. Ces mêmes stries sont un peu plus fortement ponctuées que chez *obscurus*, avec les élytres moins bronzées et les côtés du prothorax plus arrondis. — Bône (Coll. Puton), mousses humides.

le prothorax un peu violâtres, le dessous du corps d'un noir mat et duveteux, les élytres parées chacune de 2 ou 3 grandes taches plus pâles, les palpes, les antennes et les pieds d'un roux testacé, la massue des antennes grisâtre et le bout de l'onychium rembruni. Tête presque glabre, légèrement granuleuse-ombiliquée. Prothorax très court, un peu moins large que les élytres, presque glabre, subélevé mais non fovéolé sur son milieu, à sillons internes sensiblement flexueux et non subangulés, à reliefs granuleux-ombiliqués, les internes plus faiblement. Élytres ovales-oblongues, presque glabres, non ou à peine ensellées derrière la base, grossièrement striées-ponctuées, à points peu serrés, à interstries à peine convexes, marqués d'une série de très petits points. Sillon du vertex évasé en avant.

Helophorus quadrisignatus, Bach. Kaef. Faun. Deut. I, 2, p. 389.

Long. 0,0031 ; — larg. 0,0015.

Patrie. Alpes fribourgeoises (Guillebeau), Bâle (Puton), Carpathes (C. Brisout).

Obs. Cette espèce lie l'*H. dorsalis* à l'*H. obscurus*. Les élytres sont un peu moins oblongues, moins parallèles et plus ovalaires que dans l'un et l'autre, avec les points des stries évidemment plus grossiers, moins serrés et partant moins nombreux. La taille est un peu moindre que dans *H. dorsalis*, le prothorax, un peu moins arqué sur les côtés et plus rétréci en arrière, moins surélevé sur son milieu et à sillon médian non fovéolé, avec les interstries alternes des élytres moins élevés, etc. Le prothorax et les élytres sont un peu plus convexes que chez *obscurus*, bien moins visiblement ensellées derrière la base, parées chacune, sur un fond d'un brun bronzé, de 2 taches fauves assez grandes, l'une vers le premier quart sur le milieu du disque, l'autre avant l'extrémité près de la suture, avec parfois une 3e tache intermédiaire plus indécise.

Ces taches envahissent parfois la majeure partie de la surface, moins la suture, une bande transversale avant l'extrémité de celle-ci et 2 taches latérales nébuleuses.

12. Helophorus obscurus, Mulsant.

Oblong, subparallèle, peu convexe, d'un testacé obscur, grisâtre et assez brillant, avec la tête et le prothorax d'un bronzé verdâtre foncé, le dessous du corps d'un noir mat et duveteux, les élytres parées d'un reflet métallique souvent verdâtre sur la région suturale et notées de 2 petites taches noires, les palpes, antennes et pieds d'un roux testacé, le bout des palpes et de l'onychium un peu rembruni. Tête presque glabre, finement granuleuse-ombiliquée. Prothorax très court, un peu moins large que les élytres, presque glabre, à sillons internes assez fortement flexueux-subangulés, à reliefs granuleux-ombiliqués, les internes plus obsolètement. Élytres oblongues, presque glabres, ensellées après l'écusson, assez fortement striées-ponctuées, à interstries presque plans, marqués d'une série de très petits points. Sillon du vertex évasé en avant.

Helophorus aquaticus, Heer, Faun. Helv. I, 474, 2. — Fairmaire et Laboulbène, Faun. Fr. I, 237, 7.

Helophorus granularis, var. *obscurus*, Mulsant, Palp. 1844, p. 36.

Helophorus aeneipennis, Thomson, Skand. Col. 1860, p. 81, 10 — Bedel, Faun. Col. Seine, I, 300, et 323, 7. — De Marseul, l'Abeille, XX, Palp. 165, 65.

Var. *a. Sillons internes du prothorax* légèrement flexueux. *Elytres* uniformément d'un roux brunâtre, sans reflet métallique prononcé.

Var. *b. Elytres* plus finement striées-ponctuées, non ou à peine ensellées après l'écusson. *Taille* moindre.

Var. *c. Élytres* plus fortement striées-ponctuées, subcrénelées, à interstries plus étroits. Le *dernier article des palpes maxillaires* plus émoussé et plus rembruni au bout. *Taille* moindre.

Long. 0,0022 à 0,0034 ; — larg. 0,0012 à 0,0016.

Patrie. Cette espèce est très commune, dans toute la France et à toutes les altitudes.

Obs. Elle diffère des *nivalis* et *glacialis* par ses palpes, antennes et pieds de couleur moins sombre et par ses élytres moins ovalaires, un peu plus parallèles antérieurement; des *arcuatus* et *asperatus* par le sillon du vertex plus évasé en avant et par ses élytres plus métalliques et à interstries moins convexes, etc.

Elle varie beaucoup de taille, de couleur, de sculpture et de ponctuation. Outre le type, je réduis ses nombreuses variétés à 3 principales, dont on fera, peut-être, plus tard, des espèces distinctes.

La variété *a (monticola*, R.) a le prothorax un peu plus régulièrement arqué sur les côtés, avec les sillons internes moins flexueux. Les élytres sont uniformément d'un roux brunâtre et parfois subtestacé, sans reflet métallique prononcé. — Mont Dore, montagnes du Beaujolais.

La variété *b* est de taille moindre. Les élytres sont plus finement striées-ponctuées, à impression postscutellaire nulle ou à peine sensible (*simplex*, R). — Néris, Villié-Morgon.

La variété *c* (*subcrenatus*, R.) a les sillons internes du prothorax très flexueux, les élytres plus fortement striées-ponctuées et les stries subcrénelant les interstries qui sont plus étroits. Le dernier article des palpes maxillaires est plus obtus et plus rembruni au sommet. La taille est moindre. — Saint-Raphaël (Provence).

Le prothorax est plus ou moins subsinué en arrière sur les côtés, d'autres fois régulièrement subarqué, avec les reliefs dorsaux à granulation souvent subécrasée, et les marges latérales ordinairement un peu roussâtres par transparence.

La pointe métasternale antérieure, la lame mésosternale et parfois l'extrême pointe prosternale sont carinulées. Le métasternum et le ventre sont couverts d'un duvet blanchâtre et soyeux, bien apparent.

La synonymie de cette espèce est presque inextricable. J'ai suivi en cela Thomson, le catalogue de Munich et M. Bedel (1).

On lui attribue les *granularis* de Gyllenhal (Ins. Suec. I, 127, 2) et *aquaticus* d'Erichson (Col. March. I, 195, 3).

J'ai vu 4 exemplaires, du Bugey, à stries subcrénelées comme chez *subcrenatus*, mais parées d'une grande tache apicale pâle, plus ou moins tranchée (*apicatus*, R.).

Les exemplaires de la Corse et parfois aussi ceux de la France méridionale ont souvent le prothorax fovéolé sur le milieu du sillon médian, mais non d'une manière aussi sensible que chez *H. dorsalis*, avec les côtés généralement non sinués en arrière, et les élytres un peu plus finement striées-ponctuées, parfois sans reflet métallique prononcé, d'autres fois entièrement d'un brun bronzé (*H. subarcuatus*, R.) Cette variété qui pourrait bien être une espèce distincte, a, rarement, tout le dessus du corps d'un bronzé plus ou moins empourpré, avec une taille moindre (*H. purpuratus*, R.). (2).

(1) Bien que Mulsant n'ait indiqué son *obscurus* que comme une variété, celle-ci est suffisamment décrite pour que le nom qu'il lui a imposé, soit adopté plutôt que celui d'*aeneipennis* peu et depuis peu connu. Du reste, Stein et Weise l'ont jugé ainsi.

(2) L'*H. planicollis* Thomson (Op. Ent. 1870, III, p. 327) ressemble à l'*H. obscurus*. La

La larve dont Schioedte (Nat. Tidss. 1862, pl. VII, fig. 12-13) a donné la description et la figure, sous le nom de *H. granularis*, Muls., appartient peut-être à la variété *obscurus*, du même auteur, et dont je fais une espèce.

13. Helophorus minutus, Olivier.

Suballongé, subparallèle, peu convexe, d'un gris testacé assez brillant, avec la tête et le prothorax d'un vert cuivreux à sillons dorés ou pourprés, le dessous du corps fuligineux et duveteux, les élytres notées de 2 points noirs, le bord antérieur et les marges latérales du prothorax pâles, les palpes, les antennes et les pieds testacés, le bout de l'onychium un peu rembruni. Tête presque glabre, finement granuleuse-ombiliquée. Prothorax court, un peu moins large que les élytres, à peine arqué sur les côtés, presque glabre, à sillons internes étroits et légèrement flexueux, à reliefs granuleux-ombiliqués, les internes à granulation subécrasée. Élytres suballongées, presque glabres, assez finement striées-ponctuées, à inter-stries plans, assez larges, marqués d'une série de très petits points à peine visibles. Sillon du vertex évasé en avant.

Helophorus minutus, Olivier, Ent. III, n. 38, p. 7, 5, pl. I, fig. 6, *a*, *b*.
Helophorus granularis, var. D, Mulsant, Palp. 37.
Helophorus granularis, var. B, Fairmaire et Laboulbène. Faun. Fr. I, p. 237.
Helophorus Erichsoni, Bach, Verz. Kaef. Deuts. XI. — De Marseul, l'Abeille, XX, Palp. p. 165, 64.
Helophorus affinis, Bedel, Faun. Col. Seine, I, p. 300 et 323, 6.

Long. 0,0030 ; — larg. 0,0013.

Patrie. Cette espèce est assez commune, dans les petits ruisseaux, dans presque toute la France, jusque dans la région méditerranéenne.

Obs. Elle est de la taille des plus petits exemplaires de l'*obscurus* dont elle diffère par ses élytres plus allongées et d'une couleur plus pâle, sans impression postscutellaire bien sensible, à taches brunes des 3e et 7^e^

granulation des reliefs dorsaux du prothorax est moins écrasée; les élytres sont plus profondément striées-ponctuées, presque entièrement bronzées avec à peine une transparence plus claire vers l'extrémité. Il est distinct du *crenatus* R. par le sillon du vertex bien plus évasé en avant. Les pieds sont roux à base des cuisses un peu rembrunie. — Suède (Puton).

interstries petites mais bien tranchées, surtout la subsuturale qui est dilatée en chevron. Elles sont sans reflet métallique, plus finement striées-ponctuées, avec les stries plus profondes et non moins finement ponctuées en arrière, et leurs interstries sont assez larges, plans ou presque plans.

La tête est souvent d'un vert gai, avec le sillon du vertex empourpré. Le prothorax, ordinairement bordé de pâle en avant et sur les côtés, est généralement d'un vert métallique, avec le fond des sillons et parfois les reliefs externes d'un cuivreux doré, rougeâtre et plus ou moins éclatant, et la granulation des internes à peine affaiblie. D'autres fois, il est entièrement doré ou d'un rouge de feu, ainsi que la tête. Ses côtés sont à peine arqués en avant, subrectilinéairement ou à peine sinueusement rétrécis en arrière.

La massue des antennes est parfois grisâtre ou même un peu rembrunie.

Les exemplaires de la Provence et du Roussillon ont les élytres un peu plus fortement striées-ponctuées, d'où les interstries paraissent un peu moins larges. Ceux du nord de la France et de l'Angleterre ont souvent une taille plus avantageuse.

On rapporte avec raison à cette espèce l'*Hydrophilus affinis* de Marsham (Ent. Brit. 1802, I, p. 409, 24), le *dorsalis* d'Erichson (Col. March. I, 196) et *griseus* de Thomson (Skand. Col. II, 80, 8).

J'ai vu dans la collection Pandellé plusieurs exemplaires identiques d'une variété remarquable, qui pourrait bien constituer une espèce distincte (*H. semifulgens*, R.). La tête et le prothorax sont d'un cuivreux doré plus ou moins éclatant, plus finement et plus densément pointillé que dans *H. minutus* type, avec la ponctuation subruguleuse et nullement ombiliquée sur la tête, à peine ombiliquée sur les côtés du prothorax, fine et comme cylindracée sur les reliefs dorsaux. Les stries des élytres sont les mêmes ; toutefois les externes paraissent plus grossièrement ponctuées de noir, les internes seulement avant leur extrémité. Elles sont d'un gris testacé, avec une bande transversale arquée, située vers leur dernier tiers et formée de 3 taches nébuleuses isolées, dont la médiane suturale et en forme de chevron, avec, en arrière, une lune pâle, entourée d'un cercle obscur, sur chaque élytre. — Tarbes (Hautes-Pyrénées).

J'ai pris, dans les collines des environs de Nîmes, un individu qui semble faire passage.

14. Helophorus discrepans, PANDELLÉ.

Suballongé, subparallèle, peu convexe, d'un testacé ferrugineux assez brillant, avec la tête et le prothorax d'un bronzé souvent verdâtre, le dessous du corps fuligineux et duveteux, les élytres notées d'une tache suturale noire, les palpes, les antennes et les pieds testacés, le bout des palpes à peine, celui de l'onychium plus distinctement rembrunis. Tête presque glabre, finement granuleuse-ombiliquée, à grains déprimés. Prothorax court, un peu moins large que les élytres, subarqué en avant sur les côtés, presque glabre, à sillons internes étroits, médiocrement flexueux, à reliefs granuleux-ombiliqués, les internes à granulation écrasée. Élytres suballongées, presque glabres, assez fortement striées-ponctuées, à interstries assez étroits, subconvexes ou au moins les alternes, plus fortement en arrière et à l'extrême base, marqués d'une série de très petits points. Sillon du vertex évasé en avant.

Helophorus discrepans, PANDELLÉ *in litteris*.

Long. 0,0028; — larg. 0,0012.

PATRIE, Tarbes (Hautes-Pyrénées); Collioure (Pyrénées-Orientales).

OBS. Cette espèce, qui m'a été communiquée par M. Pandellé, est assez distincte de l'*H. minutus* par sa taille généralement un peu moindre et son aspect plus obscur. La tête et le prothorax sont d'un bronzé souvent verdâtre, avec ce dernier un peu plus arqué sur les côtés qui n'offrent de testacé que le fin rebord marginal, et le bord antérieur est toujours concolore. Les élytres, d'un gris plus sombre ou ferrugineux, ont la tache suturale en chevron bien marquée, mais sans vestige de tache discale bien apparente. Les stries, plus profondes, sont un peu plus fortement ponctuées, subsulciformes en arrière, avec leurs interstries subconvexes, assez étroits, non ou à peine plus larges que les points, etc.

Elle varie peu pour la couleur. Toutefois, la tête et le prothorax sont parfois sans reflet verdâtre.

Les exemplaires des Pyrénées-Orientales ont généralement les élytres d'un testacé moins ferrugineux, le prothorax à granulation un peu plus aplatie et à sillons intermédiaires un peu moins flexueux, avec le dernier article des palpes maxillaires paraissant un peu plus long. Il en est à peu près de même des échantillons de Corse.

15. **Helophorus granularis**, Linné.

Oblong, subsemicylindrique, subconvexe, d'un testacé grisâtre plus ou moins obscur et assez brillant, avec la tête et le prothorax d'un bronzé un peu cuivreux, le dessous du corps fuligineux et duveteux, les élytres notées de 2 points nébuleux, les palpes, les antennes et les pieds testacés, la massue des antennes et le bout de l'onychium et des palpes rembrunis. Tête presque glabre, obsolètement granuleuse-ombiliquée. Prothorax très court, un peu moins large que les élytres, légèrement arqué sur les côtés, presque glabre, à sillons internes étroits et faiblement flexueux, à reliefs subégalement granuleux-subombiliqués, à granulation un peu épatée. Élytres oblongues, presque glabres, assez fortement striées-ponctuées, à interstries subconvexes, étroits, marqués d'une série de très petits points à peine visibles et espacés. Sillon du vertex évasé en avant.

Buprestis granularis, Linné, Faun. Suec. p. 214, 763.
Helophorus flavipes, Olivier, Ent. III, n. 38, p. 7, 4, pl. 1, fig. 3, *a*, *b*. — Sturm, Deut. Faun. X, p. 37, 3.— Laporte de Castelnau. Hist. Col. t. II, p. 46, 2.
Helophorus granularis, Erichson, Col. March. I. 195 4. — Heer, Faun. Helv. I, 474, 3. — Mulsant, Palp. 37, var. C. — Fairmaire et Laboulbène, Faun. Fr. I, 237, 8. — Bedel, Faun. Col. Seine, I, p. 300 et 323.—De Marseul, l'Abeille, XX, Palp. p. 167, 68.
Helophorus brevicollis, Thomson, Skand. Col. X, 307, 14, *b*.

Variété *a*. *Élytres* plus pâles, à points nébuleux plus tranchés, noirs.

Helophorus griseus, Herbst. Nat. V, p. 143, 7, pl. 49, fig. 12.

Long. 0,0028; — larg. 0,0012.

Patrie. Cette espèce est assez commune dans les eaux stagnantes, dans presque toute la France. Elle est moins répandue dans la zone méditerranéenne. Toutefois, j'en ai capturé un exemplaire dans les environs de Collioure.

Obs. Elle est la plus petite du genre. Elle est bien distincte des *H. obscurus* et *minutus* par sa forme subsemicylindrique et un peu plus convexe, et par les interstries des élytres moins larges et plus surélevés ; du premier, par sa taille bien moindre, par son prothorax plus court, à sillons internes moins flexueux, à reliefs dorsaux à granulation moins écrasée, et par ses élytres moins métalliques et sans impression postscutellaire apparente ; du deuxième, par sa tête et son prothorax d'un bronzé plus obscur et moins éclatant, avec ce dernier non ou moins visiblement bordé de pâle et les élytres moins pâles, moins allongées et moins finement striées-ponctuées, etc.

La massue des antennes est souvent un peu rembrunie et le bout des palpes l'est sensiblement. La pointe prosternale est parfois subcarinulée, la lame mésosternale et la pointe métasternale antérieure le sont presque toujours, bien que d'une manière obsolète.

Les sillons et les reliefs latéraux sont quelquefois un peu cuivreux. Dans les exemplaires à élytres plus pâles *(griseus)*, les taches latérales, et surtout la suturale, ressortent davantage, au lieu qu'elles sont nébuleuses dans le type.

16. **Helophorus griseus**, Erichson.

Oblong, subparallèle, peu convexe, d'un gris testacé assez brillant, avec la tête et le prothorax d'un vert métallique à sillons cuivreux, le dessous du corps fuligineux et duveteux, les élytres notées de 2 points noirs, le bord antérieur et les marges latérales du prothorax légèrement pâles, les palpes, les antennes et les pieds testacés, le bout des palpes et de l'onychium un peu rembruni. Tête presque glabre, granuleuse-ombiliquée. Prothorax très court, un peu moins large que les élytres, légèrement arqué sur les côtés, presque glabre, à sillons internes assez fortement flexueux, à reliefs subégalement granuleux-ombiliqués. Élytres oblongues, presque glabres, fortement striées-ponctuées, à interstries subconvexes, étroits, marqués d'une série de très petits points. Sillon du vertex évasé en avant. Le dernier article des palpes plus ou moins renflé.

Helophorus griseus, Erichson, Col. March. I, 196, 5 (1).
Helophorus granularis, Thomson, Skand. Col. II, 81, 9.
Helophorus brevipalpis, Bedel, Faun. Col. Seine, 1, 301 et 323, 9.

Long. 0,0030 ; — larg. 0,0014.

(1) Les *H. griseus* de Herbst et de Thomson tombant en synonymes d'autres espèces, doivent être regardés comme non avenus. Il n'y a donc pas d'inconvénient à admettre celui d'Erichson avec la même dénomination.

Patrie. Cette espèce se rencontre communément, dans presque toute la France et à toutes les altitudes, depuis les Alpes jusqu'à la Provence.

Obs. Les palpes maxillaires sont ici moins développés que dans les espèces précédentes, avec leur dernier article plus renflé dans son milieu, pyriforme ou ovalaire-oblong, et le pénultième court et à peine plus long que large. Elle diffère du *minutus* par ses élytres un peu moins longues, un peu moins pâles, plus fortement striées-ponctuées et à interstries plus convexes et plus étroits ; du *granularis*, par sa taille un peu plus forte, sa couleur moins obscure, son prothorax d'un bronzé plus vert ou plus cuivreux, et par les points des stries plus gros et à interstries un peu moins étroits, etc.

Les pointes prosternale, mésosternale et métasternale antérieure sont obsolètement carinulées.

Le prothorax est plus ou moins convexe, plus ou moins arqué sur les côtés.

Les élytres, grises ou d'un testacé grisâtre, présentent leurs taches ordinaires assez tranchées, avec parfois quelques linéoles nébuleuses derrière les épaules et avant le sommet. La tache suturale noire est souvent précédée, sur le 3e interstrie, d'une petite tache pâle.

La tête et le prothorax sont ordinairement d'un vert bronzé avec le fond des sillons cuivreux ou doré et plus éclatant, d'autres fois presque entièrement d'un rouge de feu.

Une variété un peu plus forte, à prothorax plus arqué et plus élargi en avant, à élytres un peu plus sombres et à linéoles pâles, rappelle un peu le *dorsalis*. Le prothorax est à peine moins large que les élytres (*H. mixtus*, R.). — Provence.

Une autre variété a les élytres pâles comme chez *minutus*, moins finement striées-ponctuées que dans celui-ci et moins fortement que dans *griseus* type, dont elle a la structure des palpes. La tête et le prothorax sont d'un cuivreux empourpré et éclatant, avec les sillons internes de celui-ci plus sinueux-angulés (*H. insignis*, R.). — Provence.

J'ai vu, dans la collection Mayet, un échantillon à taille moindre, à reliefs prothoraciques plus lisses et à interstries alternes des élytres évidemment plus relevés. Je la regarde comme une simple variété locale (*H. pusillus*, R.). — Alger.

Les immatures ont parfois les élytres d'un testacé mat, avec les points des stries affaiblis en arrière.

17. Helophorus Arvernicus, Mulsant.

Ovale-oblong assez trapu, subconvexe, d'un roux ferrugineux peu brillant, avec la tête et le prothorax d'un bronzé obscur ou pourpré, le dessous du corps brunâtre, les élytres notées de 2 taches noires, les palpes, les antennes et les pieds d'un roux testacé. Tête presque glabre, granuleuse-ombiliquée. Prothorax court, un peu moins large en arrière que les élytres, sensiblement sinué postérieurement sur les côtés, presque glabre, assez fortement convexe ou bombé, à sillons internes assez larges et flexueux, à reliefs fortement granuleux-ombiliqués. Élytres ovales-suboblongues, très fortement striées-ponctuées, à interstries très étroits, convexes, très finement ciliés-frisés, les alternes plus relevés en forme de côtes. Sillon du vertex évasé en avant. Le dernier article des palpes maxillaires subovalairement renflé, mousse au bout, le pénultième court.

Helophorus Arvernicus, Mulsant, 1846, Sulc. et Sécur., suppl. aux Palp. — Fairmaire et Laboulbène, Faun. Fr. I, 236, 5. — Bedel, Faun. Col. Seine, I, 301 et 324, 11.

Long. 0,0031 ; — larg. 0,0018.

Patrie. Cette espèce habite les eaux vives, dans les régions élevées. Je l'ai capturée dans les eaux de la Dore, en Auvergne, et au Mont-Pilat, dans les ruisseaux, près des scieries. Elle est très rare dans le bassin de la Seine. M. Guillebeau l'a capturée en Suisse.

Obs. C'est une espèce des plus tranchées par sa forme trapue, par son prothorax bombé et fortement granulé, plus sensiblement sinué en arrière sur les côtés que dans toute autre, par ses élytres très fortement striées-ponctuées et à interstries très étroits, avec les alternes plus relevés ; par le dernier article des palpes maxillaires émoussé au bout et encore plus renflé que chez *H. griseus*, et le pénultième court, à peine plus long que large, etc.

Les élytres sont d'un roux ferrugineux parfois assez obscur, avec les taches sublatérale et suturale ordinaires assez grandes, la suturale formant avec sa similaire un chevron prononcé et offrant souvent en devant une transparence transversale oblique pâle. D'autres fois, toutes ces taches sont peu apparentes.

La massue des antennes est souvent un peu rembrunie. La pointe prosternale paraît subcarinulée ; la lame mésosternale et la pointe antérieure du métasternum sont simplement relevées en faîte.

Cette espèce rappelle un peu l'aspect des *Empleurus nubilus* et *Alpinus*.

Comme dans les premières espèces (*intermedius*, *aquaticus* et *frigidus*), les interstries des élytres sont finement ciliés-frisés, bien que parfois d'une manière obsolète.

18. Helophorus pumilio, Erichson.

Ovale-oblong, assez trapu, subconvexe, d'un roux brunâtre et métallique un peu brillant, avec la tête et le prothorax d'un bronzé obscur ou empourpré, le dessous du corps d'un noir mat et duveteux, les antennes et les palpes d'un roux testacé et le bout de ceux-ci un peu rembruni, les pieds d'un roux de poix à onychium obscur au sommet. Tête presque glabre, granuleuse-ombiliquée. Prothorax très court, à peine moins large que les élytres, régulièrement subarqué sur les côtés, presque glabre, assez fortement convexe ou bombé, à sillons internes fins et presque droits, à reliefs assez fortement granuleux-ombiliqués. Élytres ovales-oblongues, presque glabres, fortement striées-ponctuées, à interstries étroits et convexes. Sillon du vertex évasé en avant. Le dernier article des palpes maxillaires allongé, subfusiforme, le pénultième oblong.

Helophorus pumilio, Erichson, Col. March. I, 197, 7. — Heer, Faun. Helv. I, 475, 6. — Mulsant, Palp. 41, 7. — Fairmaire et Laboulbène, Faun. Fr. I, 237. — Bedel, Faun. Col. Seine, I, 323 et 354.

Long. 0,0030 ; — larg. 0,0017.

Patrie. Cette espèce fréquente les eaux vives, surtout des régions boisées ou montagneuses. Elle est commune en Suisse. Je l'ai rencontrée en France, aux environs de Cluny, dans les eaux de la Grosne ; dans le Beaujolais, dans celles de l'Ardière. Elle est très rare dans le bassin de la Seine. On la trouve aussi en Bresse.

Obs. Elle a le port de l'*H. Arvernicus*, mais elle en est très distincte. Elle est un peu moindre. La tête et le prothorax sont un peu moins granuleux, avec ce dernier plus régulièrement arqué sur les côtés qui ne sont pas sinués en arrière, à sillons internes plus fins et presque droits. Les élytres, plus obscures et plus métalliques, sont moins fortement striées-ponctuées, à interstries moins étroits et simplement et subégalement convexes. Surtout, le dernier article des palpes maxillaires est plus allongé, bien moins renflé, subfusiforme et moins émoussé au bout, avec le pénultième plus oblong et évidemment plus long que large, etc.

La pointe prosternale est souvent très finement carinulée, les pointes mésosternale et métasternale antérieure le sont plus distinctement.

Les élytres, ordinairement brunes, sont quelquefois d'un roux submétallique.

19. **Helophorus nanus**, Sturm.

Ovale-oblong, subconvexe, d'un gris brunâtre assez brillant, avec la tête et le prothorax d'un bronzé obscur parfois un peu verdâtre, le dessous du corps noirâtre et duveteux, les palpes, les antennes et les pieds d'un fauve testacé et le bout de l'onychium rembruni. Tête presque glabre, obsolètement granuleuse-ombiliquée sur les côtés, presque lisse sur son milieu. Prothorax court, à peine moins large que les élytres, sensiblement arqué sur les côtés, glabre, médiocrement convexe ou bombé, à sillons internes étroits et presque droits, à reliefs à peine granuleux et comme laminés. Élytres oblongues, presque glabres, fortement striées-ponctuées-subcrénelées, à interstries étroits et subconvexes. Sillon du vertex net, également étroit.

Helophorus nanus, Sturm, Deut. Faun. X, p. 40, 5 (1). — Ericuson, Col. March. I, 197, 8. — Heer, Faun. Helv. I, 475. 7. — Mulsant, Palp. 42, 8. — Fairmaire et Laboulbène, Faun. Fr. I. 237, 9. — Thomson, Skand. Col. II, 82, 12. — Bedel, Faun. Col. Seine, I, 300 et 324, 10 (2). — De Marseul, l'Abeille, 1883, XX, Palp. 170, 73.

Long. 0.0030 ; — larg. 0,0015.

Patrie. Cette espèce est très rare. Elle se trouve dans les environs de Paris et sur d'autres points du bassin de la Seine. Elle paraît commune aux environs de Lille, d'où je l'ai reçue de M. Lethierry.

(1) La figure donnée par Sturm n'est pas d'accord avec le texte, elle se rapporte plutôt au *granularis*.

(2) Dans la Faune du bassin de la Seine, l'*H. nanus* porte le n° 11 dans le tableau, et l'*Arvernicus* le n° 10, au lieu que, dans le catalogue, c'est le contraire.

Obs. Elle est bien distincte de tous ses congénères par les reliefs dorsaux du prothorax comme laminés et presque lisses, avec les sillons internes étroits et presque droits.

Le sillon du vertex est net, profond, non évasé en avant, et le front, de chaque côté, est surélevé, presque lisse, avec une petite fossette irrégulière.

Les élytres sont parfois d'un gris testacé. Les interstries qui sont étroits et subconvexes, sont assez sensiblement crénelés par les gros points des stries.

Je donne ici la phrase diagnostique d'une espèce affine qui pourra un jour se rencontrer en France :

Helophorus pallidulus, Thomson.

Oblong. obscur en dessous, avec la tête et le prothorax d'un vert bronzé, le sillon médian de celle-là non dilaté en avant : celui-ci presque de la largeur des élytres, à sillons extérieurs légèrement flexueux, à interstries externes rugueusement ponctués. Élytres profondément striées-ponctuées, à interstries étroits et subcarénés ; d'un gris testacé ainsi que les pieds.

Helophorus pallidulus, Thomson, Skand. Col. X, 304, 11. *b*.

Long. 0,0032 ; — larg. 0,0015.

Patrie. Laponie.

Obs. Un peu plus grande et plus allongée que *nanus*, cette espèce paraît s'en distinguer par son prothorax plus rugueux sur les côtés et à sillons intermédiaires plus flexueux, etc. Peut-être n'en est-elle qu'une simple variété ?

DEUXIÈME RAMEAU

HYDROCHOATES

Caractères. *Corps* allongé ou oblong, non ou peu parallèle. *Tête* saillante, peu inclinée, libre ou non enchâssée dans le prothorax, séparée de celui-ci par une espèce de cou. *Yeux* très saillants. *Antennes* de 7 articles. *Prothorax* subcarré, aussi long ou plus long que large, creusé de fossettes plus ou moins profondes. Les 2e à 5e *arceaux du ventre* relevés en carène transversale crénelée en arrière : le 5e débordé par une pièce submembraneuse. Le 2e *article des tarses postérieurs* court, à peine aussi long que le 3e.

Obs. J'ai cru devoir créer ce rameau à cause d'un concours de plusieurs caractères primordiaux, savoir : la saillie de la tête et des yeux, le nombre moindre des articles des antennes, la forme du prothorax nullement transverse, la sculpture des arceaux du ventre et la conformation des tarses postérieurs, etc.

Ce rameau se résume à un seul genre bien tranché.

Genre *Hydrochoüs*, Hydroque ; Leach (1).

Leach, Zool. Miscell. III, 90. — Mulsant, Palp. 43. — J. Duval, G. Hydr. 92, pl. 31, fig. 152.

Étymologie : ὑδροχόος, aquatique.

Caractères. *Corps* allongé ou oblong, peu parallèle, médiocrement ou peu convexe.

(1) M. Bedel a changé le nom d'*Hydrochus* en *Hydrochoüs*, plus conforme à l'étymologie.

Tête grande, peu inclinée, subtriangulaire, obtuse en avant, saillante, non engagée dans le prothorax, séparée de celui-ci par une espèce de cou. *Epistome* grand, plus ou moins convexe, largement tronqué au sommet, séparé du front par un sillon transversal, parfois peu apparent, en forme d'arc ou d'angle très ouvert et à ouverture en avant. *Labre* très court, réduit à un liseré transversal étroit, densement cilié à son bord antérieur. *Mandibules* courtes, larges, brusquement coudées, terminées en pointe aiguë précédée intérieurement d'une dent très obtuse, subangulée. *Palpes maxillaires* plus ou moins allongés, au moins aussi longs que les antennes, de 4 articles : le 1er petit : les 2e et 3e suballongés, un peu en massue : le 3e à peine plus long que le 2e : le dernier plus long, plus ou moins renflé en fuseau. *Palpes labiaux* très courts, de 3 articles : le dernier seul saillant, obovalaire ou obturbiné, obtus au bout. *Menton* grand, transverse, subconcave.

Yeux assez gros, semiglobuleux, très saillants, égalant presque ou même débordant un peu les angles antérieurs du prothorax.

Antennes de 7 articles : le 1er grand, épaissi en massue subarquée : le 2e un peu plus court, conique : le 3e petit : le 4e très court, transverse, servant de base à la massue : celle-ci brusque, oblongue, de 3 articles subcomprimés, peu serrés et pubescents : le 1er subtransverse, le 2e plus court : le dernier bien plus grand, subovale.

Prothorax subcarré, aussi long ou plus long que large, largement tronqué ou à peine arqué au sommet, finement rebordé sur les côtés, subangulé dans le milieu de sa base, subrétréci en arrière, sensiblement moins large que les élytres, à angles plus ou moins accusés; creusé sur le disque de 7 fossettes plus ou moins profondes. *Repli* peu tranché, concave.

Écusson petit, subelliptique.

Élytres ovales-oblongues ou suballongées, ou même allongées ; rétrécies en arrière et obtuses ou subtronquées au sommet; rebordées sur les côtés; fortement ponctuées-striées, à suture plus relevée postérieurement. *Repli* étroit, effacé en arrière. *Rebord latéral* formant en dessous comme un 2e repli lisse, prolongé jusque près du sommet.

Prosternum assez court, à peine angulé entre les hanches antérieures. *Anté-épisternums* très grands, irréguliers. *Mésosternum* assez grand, fovéolé, rétréci entre les hanches intermédiaires en pointe brusque, sublinéaire et non ou à peine carinulée. *Médiépisternums* assez grands, irréguliers. *Métasternum* grand, foveolé, subtransversalement coupé à son bord postérieur; avancé entre les hanches intermédiaires en pointe mousse; obtus ou subtronqué entre les postérieures. *Postépisternums* allongés, subparallèles, subélargis en avant, fovéolés. *Postépimères* cachées.

Ventre de 5 arceaux apparents : les 2e à 3e relevés en carène transversale postérieurement crénelée : le 1er un peu plus grand, simplement fovéolé, subcaréné entre les hanches postérieures : les suivants courts, subégaux : le 5e à peine arrondi ou subtronqué au sommet, débordé par une pièce submembraneuse, presque en croissant et semblant appartenir au segment supérieur correspondant.

Hanches antérieures subglobuleuses, bilobées ou fendues au bout, subcontiguës; les *intermédiaires* courtes, peu saillantes, rapprochées; les *postérieures* transverses, légèrement distantes, extérieurement rétrécies en onglet.

Pieds assez allongés, assez grêles. *Trochanters* médiocres, en onglet. *Cuisses* peu renflées, en fuseau allongé, pourvues à leur base antérieure d'une plaque mate et duveteuse, moindre ou peu apparente dans les postérieures. *Tibias* sublinéaires, un peu rétrécis vers leur base, environ de la longueur des cuisses, à peine hispido-denticulés en dehors, obliquement coupés à leur sommet externe, terminés au bout de leur tranche inférieure par 2 très petits éperons. *Tarses* plus courts que les tibias, à 1er article presque indistinct : les 2e à 4e courts, subégaux ou graduellement à peine moins courts : l'onychium assez robuste, en massue allongée et subarquée, subégal aux précédents réunis. *Ongles* assez forts, arqués, acérés, obtusément dentés à leur base en dessous.

Obs. Ce genre, bien tranché, renferme un petit nombre d'espèces vivant dans les eaux stagnantes ou courantes. En voici les différences principales :

a. Les *interstries alternes des élytres* plus ou moins fortement costiformes, presque dans toute leur longueur. *Corps* d'un noir submétallique.

b. *Élytres* courtement ovalaires, à *interstries alternes* fortement costiformes. *Pieds* noirâtres. *Corps* trapu. *Taille* moyenne 1. BREVIS.

bb. *Élytres* suballongées, à *interstries alternes* assez fortement costiformes. *Pieds* rougeâtres. *Corps* assez étroit. *Taille* petite. 2. CARINATUS.

aa. Les *interstries alternes des élytres* (5, 7, 9) costiformes en avant, le 4e en arrière. *Pieds* d'un rouge brun. *Corps* d'un vert obscur ou noir métallique. *Taille* assez grande. . . . . 3. ELONGATUS.

aaa. Les *interstries alternes des élytres* non ou à peine costiformes, les 5e, 7e et 9e plus distinctement. *Corps* d'un bronzé souvent cuivreux, verdâtre ou violâtre.

c. *Élytres* non impressionnées vers le milieu des côtés, à 7e *interstrie* non interrompu, ni surbaissé, le 3e nullement costiforme. *Corps* allongé.

d. *Palpes* d'un roux testacé, à dernier article des maxillaires largement rembruni à son extrémité. *Élytres* offrant à leur sommet une série de points diaphanes assez distincts. *Corps* ordinairement d'un bronzé cuivreux. *Taille* moyenne. . 4. ANGUSTATUS.

dd. *Palpes* d'un brun de poix, à dernier article des maxillaires entièrement noir. *Élytres* à points diaphanes du sommet peu distincts. *Avant-corps* vert ou bleu, *élytres* d'un bronzé violâtre. *Taille* petite. . . . . 5. BICOLOR.

cc. *Élytres* subimpressionnées vers le milieu des côtés, à 7e *interstrie* subcostiforme, subinterrompu ou au moins surbaissé dans son milieu. *Corps* ovale-oblong. *Taille* petite.

e. *Tête* assez densément ponctuée. *Palpes* d'un roux testacé, à dernier article rembruni au sommet. *Élytres* impressionnées de chaque côté de l'écusson. *Avant-corps* vert ou bleuâtre, *élytres* d'un cuivreux éclatant. . . . . 6. IMPRESSUS.

ee. *Tête* éparsement ponctuée. *Palpes* brunâtres. *Élytres* à peine impressionnées de chaque côté de l'écusson. *Dessus du corps* d'un bronzé cuivreux ou doré. . . . . . . 7. NITIDICOLLIS.

1. **Hydrochoüs brevis**, Herbst.

Ovale suboblong, assez trapu, assez convexe, d'un noir submétallique assez brillant en dessus, mat et velouté en dessous, avec les antennes d'un rouge brun à massue rembrunie, les palpes et les pieds brunâtres. Tête fortement et assez densément ponctuée, trifovéolée entre les yeux. Prothorax subrétréci en arrière, bien moins large que les élytres, débordant à peine les yeux à ses angles antérieurs, grossièrement et densément ponctué, creusé de 7 grandes fossettes assez profondes, à fond subruguleux et à intervalles subélevés et lisses. Élytres courtement ovalaires, grossièrement et profondément ponctuées-striées, avec les interstries crénelés et plus étroits que les points, les alternes fortement costiformes.

Helophorus brevis, Herbst, Col. V, p. 141, pl. 49, fig. 10, k, K. — Gyllenhal, Ins. Suec. I, 132, 8.

Hydrochus brevis, LAPORTE DE CASTELNAU, Hist. Col. II, p. 47, 3. — HEER, Faun. Helv. I, p. 477, 2 (1). — MULSANT, Palp. p. 44, 1. — FAIRMAIRE et LABOULBÈNE, Faun. Fr. I, p. 238, 1. — THOMSON, Skand. Col. II, p. 76, 2. — BEDEL. Faun. Col. Seine, I, p. 292 et 317, 4.

Long. 0,0025; — larg. 0,0015.

Corps ovale-suboblong, assez trapu, assez convexe, d'un noir submétallique assez brillant.

Tête, les yeux compris, à peine moins large que le bord antérieur du prothorax, déprimée et trifovéolée entre les yeux avec les fossettes latérales oblongues et la médiane petite, ponctiforme; assez convexe et fortement et densément ponctuée en avant; d'un noir assez brillant. *Cou* presque lisse avec une série de gros points, en arrière. *Labre* subrugu-leux, noir (2). *Palpes* brunâtres. *Yeux* obscurs, à reflets micacés.

Antennes d'un rouge brun, à massue rembrunie et pubescente.

Prothorax presque carré, bien moins large que les élytres, subsinueusement rétréci en arrière, avec les angles antérieurs presque droits, mais émoussés et les postérieurs plus vifs; peu convexe; grossièrement et densément ponctué; d'un noir submétallique assez brillant; creusé de 7 grandes fossettes assez profondes, à fond subruguleux et à intervalles subélevés et lisses, disposées sur 2 rangées transversales: 4 à la base, dont les extérieures moindres et plus profondes: 3 vers le milieu de la longueur, dont l'intermédiaire plus arrondie et parfois à fond lisse; offrant en outre, au-dessus de l'écusson une 8e petite fossette plus ou moins profonde, mais quelquefois oblitérée (3).

Écusson d'un noir brillant.

Élytres courtement ovalaires, subarquées sur les côtés et puis à peine subsinueusement rétrécies après leur milieu jusqu'au sommet qui est mousse ou subtronqué; plus ou moins convexes, surtout postérieurement; grossièrement et profondément ponctuées-striées, avec les interstries crénelés et plus étroits que les rangées de points: les alternes (3e, 5e, 7e et 9e) fortement relevés en forme de côtes, sur presque toute leur longueur, mais un peu affaiblies vers l'extrémité; entièrement d'un noir assez brillant et parfois submétallique.

(1) Pour cette citation, dans Mulsant, il faut lire 477 au lieu de 447.

(2) Le menton est fortement ponctué, et cela, dans toutes les espèces.

(3) Toutes ces fossettes varient de profondeur suivant les espèces, mais leur disposition est toujours la même.

Dessous du corps d'un noir mat, velouté et moiré ; plus ou moins fovéolé. *Ventre* à arceaux (2-5) fortement et transversalement carénés à leur base, avec les carènes assez longuement crénelées en arrière (1) : le 5e débordé par une membrane pâle et un peu en croissant.

Pieds brunâtres ou d'un rouge brun plus ou moins foncé et souvent noirâtre, éparsement pointillés, à peine pubescents. *Tarses* légèrement ciliés en dessous, à onychium toujours plus rembruni à son extrémité avec leurs ongles plus clairs ou d'un roux testacé.

Patrie. Cette espèce qui est rare partout, habite les parties froides et tempérées de la France, dans les mares des forêts : les Alpes, le bassin de la Seine, etc.

Obs. Elle est remarquable par sa forme trapue et assez convexe, et par les interstries alternes des élytres fortement relevés en forme de côtes dans presque toute leur longueur.

Les fossettes du prothorax varient un peu de grandeur et de profondeur, et l'arête lisse qui réunit l'antescutellaire à la médiane, est, par exception, creusée d'un petit canal fin, servant à les lier ensemble.

2. **Hydrochoüs carinatus**, Germar.

Suballongé, assez étroit, peu convexe, d'un noir submétallique peu brillant en dessus, mat et velouté en dessous, avec les antennes d'un rouge brun à massue un peu rembrunie, les palpes d'un brun de poix et les pieds rougeâtres. Tête fortement et densément ponctuée, obsolètement trifovéolée entre les yeux, à intervalles des fossettes plus lisses. Prothorax à peine plus long que large, subrétréci en arrière, moins large que les élytres, ne débordant pas les yeux à ses angles antérieurs, fortement et assez densément ponctué, creusé de 7 grandes fossettes assez profondes, à fond subruguleux et à intervalles étroits, subélevés et plus lisses. Élytres suballongées, fortement et profondément ponctuées-striées, avec les interstries crénelés et bien plus étroits que les points, les alternes assez fortement costiformes.

Hydrochus carinatus, Germar, Ins. Spec. nov. p. 89, 153. — Laporte de Castelnau, Hist. Col. II, p. 47, 4. — Heer, Faun. Helv. I, 477, 3. — Mulsant, Palp. 45, 2. — Fairmaire et Laboulbène, Faun. Fr. I, 238, 2. — Thomson, Skand. Col. II, 76, 3. — Bedel, Faun. Col. Seine, I, p. 292 et 316, 3.

(1) Le 1er arceau est simplement fovéolé sur son disque.

Long. 0,0022 ; — Larg. 0,0010.

Patrie. Cette espèce habite les zones tempérées et septentrionales de la France, dans les mares des forêts : le bassin de la Seine, la Bourgogne, les environs de Lyon, le Bugey, les Alpes, etc. Elle est peu commune

Obs. Elle est moindre, plus étroite, plus allongée et moins convexe que *brevis*, avec la tête, les yeux compris, un peu plus large relativement au bord antérieur du prothorax, les interstries alternes des élytres un peu moins fortement costiformes et les pieds d'une couleur plus claire. Les fossettes du prothorax sont un peu moins profondes, etc.

La base des cuisses et les genoux sont parfois un peu plus foncés, et le sommet de l'onychium est toujours rembruni. Les fossettes frontales sont souvent confuses. Les immatures ont tout le dessus du corps d'un brun ferrugineux.

Les ♀ m'ont paru un peu moins étroites, plus ovalaires et un peu plus convexes que les ♂, et cela, dans tout le genre.

3. **Hydrochoüs elongatus**, Schaller.

Allongé, subconvexe, d'un noir bronzé assez brillant en dessus, mat et velouté en dessous, avec la tête et le prothorax d'un vert métallique plus ou moins cuivreux, les antennes d'un roux testacé à massue grisâtre, les palpes et les pieds d'un rouge brun, le sommet des maxillaires largement et le bout de l'onychium rembrunis. Tête fortement ponctuée, densément et subrugueusement sur l'épistome, éparsement sur le front, celui-ci trifovéolé. Prothorax à peine plus long que large, faiblement rétréci en arrière, moins large que les élytres, fortement et modérément ponctué, creusé de 7 grandes fossettes assez profondes, à fond subruguleux et à intervalles subélevés et plus lisses. Élytres en ovale plus ou moins allongé, fortement et profondément ponctuées-striées, avec les interstries crénelés et plus étroits que les points, les alternes fortement costiformes, le 3e jusque vers le milieu, le 5e jusqu'après le milieu, les 7e et 9e jusque près du sommet, le 4e également costiforme dans son 2e tiers.

Silpha elongata, Schaller, Abh. Hall. Ges. I, 257.
Elophorus elongatus, Fabricius, Ent. Syst. 204, 3. — Latreille, Hist. nat. X. 75, 3. — Gyllenhal, Ins. Suec. I, 131, 7.

Hydrochus elongatus, AUDOUIN et BRULLÉ, Hist. Ins. II, 307. — LAPORTE DE CASTELNAU, Hist. Col. II, 46, 2. — HEER, Faun. Helv. I, 476, 1. — MULSANT, Palp. 46, 3. — FAIRMAIRE et LABOULBÈNE, Faun. Fr. I, 239, 3. — J. DUVAL, Gen. 1855, Hydroph. pl. 31, fig. 152. — THOMSON, Skand. Col. II. 76, 1. — BEDEL, Faun. Col. Seine, I, 292 et 316, 2.

Long, 0,0042 ; — larg. 0,0020.

Patrie. Cette espèce se rencontre dans les régions froides, boisées et montagneuses, dans les mares et les fossés, dans plusieurs parties de la France : le bassin de la Seine, la Bourgogne, le Beaujolais, les environs de Lyon, le Bugey, les Alpes, etc. — (A C).

OBS. Elle se distingue des *H. brevis* et *carinatus* par une taille plus grande, par l'avant-corps plus métallique et surtout par ses élytres dont les 3e et 5e côtes sont oblitérées postérieurement, et dont le 4e interstrie est costiforme à partir de l'endroit où le 3e cesse de l'être, mais non jusqu'au sommet, etc.

La tête et les élytres sont plus ou moins métalliques, verts ou cuivreux avec l'épistome souvent bleuâtre. Les élytres sont d'un bronzé plus ou moins obscur, à côtes quelquefois verdâtres ou cuivreuses. D'autres fois, tout le dessus du corps est d'un noir un peu métallique et brunâtre.

Les pièces sternales et le 1er arceau ventral sont fovéolés. Les pieds sont d'un rouge brun, à cuisses souvent plus foncées et le bout de l'onychium rembruni. L'extrémité des palpes est plus ou moins largement obscurcie.

4. **Hydrochoüs angustatus**, GERMAR.

Allongé, peu convexe, d'un vert bronzé ou cuivreux assez brillant en dessus, d'un noir mat et velouté en dessous, avec les palpes, les antennes et les pieds roux, l'extrémité des palpes rembrunie, la massue des antennes grise et le bout de l'onychium noirâtre. Tête fortement et plus ou moins densément ponctuée, plus éparsement en arrière, obsolètement trifovéolée entre les yeux. Prothorax un peu plus long que large, à peine rétréci en arrière, moins large que les élytres, fortement et assez densément ponctué, creusé de 7 grandes fossettes peu profondes et ponctuées, à intervalles à peine élevés et un peu plus lisses. Élytres allongées, fortement et profondément ponctuées-striées, avec les interstries crénelés et bien plus étroits que les points, les 5e, 7e et 9e à peine subélevés.

Elophorus elongatus, OLIVIER, Ent. III, n. 38, p. 8, 6, pl. I, fig. 4, *a*, *b*.
Hydrochus angustatus, GERMAR, Ins. Spec. nov. p. 90, 154. — MULSANT, Palp. 47, 4. — FAIRMAIRE et LABOULBÈNE, Faun. Fr. I, 239, 4. — BEDEL, Faun. Col. Seine, I, p. 292 et 310.
Hydrochus crenatus, AUDOUIN et BRULLÉ, Hist. Ins. II, 307. — LAPORTE DE CASTELNAU, Hist. Col. II, 46, 1. — STURM. Ins. Deut. II, X, p. 49.

Variété *a*. *Dessus du corps* d'un bronzé obscur ou noirâtre. *Tête* plus ou moins rugueusement ponctuée. *Prothorax* à bord antérieur roussâtre.

Variété *b*. *Dessus du corps*, et surtout les *élytres*, entièrement d'un roux ferrugineux. *Tête* très rugueusement ponctuée. *Prothorax* à bord antérieur plus pâle.

Long. 0,0032 ; — Larg. 0,0014.

PATRIE. Cette espèce se prend communément, dans presque toute la France. Elle n'est pas rare aux environs de Lyon et dans la région méditerranéenne.

OBS. Elle diffère des précédentes par les interstries alternes des élytres non ou peu costiformes. Celles-ci sont plus étroites, moins convexes et plus parallèles dans leur première moitié que chez *elongatus*. Les fossettes du prothorax sont moins profondes, les latérales antérieures pourtant un peu plus profondes que les autres, etc.

Elle varie beaucoup pour la taille et la couleur. Dans la race typique, le dessus du corps est entièrement d'un bronzé cuivreux avec la ponctuation de la tête bien distincte et non confluente.

Une première variété, un peu moindre, commence à montrer la ponctuation de la tête plus confuse, plus serrée et plus rugueuse; le devant du prothorax plus ou moins bordé de roux, avec les fossettes plus ponctuées. Dans cette race, la tête devient plus ou moins bleuâtre, surtout sur l'épistome et le labre. — Saint Raphaël, Fréjus.

Une deuxième variété, de la grandeur du type, a le dessus du corps d'un bronzé obscur ou noirâtre, la ponctuation de la partie antérieure de la tête très serrée, confluente et plus ou moins rugueuse, et le sommet du prothorax bordé de roux (Var. *a*, *H. rugiceps*, R.). — Lyon, Provence.

Une troisième variété est en dessus d'un roux ferrugineux peu brillant, avec la tête et le prothorax plus foncés, excepté le bord antérieur de celui-ci. La ponctuation de la tête est encore plus serrée et plus rugueuse (var. *H. salinus.* R.) — Eaux saumâtres. — Hyères, Aiguesmortes.

Enfin, une quatrième variété est remarquable par sa taille bien moindre, et par sa tête et son prothorax plus grossièrement et moins densément ponctués, avec celui-ci plus étroit, à fossette médiane affaiblie et les 2 basilaires internes plus profondes. Elle semble faire passage aux *flavipennis* et *bicolor*, mais le dessus du corps est entièrement d'un bronzé verdâtre (*H. sculptus*, R.) — Lyon.

L'*angustatus* de Laporte de Castelnau (II, 47. 5) se rapporte peut-être à de petits exemplaires (1).

5. **Hydrochoüs bicolor**, Dahl.

Allongé, peu convexe, d'un bronzé violâtre ou empourpré assez brillant en dessus, d'un noir mat et velouté en dessous, avec la tête et le prothorax d'un vert métallique plus luisant, les palpes brunâtres, les antennes rousses à massue grise, et les pieds rougeâtres à cuisses et tarses plus foncés. Tête fortement et assez densément ponctuée, distinctement trifovéolée entre les yeux. Prothorax à peine plus long que large, subrétréci en arrière, moins large que les élytres, fortement et peu densément ponctué, creusé de 7 grandes fossettes assez profondes et ponctuées, à intervalles subélevés et plus lisses. Élytres allongées, assez fortement et profondément ponctuées-striées, avec les interstries subcrénelés et plus étroits que les points, les 5e, 7e et 9e subcostiformes.

Hydrochus bicolor, Dahl, inédit.
Hydrochus angustatus, var. B, Mulsant, Palp. 48.
Hydrochus nitidicollis, J. Duval, Gen. 1855, Hydroph. pl. 31, fig 153.

Long. 0,0026 ; — larg. 0,0011.

Patrie. Cette espèce qui est assez rare, se trouve dans les eaux stagnantes et les petits ruisseaux. Je l'ai capturée dans le Beaujolais et dans les environs de Lyon et de Collioure. Elle se trouve aussi en Provence.

(1) L'*H. flavipennis* de Küster (Kaef. Eur. 25,55) a, comme la variété *salinus*, les élytres ferrugineuses, mais la tête est bleuâtre et modérément ponctuée et le prothorax, d'un bronzé cuivreux ou doré plus ou moins éclatant. La taille est bien moindre. — Dalmatie, Zante.

Obs. Elle a sans doute été confondue avec l'*H. angustatus* auquel elle ressemble un peu Elle est d'une taille moindre, et, le plus souvent, la tête et le prothorax sont d'une couleur plus claire que les élytres. La tête est moins densément ponctuée, plus fortement et plus régulièrement trifovéolée entre les yeux, avec les fossettes oblongues et subégales, et les intervalles subélevés et formant comme 4 tubercules lisses (1). Les palpes sont plus obscurs, brunâtres à dernier article entièrement noirâtre. Le prothorax un peu moins densément ponctué, est à peine plus rétréci en arrière, avec ses fossettes généralement plus profondes, surtout les deux basilaires internes. Les élytres sont un peu moins grossièrement ponctuées striées, avec les 5e, 7e et 9e interstries plus finement, mais plus distinctement costiformes (2). Les pieds sont d'un roux moins clair, à cuisses et tarses ordinairement plus obscurs, etc.

La tête et le prothorax sont d'un vert métallique luisant, passant au bleu, d'abord sur l'épistome, ensuite sur le front et enfin sur tout le pronotum, et même le menton. Les élytres sont d'un bronzé brunâtre ou violâtre, mais rarement de la même couleur que le prothorax. Quelquefois, tout le dessus du corps est d'un bronzé obscur bleuâtre ou noirâtre.

Deux exemplaires identiques d'une variété accidentelle, m'ont présenté la fossette médiane de leur prothorax plus profonde, à fond circulaire, plat et obsolètement alutacé *(H. fossula.* R.) (3).

6. **Hydrochoüs impressus**, Rey.

Ovale-oblong, subconvexe, d'un cuivreux éclatant en dessus, d'un noir mat et velouté en dessous, avec la tête et le prothorax d'un vert métallique azuré, le bord antérieur de celui-ci ferrugineux, les palpes, les antennes et les pieds d'un rouge testacé, le sommet des palpes, les genoux et le bout de l'onychium rembrunis et la massue des antennes grisâtre. Tête fortement et assez densément ponctuée, à peine fovéolée entre les yeux. Prothorax à peine plus long que large, sensiblement rétréci en

(1) Souvent l'épistome paraît à peine rebordé sur les côtés, ce qui s'aperçoit encore moins dans *angustatus*. Ce faible caractère est plus constant et plus apparent chez les ♂.

(2) Dans l'*angustatus*, on aperçoit souvent sur les côtés de l'extrémité des élytres une série de petits points à jour, ici ces points sont peu distincts ou manquent complètement, ainsi que dans les espèces suivantes.

(3) C'est sans doute à l'*H. bicolor* que J Duval fait allusion dans sa note (p. 92).

arrière, moins large que les élytres, fortement et peu densément ponctué, creusé de 7 grandes fossettes médiocrement profondes et subponctuées, à intervalles subélevés et plus lisses, avec une bosse encore plus élevée et plus lisse, derrière la fossette médiane. Elytres ovales-oblongues, fortement et profondément ponctuées-striées, avec les interstries crénelés et bien plus étroits que les points, le 3e subcostiforme à sa base, les 5e, 7e et 9e dans presque toute leur longueur, mais le 7e subinterrompu ou au moins surbaissé dans son milieu par l'effet d'une impression latérale sensible.

Long. 0,0025 ; — Larg. 0,0013.

PATRIE. Cette espèce se trouve, mais rarement, dans l'Ardèche et dans les environs de Saint-Raphaël et de Fréjus (Provence). Elle se retrouve en Corse.

OBS. Elle est plus ramassée que la précédente. Le prothorax est plus rétréci en arrière, avec une bosse lisse sensible derrière la fossette médiane. Les élytres sont sensiblement subimpressionnées vers le milieu de leurs côtés, avec le 7e interstrie subcostiforme. subinterrompu ou au moins surbaissé à cet endroit, et le 3e est subcostiforme ou faiblement relevé à sa base. Les fossettes du front sont à peine apparentes. Les palpes, d'une couleur bien plus claire, ont leur dernier article rembruni au sommet, etc.

Dans l'état normal, les élytres sont d'un cuivreux éclatant, à suture empourprée ; la tête et le prothorax, d'un vert métallique, à teintes azurées sur les parties saillantes et surtout sur l'épistome. D'autres fois, tout le dessus du corps est d'un bronzé plus ou moins obscur.

Dans les autres espèces, les fossettes basilaires internes du prothorax sont plus ou moins rapprochées en arrière, ici elles semblent réunies en une espèce d'ancre.

Les élytres offrent à leur base, de chaque côté de l'écusson, une impression sensible, transversale, étendue jusqu'au 5e interstrie.

J'ai vu dans la collection Guillebeau, un exemplaire à taille plus avantageuse, à prothorax paraissant un peu plus long, et à élytres d'un bronzé obscur sur la tête et le prothorax, mais plus ou moins cuivreux sur les élytres. Ce n'est, je crois, là qu'une variété locale. — Eaux du Formans, aux environs de Trévoux (Ain).

Peut-être doit-on rapporter à l'*impressus*, l'*H. grandicollis* de Kiesenwetter.

7. Hydrochoüs nitidicollis, MULSANT.

Oblong, peu convexe, d'un vert métallique brillant plus ou moins cuivreux ou doré en dessus, d'un noir mat en dessous, avec les palpes brunâtres, les antennes testacées à massue grise, et les pieds roux à genoux et tarses plus foncés. Tête assez fortement et éparsement ponctuée, faiblement trifovéolée entre les yeux. Prothorax à peine plus long que large, sensiblement rétréci en arrière, moins large que les élytres, assez fortement et éparsement ponctué, creusé de 7 grandes fossettes peu profondes et subponctuées, à intervalles subélevés et lisses. Élytres subovales-oblongues, fortement et profondément ponctuées-striées, avec les interstries crénelés et bien plus étroits que les points, le 3e subrelevé à sa base, les 5e, 7e et 9e dans presque toute leur longueur, mais le 7e subinterrompu ou au moins surbaissé dans son milieu par l'effet d'une impression latérale sensible.

Hydrochus nitidicollis (DEJEAN. Inéd.), MULSANT, Palp. 49, 5. — FAIRMAIRE et LABOULBÈNE, Faun. Fr. I, 239, 5. — BEDEL, Faun. Col. Seine, I, 292, note.

Long. 0,0022 ; — Larg. 0,0011.

PATRIE. Cette espèce, peu commune, se prend dans les petits ruisseaux, sur différents points de la France centrale et méridionale : dans le Bourbonnais, le Beaujolais, les environs de Lyon, l'Ardèche, la Guienne, etc. Je l'ai capturée dans les eaux de l'Izeron.

OBS. Elle ressemble beaucoup à l'*H. impressus*. Elle en diffère par sa forme un peu moins ramassée et un peu moins convexe. Les palpes sont plus obscurs ; la tête et le prothorax sont plus éparsement ponctués, avec ce dernier à fossettes moins profondes et à bord antérieur concolore. L'impression juxtascutellaire des élytres, moins sensible, ne s'étend que jusqu'au 3e interstrie.

La couleur est d'un bronzé ou d'un vert métallique plus ou moins cuivreux, avec les saillies du prothorax et la tête, et surtout l'épistome, d'une teinte azurée. D'autres fois, tout le dessus du corps est d'un bronzé obscur.

DEUXIÈME BRANCHE

HYDRÉNAIRES

Caractères. *Ventre* au moins de 6 arceaux apparents : le 6e plus ou moins lisse et brillant, laissant souvent saillir un 7e arceau plus ou moins développé. *Tarses* de 5 articles : les 2 premiers parfois presque indistincts. *Corps* allongé, oblong ou ovalaire.

Obs. Bien distincte des Hélophoraires par son ventre au moins de 6 arceaux, cette branche peut être divisée en 4 genres dont suit le tableau :

Repli du prothorax

- creusé d'une fossette longitudinale profonde pour loger la massue des antennes. *Palpes maxillaires* peu allongés, à dernier article subulé, plus court et surtout plus grêle que le pénultième. *Prosternum* prolongé ou non en carène entre les hanches antérieures. *Repli des élytres*
  - prolongé jusque près de l'angle sutural. Le 2e *article des antennes* subcyathiforme ou obconique. Le *dernier article des palpes maxillaires* très court. . . . . Henicocerus.
  - réduit à une simple tranche dès avant l'angle sutural. Le 2e *article des antennes* oblong, rétréci au sommet. Le *dernier article des palpes maxillaires* oblong. *Tête*
    - sensiblement moins large que le bord antérieur du prothorax : *celui-ci* cordiforme ou cyathiforme. *Repli des élytres* réduit à une tranche dès leur dernier tiers ou quart. *Métasternum* subtransversalement coupé à son bord postérieur. Le 1er *arceau ventral* assez grand, moins court que les suivants. *Pieds* suballongés. . . . Ochthobius.
    - au moins aussi large que le bord antérieur du prothorax : *celui-ci* en carré transverse. *Repli des élytres* réduit à une tranche dès avant le milieu. *Métasternum* obliquement coupé sur les côtés de son bord postérieur. Le 1er *arceau ventral* très court. *Pieds* allongés. Calobius.
- sans fossette pour loger la massue des antennes. *Palpes maxillaires* très allongés, à dernier article plus long et plus renflé que le pénultième. *Prosternum* prolongé en fine carène entre les hanches antérieures. . . . . Hydraena.

Genre *Henicocerus*, HÉNICOCÈRE ; Stephens.

STEPHENS, Ill. Brit. 1829, II, p 196.

ETYMOLOGIE : ἑνικὸς, unique ; κέρας, corne.

CARACTÈRES. *Corps* ovale-oblong, parfois assez trapu, plus ou moins convexe.

Tête grande, inclinée, subtriangulaire, obtuse en avant, non engagée dans le prothorax, bien moins large avec les yeux que celui-ci, bifovéolée sur le front; pourvue, vers l'angle postéro-interne de chaque œil, d'une petite saillie figurant un ocelle. *Épistome* grand, transverse, ordinairement subconvexe, largement tronqué en avant, séparé du front par un sillon transversal, bien accusé, subangulé, à ouverture en avant. *Labre* transverse, un peu ou à peine moins grand que l'épistome, plus étroit antérieurement et plus ou moins sinué ou entaillé au sommet. *Mandibules* courtes, non saillantes. *Palpes maxillaires* assez courts, bien plus courts que les antennes, de 4 articles : le 1er petit : le 2e en massue oblongue ou suballongée et subarquée : le 3e grand, fortement renflé en ovale ou en toupie : le dernier très court, subsubulé, bien plus étroit que le précédent, mousse au bout. *Palpes labiaux* très courts, peu distincts. *Menton* grand, presque carré, plan.

Yeux assez gros, saillants, semiglobuleux.

Antennes médiocres, de 9 articles : le 1er très allongé, grêle, subarqué, égalant les deux cinquièmes de la longueur totale : le 2e au moins aussi épais, court, subcyathiforme ou obconique : les 3e et 4e très petits, peu distincts : le 5e oblong ou suboblong, subcylindrique, commençant la massue qui est allongée, peu tranchée et pubescente : les 6e à 8e subtransverses : le dernier plus grand, subglobuleux, mousse.

Prothorax transverse, cyathiforme ou subcordiforme ; tronqué au sommet et à la base, et parfois subarrondi dans le milieu de celle ci, pourvu d'une très fine membrane à son bord antérieur et souvent sur les côtés, avec les angles plus ou moins obtus ; creusé sur son disque de fossettes et de sillons longitudinaux. *Repli* creusé d'une fossette longitudinale pour loger la massue des antennes.

Écusson petit, en triangle court.

Elytres ovales, plus ou moins convexes et obtuses en arrière, plus ou moins largement rebordées en gouttière sur les côtés; striées-ponctuées. *Repli* assez large, prolongé en s'atténuant jusque près de l'angle sutural.

Prosternum court, angulé en arrière, finement carinulé sur sa ligne médiane. *Anté-épisternums* grands, irréguliers. *Mésosternum* médiocre ou assez grand, prolongé en angle aigu entre les hanches intermédiaires, plan, obsolètement carinulé à sa base. *Médiépisternums* assez grands, irréguliers. *Métasternum* grand, transverse, transversalement coupé à son bord postérieur, à peine angulé entre les hanches intermédiaires, encore moins entre les postérieures, avec l'angle entre celles-ci échancré ou entaillé au sommet. *Postépisternums* allongés, rétrécis en onglet. *Postépimères* plus ou moins distinctes, triangulaires.

Ventre de 6 arceaux bien apparents : les 1er à 5e presque subégaux : le 1er paraissant tuberculé au bout de sa pointe antérieure : le 6e un peu plus long que les précédents, semilunaire ou subtronqué, laissant parfois saillir un 7e petit arceau.

Hanches antérieures courtes, irrégulièrement subglobuleuses, un peu fendues au bout, subimpressionnées en devant, contiguës ; les *intermédiaires* semiglobuleuses, assez saillantes, subcontiguës ou très rapprochées ; les *postérieures* plus grandes, transverses, séparées entre elles par une entaille étroite, rétrécies extérieurement en onglet effilé.

Pieds médiocrement allongés. *Trochanters* assez petits, en onglet. *Cuisses* peu renflées, subcomprimées, en fuseau allongé et atténué ; les *antérieures* pourvues en devant d'une plaque basilaire mate. *Tibias* assez grêles, sublinéaires, un peu rétrécis à leur base, aussi longs ou à peine plus longs que les cuisses, confusément subhispido-scabreux, armés au bout de leur tranche inférieure de 2 très petits éperons grêles et peu distincts. *Tarses* bien plus courts que les tibias, à 1er article presque indistinct : les 2e à 4e courts, subégaux : l'onychium en massue robuste, au moins égal aux précédents réunis. *Ongles* assez forts, arqués, acérés, à peine dentés à leur base en dessous.

Obs. Ce genre, bien distinct des *Hydrochoüs* par ses antennes de 7 articles et son ventre d'au moins 6 arceaux non carénés en travers et surtout par la fossette sous-prothoracique destinée à loger la massue des antennes à l'état de repos, contient un très petit nombre d'espèces, qui se plaisent dans les eaux froides et même agitées. En voici le tableau :

a. *Prothorax* sans membrane sur les côtés, à intervalles des fossettes densément et subrugueusement ponctués. *Élytres* distinctement ensellées derrière leur base, fortement striées-ponctuées, à interstries alternes subélevés et très finement pointillés. *Dessus du corps* d'un vert métallique. *Taille* moyenne. . . . . 1. GRANULATUS.

aa. *Prothorax* garni sur les côtés, surtout en arrière, d'une légère bordure membraneuse, à intervalles des fossettes finement ou obsolètement ponctués. *Élytres* non visiblement ensellées, à interstries alternes à peine ou non pointillés.

b. *Prothorax* à fossettes discales antérieures petites, les postérieures obliques, allongées *Élytres* finement striées-ponctuées, à interstries non plus étroits que les points, les 5e et 7e subélevés. *Labre* angulairement entaillé au sommet. *Dessus du corps* d'un vert métallique. *Pieds* roux. *Forme* ovalaire. *Taille* petite. . . . . 2. EXSCULPTUS.

bb. *Prothorax* à fossettes discales antérieures très petites, les postérieures transversalement obliques, allongées. *Élytres* assez fortement striées-ponctuées, à interstries plus étroits que les points, subconvexes, les alternes un peu plus élevés. *Labre* faiblement sinué au sommet. *Dessus du corps* d'un noir submétallique. *Pieds* obscurs. *Forme* ramassée. *Taille* très petite. . . 3. GIBBOSUS.

1. **Henicocerus granulatus**, MULSANT.

Ovale-oblong, subconvexe, d'un vert métallique assez brillant en dessus, d'un noir mat et velouté en dessous, avec les palpes brunâtres, les antennes testacées à massue grise, les pieds roux à genoux et bout de l'onychium rembrunis. Tête chagrinée et rugueusement pointillée, bifovéolée-sillonnée entre les yeux. Prothorax cyathiforme, fortement et sinueusement rétréci en arrière où il est bien moins large que les élytres, plus ou moins convexe, assez fortement, densément et subrugueusement ponctué, creusé d'un sillon médian, de 2 sillons postoculaires et de 4 fossettes dorsales allongées, parfois longitudinalement réunies 2 à 2 en sillons flexueux. Élytres ovalaires, subconvexes en arrière, fortement striées-ponctuées, à interstries plus étroits que les points, les alternes un peu plus élevés, très finement pointillés ainsi que le calus huméral. Le 6e arceau ventral lisse et luisant.

♂ *Épistome* plan, relevé en rebord sur les côtés. *Labre* relevé en avant en 2 dents émoussées. *Prothorax* gibbeux sur son disque, excepté sur les oreillettes latérales.

♀ *Épistome* subconvexe, sans rebord sur les côtés. *Labre* incliné, non relevé, simplement sinué en avant. *Prothorax* moins large, subconvexe sur son disque.

Ochthebius granulatus (DEJEAN. Inéd.) MULSANT, Palp. 53, 1. — FAIRMAIRE et LABOULBÈNE, Faun. Fr. I, 240, 1.
Henicocerus granulatus, BEDEL, Faun. Col. Seine, I, 293, note 1.

Long. 0,0024 ; — larg, 0,0013.

Corps ovale-oblong, subconvexe, d'un vert métallique assez brillant.

Tête, les yeux compris, plus large que le bord antérieur du prothorax, mais moins large que celui-ci à ses oreillettes; déprimée et creusée entre les yeux de 2 fossettes arrondies profondes, liées au vertex par un sillon longitudinal; chagrinée et rugueusement ponctuée, plus finement et moins densément sur l'épistome; d'un vert métallique peu brillant. *Labre* pointillé, d'un vert un peu cuivreux. *Palpes* d'un roux brunâtre, à deux derniers articles plus foncés. *Yeux* obscurs.

Antennes testacées ou d'un roux testacé, à massue grisâtre et pubescente.

Prothorax cyathiforme, subtransverse ; pourvu d'une très fine membrane à son bord antérieur; dilaté antérieurement en larges oreillettes arrondies, un peu moins large en avant que les élytres ; fortement et sinueusement rétréci en arrière où il est bien moins large que les élytres, avec les angles antérieurs très obtus et les postérieurs plus droits mais émoussés ; plus ou moins convexe ; assez fortement, densément et subrugueusement ponctué ; d'un vert métallique assez brillant ; creusé d'un sillon médian profond, de 2 larges sillons postoculaires retranchant du disque les oreillettes qui sont subexplanées, et de 4 fossettes dorsales internes, allongées, profondes et parfois réunies en sillons flexueux.

Écusson bronzé, lisse.

Élytres ovalaires, subdéprimées à leur base, subimpressionnées en travers sur leur 1er tiers, convexes et plus ou moins obtuses en arrière ; creusées sur les côtés d'une gouttière un peu plus large dans son milieu ; fortement striées-ponctuées, à interstries plus étroits que les points : les alternes un peu plus élevés et très finement pointillés : le 3e seulement sur son tiers basilaire qui est plus densément pointillé : le 5e dans ses deux tiers postérieurs, le 7e plus fortement et dans presque toute sa longueur; d'un vert métallique parfois un peu cuivreux. *Calus huméral* prononcé mais subépaté, pointillé.

Dessous du corps d'un noir mat et velouté, avec un très léger duvet blanchâtre et soyeux. *Métasternum* obtusément relevé en bosse de chaque côté de son milieu. Le 6e *arceau ventral* lisse et glabre, luisant, laissant parfois saillir un 7e petit arceau.

Pieds roux avec les hanches obscures, les genoux et le sommet de l'onychium rembrunis, et parfois tous les tarses, surtout les antérieurs, d'un roux brunâtre.

PATRIE. Cette espèce se trouve dans les eaux froides des régions montagneuses de la France : la Savoie, le Jura, la Grande-Chartreuse, le Mont-Dore, en Auvergne, etc. — (R.).

OBS. Elle est la plus grande du genre, remarquable par son aspect un peu rugueux, par son prothorax sans membrane sur les côtés et par ses élytres transversalement subimpressionnées derrière leur base.

La couleur passe du vert de pré métallique au bronzé obscur et même au noir submétallique (1).

2. **Henicocerus exsculptus**, GERMAR.

Ovalaire, subconvexe, d'un vert métallique brillant et semi-doré en dessus, d'un noir mat et velouté en dessous, avec les palpes brunâtres, les antennes testacées à massue d'un gris obscur, les pieds roux à genoux et tarses plus ou moins rembrunis. Tête pointillée, bifovéolée entre les yeux. Labre profondément et angulairement entaillé au sommet. Prothorax subcordiforme, brusquement et subsinueusement rétréci en arrière où il est bien moins large que les élytres, plus ou moins convexe, plus ou moins pointillé, pourvu d'une très fine membrane en arrière sur les côtés, creusé sur son disque d'un sillon médian, de 2 sillons postoculaires, de 4 fossettes dorsales, les antérieures petites, souvent géminées, les postérieures allongées, obliques. Élytres ovalaires, subconvexes en arrière, assez finement striées-ponctuées, à interstries non plus étroits que les points, les alternes un peu plus élevés, le 7e à peine pointillé ainsi que le calus huméral. Le 6e arceau ventral lisse et luisant.

(1) La Larve que Mulsant a fait figurer (fig. 4) comme appartenant avec doute à son *Ochthebius granulatus*, parait plutôt convenir à un *Helerocerus*, d'après le dessin que donnent de la larve de celui-ci Chapuis et Candèze (pl. III, fig. 8) et plus tard J. Duval (Intr. pl. XIII, fig. 21.)

♂ *Prothorax* très convexe ou gibbeux, très éparsement pointillé ou presque lisse excepté sur les oreillettes qui sont explanées et rugueuses ; à fossettes dorsales antérieures petites, souvent ponctiformes, les postérieures en forme de lignes obliques avancées jusque vers le milieu.

♀ *Prothorax* subconvexe, assez densément ponctué, à fossettes dorsales antérieures bien marquées et assez grandes, les postérieures profondes, naviculaires, obliques.

Ochthebius exsculptus, GERMAR, Ins. Spec. nov. p. 91, 156.— STURM, Deut. Faun. X, 56, 1, pl. 221.— LAPORTE DE CASTELNAU, Hist. Col. II, 48, 5. — HEER, Faun. Helv. I. 478, 5.— MULSANT, Palp. 54, 2. — FAIRMAIRE et LABOULBÈNE, Faun. Fr. I, 240, 2. (♀).
Henicocerus viridi-aeneus, CURTIS, Ent. Brit. VII, pl. 291, 1. (♂).
Ochthebius lividipes, FAIRMAIRE et LABOULBÈNE, Faun. Fr. I, 241, 3. (♂).
Henicocerus exsculptus, BEDEL, Faun. Col. Seine, I, 293 et 317.

Variété *a*. *Dessus du corps* d'un brun cuivreux.

Ochthebius sulcicollis, STURM, Deut. Faun. X, p. 66, pl. 223. — HEER, Faun. Helv. I, 478, 6 ?

Variété *b*. *Dessus du corps* d'un noir submétallique.

Henicocerus tristis, CURTIS, Ent. Brit. VII, pl. 291, 2. (♂).
Henicocerus Gibsoni, CURTIS, Ent. Brit. VII, pl. 291, 3. (♀).

Long. 0,0020 ; — larg. 0,0011.

PATRIE. Cette espèce n'est pas rare dans les eaux courantes et près des cascades, dans une grande partie de la France : le bassin de la Seine, les environs de Lyon, le Bourbonnais, le Beaujolais, le Bugey, les Alpes, la Savoie, le Languedoc, les Pyrénées, etc.

OBS. Elle est moindre que *granulatus*, à tête et prothorax moins fortement ponctués, avec celui-ci pourvu d'une très fine membrane sur les côtés et à fossettes dorsales moins fortes et jamais réunies ; à élytres non subimpressionnées derrière leur base et à interstries non plus étroits que les rangées striales et les alternes moins ou non pointillés. L'épistome ♂ n'est point bidenté, etc.

Les tarses sont obscurs, en tout ou en partie.

La couleur passe du vert au bronzé (var. *a*) et au noir submétallique (var. *b*). La taille varie un peu. La tête est plus lisse chez les ♂ que chez les ♀, et les fossettes frontales sont plus ou moins irrégulières et rugueuses.

Vailes (Ent. Mag. 1833, n° 3, p. 256) a parlé de la larve de l'*H. exsculptus* sous le nom d'*Ochthebius viridi-aeneus*, Steph.). Westwood (Intr. I, p. 121) en a également fait mention.

3. **Henicocerus gibbosus**, GERMAR.

Courtement ovalaire, très convexe, d'un noir submétallique assez brillant en dessus, mat et velouté en dessous, les palpes brunâtres, les antennes d'un roux de poix et les pieds obscurs. Tête légèrement pointillée, fortement bifovéolée entre les yeux. Labre simplement sinué au sommet. Prothorax subcordiforme, brusquement et subsinueusement rétréci en arrière où il est bien moins large que les élytres, convexe, légèrement pointillé, creusé d'un fort sillon médian, de 2 sillons postoculaires, de 4 fossettes dorsales ponctiformes antérieures et de 2 postérieures obliquement transversales. Élytres courtes, subovalaires, très convexes ou gibbeuses, assez fortement striées-ponctuées, à interstries étroits, subconvexes, les alternes un peu plus élevés, à peine pointillés ainsi que le calus huméral. Le 6e arceau ventral lisse et luisant.

♂ *Tête* relevée en bosse oblongue, lisse, entre les fossettes. *Prothorax* convexe, presque lisse sur le dos, à fossettes dorsales ponctiformes réunies.

♀ *Tête* peu relevée et obsolètement pointillée entre les fossettes. *Prothorax* subconvexe, légèrement pointillé sur le dos, à fossettes discales ponctiformes séparées.

Ochthebius gibbosus, GERMAR, Ins. Spec. nov. p. 93, pl. 158. — STURM, Deut. Faun. X, 64, 6, pl. 223, fig. A. — LAPORTE DE CASTELNAU, Hist. Col. II, 48, 4. — MULSANT, Palp. 56, 3. — FAIRMAIRE et LABOULBÈNE, Faun. Fr. I, 241, 4. — DE MARSEUL, l'Abeille, XX, 172, 76.
Henicocerus gibbosus, BEDEL, Faun. Col. Seine, I, 293, note 1.

Variété *a*. *Fossettes ponctiformes du prothorax* transversalement réunies.

Ochthebius lacunosus, STURM, Faun. Col. X, p. 67, pl. 223, fig. C (♂).

Long. 0,0012 ; — Larg. 0,0009.

Patrie. Cette espèce, peu commune, se trouve dans les eaux vives et courantes, sur certains points de la France : les environs de Lyon, le Bourbonnais, le Beaujolais, le Bugey, le Forez, les Alpes, les Vosges, les Pyrénées, etc.

Obs. Elle est bien distincte de l'*exsculptus* par sa forme plus trapue, plus voûtée et comme gibbeuse, par sa taille bien moindre et par sa couleur plus obscure. Les fossettes dorsales antérieures sont très petites, doubles ou géminées. Les élytres sont un peu plus fortement striées-ponctuées, à interstries plus étroits et plus convexes. Les pieds sont plus obscurs. Le labre est faiblement sinué au sommet, etc.

La variété *a*, dont les fossettes dorsales antérieures sont réunies, concerne les ♂ (*lacunosus*, Sturm). Rarement, ces mêmes fossettes se lient aux postérieures de manière à former des sillons longitudinaux flexueux.

Les immatures sont d'un brun châtain.

Genre *Ochthobius*, Ochthobie, Leach. (1)

Leach, 1815, Brew. Ed. Enc. IX, p. 95 ; — Zool. Miscell. III, p. 90. — Mulsant Palp. 51. — J. Duval, 1855. Gen. Hydroph. p. 93, pl. 31, fig. 154.

Etymologie : ὄχθη, rivage ; βιόω, je vis.

Caractères. *Corps* ovalaire ou oblong, peu ou médiocrement convexe. Tête grande, peu ou un peu inclinée, subtriangulaire, obtuse en avant, non ou un peu engagée dans le prothorax, moins large avec les yeux que le bord antérieur de celui-ci ; bifovéolée sur le front, parfois munie de 2 ocelles lisses situés chacun au bord postéro-externe de chaque fossette frontale.

Épistome grand, transverse, subconvexe, largement tronqué en avant, séparé du front par un sillon transversal arqué ou subangulé, à ouverture en avant. *Labre* transverse, généralement moins grand que l'épistome, plus ou moins incliné, entier, sinué ou entaillé au sommet.

(1) Par la même raison qu'on dit *Limnobius*, on doit écrire *Ochthobius* au lieu d'*Ochthebius*.

Mandibules courtes, non ou peu saillantes. *Palpes maxillaires* assez courts, plus courts que les antennes, de 4 articles : le 1er petit ; le 2e suballongé ou oblong ; le 3e grand, plus ou moins renflé : le dernier oblong, subsubulé, plus étroit que le précédent, subatténué vers son sommet. *Palpes labiaux* peu distincts. *Menton* grand, presque carré, plan ou subconvexe, rarement subconcave, parfois échancré en avant.

Yeux assez gros, saillants, semiglobuleux.

Antennes médiocres, de 9 articles : le 1er plus ou moins allongé, grêle, subarqué, égalant les deux cinquièmes de la longueur totale : le 2e aussi épais que le sommet du 1er, assez court, oblong ou suboblong, atténué en avant : les 3e et 4e très petits : les 5 derniers formant une massue allongée ou suballongée et pubescente, à 1er article court, les suivants très courts : le dernier plus grand, subglobuleux, mousse ou très obtus.

Prothorax transverse, plus ou moins cyathiforme ou subcordiforme ; tronqué ou bisinué au sommet et à la base ; pourvu d'une très fine membrane à ses bords antérieur et postérieur et en arrière sur les côtés ; plus ou moins rétréci postérieurement sur ceux-ci et souvent très brusquement ; creusé sur son disque d'impressions, sillons ou fossettes plus ou moins accusés. *Repli* plan, assez étroit, offrant à son côté interne une fossette longitudinale profonde pour loger la massue des antennes.

Écusson petit, triangulaire.

Élytres ovales ou oblongues, généralement peu convexes, obtuses et parfois subtronquées au sommet, étroitement rebordées sur les côtés, striées-ponctuées ou simplement ponctuées-striées, à strie suturale approfondie en arrière. *Repli* assez large à sa base, postérieurement rétréci et réduit à une simple tranche bien avant l'angle sutural.

Prosternum court, angulé en arrière, subcarinulé sur sa ligne médiane. *Anté-épisternums* grands, irréguliers. *Mésosternum* médiocre ou assez grand, prolongé en angle aigu et même en pointe acérée entre les hanches intermédiaires ; plan, subcarinulé à sa base, souvent finement rebordé sur les côtés. *Médiépisternums* grands, irréguliers. *Métasternum* grand, transversalement coupé à son bord postérieur, à peine angulé entre les hanches intermédiaires, encore moins entre les postérieures, avec l'angle entre celles-ci subentaillé au sommet. *Postépisternums* étroits, atténués en arrière. *Postépimères* parfois distinctes, tres petites.

Ventre de 6 arceaux bien apparents : le 1er moins court que les suivants, dépassant sensiblement les moignons des hanches postérieures : les 2e à 5e courts, subégaux ou graduellement plus courts : le dernier un peu plus long, semilunaire ou subtronqué, laissant parfois saillir un 7e petit arceau.

Hanches antérieures courtes, subovales ou obconiques, subcontiguës ; les *intermédiaires* subovales ou suboblongues, peu saillantes, subcontiguës ou très rapprochées; les *postérieures* plus grandes, transverses, assez rapprochées en dedans, assez brusquement rétrécies en dehors en onglet.

Pieds médiocres. *Trochanters* assez petits, en onglet. *Cuisses* peu renflées, subcomprimées, en fuseau allongé ; les *antérieures* pourvues en dedans d'une plaque basilaire mate. *Tibias* assez grêles, sublinéaires, un peu rétrécis à leur base, environ de la longueur des cuisses, plus ou moins hispido-ciliés, surtout sur leur tranche externe, terminés au bout de leur tranche inférieure par 2 petits éperons grêles. *Tarses* plus courts que les tibias; à 1er article presque indistinct : les 2e à 4e courts ou assez courts, subégaux ou graduellement à peine moins courts : l'onychium en massue allongée et assez grêle, subégal aux précédents réunis. *Ongles* grêles, arqués, acérés, à peine subdentés à leur base en dessous.

Obs. Ce genre, assez distinct des *Henicocerus* par le repli des élytres moins prolongé et le rebord latéral de celles-ci plus étroit, par la forme du 2e article des antennes et celle du dernier article des palpes maxillaires, renferme un assez grand nombre d'espèces, vivant dans les eaux douces ou saumâtres, stagnantes ou courantes, et dont voici les différences en 2 tableaux :

a. *Labre* entier ou faiblement sinué à son bord antérieur. *Tête* plus ou moins inclinée. *Front* à ocelles peu apparents (1).

b. *Marge latérale des élytres* finement denticulée en scie postérieurement. *Prothorax* à peine crénelé sur les côtés, subangulé vers le milieu de ceux-ci. *Prosternum* à peine ou non carinulé. *Métasternum* entièrement mat. *Dessus du corps* en grande partie râpeux et peu brillant. *Taille* petite (*Cobalius* R., anagramme de *Calobius*).

c. *Prothorax* peu brillant, très densément et râpeusement ponctué. *Interstries des élytres* subconvexes, à peine aussi larges que les points. *Tête* rugueusement ponctuée. . 1. Lejolisi.

cc. *Prothorax* assez brillant, moins densément et non râpeusement ponctué. *Intertries des élytres* plans, un peu plus larges que les points. *Tête* non rugueusement ponctuée. 2. subinteger.

bb *Marge latérale des élytres* simple. *Prosternum* subcarinulé. *Dessus du corps* non râpeux, généralement assez brillant.

(1) Les élytres recouvrent entièrement l'abdomen dans les deux sexes.

d. *Prothorax* graduellement ou non brusquement rétréci en arrière et pourvu sur les côtés d'une membrane plus ou moins étroite; à *bord antérieur* largement tronqué.

e. *Prothorax* non ou à peine sillonné sur sa ligne médiane, presque imponctué, marqué sur le dos de 2 impressions transversales. *Labre* entier ou presque entier *(Ochthebius* Thomson, p. 73).

f. *Métasternum* entièrement mat. *Prothorax* plus ou moins alutacé.

g. *Prothorax* alutacé dans les impressions, lisse et éparsement pointillé sur les parties saillantes *Palpes* roux. *Taille* petite.

h. *Prothorax* graduellement rétréci en arrière, sinueusement dans son tiers basilaire, à *membrane latérale* plus large postérieurement et remontant, en s'atténuant, jusqu'au tiers antérieur.

i. *Impressions transversales du prothorax* non limitées sur les côtés par une linéole enfoncée distincte.

k. *Élytres* d'un brun bronzé, finement striées-ponctuées, à *interstries* à peine plus larges que les points. *Avant-corps* d'un bronzé doré. . . . . . 3. MARINUS.

kk. *Élytres* d'un testacé pâle, obsolètement striées-ponctuées, à *interstries* évidemment plus larges que les points. *Avant-corps* d'un vert cuivreux éclatant. 4. DELETUS.

ii. *Impressions transversales du prothorax* limitées sur les côtés par une linéole enfoncée bien distincte. *Élytres* testacées, assez finement striées-ponctuées, à *interstries* évidemment plus larges que les points. . . . . 5. MERIDIONALIS.

hh. *Prothorax* graduellement rétréci en arrière, plus brusquement et parallèlement dans son tiers basilaire, à *membrane latérale* étroite et réduite audit tiers. *Élytres* d'un roux livide, ponctuées-striées. . . . . 6. SUBABRUPTUS.

gg. *Prothorax* entièrement alutacé. *Palpes* brunâtres. *Élytres* d'un bronzé obscur. *Taille* très petite. . . . . 7. OBSCURUS.

ff. *Métasternum* lisse et luisant sur son milieu. *Prothorax* éparsement pointillé, à fond lisse au moins sur son disque. *Palpes* obscurs. *Élytres* d'un bronzé noirâtre, à *interstries* plus larges que les points. *Taille* très petite. . . . 8. MARGIPALLENS.

ee. *Prothorax* nettement sillonné sur sa ligne médiane, ponctué mais sans fossettes ni impressions dorsales. *Métasternum* lisse et luisant sur son milieu. *Taille* petite *(Asiobates* Thomson, p. 73).

l. *Tête* et *prothorax* assez fortement et assez densément ponctués. *Prosternum* subcarinulé. *Dessus du corps* d'un bronzé obscur. . . . . 9. PYGMAEUS.

ll. *Tête* presque lisse, *prothorax* légèrement et éparsement ponctué. *Prosternum* non ou à peine carinulé. *Dessus du corps* d'un testacé submétallique, à tête et disque du prothorax rembrunis. . . . . 10. AENEUS.

dd. *Prothorax* très brusquement rétréci et comme échancré dans le tiers ou le quart basilaire de ses côtés, avec l'échancrure remplie par une large membrane; à *bord antérieur* sinué derrière les yeux. *Métasternum* lisse sur son milieu.

m. *Prothorax* plus ou moins fortement ponctué, sillonné sur sa ligne médiane et fortement bifovéolé de chaque côté de celle-ci. *Labre* subsinué au sommet. Le 6e *arceau ventral* seul brillant et presque lisse.

n *Élytres* plus ou moins ensellées derrière leur base, plus ou moins bossuées ou inégales, à *interstries* presque plans. *Corps* bronzé.

o. *Tête* et *prothorax* assez brillants : celui-ci à *oreillettes* inermes sur les côtés. *Élytres* plus ou moins fortement bossuées ou inégales.

p. *Prothorax* assez fortement mais non rugueusement ponctué, à *oreillettes* explanées, peu rugueuses, régulièrement arquées sur les côtés. *Élytres* inégales et sensiblement bossuées, assez fortement ponctuées-striées, à *interstries* assez larges, non ou à peine ciliés. *Dessus du corps* brillant. *Taille* assez petite. . . . . 11. IMPRESSICOLLIS.

pp. *Prothorax* fortement et subrugueusement ponctué, à *oreillettes* peu explanées, rugueuses, subangulées après le milieu de leurs côtés. *Élytres* très inégales et assez fortement bossuées, très fortement ponctuées-striées, à *interstries* très étroits et légèrement ciliés. *Dessus du corps* peu brillant. *Taille* moindre. . . . . 12. TORRENTUM.

oo. *Tête* et *prothorax* mats, densément et aspèrement ponctués : celui-ci à *oreillettes* munies d'une petite dent après le milieu de leurs côtés. *Élytres* un peu inégales, un peu brillantes, assez fortement ponctuées-striées, à *interstries* assez étroits, sérialement ciliés. . . . . 13. BARNEVILLEI

nn. *Élytres* régulièrement convexes, non ensellées ni bossuées.

q. *Prothorax* légèrement ponctué, largement dilaté-explané et testacé sur les côtés. *Élytres* d'un brun roussâtre, à *interstries* assez étroits et plans. . . . . 14. AURICULATUS.

qq. *Prothorax* fortement ponctué, à peine explané sur les côtés et concolore. *Élytres* d'un noir bronzé, à *interstries* étroits et convexes. *Taille* moindre. . . . . 15. BICOLON.

mm. *Prothorax* lisse, subcarinulé sur sa ligne médiane, bisillonné en travers. *Élytres* assez grossièrement ponctuées-striées. Les 3e à 6e *arceaux du ventre* lisses et brillants. *Labre* entier. *Taille* notablement petite. . . . . . . 16. EXARATUS.

ddd. *Prothorax* brusquement rétréci dans la moitié postérieure de ses côtés, avec le rétrécissement rempli par une large membrane; à *bord antérieur* largement tronqué. *Métasternum* entièrement mat. *Labre* subsinué au sommet. *Élytres* pubescentes, à *ponctuation* seriée, non ou à peine en série. *Taille* moyenne. . . . , ... 17. PUNCTATUS.

dddd. *Prothorax* plus ou moins brusquement rétréci en arrière, dès le 1er tiers de ses côtés, avec le rétrécissement rempli par une membrane plus ou moins large ; à *bord antérieur* largement tronqué. *Métasternum* entièrement mat.

r. Le *rétrécissement du prothorax* très brusque, presque à angle droit; *membrane* très large. *Taille* assez petite. . 18. PELLUCIDUS.

rr. Le *rétrécissement du prothorax* bien moins brusque, oblique; *membrane* moins large. *Taille* petite. . . . . 19. DIFFICILIS.

1. Ochthobius (Cobalius) Lejolisi, MULSANT et REY.

Ovale-oblong, subconvexe, à peine pubescent, d'un bronzé verdâtre peu brillant en dessus, d'un noir mat et bronzé en dessous, avec les palpes d'un roux de poix, les antennes testacées à massue grisâtre, les pieds d'un roux de poix à genoux et tarses plus ou moins rembrunis. Tête rugueusement pointillée, moins rugueusement et plus brillante sur les parties saillantes, profondément bifovéolée entre les yeux. Prothorax transverse, subangulé après le milieu de ses côtés, légèrement et subsinueusement rétréci en arrière où il est moins large que les élytres, avec le rétrécissement plus brusque dans le quart basilaire où il est garni d'une légère membrane souvent caduque; peu ou non brillant, très densément et râpeusement pointillé, creusé d'un fin sillon médian et de 2 sillons postoculaires arqués. Élytres ovales-oblongues, finement denticulées en scie en arrière sur les côtés, assez finement, densément et râpeusement striées-ponctuées, à interstries subconvexes, réticulés et à peine aussi larges que les stries qui sont très légèrement ciliées. Métasternum entièrement mat. Le 6e arceau ventral presque lisse, brillant, à peine pubescent.

♂ *Elytres* subparallèles, à interstries un peu brillants, légèrement réticulés.

♀ *Élytres* moins parallèles, à interstries peu brillants, aspèrement réticulés.

Ochthebius Lejolisi, MULSANT et REY, 1861, Mém. Soc. Sc. nat. Cherbourg, VIII, 481. — BEDEL, Faun. Col. Seine, I, p. 294 et 317, 1.

Long. à 0,0018 ; — larg. à 0,0009.

Corps ovale oblong, subconvexe, d'un bronzé verdâtre peu brillant.

Tête, les yeux compris, sensiblement moins large que le bord antérieur du prothorax ; à peine convexe et profondément bifovéolée entre les yeux, rugueusement et densément pointillée, moins densément et plus brillante sur son milieu ; d'un bronzé un peu verdâtre. *Labre* bronzé, pointillé, à peine sinué au bout. *Palpes* d'un roux de poix. *Menton* noir, presque lisse, subconcave. *Yeux* obscurs.

Antennes testacées, à massue plus ou moins grisâtre.

Prothorax transverse, subangulé après le milieu de ses côtés qui paraissent comme obsolètement denticulés ; légèrement et subsinueusement rétréci en arrière où il est sensiblement moins large que les élytres, avec le rétrécissement plus brusque dans le quart basilaire où il est garni d'une légère membrane souvent caduque ; tronqué au sommet, à peine bisinué à la base, avec tous les angles obtus ; garni en avant et en arrière d'une très fine membrane peu distincte ; peu convexe ; d'un bronzé verdâtre peu brillant ; très densément et râpeusement pointillé ; creusé sur son milieu d'un sillon canaliculé assez accusé, et, de chaque côté, d'un large sillon postoculaire arqué, avec les oreillettes très rugueuses ou granuleuses.

Écusson d'un noir métallique, presque lisse.

Elytres ovales-oblongues, subdéprimées en avant, subconvexes en arrière, assez finement, densément et râpeusement striées-ponctuées, à interstries subconvexes, réticulés, à peine aussi larges que les stries qui sont très légèrement ciliées ; d'un bronzé verdâtre et peu brillant ; plus ou moins distinctement denticulées en scie en arrière sur les côtés. *Calus huméral* peu saillant.

Dessous du corps d'un noir mat et soyeux. *Prosternum* subcarinulé sur sa ligne médiane. *Métasternum* entièrement mat. Le 6e *arceau ventral* presque lisse, brillant, à peine pubescent, subéchancré et laissant saillir un 7e arceau lisse, bien apparent, assez développé.

Pieds d'un roux de poix, avec les hanches obscures, les genoux et les tarses plus ou moins rembrunis. *Tarses postérieurs* avec les 2e à 4e articles subégaux.

Patrie. Cette espèce a été découverte par M. Lejolis, dans des flaques d'eau salée, sur les rochers du littoral, aux environs de Cherbourg. Elle se retrouve sur d'autres points des côtes de la Manche et de l'Océan.

Obs. Elle est remarquable par son aspect râpeux et peu brillant, par son prothorax subangulé vers le milieu de ses côtés, et, surtout, par la marge latérale des élytres finement denticulée en scie en arrière. Les bords latéraux du prothorax présentent, à un certain jour, la même particularité.

La couleur, tirant un peu sur le verdâtre, passe parfois au noir fuligineux.

Le sillon du prothorax, assez étroit, est rarement obsolète; il est quelquefois traversé par 2 légères impressions plus ou moins affaiblies.

Les cuisses sont souvent largement rembrunies à leur extrémité, d'autres fois presque entièrement; mais, communément, les genoux, la base des tibias et les tarses sont seuls d'une couleur plus foncée.

L'angle sutural des élytres n'est guère plus émoussé chez le ♂ que chez la ♀.

Mulsant et Rey (Mém. Soc. Cherbourg, 1861, 8, p. 181; tir. à part, pl. 4, fig. 2) ont donné la description et l'histoire de la larve de l'*O. Lejolisi*. René de Mathan plus tard (Ann. Ent. Fr. 1865, p. 201) y a ajouté de nombreux détails et quelques dessins (p. 202, fig. 1-5).

2. Ochthobius (Cobalius) subinteger, Mulsant et Rey.

Ovale-oblong, subconvexe, à peine pubescent, d'un bronzé verdâtre un peu brillant en dessus, d'un noir mat et soyeux en dessous, avec les palpes d'un roux de poix, les antennes testacées à massue grisâtre, et les pieds roux à genoux et tarses un peu rembrunis. Tête non rugueusement pointillée, brillante, profondément bifovéolée entre les yeux. Prothorax transverse, subangulé sur le milieu de ses côtés, légèrement et subsinueusement rétréci en arrière où il est moins large que les élytres, avec le rétrécissement plus brusque dans le quart basilaire où il est garni d'une légère membrane; un peu brillant, densément mais non rugueusement pointillé si ce n'est sur les oreillettes; creusé d'un fin sillon médian et de 2 sillons postoculaires subarqués. Elytres ovales-oblongues, finement denticulées en scie en arrière sur les côtés, finement, densément et aspèrement striées-ponctuées, à interstries plans, réticulés et un peu plus larges que les stries qui sont très légèrement ciliées. Métasternum entièrement mat. Le 6e arceau ventral presque lisse, brillant, à peine pubescent.

♂ *Élytres* subparallèles, à interstries à peine réticulées, à *angle sutural* subémoussé.

♀ *Élytres* moins parallèles, à insterstries aspèrement réticulés, à *angle sutural* droit ou subaigu.

Ochthebius subinteger, Mulsant et Rey, Op. Ent. 1861, XII, p. 57.

Long. 0,0017 ; — Larg. 0,0008.

Patrie. Cette espèce est commune dans les flaques d'eau salée, sur tout le littoral de la Provence et du Languedoc. J'en ai pris un exemplaire aux environs de Collioure.

Obs. On la prendrait volontiers pour une variété locale de l'*O. Lejolisi* auquel elle ressemble beaucoup. En effet, elle en est peu distincte. Elle est à peine moindre, surtout à peine plus étroite, plus brillante, moins densément et moins rugueusement ponctuée sur la tête et le prothorax, avec les seules oreillettes de celui-ci râpeuses, les côtés encore moins visiblement denticulés, et la membrane réduite au cinquième au lieu du quart basilaire. Les élytres sont plus finement striées-ponctuées, à interstries plans et un peu plus larges que les points, etc.

Tous les autres caractères sont ceux de l'*O. Lejolisi*, avec les mêmes variations de couleur du bronzé verdâtre ou noir plus ou moins encroûté. De même, le sillon médian est souvent traversé par 2 légères impressions transversales, et parfois même subinterrompu dans son milieu et réduit à 2 fossettes oblongues.

L'angle sutural des élytres ♂ est plus émoussé que celui des ♀, qui est accusé et même subaigu (1).

3. **Ochthobius marinus**, Paykull.

Ovale, subconvexe, d'un brun bronzé assez brillant en dessus, d'un noir mat et soyeux en dessous, avec la tête et le prothorax d'un vert métallique plus ou moins doré, les palpes et les antennes plus ou moins testacés, celles-ci à massue grisâtre, et les pieds d'un roux testacé à onychium rembruni au bout. Tête très finement pointillée, profondément

(1) Quelques catalogues réunissent les *O. Lejolisi* et *subinteger* au genre *Calobius*, avec lequel ils n'ont de commun que le caractère unique et faible du menton subexcavé. Tous les autres caractères sont ceux des vrais *Ochthobius*.

bifovéolée entre les yeux. Prothorax transverse, sensiblement et subgraduellement rétréci en arrière où il est un peu moins large que les élytres, garni dans tout son pourtour d'une membrane évidente, celle des côtés plus large en arrière et remontant en s'atténuant jusqu'au tiers antérieur; peu convexe; marqué de 2 légères impressions transversales et de 2 impressions postoculaires à fond ruguleusement alutacé, à intervalles lisses et éparsement pointillés. Élytres ovales, subconvexes, finement striées-ponctuées, à interstries presque plans, à peine plus larges que les points et légèrement ciliés. Métasternum entièrement mat. Le 6e arceau ventral assez brillant, légèrement pubescent.

♂ *Élytres* à interstries finement réticulés, à angle sutural un peu rentré, plus ou moins émoussé.

♀ *Élytres* à insterstries obsolètement alutacés, à angle sutural non rentré, droit.

Elophorus marinus, Paykull, Faun. Suec. I, 245, 7.— Gyllenhal, Ins. Suec. I, 134, 10.

Ochthebius marinus, Laporte de Castelnau, Hist. Col. II, 48, 2 (1). — Mulsant, Palp. 60, 5. — Fairmaire et Laboulbène, Faun. Fr. I, 242, 6.— Thomson, Skand. Col. II, 73, 1. — Bedel, Faun. Col. Seine, I. 205 et 318, 6.

Long. 0,0017 ; — larg. 0,0008.

Corps ovale, subconvexe, d'un bronzé un peu roussâtre et assez brillant sur les élytres, d'un vert métallique plus ou moins doré sur l'avant-corps.

Tête, les yeux compris, sensiblement moins large que le bord antérieur du prothorax; à peine convexe et profondément bifovéolée entre les yeux, avec une petite fossette médiane, ponctiforme et peu distincte, sur le vertex ; très finement pointillée sur les parties saillantes, plus finement et comme chagrinée sur l'épistome qui est assez convexe ; d'un vert métallique plus ou moins doré. *Labre* obscur, chagriné, entier. *Palpes* testacés. *Menton* pointillé, brunâtre, échancré en avant, *Yeux* obscurs.

Antennes testacées, à massue un peu grisâtre.

Prothorax en carré transverse, sensiblement et subgraduellement rétréci en arrière où il est un peu moins large que la base des élytres ; subsinué sur les côtés au devant des angles postérieurs qui sont droits, avec les

(1) C'est par erreur typographique qu'il y a *murinus* dans Laporte.

antérieurs un peu avancés, infléchis et subaigus (1); garni dans son pourtour d'une membrane pâle, bien distincte au bord antérieur, très fine à la base, assez large en arrière sur les côtés où elle remonte en s'atténuant jusqu'au premier tiers; peu convexe; d'un vert métallique plus ou moins doré ou empourpré et plus brillant sur son milieu; marqué sur le dos de 2 légères impressions transversales et, de chaque côté, d'une fossette postoculaire et d'une faible impression antéhumérale, toutes à fond alutacé, avec les oreillettes ruguleuses et les parties saillantes du disque lisses et éparsément pointillées.

Écusson d'un noir bronzé, lisse.

Élytres ovalaires, subconvexes, subobtuses au sommet, finement striées-ponctuées, à interstries presque plans, à peine plus larges que les points, finement réticulés ou alutacés et légèrement ciliés; d'un brun assez brillant, plus ou moins roussâtre ou livide et submétallique. *Calus huméral* assez saillant.

Dessous du corps d'un brun ou noir mat et soyeux. *Prosternum* subcarinulé. *Métasternum* entièrement mat. Le 6e *arceau ventral* assez brillant, légèrement pubescent, laissant saillir un 7e petit arceau.

Pieds d'un roux testacé, à hanches plus obscures, à onychium rembruni au bout. *Tarses postérieurs* avec les 2e à 4e articles graduellement moins courts.

Patrie. Cette espèce, médiocrement commune, se trouve dans les eaux saumâtres, sur les côtes de la Manche et de la Méditerranée. Je l'ai capturée dans les environs d'Hyères, de Marignane, d'Aiguesmortes et de Collioure.

Obs. Elle est d'une forme subovalaire. Le prothorax, marqué sur le dos de 2 légères impressions transversales, offre sa membrane latérale assez large en arrière mais graduellement atténuée en avant jusqu'au 1er tiers, où elle disparaît.

Parfois le milieu du prothorax est plus relevé, plus lisse et plus brillant et brièvement canaliculé. La couleur de l'avant-corps est métallique, avec des teintes vertes, cuivreuses, dorées ou de feu. Les élytres qui varient peu, passent du brun bronzé au roux fauve plus ou moins métallique.

(1) Le sommet est terminé par un pinceau de petits poils, et cela, dans plusieurs espèces.

4. **Ochthobius deletus**, Rey.

Ovale-oblong, peu convexe, d'un testacé pâle et assez brillante en dessus, d'un noir mat et soyeux en dessous, avec la tête et le prothorax d'un vert cuivreux éclatant, simplement alutacés : celui-ci à impressions transversales et sillon médian affaiblis. Élytres obsolètement striées-ponctuées, parées sur la suture, vers le tiers postérieur, d'une bande transversale nébuleuse en forme de chevron.

Long. 0,0016 ; — larg. 0.0008.

Patrie. Vendres dans l'Hérault (Mayet).

Obs. Cette espèce ressemble aux variétés pâles de l'*O. marinus*. Le prothorax est un peu moins rétréci en arrière, d'un cuivreux plus vert, plus clair, plus lisse et plus éclatant, à impressions transversales et sillon médian faiblement marqués. Les élytres sont plus obsolètement striées-ponctuées, pâles avec 3 taches nébuleuses disposées en chevron vers leur tiers postérieur : la 1re sur la suture, les deux autres un peu plus bas et plus en dehors, 1 de chaque côté, toutes parfois obscurément réunies (1).

5. **Ochthobius meridionalis**, Dejean.

Ovale-oblong, peu convexe, d'un testacé peu brillant en dessus, d'un noir mat et soyeux en dessous, avec la tête et le prothorax d'un bronzé brillant cuivreux ou doré, les palpes, les antennes et les pieds testacés, le bout de l'onychium à peine rembruni. Tête finement pointillée, trifovéolée entre les yeux. Prothorax transverse, sensiblement et subgraduellement rétréci en arrière où il est un peu moins large que les élytres, garni dans tout son pourtour d'une membrane évidente, celle des côtés plus large en arrière et remontant en s'atténuant jusqu'au tiers antérieur ; très peu convexe, marqué de 2 très légères impressions transversales limitées de

(1) l'*O. auropallens*, Fairmaire (Rev. zool. 1881, p. 3 ; de Marseul, l'Abeille, 1883, XX, p. 184, 100) est moindre que *deletus* (0,0013), à sillon médian du prothorax encore moins distinct, à élytres moins finement et moins obsolètement striées-ponctuées, avec leur angle sutural un peu moins droit. La tête est d'un bronzé plus ou moins doré, souvent moins éclatant que le prothorax. — Biskra (C. Brisout.)

chaque côté par une linéole longitudinale enfoncée, bien distincte, et de 2 impressions postoculaires à fond alutacé, à intervalles lisses et très finement et éparsement pointillés. Élytres ovales-suboblongues, peu convexes, assez finement striées-ponctuées, à interstries plans, un peu plus larges que les points et à peine ciliés. Métasternum entièrement mat. 6e arceau ventral assez brillant, légèrement pubescent.

♂ *Angle sutural des élytres* émoussé.

♀ *Angle sutural des élytres* droit, presque subaigu.

Ochthebius meridionalis, Dejean, Cat. 3e édit. p. 147.
Ochthebius marinus, var. B, Mulsant, Palp. 60.— Fairmaire et Laboulbène, Faun. Fr. I, 242.

Long. 0,0018 ; — larg. 0,0009.

Patrie. Cette espèce se trouve dans les eaux douces ou saumâtres de la région méditerranéenne, principalement dans le Languedoc, dans les environs d'Aiguesmortes et de Montpellier, et le Roussillon. Elle est peu commune.

Obs. Jusqu'ici réunie à la précédente, elle m'en paraît assez distincte par sa taille à peine plus forte et sa forme un peu moins ovalaire et un peu moins convexe, par son prothorax un peu moins arqué-dilaté en avant sur les côtés, encore plus lisse et plus luisant sur ses parties saillantes, avec le sillon médian plus marqué et plus constant et les impressions transversales nettement limitées de chaque côté par une linéole longitudinale enfoncée ; par les élytres toujours d'une couleur plus pâle, un peu moins finement striées-ponctuées et à interstries plans et un peu plus larges. La fossette du vertex est plus distincte, plus grande et plus profonde, etc.

Le prothorax a souvent les côtés et parfois tout le pourtour plus ou moins largement testacés. Le 5e interstrie des élytres est un peu plus large que les autres (1).

(1) Le catalogue allemand de 1883 donne l'*Hydraena pallidipennis* de Laporte (p. 47,7) comme variété du *marinus*. Mais, ce ne peut être mon *O. meridionalis* chez lequel je ne vois pas les élytres fortement striées, ni parées d'une tache transversale brune, ainsi que l'indique l'auteur.

Une espèce un peu moindre que *meridionalis*, à prothorax moins roux sur les côtés et à sillon médian plus prononcé, à élytres moins larges, moins ovalaires et moins rousses ou plus grises, est l'*O. lividipennis* de Peyron (Soc. Ent. Fr. 1858, 405) dont les élytres sont plus finement ponctuées-striées. — Caramanie (Peyron), Bône (Puton). — Le Caire (Revelière).

6. Ochthobius subabruptus, Rey.

Ovale-oblong, peu convexe, d'un roux livide assez brillant en dessus, d'un noir mat et soyeux en dessous, avec la tête et le prothorax d'un bronzé obscur et à peine doré, les palpes, les antennes et les pieds d'un roux testacé.

Long. 0,0019 ; — larg. 0,0009.

Patrie. La Seyne, près Toulon. — (T. R.).

Obs. Je ne décrirai pas davantage cette espèce qui n'est peut-être qu'une variété accidentelle du *meridionalis*. Toutefois, la tête est un peu plus lisse, à fossette du vertex bien accusée. Le prothorax, plus angulé à ses oreillettes, a les angles antérieurs un peu moins saillants ; les impressions transversales un peu plus marquées, la postérieure semblant formée de 2 larges fossettes triangulaires convergentes et réunies en arrière, et le rétrécissement des côtés plus brusque, plus parallèle, réduit au tiers basilaire et rempli par une membrane plus courte et bien plus étroite. Les élytres, un peu plus brillantes, sont d'une couleur moins pâle, plutôt ponctuées-striées que striées-ponctuées. L'avant-corps est plus obscur, la taille à peine plus forte, etc.

L'examen de plusieurs exemplaires identiques suffirait à confirmer cette espèce.

7. Ochthobius obscurus, Dejean.

Ovalaire, subconvexe, d'un bronzé obscur assez brillant en dessus, d'un noir mat et soyeux en dessous, avec la tête et le prothorax d'un bronzé semicuivreux, les palpes d'un roux brunâtre, les antennes et les pieds d'un roux testacé. Tête presque lisse, alutacée sur l'épistome, profondément bifovéolée entre les yeux. Prothorax transverse, sensiblement et graduellement rétréci en arrière, où il est un peu moins large que les élytres, garni dans son pourtour d'une très fine membrane, celle des côtés oblitérée en avant et un peu plus large en arrière ; très peu convexe, marqué de 2 impressions transversales obsolètes et de 2 impressions postoculaires à fond distinctement alutacé, à intervalles également mais plus faiblement alutacés. Élytres ovales, subconvexes, finement et légère-

ment striées-ponctuées, à interstries un peu ou à peine plus larges que les points et à peine ciliés. Métasternum entièrement mat. Le 6e arceau ventral assez brillant, légèrement pubescent.

♂ *Élytres* à angle sutural émoussé, à *interstries* subconvexes, à peine plus larges que les points et finement réticulés.

♀ *Élytres* à angle sutural droit, à *interstries* plans, un peu plus larges que les points et obsolètement alutacés.

Ochthebius obscurus, Dejean (inédit), Cat. 3e éd. p. 147.
Ochthebius margipallens, var. B et C, Mulsant, Palp. 58. — Var. B, Fairmaire et Laboulbène, Faun. Fr. I, p. 242.

Long. 0,0011 ; — larg. 0,0006.

Patrie. Cette espèce est assez commune dans les eaux douces et saumâtres, en Provence, dans le Languedoc, le Roussillon, les Hautes-Pyrénées, etc.

Obs. Mulsant la regardait comme une forme dégénérée de la suivante, mais l'examen d'un grand nombre d'exemplaires identiques m'a permis de constater qu'elle devait constituer une espèce séparée. Pour la sculpture et la texture de la tête et du prothorax, elle ressemble plutôt aux *marinus* et *meridionalis*, mais elle est bien moindre et le prothorax, imponctué, est simplement et entièrement alutacé, plus obsolètement et plus brillant sur les parties saillantes. Les élytres sont plus finement et plus légèrement striées-ponctuées, etc.

Comme presque toujours, le prothorax offre une faible impression dans l'ouverture des angles postérieurs qui sont presque droits. Les impressions transversales, ordinairement très faibles, sont parfois presque effacées, et alors les élytres ont leurs stries très obsolètes ou presque nulles, et c'est à cette forme qu'il faut rapporter l'*obscurus* de Dejean.

L'avant-corps est d'un bronzé plus ou moins cuivreux et les élytres passent insensiblement du bronzé obscur au fauve testacé. Parfois même, le prothorax est bordé d'une ceinture de même couleur, plus large sur les côtés.

Chez les immatures, le dessous du corps est entièrement roux.

Peut-être doit-on rapporter à cette espèce l'*O. pusillus* de Stephens (1835, Ill. Brit. V, p. 397) ?

8. Ochthobius margipallens, LATREILLE.

Ovale, subconvexe, d'un bronzé obscur et brillant, plus ou moins verdâtre en dessus, d'un noir mat et soyeux en dessous, avec les palpes d'un roux brunâtre, les antennes et les pieds d'un roux testacé. Tête très finement pointillée, bifovéolée entre les yeux. Prothorax sensiblement et graduellement rétréci en arrière où il est un peu moins large que les élytres, garni dans son pourtour d'une fine membrane, celle des côtés oblitérée en avant et un peu plus large en arrière ; peu convexe ; marqué de 2 légères impressions transversales, d'un fin sillon médian et de 2 forts sillons postoculaires subarqués, à oreilettes rugueuses et subexplanées, à parties saillantes lisses et éparsement pointillées. Élytres ovalaires, subconvexes, finement striées-ponctuées, à interstries non ou à peine plus larges que les points et à peine ciliés. Métasternum lisse et luisant sur son milieu. Le 6e arceau ventral assez brillant et légèrement pubescent.

♂ *Élytres* à angle sutural un peu rentré, émoussé, à *interstries* presque plans, finement réticulés.

♀ *Élytres* à angle sutural non rentré, droit, à *interstries* plans, subalutacés.

Hydraena margipallens, LATREILLE, 1807, Gen. II, p. 70.
Ochthebius margipallens, MULSANT, Palp. 58. — FAIRMAIRE et LABOULBÈNE, Faun. Fr. I, 241, 5. — DE MARSEUL, l'Abeille, 1883, XX, p. 179, 90.
Ochthebius pusillus, BEDEL, Faun. Col. Seine, I, 295 et 318, 7.

Long. 0,0011 ; — larg. 0,0006.

PATRIE. Cette petite espèce se prend dans les eaux douces et saumâtres, dans plusieurs provinces de la France, surtout dans la Provence. Elle est assez rare dans le bassin de la Seine. Je l'ai capturée dans le Beaujolais, la Bresse, les environs de Lyon, etc. — (A. C.).

OBS. Elle est de la forme et de la taille de l'*obscurus*, dont elle diffère, de prime abord, par son prothorax lisse et éparsement pointillé sur ses parties saillantes, au lieu d'être entièrement alutacé. D'ailleurs, le seul caractère du métasternum lisse sur son milieu suffit pour la distinguer de toutes les précédentes.

Les stries, bien que fines, sont toujours assez marquées, et les interstries sont moins brillants chez les ♀ que chez les ♂, et surtout, moins distinctement alutacés.

Les impressions transversales du prothorax, moins effacées que chez *obscurus*, paraissent quelquefois limitées latéralement par une petite linéole longitudinale enfoncée.

La couleur varie peu, si ce n'est que les élytres paraissent parfois, par transparence, un peu roussâtres sur les côtés.

9. Ochthobius (Asiobates) pygmaeus, Gyllenhal.

Ovale, subconvexe, d'un bronzé obscur plus ou moins brillant en dessus, d'un brun mat et soyeux en dessous, avec les palpes d'un roux de poix, les antennes testacées à massue grisâtre, et les pieds roux à sommet de l'onychium plus foncé. Tête assez densément ponctuée, bifovéolée entre les yeux. Prothorax subcyathiforme, assez fortement et graduellement rétréci en arrière où il est un peu moins large que les élytres, garni sur les côtés d'une membrane assez étroite ; peu convexe, assez fortement et assez densément ponctué, creusé d'un sillon médian et de 2 impressions postoculaires. Élytres ovalaires, subconvexes en arrière, assez finement striées-ponctuées, à interstries un peu plus larges que les points, à peine subélevés. Le 6e arceau ventral et le milieu du métasternum lisses et luisants. Prosternum distinctement carinulé.

♂ *Élytres* à angle sutural émoussé, à *interstries* assez brillants, simplement ridés ou subréticulés.

♀ *Élytres* à angle sutural droit ou presque droit, à *interstries* peu brillants, distinctement alutacés.

Elophorus pygmaeus, Gyllenhal, Ins. Suec I, 133, 9 (1).
Hydraena riparia, Illiger, Kaef. Pr. 279. — Latreille, Hist. nat. X, 76.
Ochthebius riparius, Audouin et Brullé, Hist. Ins. II, 308, pl. 13, fig. 5. — Sturm, Deut. Faun. X, p. 59, 3, pl. 222, A.
Ochthebius pygmaeus Germar, Faun. Eur. 8, 7. — Laporte de Castelnau, Hist. Col. II, 48, 1. — Erichson, Col. March. I, 199, 1. — Heer, Faun. Helv. I, 477 1. — Mulsant, Palp. 62, 6. — Fairmaire et Laboulbène, Faun. Fr. I, 242, 8.
Asiobates pygmaeus, Thomson, Skand. Col. II, 74, 2.
Ochthebius impressus, Bedel, Faun. Col. Seine, I, 295 et 319, 11.

(1) Si ce n'est pas là le *pygmæus* de Fabricius, c'est évidemment celui de Gyllenhal, de Germar, d'Erichson, de Heer, de Mulsant, etc., consacré par un long usage.

Long. 0,0019 ; — Larg. 0,0010.

Corps ovale, subconvexe, d'un bronzé obscur et plus ou moins brillant.

Tête, les yeux compris, sensiblement moins large que le bord antérieur du prothorax, subdéprimée et bifovéolée entre les yeux, distinctement et assez densément ponctuée, plus légèrement sur l'épistome qui est assez convexe ; d'un bronzé assez brillant et plus ou moins obscur. *Labre* subruguleux, d'un bronzé obscur, à peine sinué au sommet. *Palpes* d'un roux de poix. *Yeux* obscurs.

Antennes testacées, à massue grisâtre.

Prothorax transverse, subcyathiforme, assez fortement et graduellement rétréci en arrière où il est un peu moins large que les élytres, avec les angles antérieurs droits et les postérieurs obtus ; garni sur les côtés d'une étroite membrane pâle, un peu plus large postérieurement ; peu convexe ; assez fortement et assez densément ponctué ; d'un bronzé assez brillant et plus ou moins obscur ; creusé d'un sillon médian profond et de 2 impressions postoculaires subarquées et bien accusées.

Écusson d'un bronzé noirâtre.

Élytres ovalaires, subconvexes en arrière et subobtuses au sommet ; assez finement striées-ponctuées, à interstries un peu plus larges que les points, à peine élevés ; d'un bronzé obscur plus ♂ ou moins ♀ brillant. *Calus huméral* assez saillant.

Dessous du corps d'un brun noirâtre et soyeux. *Métasternum* subélevé sur son milieu où il est très lisse et luisant. *Le 6e arceau ventral* presque lisse et luisant, laissant parfois saillir un 7e petit arceau.

Pieds roux, à hanches obscures, la base des cuisses et les tarses parfois plus foncés, et le bout de l'onychium toujours rembruni. *Trochanters antérieurs* et *intermédiaires* légèrement ciliés. *Tarses postérieurs* avec les 2e à 4e articles subégaux.

Patrie. Cette espèce habite les eaux stagnantes et courantes de presque toute la France. Elle n'est pas rare aux environs de Lyon et en Provence.

Obs. Elle est remarquable par son prothorax ponctué, sans fossettes ni impressions dorsales, avec le seul sillon médian et les impressions postoculaires. Vu de côté, le bord antérieur du prothorax paraît subsinué derrière les yeux, avec les angles un peu avancés et subaigus. La membrane du bord postérieur qui est à peine bisinué, est bien plus étroite que celle du bord antérieur. Les 3 premiers articles des tarses postérieurs sont subégaux. La tête est moins fortement ponctuée que le prothorax.

On rapporte au *pygmaeus* les *Elophorus minimus* de Fabricius (Syst. El. I, 278, 8) et *Hydrophilus impressus* de Marsham (Ent. Brit. 408, 19).

10. **Ochthobius (Asiobates) aeneus**, STEPHENS.

Ovale, subconvexe, d'un testacé submétallique brillant en dessus, d'un brun mat et soyeux en dessous, avec la tête et le disque du prothorax plus foncés, les palpes, les antennes et les pieds testacés. Tête presque lisse ou simplement alutacée, fortement bifovéolée entre les yeux. Prothorax subcyathiforme, assez fortement et graduellement rétréci en arrière où il est un peu moins large que les élytres, garni sur les côtés d'une membrane assez étroite; peu convexe, légèrement et éparsement ponctué, creusé d'un fin sillon médian et de 2 sillons postoculaires. Élytres ovalaires, légèrement convexes, assez finement striées-ponctuées, à interstries plans et un peu plus larges que les points. Le 6e arceau ventral et le milieu du métasternum lisses et luisants. Prosternum à peine carinulé.

♂ *Angle sutural des élytres* émoussé.

♀ *Angle sutural des élytres* droit ou presque droit.

Ochthebius aeneus, STEPHENS, 1835, Ill. Brit. V, 397. — BEDEL, Faun. Col. Seine, I, 295 et 319, 10. — DE MARSEUL, l'Abeille, 1883. XX, 180, 92.
Ochthebius pygmaeus, var. B, MULSANT. Palp. 63. — FAIRMAIRE et LABOULBÈNE, Faun. Fr. I, 243.

Long. 0,0020 ; — Larg. 0,0011.

PATRIE. Cette espèce, peu commune, se rencontre dans les marais et les fossés, sur différents points de la France : le bassin de la Seine, le Beaujolais, les environs de Lyon, de Montpellier, de Collioure, etc.

OBS. On la prendrait volontiers pour une variété immature de l'*O. pygmaeus*. Elle est à peine plus grande, plus pâle et bien plus brillante. La tête, plus lisse, est à peine ponctuée entre les yeux, simplement alutacée sur l'épistome. Le prothorax est plus légèrement et moins densément ponctué, avec le sillon médian bien plus fin et parfois obsolète.

Les rangées striales des élytres sont moins creusées et formées de points plus légers et plus espacés (1), avec les interstries plans et plus lisses, et le calus huméral un peu plus saillant. Le prosternum est moins distinctement carinulé sur sa ligne médiane, etc.

Un échantillon ♂, pris à Collioure, a une teinte plus sombre et le prothorax plus convexe postérieurement et un peu plus fortement ponctué (*O. fallax*, R.).

Peut-être doit-on rapporter à l'*aeneus* le *pallidipennis* de Villa (Col. Eur. dupl. p. 48)

11. Ochthobius (Asiobates) impressicollis, Laporte.

Ovale, subconvexe, d'un bronzé obscur et brillant en dessus, d'un noir mat et soyeux en dessous, avec les palpes brunâtres, les antennes testacées à massue rembrunie, et les pieds d'un roux testacé. Tête assez finement et modérément ponctuée, largement bifovéolée entre les yeux. Prothorax court, cyathiforme, très brusquement rétréci et comme échancré dans le tiers basilaire de ses côtés, à peine moins large en avant que les élytres, bien moins large en arrière que celles-ci, garni dans l'échancrure d'une large membrane ; peu convexe ; assez fortement et assez densément ponctué, creusé d'un sillon médian profond, de 4 fossettes dorsales à fond plat et alutacé, et de 2 larges sillons postoculaires à fond lisse, avec les oreillettes subarrondies. Élytres ovalaires, subconvexes, subimpressionnées après leur base, assez fortement ponctuées-striées, à interstries assez larges et presque plans, non ou à peine plus larges que les points et à peine ciliés. Métasternum lisse et luisant sur son milieu. Le 6e arceau ventral brillant, à peine pointillé et à peine pubescent.

♂ *Élytres* à angle sutural rentrant et fortement émoussé, à *interstries* lisses ou presque lisses, à *points des élytres* à peine affaiblis en arrière.

♀ *Elytres* à angle sutural non ou à peine rentré et presque droit, à *interstries* finement réticulés, à *points des élytres* affaiblis en arrière.

Ochthebius impressicollis, Laporte de Castelnau, 1840, Hist. Col. II, 48, 7. — Bedel, Faun. Col. Seine, I, 294 et 319, 9. — De Marseul, l'Abeille, XX, 182, 96.

(1) Les stries, ainsi que dans l'espèce précédente, paraissent à peine ciliées de poils pâles, très fins, courts, couchés et peu distincts.

Ochthebius bicolon, MULSANT, Palp. 64 (pars.). — FAIRMAIRE et LABOULBÈNE, Faun. Fr. I, 243, 9.

Long. 0,0020 ; — Larg. 0,0012.

PATRIE. Cette espèce est commune dans les eaux saumâtres, sur le littoral de la Manche et de la Méditerranée. Elle s'éloigne parfois assez de la mer.

OBS. Cette espèce est bien caractérisée par son prothorax très brusquement rétréci et comme échancré dans le tiers basilaire de ses côtés, avec l'échancrure remplie par une large membrane. De plus, il est creusé sur sa ligne médiane d'un sillon profond et, de chaque côté de celui-ci, de 2 fortes fossettes à fond plat et alutacé, dont la postérieure oblongue et l'antérieure moindre et subarrondie. Les sillons postoculaires sont larges, profonds et lisses.

Les tarses postérieurs, peu allongés, ont leur 2e et 4e articles courts, et subégaux. Le bout de l'onychium est à peine rembruni.

Les élytres, par le fait de l'impression qui existe sur leur 1er tiers, paraissent plus ou moins bossuées à leur base de chaque côté de la suture. Leurs stries paraissent faiblement ciliées.

Cette espèce varie peu, si ce n'est que les points des élytres sont ordinairement un peu plus forts dans le ♂ que dans la ♀, et que la couleur passe du noir bronzé au bronzé roussâtre sur les côtés du prothorax et surtout sur les élytres.

Les ♂, à peine plus grands, ont leurs élytres plus bossuées à leur base, plus distinctement ensellées après les bosses. Elles offrent même assez souvent une impression subhumérale et une discale oblongue plus ou moins prononcées *(Ochl. impressipennis.* R.).

L'*O. impressicollis* porte dans quelques collections le nom de *Mulsanti*, Pandellé (inédit).

(1) L'*O. maculatus* Reiche (Cat. Alg. 1872, p. 26, 6 ; — De Marseul, l'Abeille, 1883, t. XX, p. 182, 95) est remarquable par sa couleur d'un testacé submétallique, avec la tête sensiblement et le dos du prothorax à peine rembrunis et les élytres parées d'une tache postscutellaire et de 4 autres discales noirâtres, plus ou moins tranchées. Le prothorax, presque plus large que les élytres, a ses côtés largement explanés, échancrés seulement dans leur quart basilaire. — L. 0,0018. — Andalousie (Ch. Brisout), Sicile, Oran.

12. Ochthobius (Asiobates) torrentum, Coye.

Ovalaire, convexe, d'un bronzé obscur et peu brillant en dessus, d'un noir mat et duveteux en dessous, avec le sommet des élytres un peu roussâtre, le dessous de la tête, les palpes, les antennes et les pieds d'un roux ferrugineux, l'extrémité des palpes et la massue des antennes brunâtres. Tête assez fortement, densément et rugueusement ponctuée, plus lisse et plus brillante sur son milieu, trifovéolée entre les yeux. Prothorax court, cyatiforme, très brusquement rétréci et comme échancré dans le tiers basilaire de ses côtés, un peu moins large en avant que les élytres, bien moins large en arrière que celles-ci, garni dans l'échancrure d'une membrane assez étroite ; assez convexe, fortement et densément ponctué ; creusé d'un sillon médian très profond, souvent subinterrompu, de 4 fossettes profondes à fond rugueux et de 2 larges sillons postoculaires profonds et à fond lisse et brillant ; à oreillettes subangulées en dehors. Élytres ovalaires, convexes, inégales, marquées d'une impression assez profonde sur la base de la suture, d'une autre transversale commune derrière celle-ci, d'une 3e derrière le calus huméral et d'une 4e oblongue sur le disque après le milieu, toutes séparées entre elles par des espèces de gibbosités ; très fortement ponctuées-striées, à interstries plans, bien plus étroits que les points et légèrement ciliés. Métasternum lisse et luisant sur son milieu. Le 6e arceau ventral assez brillant, légèrement pointillé, le 7e presque lisse.

Ochtebius torrentium, Coye, De Marseul, l'Abeille, Col. nouv. 1869, t. VI, p. 370, 4.

Long. 0,0018 ; — larg. 0,0011.

Patrie. La Corse (C. Brisout, Revelière) ; Marseille (Pandellé).

Obs. Cette espèce, voisine de l'*O. impressicollis*, s'en distingue par un aspect moins brillant, par une ponctuation générale plus forte, plus serrée et plus rugueuse, par son prothorax à fossettes et sillons plus profonds et à oreillettes moins explanées, subangulées après leur milieu, par ses élytres à surface très inégale, présentant alternativement des impressions et des bosses. Le sillon médian du prothorax est assez large, très profond et souvent subinterrompu ; les fossettes dorsales, situées de chaque côté de celui-ci, sont très accusées, les antérieures arrondies, les postérieures ovales et subobliques.

L'extrémité des élytres est généralement roussâtre, et cette couleur s'étend souvent sur toute la surface des élytres et les oreillettes du prothorax.

Le ♂ paraît plus mat et un peu plus bossué sur les élytres.

13. Ochthobius (Asiobates) Barnevillei, Pandellé.

Ovalaire, subconvexe, d'un bronzé assez obscur, mat sur la tête et le prothorax, un peu plus brillant sur les élytres, d'un noir mat et soyeux en dessous, avec les palpes brunâtres, la base des antennes et les pieds roux. Tête densément et aspèrement ponctuée, unifovéolée sur le vertex, profondément bifovéolée entre les yeux. Prothorax court, cyathiforme, très brusquement rétréci et comme échancré dans le tiers basilaire de ses côtés, presque aussi large en avant que les élytres, sensiblement moins large en arrière que celle-ci, garni dans l'échancrure d'une assez large membrane; subconvexe; densément, assez fortement et aspèrement ponctué, creusé d'un sillon médian profond et parfois subinterrompu dans son milieu, de 4 fossettes dorsales à fond plus lisse et plus brillant, et de 2 larges sillons postoculaires à fond lisse et brillant, à oreillettes unidentées en dehors après leur milieu. Élytres courtement ovales, assez convexes, impressionnées à leur base et bossuées derrière l'écusson, assez fortement striées-ponctuées, à interstries assez étroits et plans, distinctement et sérialement ciliés de poils blancs, assez courts et couchés. Métasternum lisse et luisant sur son milieu. Le 6e arceau ventral brillant et presque lisse.

Ochthebius Barnevillei, Pandellé (inédit).

Long. 0,0016; — larg. 0,0010.

Patrie. Hautes-Pyrénées, parmi les mousses des lieux humides (Pandellé, Ch. Brisout); Saint-Martin-Lantosque (Alpes-Maritimes) (collection Grouvelle).

Obs. Cette intéressante espèce fait le passage de l'*O. impressicollis* au *bicolon*. Elle diffère de tous deux par sa tête et son prothorax plus mats et à aspect rugueux, et par ses élytres à interstries distinctement et sérialement ciliés.

Les élytres sont distinctement bossuées à leur base, de chaque côté de la suture, à interstries un peu moins larges que chez *impressicollis*, presque aussi étroits que chez *bicolon*, mais non convexes. Les fossettes discales du prothorax sont un peu moins grandes mais aussi profondes que dans l'une et l'autre espèce.

Elle est bien voisine de l'*O. torrentum* dont elle se distingue par un aspect plus sombre, plus rugueux et plus mat, surtout sur la tête et le prothorax, avec les élytres moins bossuées ou seulement à la base de chaque côté de la suture, à ponctuation moins forte et à rangées de soies pâles plus régulières. Les oreillettes du prothorax, au lieu d'être subangulées après le milieu de leurs côtés, présentent même une petite dent à cet endroit, etc.

11. **Ochthobius (Asiobates) auriculatus**, Rey.

Ovalaire, subconvexe, d'un brun roussâtre assez brillant, avec les pieds et les côtés du prothorax largement testacés. Tête presque lisse, creusée entre les yeux de 2 fortes fossettes circulaires à fond rugueux. Prothorax très court, très brusquement rétréci et comme échancré dans le quart basilaire de ses côtés, aussi large que les élytres, garni dans le fond de l'échancrure d'une petite membrane réduite au sommet de l'angle rentrant ; légèrement ponctué, creusé d'un sillon médian profond, de 4 fossettes dorsales et de 2 larges sillons postoculaires à fond plat et subruguleux, à oreillettes dilatées-explanées, presque rectilignes dans le milieu de leurs côtés. Élytres subovales, non bossuées, finement striées-ponctuées, à interstries assez étroits mais plans, distinctement et sérialement ciliés.

Long. 0,0018 ; — larg. 0,0011.

Patrie. Calais (Lethierry) ; Dieppe (A. Grouvelle). — (T. R.).

Obs. Cette espèce, bien distincte de l'*O. Barnevillei* par sa couleur moins obscure et sa ponctuation plus légère, en diffère en outre par son prothorax bien plus dilaté-explané sur les côtés qui sont inermes. L'échancrure basilaire du prothorax n'occupe que le quart de la longueur. Les mêmes caractères, ou à peu près, la séparent de l'*O. impressicollis*.

15. Ochthobius (Asiobates) bicolon, Germar.

Ovalaire, assez convexe, d'un bronzé obscur et peu brillant en dessus, d'un noir mat et soyeux en dessous, avec les palpes brunâtres, les antennes testacées à massue rembrunie, et les pieds roux à onychium obscurci au sommet. Tête assez finement et subrugueusement ponctuée, plus lisse sur les parties saillantes, largement et profondément bifovéolée entre les yeux. Prothorax court, cyathiforme, très brusquement rétréci et comme échancré dans le tiers basilaire de ses côtés, presque aussi large en avant que les élytres, bien moins large en arrière que celles-ci, garni dans l'échancrure d'une large membrane; subconvexe; fortement et densément ponctué, creusé d'un sillon médian profond, de 4 fortes fossettes dorsales à fond plat et alutacé, et de 2 larges sillons postoculaires profonds et à fond ponctué ou subruguleux. Élytres ovalaires, régulièrement et assez fortement convexes, sans impression apparente, assez fortement striées-ponctuées, à interstries étroits et relevés, à peine aussi larges que les points. Métasternum lisse et luisant sur son milieu. Le 6e arceau ventral brillant, à peine pointillé et à peine pubescent.

♂ *Élytres* à angle sutural rentrant et fortement émoussé, à *interstries* presque lisses et brillants.

♀ *Élytres* à angle sutural non rentré, à peine émoussé ou presque droit, à *interstries* alutacés et mats.

Ochthebius bicolon, Germar, 1824, Ins. Spec. nov. p. 92, 158. — Laporte de Castelnau, Hist. Col. II, p. 45, 6 (1). — Mulsant, Palp. 64, 7 (partim). — Bedel, Faun. Col. Seine, I, 295 et 319, 8.
Ochthebius crenulatus, Mulsant et Rey, Ann. Soc. Linn. Lyon, 1850, p. 236. — Fairmaire et Laboulbène, Faun. Fr. I, 242, 7.

Variété *b*. *Côtés du prothorax*, et souvent des élytres, d'un roux de poix.

Ochthebius rufomaginatus, Erichson, Col. March. I, 199, 2.
Ochthebius bicolor, var. B, Mulsant, p. 64.
Asiobates rufomaginatus, Thomson, Skand. Col. II, 74, 1.

(1) Dans Laporte, il y a, par erreur, *bicolor* au lieu de *bicolon*.

Long. 0,0016; — larg. 0,0010.

Patrie. Cette espèce qui est peu commune, habite les mares et les fossés, dans plusieurs localités de la France : le bassin de la Seine, la Basse-Bourgogne, le Beaujolais, la Bresse, les environs de Lyon, la Grande-Chartreuse, les Alpes, la Provence, etc.

Obs. Elle est bien distincte de l'*impressicollis* (1) par sa taille moindre, par sa forme plus ramassée et plus convexe et par sa teinte bien moins brillante. Le prothorax est plus fortement ponctué, et les élytres ont leurs interstries plus étroits, plus relevés et plus distinctement alutacés, etc. La taille est moindre, la couleur plus obscure, la ponctuation plus forte et la forme du prothorax la séparent facilement de l'*O. auriculatus*.

La couleur varie passablement, elle passe du noir bronzé au roux de poix sur les oreillettes du prothorax et parfois sur les côtés des élytres. Souvent même, ces dernières sont entièrement d'un roux submétallique.

Vues de côté, les élytres paraissent revêtues de petits cils peu distincts, insérés dans les points des stries.

On rapporte à l'*O. bicolon* l'*Hydraena striata* de Laporte (p. 47, 6)?

16. Ochthobius exaratus, Mulsant.

Ovale, assez convexe, d'un noir luisant en dessus, en partie mat et brillant en dessous, avec les palpes d'un roux brunâtre, les antennes testacées à massue rembrunie, et les pieds roux. Tête presque lisse, profondément bifovéolée entre les yeux. Prothorax très court, cyathiforme, très brusquement rétréci et comme échancré dans le tiers basilaire de ses côtés, un peu moins large en avant que les élytres, bien moins large en arrière que celles-ci, garni dans l'échancrure d'une large membrane ; peu convexe ; creusé d'un petit canal médian raccourci, de 2 sillons transversaux et de 2 larges et profonds sillons postoculaires. Élytres ovalaires, assez convexes, assez grossièrement ponctuées-striées, à interstries à peine aussi larges que les points, presque plans ou à peine relevés vers leur base. Milieu du métasternum et les 3e à 6e arceaux du ventre lisses et luisants.

(1) Mulsant avait d'abord confondu le vrai *bicolor* avec l'*impressicollis*. Mais plus tard, sur quelques échantillons que j'avais pris à Tournus chez M. Bompar, il le décrivit sous le nom de *crenulatus*, en maintenant, à tort, le nom de *bicolon* à l'espèce des eaux saumâtres.

♂ *Angle sutural des élytres* émoussé.

♀ *Angle sutural des élytres* presque droit.

Long. 0,0011 ; — larg. 0,0006.

Patrie. On trouve communément cette espèce dans les eaux douces et saumâtres, dans toute la région méditerranéenne : Provence, Languedoc Roussillon, Guienne, etc. Elle se prend aussi dans le bassin de la Seine. Je ne l'ai pas vue des environs de Lyon.

Obs. Il est inutile d'insister sur cette espèce bien tranchée par la petitesse de sa taille ; par sa couleur d'un noir luisant sans reflet métallique, à fond lisse ; par son prothorax transversalement bisillonné, et, surtout, par les 3e à 6e arceaux du ventre lisses et luisants, ce qui la distingue de tous ses congénères qui n'ont de brillant que le 6e arceau.

Les parties saillantes du front forment comme 3 ou 5 tubercules lisses, dont le médian plus large. L'épistome est également lisse, convexe, séparé du front par un sillon transversal prononcé.

Les sillons postoculaires sont larges et profonds, subarqués et terminés en dedans à chaque bout par une fossette encore plus accusée. Les sillons transversaux, plus ou moins raccourcis sur les côtés, sont reliés entre eux par un petit canal médian. Tous les intervalles sont lisses, excepté la partie antérieure des oreillettes qui est subexplanée et qui paraît subrugueuse.

Les rangées striales des élytres sont composées de points presque carrés, et très légèrement ciliées de poils pâles et très courts. Le calus huméral est saillant, flanqué en dedans d'une petite fossette qui le fait ressortir. Les tarses postérieurs sont courts, avec les 2e à 4e articles subégaux.

La couleur générale passe du noir au brun roussâtre.

La ♀ diffère peu du ♂, si ce n'est par l'angle sutural des élytres moins émoussé, etc.

17. **Ochthobius punctatus**, Stephens.

Oblong, subconvexe, d'un noir bronzé assez brillant et recouvert d'une longue pubescence blanchâtre, en dessus, d'un noir mat et soyeux en dessous, avec les palpes, les antennes et les pieds roux, la massue des antennes un peu grisâtre, le dernier article des palpes et le sommet de l'onychium rembrunis. Tête finement et modérément pointillée, fortement bifovéolée entre les yeux, avec 1 fossette moindre sur le vertex. Prothorax court, transverse, brusquement rétréci dans la moitié postérieure de ses côtés, avec le rétrécissement rempli par une large membrane; largement tronqué et garni au sommet d'une étroite membrane; distinctement bisinué et garni à sa base d'une très fine membrane; un peu moins large en avant que les élytres, bien moins large en arrière que celles-ci; peu convexe; légèrement et peu densément pointillé; creusé d'un sillon médian, et, de chaque côté de celui-ci, de 2 fossettes discales, d'un sillon postoculaire et d'une fossette près des angles postérieurs qui sont droits. Élytres ovales-oblongues, peu convexes en avant, plus sensiblement en arrière, irrégulièrement, assez fortement et densément ponctuées. Métasternum entièrement mat. Le 6e arceau ventral assez brillant, pointillé, légèrement pubescent.

♂ *Angle sutural des élytres* arrondi.

♀ *Angle sutural des élytres* simplement émoussé.

Ochthebius punctatus, STEPHENS, 1829, Ill, Brit. II, p. 117, pl. 14, fig. 2. — MULSANT, Palp. 72, 11. — FAIRMAIRE et LABOULBÈNE, Faun. Fr. I, 245, 14. — BEDEL, Faun. Col. Seine, I, 295 et 318, 2.

Ochthebius hibernicus, CURTIS, 1830, Ent. Brit. VI, pl. 250. — STURM. Ins. Deut. X, p. 62, pl. 222, fig. C.

Long. 0,0023; — larg. 0,0012.

PATRIE. Cette espèce est assez commune, surtout dans les eaux saumâtres, sur les côtes de l'Océan et de la Méditerranée. Elle se rencontre, plus rarement, dans les eaux douces, et j'en ai capturé quelques exemplaires aux environs de Beaucaire. J'en ai vu du Jura (coll. Brisout).

OBS. Elle se distingue, de prime abord, de ses congénères par sa taille plus grande, et par le dessus du corps recouvert d'une longue pubescence blanchâtre, très apparente; des précédentes par son prothorax brusquement rétréci dès son milieu; par ses élytres à ponctuation serrée, non ou à peine en série, et par son métasternum entièrement mat, etc.

Le labre est légèrement subsinué au sommet. Le vertex est creusé d'une fossette médiane, moins grande mais plus profonde que les frontales. La fossette discale antérieure du prothorax est moindre que la postérieure qui est oblongue, et les oreillettes paraissent parfois un peu recourbées et comme subdentées en arrière. La structure des tarses postérieurs est à peu près celle des *marinus* et espèces affines.

La couleur passe du noir bronzé au bronzé roussâtre. Parfois l'onychium est en entier rembruni. La base des cuisses est rarement un peu plus foncée.

L'*Ochthebius punctatus* répond à l'*impressifrons* du catalogue Dejean (3e édit.).

Sa larve et ses métamorphoses ont été indiquées par Haliday (Nat. Hist. Rev. 1856, III, p. 20) sous le nom d'*Ochthebius hibernicus*, Curtis (1).

18. Ochthebius pellucidus, Mulsant.

Oblong, subconvexe, d'un noir bronzé brillant et éparsement pubescent en dessus, d'un noir mat et soyeux en dessous, avec les palpes, les antennes et les pieds d'un roux testacé, la massue des antennes un peu grisâtre et le bout de l'onychium rembruni. Tête à peine pointillée, fortement bifovéolée entre les yeux, avec 1 fossette moindre sur le vertex.

(1) Cinq espèces viennent se placer à la suite de l'*O. punctatus*, savoir :

O. pilosus, Walt (Col. d'Espagne, 1835, p. 65). Port et taille de l'*O. punctatus*, mais assez distinct par sa pubescence un peu moins serrée et surtout par ses élytres à ponctuation bien plus forte, plus profonde et plus régulière. — Sardaigne (Raymond), Corse (Revelière.)

O. détritus Rey (Rev. d'Entom. III, 1884, p. 269). Bien voisin du *punctatus*, mais a pubescence plus rare et comme épilée, ce qui lui donne un aspect moins grisâtre, et surtout à prothorax bien moins brusquement rétréci en arrière. Les pieds sont d'une couleur un peu plus pâle. — Oran (Pandellé), Biskra (Puton).

O. trisulcatus, Rey (Rev. d'Entom. III, 1884, p. 269). Ressemble à l'*O. detritus*, mais à taille un peu moindre, à couleur plus obscure et plus mate, à prothorax rétreci dès après son premier tiers, à élytres presque lisses ou à séries écartées de points très fins, obsolètes et légèrement sétigères. Remarquable entre tous par le dos du prothorax longitudinalement et profondément trisillonné. — Biskra (Lethierry).

Les *O. detritus* et *trisulcatus* participent un peu des *O. punctatus* et *pilosus* et en même temps des espèces du sous-genre *Hymenodes*, auquel ils semblent conduire par leur faciès et surtout par la structure du prothorax.

O. Wolxemi, Sharp (Soc. Ent. Belg. 1877, XX, p. 115, 20) est moins pubescent et plus court que *punctatus*, avec la ponctuation des élytres fine et sans ordre. Il a la tournure du *pellucidus*, mais à taille un peu plus grande et surtout à prothorax moins brusquement rétréci en arrière, à points et à pubescence non en série, etc. — Portugal, Carthagène (C. Brisout).

O. serratus, Rosenhauer (Thier Andal. p. 54). D'un bronzé cuivreux sur la tête et le prothorax, souvent un peu roussâtre sur les élytres. Moindre que les précédents, éparsement sétosellé, plus brillant et à forme plus étroite. Prothorax moins large et moins court, remarquable par ses oreillettes et ses élytres distinctement denticulées en dehors. Pieds testacés, tibias plus ou moins élargis, épineux sur leur tranche externe. — Andalousie (Mayet, Pandellé, Revelière). — Cette espèce, déplacée ici, semblerait se rapprocher du groupe des *Cobalius* par ses élytres denticulées sur leurs côtés.

Prothorax court, transverse, très brusquement rétréci presque à angle droit dès le 1er tiers de ses côtés, avec le rétrécissement rempli par une large membrane ; largement tronqué et garni au sommet d'une très étroite membrane ; à peine bisinué et pourvu à sa base d'une très fine membrane ; un peu moins large en avant que les élytres, bien moins large en arrière que celles-ci ; peu convexe ; éparsement et obsolètement pointillé ; creusé d'un sillon médian, et, de chaque côté de celui-ci, de 2 petites fossettes discales, d'un sillon postoculaire et d'une autre fossette dans l'ouverture des angles postérieurs qui sont droits. Élytres ovales-oblongues, peu convexes en avant, plus sensiblement en arrière, finement et légèrement ponctuées-striées, plus obsolètement vers leur extrémité, avec les points assez espacés et les interstries plus larges qu'eux, plans et subréticulés. Métasternum entièrement mat. Le 6e arceau ventral assez brillant, pointillé, légèrement pubescent (1).

♂ *Angle sutural des élytres* rentrant un peu et émoussé. *Pygidium* débordant les élytres.

♀ *Angle sutural des élytres* non rentré, à peine émoussé ou presque droit. *Pygidium* recouvert par les élytres, ou en majeure partie.

Ochthebius pellucidus, MULSANT, Palp. 68, 9. — FAIRMAIRE et LABOULBÈNE, Faun. Fr. I, 244, 11.
Ochthebius Pyrenaeus, FAUVEL. Ann. Ent. Fr., 1862, Bull. p. 40.
Ochthebius nanus, BEDEL, Faun. Col. Seine, I, p. 295 et 318, 3.

Long. 0,0018 ; — larg. 0,0010.

PATRIE. J'ai capturé, assez rarement, cette espèce, aux environs d'Hyères en Provence et de Collioure en Roussillon, principalement dans les eaux saumâtres. Elle se trouve également sur les côtes de la Manche et parfois dans l'intérieur des terres : bassin de la Seine, environs de Paris, de Rouen, de Lyon, de Cannes, etc.

OBS. Elle ressemble un peu à l'*O. punctatus*. Elle est moindre et surtout moins pubescente. Le prothorax est plus brusquement rétréci en arrière et dès le tiers antérieur. Les élytres sont plus finement et plus légèrement ponctuées, à points moins serrés et plus en ligne. Les palpes sont plus pâles, etc.

Les fossettes discales du prothorax sont parfois affaiblies, surtout

(1) Le 7e arceau ventral est ici presque aussi grand que le 6e, brillant et presque lisse.

l'antérieure, qui est souvent accompagnée en devant d'une 3e petite fossette ponctiforme. Les oreillettes sont subconvexes et plus ou moins rugueuses. La base des cuisses postérieures es quelquefois plus foncée. Le labre est à peine sinué au sommet.

J'ai vu un exemplaire de taille plus grande et de forme un peu moins convexe, à prothorax creusé de 3 fossettes discales bien distinctes, de chaque côté du sillon médian : la postérieure ovale, l'intermédiaire arrondie, l'antérieure moindre, ponctiforme, très rapprochée de la précédente, avec le sillon postoculaire réuni à la fossette des angles postérieurs, de manière à former un large sillon arqué, à ouverture en dedans et à fond subruguleux (*O. 6 foveolatus*, R.). — Environs de Lyon, saulaie d'Oullins.

On rapporte au *pellucidus* les *Ochthebius nanus* et *aeratus* de Stephens (Ill. Brit. II, p. 116).

19. Ochthebius difficilis, Mulsant.

Oblong, subconvexe, d'un noir submétallique assez brillant et éparsement pubescent en dessus, d'un noir mat et soyeux en dessous, avec les palpes, les antennes et les pieds d'un roux testacé, la massue des antennes grisâtre et le bout de l'onychium rembruni. Tête éparsement pointillée, fortement bifovéolée entre les yeux, avec 1 très petite fossette sur le vertex. Prothorax court, transverse, obliquement rétréci dès le 1er tiers de ses côtés, avec le rétrécissement rempli par une membrane médiocre; largement tronqué et garni au sommet d'une membrane très étroite ; à peine bisinué et pourvu à sa base d'une très fine membrane ; à peine moins large en avant que les élytres, sensiblement moins large en arrière que celles-ci; peu convexe ; éparsement pointillé ; creusé d'un sillon médian, et, de chaque côté de celui-ci, de 2 petites fossettes discales, d'une 3e près des angles postérieurs qui sont droits et d'un profond sillon postoculaire suboblique. Élytres ovales-oblongues, subconvexes, très finement et légèrement ponctuées-striées, à interstries bien plus larges que les points, plans et subréticulés. Métasternum entièrement mat. Le 6e arceau ventral assez brillant.

♂ *Angle sutural des élytres* rentrant un peu, émoussé.

♀ *Angle sutural des élytres* non rentré, à peine émoussé ou presque droit.

Ochthebius difficilis, Mulsant, Ann. Soc. Agr. Lyon, VII, p. 375. — Fairmaire et Laboulbène, Faun. Fr. I. 244, 13.

Long. 0,0016 ; — larg. 0,0009.

Patrie. Cette rare espèce m'a été jadis envoyée par feu de Kiesenwetter, qui l'avait capturée sur les bords de la Tet, près de Perpignan. J'en ai trouvé moi-même un exemplaire dans les environs d'Hyères, en Provence. Elle se prend aussi à Draguignan (Coll. Mayet).

Obs. On la prendrait aisément pour le ♂ du *pellucidus*. Mais elle est moindre, et le rétrécissement du prothorax, bien moins brusque et commençant un peu plus bas, est oblique jusqu'au quart basilaire où les côtés se redressent pour tomber sur la base à angle droit, bien accusé et même un peu déjeté en dehors, au lieu que, chez *pellucidus*, les côtés sont rectilignes et parallèles dès le tiers antérieur. La membrane qui garnit le rétrécissement est moins large, et les sillons postoculaires sont plus prolongés, plus profonds, plus obliques et à fond plus lisse. Les points en série des élytres sont encore plus fins et plus légers, etc.

Les fossettes discales du prothorax sont petites, quoique bien accusées (1), subarrondies et écartées, et l'antérieure est parfois accompagnée en devant d'un point enfoncé assez fort. Le labre est assez visiblement subsinué à son bord antérieur (2).

aa. *Labre* angulairement sinué à son bord antérieur. *Elytres* ♂ tronquées-subéchancrées au sommet, laissant le pygidium à découvert. *Taille* moyenne (*Bothochius* R, anagramme de *Ochthobius*). 20. nobilis.

aaa. *Labre* profondément et angulairement entaillé au sommet (3). *Élytres* ♂ ♀ recouvrant tout l'abdomen. *Tête* presque horizontale. *Front* muni de 2 ocelles bien distincts et lisses (4). *Prothorax* largement tronqué en avant et subsinué en arrière des yeux, plus ou moins rétréci postérieurement dès son premier tiers ou dès après celui-ci (*Hymenodes*, Mulsant).

(1) Quand les fossettes discales sont plus prononcées, elles paraissent à un certain jour comme liées, 2 à 2, par un sillon transversal à peine apparent, et le même effet se produit chez le *pellucidus*.

(2) D'après Mulsant, ces deux dernières espèces rentreraient dans son sous-genre *Hymenodes* que je restreins aux espèces à labre profondément entaillé.

(3) Ce caractère, à lui seul, pourrait valider le genre *Hymenodes*, si quelques espèces ne venaient pas l'infirmer par leur labre plus faiblement entaillé (*quadrifossulatus*, *corrugatus*, etc.).

(4) Ces ocelles sont simplement des saillies simulant des ocelles et existant, du reste, quelquefois dans les groupes précédents.

r. *Métasternum* entièrement mat. *Interstries des élytres* étroits, non plus larges que les points.

s. *Tête* et *prothorax* d'un bronzé cuivreux, assez fortement, densément et rugueusement ponctués : celui-ci à *oreillettes* subbilobées. *Taille* moyenne. . . . . 21. LODICOLLIS.

ss. *Tête* et *prothorax* d'un bronzé obscur, finement et non rugueusement pointillé : celui-ci à fond subalutacé, à *oreillettes* entières. *Taille* petite. . . . . 22. METALLESCENS.

rr. *Métasternum* lisse et luisant sur son milieu. *Prothorax* éparsement ou à peine pointillé. *Taille* petite.

t. *Angles antérieurs du prothorax* avancés en dent aiguë. *Élytres* striées-ponctuées, à *interstries* subconvexes, plus étroits que les points. . . . . 23. DENTIFER.

tt. *Angles antérieurs du prothorax* presque droits. *Élytres* ponctuées-striées, à *interstries* plans, plus larges que les points.

u. *Palpes* roux, à peine rembrunis à leur extrémité. *Prothorax* brusquement rétréci en arrière, à membrane assez large. *Élytres* à peine ciliées. *Dessus du corps* d'un bronzé assez brillant. . . . . 24. FOVEOLATUS

uu. *Palpes* à 2 derniers articles fortement rembrunis. *Prothorax* modérément rétréci en arrière, à membrane assez étroite. *Élytres* légèrement et sérialement ciliées. *Dessus du corps* d'un bronzé peu brillant. . . . . . 25. FUSCIPALPIS

20. **Ochthobius (Bothochius) nobilis**, Villa.

Oblong, assez convexe, d'un noir bronzé assez brillant et parsemé d'une légère pubescence blanchâtre en dessus, d'un noir plus mat et soyeux en dessous, avec les palpes, les antennes et les pieds roux, la massue des antennes un peu plus foncée et le bout de l'onychium noir. Tête légèrement pointillée, fortement bifovéolée entre les yeux, avec 1 fossette moindre sur le vertex. Labre angulairement sinué en avant. Prothorax assez court, subcyathiforme, assez fortement rétréci en arrière dès le milieu de ses côtés, avec le rétrécissement rempli par une membrane assez étroite, subparallèle, très légère, diaphane et parfois caduque; subéchancré au sommet, à peine bisinué à sa base, à angles postérieurs presque droits; évidemment moins large en avant que les élytres, bien moins large en arrière que celles-ci; presque lisse ou à peine pointillé; creusé sur son milieu d'un sillon canaliculé assez profond et, de chaque côté, d'un large et profond sillon postoculaire oblique; uni ou à peine fovéolé sur le dos entre le sillon médian et le postoculaire, avec les oreillettes subconvexes et parfois subruguleuses, subarquées et non distinctement bilobées en dehors mais angulées ou subdentées en arrière. Élytres ovales-oblongues, tronquées-subéchancrées au sommet et laissant le pygidium à découvert, assez finement et assez vaguement ponctuées, à interstries plans.

♂ *Élytres* tronquées-subéchancrées au sommet, laissant le pygidium à découvert.

♀ M'est inconnue.

Helophorus nobilis, Villa, Col. Eur. dupl., p. 48.
Ochthebius nobilis, Heer, Faun. Helv. I, p. 478. 4. — De Marseul, l'Abeille, 1883, XX. p. 175, 84.

Long. 0,0023 ; — larg. 0,0012.

Patrie. Suisse (Heer), Piémont (Puton).

Obs. Cette espèce paradoxale a été réunie à l'*O. punctatus* par la plupart des auteurs et catalogues, à l'exception de M. l'abbé de Marseul, qui l'a parfaitement distinguée. Elle participe à la fois de l'*O. punctatus* et du *pellucidus* quant à la sculpture et à l'aspect général, mais l'échancrure sensible du labre la rapprocherait du sous-genre *Hymenodes*. Elle est bien moins pubescente et plus légèrement ponctuée que *punctatus*, à prothorax non ou à peine fovéolé de chaque côté du sillon médian. Ce dernier caractère et sa forme moins ramassée la séparent suffisamment du *pellucidus*, qui, du reste, a le prothorax plus court, rétréci dès son premier tiers et à membrane plus large et moins transparente, etc.

Elle est plus grande, plus pubescente et moins brillante que *difficilis*, à prothorax moins court, avec son rétrécissement partant dès le milieu seulement et sa membrane latérale plus légère.

Elle est tranchée de toutes ses congénères par ses élytres ♂ tronquées-subéchancrées au sommet et laissant le pygidium à découvert. Elle fait la transition au sous-genre *Hymenodes* par son labre angulairement sinué ou plus sensiblement échancré que dans les espèces précédentes.

21. Ochthobius (Hymenodes) lobicollis, Rey.

Fortement oblong, peu convexe, légèrement pubescent, d'un bronzé obscur et assez brillant en dessus, d'un noir mat et soyeux en dessous, avec la tête et le prothorax d'un bronzé plus ou moins cuivreux, les palpes, les antennes et les pieds d'un roux de poix, la massue des antennes brunâtre, le bout des palpes et de l'onychium rembrunis. Tête densément et rugueusement ponctuée, fortement bifovéolée entre les yeux, avec les parties saillantes plus lisses; munie de 2 ocelles lisses bien apparents. Labre profondément et angulairement entaillé dans le milieu de son bord antérieur. Prothorax court, subcordiforme, sensiblement et sinueusement rétréci en arrière dès le tiers antérieur environ de ses côtés, avec le rétrécissement rempli par une assez large membrane; largement tronqué au sommet et subsinué derrière les yeux, à oreillettes subbilobées; à peine bisinué à sa base, à angles postérieurs droits; un peu moins large en avant que les élytres, sensiblement moins large en arrière que celles-ci; assez fortement, densément et subrugueusement ponctué, creusé d'un sillon médian profond, et, de chaque côté de celui-ci, de 2 fossettes oblongues, également profondes, d'une 3e fossette vers les angles postérieurs, et d'un sillon postoculaire rugueux. Élytres ovales-oblongues, assez finement mais profondément ponctuées-striées, à points carrés et serrés, ciliés, un peu moins larges que les interstries qui sont plans et presque lisses. Métasternum entièrement mat. Le 6e arceau ventral brillant, à peine pointillé (1).

♂ *Élytres* subarrondies au sommet, à *angle sutural* rentrant et émoussé.

♀ *Élytres* subtronquées au sommet, à *angle sutural* non rentré, presque droit.

Long. 0,0023; — larg. 0,0012.

PATRIE. Cette espèce est très peu répandue. J'en ai capturé un certain nombre d'exemplaires en France, près de Port-Vendres, dans un mince filet d'eau douce s'écoulant dans la mer, et toujours dans le même coin. — Février.

OBS. Elle commence la série des vrais *Hymenodes* selon moi caractérisés par le labre profondément entaillé, la tête peu inclinée, presque horizontale et munie sur le front de 2 petits ocelles bien distincts. Elle diffère des *pellucidus* et *difficilis* par sa taille plus grande, sa forme

(1) Le 7e arceau est assez développé. Les 5e et 6e paraissent largement subéchancrés à leur bord postérieur. Il en est de même dans les espèces suivantes.

plus oblongue, sa tête et son prothorax plus densément et bien plus fortement ponctués et à couleur plus cuivreuse, et par ses élytres à rangées striales formées de points plus profonds et plus serrés, et à ciliation plus courte et plus couchée, etc. (1).

Elle se distingue du *foveolatus*, Muls. par l'échancrure du labre. Elle est remarquable, entre tous ses congénères, par les oreillettes du prothorax sinueusement échancrées, ce qui les fait paraître subbilobées.

La couleur des élytres est assez sombre, mais celle de l'avant-corps est d'un bronzé plus ou moins cuivreux ou parfois doré.

Le sillon médian du prothorax, profond et assez large, est parfois affaibli ou subinterrompu dans son milieu, et les fossettes dont il est accompagné sur les côtés, sont très rapprochées de lui et paraissent comme situées dans 2 légères impressions transversales. La fossette antérieure, un peu moindre, est quelquefois longitudinalement réunie à la postérieure, de manière à former un seul sillon.

22. Ochthobius (Hymenodes) metallescens, ROSENHAUER.

Oblong, subconvexe, légèrement pubescent, d'un bronzé obscur et peu brillant en dessus, d'un noir mat et soyeux en dessous, avec les palpes d'un roux de poix, à dernier article plus foncé, les antennes testacées, à massue cendrée, et les pieds roux à onychium un peu rembruni au bout. Tête finement et distinctement ponctuée, fortement bifovéolée entre les yeux, munie de 2 petits ocelles lisses. Labre profondément et angulairement entaillé. Prothorax subtransverse, subcordiforme, assez brusquement rétréci en arrière dès après le tiers antérieur de ses côtés, avec le rétrécissement rempli par une membrane assez large; largement tronqué au sommet et subsinué derrière les yeux, à oreillettes entières ; à peine bisinué à sa base (2)*, à angles postérieurs presque droits, un peu moins*

(1) Dans le sous-genre *Hymenodes*, les 2 premiers articles des tarses sont parfois si courts que ceux-ci paraissent n'être composés que de 3 articles.

L'*O. 4 fossulatus* Waltl (1835, Reis. Span. II, p. 65) est intéressant. Il ressemble au *lobicollis*, mais il en est réellement distinct par son aspect moins rugueux, plus brillant et presque glabre. Comme lui, il a les oreillettes du prothorax subbilobées, quoique plus faiblement et avec les angles antérieurs plus aigus. Le prothorax est moins court ; les élytres, moins oblongues, sont plus ovalaires, plus arquées sur les côtés et à gouttière marginale généralement plus large et plus visible vue de dessus, avec les stries surtout plus grossièrement ponctuées. Le labre est moins profondément entaillé, etc. — Carthagene, Biskra (C. Brisout), Oran (Puton).

(2) Ordinairement, chez les espèces où la base est bisinuée, la fine membrane dont elle est pourvue, est interrompue à l'endroit des sinus.

large en avant que les élytres, sensiblement moins large en arrière que celles ci ; finement, distinctement et assez densément ponctué ; creusé d'un sillon médian et, de chaque côté de celui-ci, de 2 fortes fossettes oblongues dont l'antérieure plus courte, d'une 3e joignant la base vers les angles postérieurs, et d'un sillon postoculaire arqué. Élytres ovales-oblongues, couvrant le pygidium, finement ponctuées-striées, à points carrés ou suboblongs, serrés, ciliés et à peine moins larges que les interstries qui sont presque plans et subréticulés. Métasternum entièrement mat. Le 6e arceau ventral brillant, à peine pointillé et très légèrement pubescent.

♂ *Angle sutural des élytres* rentrant un peu et émoussé.

♀ *Angle sutural des élytres* non rentré, droit.

Ochthebius metallescens, ROSENHAUER, Beitr. Ins. Eur. p. 27. — DE MARSEUL, l'Abeille, XX, 183, 98.
Ochthebius foveolatus, MULSANT, Palp. 70, 10 (partim). — FAIRMAIRE et LABOULBÈNE, Faun. Fr. I, 244, 12 (partim).

Long. 0,0017 ; — larg. 0,0009.

PATRIE. J'ai reçu cette espèce des environs d'Erlangen en Bavière, de MM. Kraatz et Rosenhauër. Elle est rare en France où je l'ai capturée dans les eaux courantes, à la Grande-Chartreuse et à la cascade de Grézy, près d'Aix en Savoie. Elle est aussi des Hautes-Pyrénées (Pandellé).

OBS. Elle est bien moindre que *lobicollis*, moins brillante et moins rugueusement et bien moins fortement ponctuée sur la tête et le prothorax, avec les oreillettes de celui-ci entières et nullement bilobées, etc.

Les élytres sont un peu plus brillantes que l'avant-corps, qui est parfois presque mat, excepté sur les parties saillantes. Le vertex est souvent fovéolé sur son milieu, et les ocelles sont assez saillantes et lisses.

Les interstries des élytres ♂ sont moins plans, plus brillants et plus lisses que chez les ♀.

Elle varie du bronzé à peine verdâtre au noir à peine métallique (1)

(1) A cette espèce, il faut sans doute rapporter le *foveolatus* de Laporte (Hist. col. II, 48,3) qui lui donne des élytres striées-crénelées, et peut-être aussi de Bedel qui l'indique des régions montagneuses. Quant au *foveolatus* de Sturm (Deut. Faun. X, 58, 2), la figure 221 n'est pas d'accord avec la description. En raison de ces divergences, j'ai dû me borner à la plus stricte synonymie

L'*O. corrugatus*, Rosenhauer (And. 51 ; — de Marseul, l'Abeille, 1883, XX, p. 183, 99) est

L'*O. alutaceus*, Pandellé (inédit) est un peu plus obscur et un peu plus mat, avec la tête et le prothorax plus ou moins finement alutacés entre les points, surtout chez les ♀. Les fossettes prothoraciques sont un peu moins profondes. Je ne vois provisoirement là qu'une variété locale. — Aragnouet (Hautes-Pyrénées).

23. Ochthobius (Hymenodes) dentifer, Pandellé.

Oblong, subconvexe, à peine pubescent, d'un bronzé obscur et assez brillant en dessus, d'un noir mat et soyeux en dessous, avec les palpes, les antennes et les pieds roux, le bout de l'onychium à peine rembruni. Tête finement ruguleuse, bifovéolée entre les yeux, à ocelles peu distincts. Labre angulairement entaillé. Prothorax transverse, subcordiforme, assez brusquement rétréci en arrière dès après le tiers antérieur de ses côtés, avec le rétrécissement rempli par une membrane assez large ; tronqué dans le milieu de son bord antérieur et distinctement sinué derrière les yeux, à oreillettes entières et à angles antérieurs avancés en dent aiguë ; tronqué ou à peine bisinué à sa base, à angles postérieurs presque droits ; un peu moins large en avant que les élytres, bien moins large en arrière que celles-ci ; finement et subéparsement pointillé ; creusé d'un sillon médian et, de chaque côté de celui-ci, de 2 fossettes ovales dont l'antérieure plus courte, d'une 3e aux angles postérieurs, et d'un sillon postoculaire assez large, oblique, subruguleux ainsi que les oreillettes. Élytres ovales-oblongues, finement striées-ponctuées, à points serrés et à peine ciliés, un peu plus larges que les interstries qui sont subconvexes et subréticulés. Épaules distinctement subfovéolées en dedans. Métasternum lisse et luisant sur son milieu. Le 6e arceau ventral assez brillant, pointillé, légèrement pubescent.

♂ *Angle sutural des élytres* émoussé.

♀ *Angle sutural des élytres* bien accusé, droit.

Ochthebius dentifer, Pandellé (inédit).

intéressant par tout le dessus du corps densément et rugueusement ponctué et peu brillant. Le labre est à peine sinué en avant. La tête et le prothorax sont d'un bronzé un peu verdâtre. Les élytres, souvent roussâtres, sont subdéprimées à leur base, assez allongées, fortement et rugueusement striées-ponctuées, à interstries très étroits et subcostiformes; elles ne recouvrent pas complètement le pygidium. — Long. 0,0015. — Andalousie (Ch. Brisout).

Long. 0,0017 ; — larg. 0,0009.

PATRIE. J'ai pris cette espèce au bord des eaux saumâtres, à Saint-Raphaël, Hyères, Marignane et Aiguesmortes. Elle est assez rare. J'en ai vu un exemplaire pris au bord de la Siagne, par M. A. Grouvelle, et d'autres des Pyrénées (Pandellé).

OBS. Elle ressemble à s'y tromper à l'*O. metallescens*. L'avant-corps est d'une couleur moins sombre, plus brillante, plus cuivreuse ou dorée, avec la ponctuation de la tête moins distincte, convertie en une chagrination plus fine et plus serrée, et celle du prothorax plus espacée. Surtout, le métasternum présente sur son milieu un large espace lisse et luisant, bien limité : ce qui est un caractère concluant, etc.

Le dernier article des palpes n'est ordinairement pas rembruni. Les fossettes discales, surtout les deux antérieures paraissent souvent réunies par un léger sillon transversal. Les interstries des élytres ♂ m'ont semblé un peu plus convexes et un peu plus étroits que ceux des ♀.

Elle varie peu, si ce n'est pour la couleur de la tête et du prothorax qui passe du bronzé au cuivreux plus ou moins doré.

Les épaules, assez saillantes, présentent en dedans une fossette oblongue qui en fait ressortir le calus. Le bord antérieur du prothorax est sensiblement sinué de chaque côté derrière les yeux, au point que les oreillettes paraissent avancées en angle aigu, souvent muni de une ou 2 soies pâles (1).

24. Ochthobius (Hymenodes) foveolatus, GERMAR.

Oblong, peu convexe, à peine pubescent, d'un bronzé un peu verdâtre et assez brillant en dessus, d'un noir mat et soyeux en dessous, avec la tête et le prothorax d'un cuivreux doré éclatant, les antennes testacées à massue cendrée, les palpes et les pieds d'un roux de poix à bout rembruni. Tête presque lisse, bifovéolée entre les yeux, à ocelles assez distincts (2). *Labre profondément et angulairement entaillé. Prothorax sub-*

(1) L'*O. Poweri* de Rye (Ent. Month. mag. 1869, 4') me semble peu distinct du *dentifer*. Il paraît seulement un peu plus court, plus mat sur toutes ses parties dorsales et surtout sur la tête et le prothorax qui sont plus obscurs et plus rugueux, avec les angles antérieurs de ce dernier presque aussi saillants. Les élytres sont un peu plus finement striées-ponctuées, à interstries aussi étroits, mais moins convexes et plus distinctement ciliés en série. — Angleterre (coll. Pandellé).

(2) Comme je l'ai déjà dit ailleurs, ces ocelles ne sont peut-être que des tubercules simulant des ocelles.

transverse, subcordiforme, brusquement rétréci en arrière dès le tiers antérieur de ses côtés, avec le rétrécissement rempli par une membrane assez large; tronqué dans le milieu de son bord antérieur et subsinué derrière les yeux, à oreillettes entières et à angles antérieurs peu avancés, droits ou à peine aigus; tronqué ou à peine bisinué à sa base, à angles postérieurs presque droits; un peu moins large en avant que les élytres, sensiblement moins large en arrière que celles-ci; à peine pointillé ou presque lisse; creusé d'un sillon médian et, de chaque côté de celui-ci, de 2 fossettes dont l'antérieure arrondie et la postérieure ovale, d'une 3e vers les angles postérieurs et d'un fort sillon postoculaire suboblique, alutacé, les oreillettes presque lisses. Elytres ovales-oblongues, finement ponctuées-striées, à points peu serrés et à peine ciliés, évidemment moins larges que les interstries qui sont plans et subréticulés ou presque alutacés. Épaules à peine fovéolées en dedans. Métasternum lisse et luisant sur son milieu. Le 6e arceau ventral assez brillant, pointillé, légèrement pubescent.

♂ *Elytres* à interstries brillants et finement réticulés, à *angle sutural* rentrant un peu et émoussé.

♀ *Elytres* à interstries moins brillants et obsolètement alutacés, à *angle sutural* non rentré et presque droit.

Ochthebius foveolatus, Germar, Ins. Spec. nov. p. 90, 155. — Heer, Faun. Helv. I, 477, 3.
Ochthebius foveolatus, var. B, Mulsant, Palp. 70 (1). — Fairmaire et Laboulbène, Faun. Fr. I, 244.

Long. 0,0017 ; — larg. 0,0009.

Patrie. Cette espèce se trouve, mais peu communément, dans les petits ruisseaux, dans une grande partie de la France : les environs de Lyon, le Beaujolais, les Alpes, la Provence, etc.

Obs. Elle diffère sensiblement du *dentifer* par sa tête et les oreillettes de son prothorax plus lisses; par les angles antérieurs de celui-ci non avancés en dent; par ses élytres moins distinctement fovéolées en dedans des épaules, à stries plus légères et réduites à des rangées de points plus espacés, avec les interstries plans et bien plus larges. L'avant-corps est d'une couleur métallique plus claire et plus éclatante. Les palpes ont leur dernier article rembruni, et les pieds sont d'un roux plus foncé. Le prothorax paraît un peu moins court, etc.

(1) D'après Mulsant qui a vu le type de Germar, l'insecte désigné par ce dernier auteur se rapporterait aux formes à stries dégénérées en rangées de points, ainsi que le cas se présente ici.

Elle varie pour la couleur qui est d'un vert métallique plus ou moins cuivreux, doré ou empourpré sur la tête et le prothorax. Les élytres passent du bronzé obscur au testacé submétallique. Comme dans les autres espèces du sous-genre *Hymenodes*, les fovéoles discales, surtout les antérieures, sont réunies dans une légère impression transversale.

J'ai vu des exemplaires entièrement d'un roux bronzé, à tête plus foncée, à disque du prothorax d'un rouge cuivreux, avec les oreillettes rousses et rugueuses au lieu d'être lisses (*marginalis*, R.). — Villié-Morgon (Rhône), Hautes-Pyrénées (Pandellé).

L'*O. foveolatus* est à peu près aux *metallescens* et *dentifer* ce que l'*aeneus* est au *pygmaeus*, c'est-à-dire qu'on le prendrait volontiers pour une forme dégénérée desdites espèces. Elles ont, entre elles trois, la plus grande analogie.

25. Ochthobius (Hymenodes) fuscipalpis, Rey.

Suboblong, subconvexe, légèrement pubescent, d'un noir bronzé peu brillant, avec les palpes et les antennes fortement rembrunis et leur base moins foncée, les pieds roussâtres, à genoux et tarses obscurs. Tête tri-fovéolée entre les yeux. Prothorax subtransverse, subcordiforme, modérément rétréci en arrière dès avant le milieu de ses côtés, avec le rétrécissement rempli par une membrane assez étroite ; un peu moins large en avant que les élytres, bien moins large en arrière que celles-ci ; obsolètement pointillé, à fossettes dorsales oblongues. Élytres subovales, finement striées-ponctuées, à points serrés et légèrement ciliés, un peu moins larges que les interstries qui sont plans et subréticulés. Métasternum lisse sur son milieu.

♂ *Elytres* obtuses ou subtronquées au sommet.

♀ *Elytres* obtusément acuminées au sommet.

Long. 0,0016 ; — larg. 0,0009.

Patrie. Cette espèce se trouve sur les bords de la Siagne, où elle a été capturée par M. A. Grouvelle. J'en ai vu 3 exemplaires identiques, deux ♀ et 1 ♂.

Obs. Elle ressemble beaucoup aux *O. dentifer* et *foveolatus*. Elle s'en distingue pourtant par une taille un peu moindre, une forme un peu plus ramassée et une couleur générale plus obscure et plus mate. L'extrémité des antennes et les deux derniers articles des palpes sont fortement rembrunis ou presque noirs. Le prothorax est un peu moins brusquement rétréci en arrière, avec la membrane un peu plus étroite et plus égale en largeur, et les fossettes dorsales plus oblongues et tendant à se réunir bout à bout. Les élytres, proportionnellement plus larges, sont plus distinctement ciliées. Les pieds sont d'une couleur plus foncée, etc.

Elle est moindre qu'*O. metallescens*, avec les élytres moins fortement ciliées en séries et surtout le métasternum lisse sur son milieu au lieu d'être entièrement mat (1).

Genre *Calobius*, Calobie ; Wollaston.

Wollaston, Ins. Mad. 1854, p. 92.

Etymologie : καλός, beau, ou κᾶλον, échasse; βιόω, je vis.

Caractères. *Corps* oblong, très peu convexe.

Tête grande, peu inclinée, subtriangulaire, subtronquée en avant, peu engagée dans le prothorax, au moins aussi large avec les yeux que celui-ci, bisillonnée sur le front (2), avec 2 petits ocelles lisses bien apparents. *Épistome* grand, transverse, subconvexe, tronqué au sommet, séparé du front par un sillon transversal subangulé et à ouverture en avant. *Labre* transverse, presque aussi développé que l'épistome, aigument entaillé

(1) L'*O. atriceps*, Fairm. (Rev. zool. 1881, tir. à part, 3* ; — De Marseul, l'Abeille, 1883, XX, p. 177, 87) est moindre que *foveolatus* et d'un aspect encore plus lisse. La tête est d'un bronzé souvent obscur, parfois cuivreux ; le prothorax est d'un testacé métallique, à disque d'un cuivreux plus ou moins doré ou empourpré, à sillon médian quelquefois interrompu au milieu ; les élytres, qui ne couvrent pas complètement le pygidium, sont d'un blond pâle, légèrement striées-ponctuées, ovalairement élargies et distinctement rebordées dans le milieu de leurs côtés. Les palpes sont obscurs à dernier article pâle. — Long. 0,0013. — Andalousie, Biskra (C. Brisout).

L'*O. parvulus*, Rey (Rev. d'Entom. III, 1884, p. 269) pourrait être pris pour une variété de l'*O. atriceps*, dont il a à peu près la tournure et la coloration. Il est encore un peu moindre. La tête et le disque du prothorax sont d'un doré de feu, avec celui-ci aussi fortement mais moins brusquement rétréci en arrière et à sillon médian fin et non interrompu. Les élytres, qui recouvrent entièrement le pygidium, sont moins élargies et moins distinctement rebordées dans le milieu de leurs côtés et un peu plus obtuses au sommet, avec l'impression intra-humérale plus affaiblie. Malgré ces différences peut-être est-il un des sexes de l'*O. atriceps*. — Algérie.

(2) Les sillons, obliques et divergents sont représentés, dans le genre *Ochthobius*, par des fossettes plus ou moins arrondies et plus ou moins profondes.

dans le milieu de son bord antérieur, explané-subrelevé sur les côtés et en avant. *Mandibules* courtes, non ou peu saillantes. *Palpes maxillaires* assez courts, plus courts que les antennes, de 4 articles : le 1er petit : le 2e suballongé, un peu en massue : le 3e grand, assez renflé, obconique : le dernier plus court et plus étroit que le précédent, oblong, subsubulé, à peine atténué au bout. *Palpes labiaux* peu distincts. *Menton* très grand, presque carré, légèrement concave, à peine sinué au sommet.

Yeux gros, saillants, semiglobuleux.

Antennes médiocres, de 9 articles : le 1er allongé, subarqué, grêle, en massue au sommet, égalant les deux cinquièmes de la longueur totale : le 2e aussi épais que le sommet du précédent, suboblong, atténué en avant : les 3e et 4e très petits, peu distincts : les 5 derniers formant une massue suballongée et pubescente, à 1er article court, les suivants très courts : le dernier plus grand, semiglobuleux, obtus au bout.

Prothorax en carré transverse, tronqué au sommet et à peine bisinué à la base ; pourvu d'une très fine membrane à ses bords antérieur et postérieur, mais sans membrane bien apparente sur les côtés ; impressionné latéralement et simple ou obsolètement canaliculé sur son milieu. *Repli* creusé en avant d'une gouttière profonde pour loger la massue des antennes.

Écusson petit, triangulaire.

Élytres ovales, oblongues, peu convexes, individuellement subarrondies et subdéhiscentes à leur sommet ; finement rebordées sur les côtés qui sont infléchis ; à peine striées-ponctuées, à strie suturale à peine plus profonde en arrière. *Repli* assez étroit dès sa base, rétréci et réduit à une simple tranche dès avant son milieu. *Prosternum* très court, subangulé en arrière, non carinulé sur sa ligne médiane. *Anté-épisternums* assez grands, irréguliers. *Mésosternum* assez grand, brusquement rétréci en pointe aciculée et prolongée jusque près du sommet des hanches intermédiaires, offrant à peine sur le milieu de sa base un rudiment de carène. *Médiépisternums* grands, irréguliers. *Métasternum* grand, obliquement coupé de chaque côté de son bord postérieur, sensiblement angulé entre les hanches intermédiaires, un peu moins entre les postérieures avec l'angle entre celles-ci fortement entaillé au sommet. *Postépisternums* étroits, atténués en arrière. *Postépimères* distinctes, petites, triangulaires.

Ventre de 6 arceaux bien apparents ; le 1er très court, dépassant à peine ou non les moignons internes des hanches postérieures : les 2e à 5e très courts, subégaux : le 6e à peine plus long, subtronqué, laissant parfois saillir un 7e petit arceau.

Hanches antérieures courtement ovalaires, subcontiguës ; les *intermédiaires* subovalaires, un peu saillantes, très rapprochées ; les *postérieures* plus grandes, transverses, légèrement écartées en dedans, subatténuées en dehors.

Pieds allongés, grêles. *Trochanters* petits, en onglet ; les *postérieurs* plus grands, subelliptiques. *Cuisses* allongées, subcomprimées, subatténuées vers leur extrémité ; les *antérieures* pourvues en dedans d'une plaque basilaire mate et duveteuse. *Tibias* très grêles, linéaires ou à peine rétrécis à leur base, plus longs que les cuisses, éparsement subhispido-ciliés sur leur tranche externe, terminés au bout de leur tranche inférieure par 2 très petits éperons peu visibles. *Tarses* plus courts que les tibias, à 1er article presque indistinct : les 2e à 4e assez courts, graduellement à peine moins courts : l'onychium en massue grêle et allongée, au moins égal aux précédents réunis. *Ongles* très grêles, subarqués, très acérés.

Obs. Bien que très voisins du genre *Ochthobius*, les *Calobius* me semblent devoir être maintenus comme coupe générique, pour plusieurs causes. D'abord, la tête est au moins aussi large, les yeux compris, que le bord antérieur du prothorax ; celui-ci est plus carré, à peine rétréci en arrière, presque sans membrane latérale, plus simple sur le dos. Ensuite, le repli des élytres est réduit à une simple tranche dès avant le milieu ; le prosternum est plus court et non carinulé sur son milieu, le métasternum plus obliquement coupé sur les côtés de son bord postérieur et à angle antéro-médian plus accusé ; le 1er arceau ventral est moins développé, dépassant à peine ou non les hanches. Enfin, les pieds et surtout les tibias sont plus allongés et plus grêles, etc.

Je borne ce genre à une seule espèce française.

1. Calobius quadricollis, Mulsant.

Oblong, très peu convexe, presque glabre, d'un noir bronzé assez brillant en dessus, mat et soyeux en dessous, avec les antennes testacées à massue grisâtre, les palpes et les pieds d'un roux poix. Tête alutacée, bisillonnée entre les yeux. Epistome aigument entaillé. Prothorax en carré transverse, à peine rétréci en arrière où il est un peu moins large que les élytres, à membrane latérale nulle et très fine et seulement visible dans le tiers basilaire; tronqué au sommet, à angles antérieurs obtus ou subarrondis; à peine bisinué à sa base, à angles postérieurs obtus; obsolètement alutacé et à peine pointillé, marqué sur son milieu d'un léger canal et, de chaque côté, d'une large impression postoculaire, à fond subruguleux. Élytres ovales-oblongues, finement ponctuées-striées, à interstries plans, un peu plus larges que les points qui sont assez espacés. Métasternum entièrement mat. Le 6e arceau ventral presque lisse, brillant.

Ochthebius quadricollis, Mulsant, Ann. Soc. Agr. Lyon, VII, p. 375. — Fairmaire et Laboulbène, Faun. Fr. I, 245, 15.
Ochthebius submersus, Chevrolat dans Guérin, 1861, 57.

Long. 0,0020; — larg. 0,0010.

Corps oblong, très peu convexe, presque glabre, d'un noir bronzé assez brillant.

Tête, avec les yeux, au moins aussi large que le bord antérieur du prothorax; peu convexe, creusée sur le front de 2 sillons assez profonds et divergents en avant; munie, en outre, de 2 petits ocelles brillants, lisses, situés à la base externe des sillons; distinctement alutacée, plus brillante et plus convexe sur l'épistome; d'un noir bronzé, parfois un peu verdâtre. *Labre* presque lisse, d'un noir brillant et submétallique, aigument entaillé dans le milieu de son bord antérieur. *Palpes* brunâtres. *Menton* presque lisse, subconcave, d'un noir luisant. *Yeux* obscurs.

Antennes testacées, à massue grisâtre.

Prothorax en carré transverse et à peine rétréci en arrière où il est un peu moins large que les élytres; tronqué au sommet avec les angles antérieurs obtus ou plus ou moins arrondis; à peine bisinué à sa base, à angles postérieurs obtus; garni dans son pourtour d'une très fine bordure membraneuse, parfois peu distincte, la latérale nulle ou très fine et seulement visible dans le tiers basilaire; très peu convexe; d'un noir bronzé assez brillant et parfois un peu verdâtre; obsolètement alutacé et très éparsement ou à peine pointillé; marqué sur son milieu d'un léger canal et, de chaque côté, d'une large impression postoculaire, à fond subruguleux et mat, prolongée, en s'affaiblissant, jusqu'à la base; offrant parfois, en outre, 2 impressions transversales obsolètes dont l'antérieure plus apparente.

Écusson d'un noir submétallique, presque lisse.

Élytres ovales oblongues, très peu convexes, séparément subarrondies et subdéhiscentes à leur sommet, finement et parfois obsolètement striées-ponctuées; à interstries plans, un peu plus larges que les points et parfois subréticulés; d'un noir bronzé assez brillant. *Calus huméral* saillant, lisse, limité en dedans par une petite fossette.

Dessous du corps d'un noir mat et soyeux. *Prosternum* sans carène médiane. *Métasternum* entièrement mat. Le 1ᵉʳ *arceau ventral* très court, non plus grand que les suivants : le 6ᵉ presque lisse, brillant, laissant saillir un 7ᵉ arceau souvent bien distinct.

Pieds d'un brun de poix plus ou moins bronzé, à tibias allongés, très grêles, parfois un peu roussâtres à leur base. *Tarses postérieurs* avec les 2ᵉ à 4ᵉ articles graduellement à peine moins courts.

Patrie. Cette espèce est commune dans les eaux de la mer séjournant dans les trous des rochers, sur tout le littoral de la Provence. Je l'ai également capturée aux environs de Collioure, en Roussillon.

Obs. Outre les caractères génériques, elle se distingue de prime abord des diverses espèces d'*Ochthobius* par sa forme moins convexe et son prothorax plus carré, et surtout par ses yeux plus saillants et ses ocelles plus apparents, etc.

La couleur passe du noir bronzé au noir de poix plus ou moins encroûté. Les stries des élytres, généralement légères, sont parfois presque effacées, surtout en arrière. L'avant-corps est ordinairement d'un bronzé plus clair.

Les ♂ sont un peu moindres, un peu moins larges aux élytres, qui paraissent un peu plus convexes à la suture. Quelquefois, chez les ♀ surtout, le pygidium dépasse le sommet des élytres.

Tout ce que j'ai vu, provenant de Corse, sous le nom de *submersus*, était identique au *quadricollis* ♀ (1).

(1) Le *C. brevicollis* Baudi (Berl. Zeitr. 1864, 225) est moindre, encore plus lisse et plus brillant, avec l'épistome plus convexe, le prothorax à sillon médian plus ou moins marqué et à fossettes discales tantôt très profondes, tantôt nulles ou presque nulles. — Chypre (Pandellé. Puton).

Le *C. parvicollis*, Fairm. (Rev. zool. 1881, p. 179*) est à peine plus grand que *C. quadricollis*. La tête est plus longue, plus étroite au-devant des yeux et presque prolongée au museau. Le prothorax, moins large et moins court, est bien plus étroit que les élytres, creusé d'un fort sillon médian et, de chaque côté, de 2 fossettes dorsales oblongues, très profondes, dont les antérieures bien moindres, à parties saillantes presque lisses et à membrane latérale nulle ou presque nulle. Les élytres, assez largement relevées en gouttière sur les côtés, ont leurs stries plus fortement ponctuées et à interstries plus convexes, etc. — Les exemplaires que j'ai vus, se rapportent bien pour la structure de l'avant-corps à l'*O. parvicollis* de Fairmaire, mais non pour la couleur qui est d'un bronzé verdâtre, ni pour les fossettes dorsales

Genre *Hydraena*, Hydrène; Kugelmann.

Kugelmann, 1794, Schneider, Mag. Ent. V, p. 578. — Mulsant, Palp, p. 73. — J. Duval, Gen. Hydroph. p. 93, pl. 31, fig. 155.

Etymologie : ὑδραίνω, je lave.

Caractères. *Corps* allongé ou ovale-oblong, subconvexe.

Tête grande, saillante, subhorizontale, en triangle tronqué, peu engagée dans le prothorax, un peu moins large avec les yeux que celui-ci. *Epistome* grand, transverse, subconvexe, largement tronqué au sommet, séparé du front par une fine ligne transversale, arquée. *Labre* grand, incliné, fendu et comme bilobé, à lobes arrondis. *Mandibules* cachées. *Palpes maxillaires* très allongés, bien plus longs que les antennes, de 4 articles : le 1er très petit : le 2e très long, grêle, arqué, en massue au sommet : le 3e une fois plus court, obconique : le dernier au moins d'une moitié plus long que le 3e, fusiforme. *Palpes labiaux* peu distincts. *Menton* grand, trapéziforme.

Yeux assez gros, assez saillants, semiglobuleux.

Antennes courtes, de 9 articles : le 1er très long, subarqué, subépaissi vers le sommet : le 2e aussi épais, oblong : le 3e très petit, peu distinct : le 4e très court, souvent aigument prolongé en dedans : les 5 derniers formant une massue oblongue ou suballongée et pubescente, à 1er article court, les suivants très courts : le dernier plus grand, semiglobuleux, obtus au bout.

Prothorax transverse ou subtransverse, souvent subangulé sur les côtés (1) et subrétréci en arrière; largement tronqué ou à peine échancré au sommet, tronqué ou à peine arqué à sa base ; simple sur son milieu mais creusé, de chaque côté, d'un sillon postoculaire prolongé jusqu'à la base ; plus ou moins finement rebordé latéralement. *Repli* assez large, subparallèle ou subelliptique, sans gouttière interne pour loger la massue des antennes.

Ecusson très petit, triangulaire.

du prothorax dont l'antérieure est bien plus petite que la postérieure, au lieu que ce serait le contraire d'après la description donnée par de Marseul (l'Abeille, 1883, XX, p. 184, 101). — Barcelone (Pandellé), Andalousie (Puton).

(1) Souvent la tranche des côtés parait plus ou moins denticulée. J'omettrai parfois d'en parler.

Élytres suballongées ou ovales-oblongues, généralement obtuses ou subtronquées en arrière, parfois diversement terminées au sommet ; plus ou moins rebordées en gouttière sur les côtés (1) ; striées-ponctuées ou ponctuées-striées, à strie suturale un peu plus profonde postérieurement. *Repli* bien prononcé, à peine plus large à sa base, prolongé jusqu'à l'angle sutural ou s'arrêtant un peu avant celui-ci.

Prosternum court, plus ou moins angulé et prolongé en carène jusqu'au sommet des hanches antérieures, après lesquelles il est fortement en forme d'enclume, de croissant ou d'accolade. *Anté-épisternums* médiocres, irréguliers. *Mésosternum* assez grand, plan ou tricaréné sur son disque, brusquement rétréci entre les hanches intermédiaires en pointe un peu enfouie et parfois sillonnée longitudinalement. *Médiépisternums* grands, irréguliers. *Métasternum* grand, subtransversalement coupé ou à peine échancré à son bord apical, sinué au devant de l'insertion des hanches postérieures ; plus ou moins entaillé ou échancré entre celles-ci, évidemment angulé entre les intermédiaires, diversement sculpté sur son disque. *Postépisternums* étroits, atténués et disparaissant en avant. *Post-épimères* cachées.

Ventre de 6 arceaux bien apparents : le 1er non ou un peu plus grand que les suivants (2) : ceux-ci courts, subégaux : le 6e parfois plus long que le 5e, semilunaire ou en ogive obtuse, laissant rarement ou à peine saillir un 7e arceau peu distinct.

Hanches antérieures subglobuleuses, rapprochées mais non contiguës ; les *intermédiaires* subglobuleuses, assez saillantes, légèrement distantes ; les *postérieures* courtes, réniformes, plus ou moins écartées.

Pieds allongés. *Trochanters* petits, subcunéiformes. *Cuisses* plus ou moins renflées vers ou après leur milieu ; les *antérieures* sans plaque basilaire mate. *Tibias* plus ou moins rétrécis à leur base, parfois assez grêles et sublinéaires, environ de la longueur des cuisses, non ou à peine ciliés, à peine visiblement éperonnés au bout de leur tranche inférieure. *Tarses* grêles, plus courts que les tibias, semblant formés de 3 articles seulement, les 2 premiers étant presque indistincts : le 3e court, le 4e oblong : le dernier en massue grêle et allongée, un peu plus long que les précédents réunis (3). *Ongles* grêles, arqués, acérés.

(1) Ces côtés, à un certain jour, paraissent parfois obsolètement subcrénelés en arrière.

(2) On aperçoit souvent, entre les hanches postérieures, un rudiment d'arceau basilaire que e ne compte pas.

(3) Quelquefois les tarses et surtout les tibias intermédiaires et postérieurs présentent en dessous quelques rares cils insignifiants, en dehors des franges de cils natatoires ♂.

Obs. Le genre *Hydraena* est bien tranché par le développement notable des palpes maxillaires, le repli du prothorax sans fossette à son côté interne pour loger la massue des antennes, et les hanches antérieures et postérieures plus distantes ou moins rapprochées entre elles. De plus, la tête est moins inclinée, et les cuisses antérieures sont dépourvues à leur base de cette plaque mate et duveteuse qu'elles présentent en devant dans les genres précédents.

Il renferme un certain nombre d'espèces, vivant sous les pierres, les feuilles mortes, parmi les mousses et les herbes, dans les eaux stagnantes ou courantes. J'en donne 2 tableaux :

a. *Élytres* densément ponctuées-striées, comptant 8 ou 9 séries de points entre la suture et le calus huméral (*Hydraena* in sp.).

b. *Marge latérale des élytres* marquée en arrière d'une série de très gros points translucides. *Mésosternum* et *métasternum* tricarénés, la carène médiane de celui-ci postérieurement fourchue et enclosant un sillon. *Ventre* assez brillant, à arceaux subconvexes, le 1er aussi court que les suivants. *Prothorax* presque aussi long que large. *Élytres* rugueusement striées-ponctuées, d'un testacé ferrugineux peu brillant. *Taille* petite. . . . . 1. TESTACEA.

bb. *Marge latérale des élytres* sans gros points translucides en arrière. *Mésosternum* subtricarinulé. *Métasternum* sillonné postérieurement sur sa ligne méniane. *Ventre* mat, à arceaux déprimés, le 1er moins court que les suivants, les 2 derniers souvent brillants. *Prothorax* plus ou moins transverse.

c. *Tête* non impressionnée. *Métasternum* entièrement mat, à sillon postérieur léger et subtriangulaire. *Élytres* d'un brun terne, impressionnées en dedans du calus huméral, rugueusement striées-ponctuées, à *marge latérale* plus large et explanée en arrière. *Taille* petite. . . . . 2. RUGOSA.

cc. *Tête* non impressionnée. *Métasternum* mat, avec 2 plaques allongées lisses, luisantes, subparallèles et enclosant un sillon (1). *Élytres* sans impression humérale sensible.

d. *Prothorax* subparallèle dans la moitié antérieure de ses côtés, noir, largement bordé de fauve. *Élytres* assez finement et à peine rugueusement ponctuées-striées, d'un roux châtain. *Taille* petite. 3. PALUSTRIS.

dd. *Prothorax* plus ou moins rétréci dans la moitié antérieure de ses côtés. *Élytres* non rugu!euses.

(1) Ce sillon est plus ou moins fermé en arrière par une légère arête, souvent arquée et rentrant en dedans.

e. *Prothorax* un peu relevé en avant, creusé sur son milieu d'un sillon raccourci bien marqué. *Élytres* très convexes en arrière, tronquées au sommet ♂ ♀, à *interstrie juxta-huméral externe* très finement carinulé en avant. *Tibias intermédiaires* ♂ subarqués, subépaissis et denticulés en dedans après leur milieu. *Palpes maxillaires* entièrement roux. *Taille* assez grande. . . . . 4. CARBONARIA.

ee. *Prothorax* non ou à peine relevé en avant, non ou faiblement sillonné sur son milieu. *Élytres* peu convexes en arrière, à *interstrie juxta-huméral externe* nullement carinulé. *Palpes maxillaires* rembrunis au bout.

f. *Prothorax* légèrement et brièvement sillonné sur son milieu, assez fortement et densément ponctué.

g. *Front* presque aussi fortement ponctué que le prothorax, *celui-ci* brunâtre, bordé de roux. *Élytres* d'un roux châtain, à *interstries* à peine plus étroits que les points, ceux-ci suboblongs. *Taille* moyenne. . . . . 5. RIPARIA.

gg. *Front* un peu plus finement ponctué que le prothorax, *celui-ci* entièrement noir. *Élytres* noires ou brunâtres, à *interstries* plus étroits que les points, ceux-ci subcarrés. *Taille* à peine moindre. . . . . 6. ASSIMILIS.

ff. *Prothorax* nullement sillonné sur son milieu, assez finement ponctué, plus éparsement sur son disque.

h. *Élytres* ovales ou ovales-oblongues, à *rangées de points* plus ou moins régulières.

i. *Élytres* plus ou moins obtuses, subtronquées ou subarrondies au sommet ; subconvexes, assez brillantes.

k. *Élytres* ovales-oblongues, à *marge latérale* étroite, à peine visible vue de dessus. *Prothorax* un peu roussâtre en avant, éparsement ponctué sur le dos. Le *dernier article des palpes maxillaires* presque 2 fois aussi long que le pénultième. *Taille* assez petite. . . 7. SUBDEFICIENS.

kk. *Élytres* ovales, à *marge latérale* assez large, bien visible vue de dessus. *Prothorax* noir, concolore. Le *dernier article des palpes maxillaires* 1 fois et demie aussi long que le pénultième.

l. *Élytres* régulièrement ovales, à *rangées striales* régulières jusqu'au bout. *Prothorax* à fond alutacé, plus lisse sur son milieu, biimpressionné en arrière. *Taille* assez petite. . . . . 8. SUBIMPRESSA.

ll. *Élytres* en ovale subélargi avant l'extrémité, à *rangées striales* plus confuses en arrière. *Taille* petite.

m. *Élytres* subovales, d'un tiers plus longues que le prothorax, à *interstries* aussi larges que les points. *Prothorax* transverse, à disque presque lisse entre les points. *Corps* d'un noir de poix assez brillant. 9. NIGRITA.

mm. *Élytres* courtement ovales, d'un quart plus longues que le prothorax, à *interstries* plus étroits que les points. *Prothorax* fortement transverse, à disque alutacé entre les points. *Corps* d'un brun ou roux de poix peu brillant. . . . . 10. CURTA.

ii. *Élytres* obtusément acuminées au sommet, convexes, brillantes, régulièrement ponctuées-striées jusqu'au bout. *Taille* petite. . . . . 11. REGULARIS.

hh. *Élytres* allongées, assez étroites, subparallèles dans leurs deux tiers antérieurs. *Prothorax* plus ou moins bifovéolé vers sa base.

n. *Prothorax* subtransverse, assez nettement angulé sur les côtés, modérément ponctué sur le dos. *Rangées striales des élytres* régulières jusqu'au bout, *interstries* étroits. *Tibias postérieurs* subangulés et ciliés en dessous dans le dernier tiers. *Taille* assez petite. . . . . . 12. LONGIOR.

nn. *Prothorax* transverse, obtusément angulé sur les côtés, presque lisse sur le dos. *Rangées striales des élytres* plus confuses dès après le milieu, *interstries* moins étroits. *Tibias postérieurs* simples. *Taille* petite. . . . 13. ANGUSTATA.

1. Hydraena testacea, CURTIS.

Oblongue, subconvexe, d'un testacé ferrugineux peu brillant, avec la tête et le disque du prothorax rembrunis, le dessous du corps noir, les palpes, les pieds et les antennes d'un roux testacé, la massue de celles-ci cendrée. Tête assez finement et rugueusement ponctuée. Prothorax presque aussi long que large, subparallèle dans la moitié antérieure de ses côtés, faiblement angulé vers le milieu de ceux-ci, sinueusement rétréci en arrière où il est bien moins large que les élytres, assez fortement, densément et rugueusement ponctué, creusé de chaque côté d'un sillon post-oculaire, parfois interrompu. Élytres ovales-oblongues, subarrondies au sommet, fortement et densément striées-ponctuées, à interstries très étroits, crénelés et en réseau, à marge latérale marquée en arrière d'une série de très gros points translucides. Poitrine mate. Mésosternum et métasternum tricarénés. Ventre assez brillant, à arceaux subconvexes, le 1er aussi court que les suivants. Tibias grêles, sublinéaires.

♂ Le 5e *arceau ventral* échancré à son bord apical. Le 6e plus grand, semicirculaire, garni d'une pubescence blonde et serrée, assez longue et formant comme une houppe déprimée.

♀ Le 6e *arceau ventral* offrant à son sommet un étroit espace lisse, semilunaire ; tronqué à son bord apical. Le 6e presque aussi long, conique ou courtement subogival, légèrement pubescent à son extrémité.

Hydraena testacea, CURTIS, Ent. Brit. VII, pl. 307. — MULSANT, Palp. 74, 1. — KIESENWETTER Mon. 165, 1. — FAIRMAIRE et LABOULBÈNE, Faun. Fr. I, 245, 1. — BEDEL, Faun. Col. Seine, I, 296 et 320.
Hydraena margipallens, HEER, Faun. Helv. I, 480, 5.

Long. 0,0018 ; — larg. 0,0009.

Corps oblong, subconvexe, d'un testacé ferrugineux peu brillant, avec la tête et le disque du prothorax rembrunis.

Tête, avec les yeux, à peine moins large que le bord antérieur du prothorax, subconvexe, assez finement et rugueusement ponctuée, moins densément et moins rugueusement sur l'épistome ; d'un noir brunâtre assez brillant sur celui-ci, presque mat sur le front. *Labre* obscur, pointillé, bilobé, à lobes subexcavés, subarrondis. *Palpes* d'un roux testacé, à pointe un peu plus foncée.

Yeux brunâtres.

Antennes testacées, à massue cendrée.

Prothorax presque aussi long que large, subparallèle dans la moitié antérieure de ses côtés, faiblement angulé dans le milieu de ceux-ci qui sont subcrénelés ; sinueusement rétréci en arrière où il est bien moins large que les élytres ; subéchancré dans le milieu de son bord apical avec les angles antérieurs presque droits ; tronqué à sa base avec les angles postérieurs droits et bien accusés ; très peu convexe ; d'un brun ou brun noir presque mat, avec toute la marge extérieure ferrugineuse, plus pâle aux bords antérieur et postérieur et plus étroite à celui-ci ; assez fortement, densément et rugueusement ponctué, à points souvent confluents, surtout sur le dos et sur les côtés ; creusé vers ceux-ci d'un sillon postoculaire presque droit et prolongé jusqu'à la base, plus ou moins prononcé et à fond rugueux, parfois subinterrompu et réduit à 2 fossettes ovales ou oblongues ; marqué, en outre, de 2 sillons transversaux très légers, limitant les bordures pâles antérieure et postérieure : le 1er plus fin mais plus prononcé, situé vers le 1er tiers : l'autre plus obsolète, souvent peu distinct, parfois interrompu au milieu, situé tout près de la base.

Écusson peu distinct, brunâtre.

Élytres ovales-oblongues, subconvexes en arrière et subarrondies au sommet; latéralement rebordées d'une gouttière subégalement étroite et parée au moins dans son tiers postérieur, d'une série de gros points translucides; fortement, densément et rugueusement striées-ponctuées, à interstries très étroits, crénelés et en réseau; entièrement d'un testacé ferrugineux peu brillant. *Repli* étroit, testacé, presque mat, prolongé jusqu'à l'angle sutural en se rétrécissant à peine avant celui-ci (1).

Dessous du corps d'un noir profond sur la poitrine. *Mésosternum* tricaréné sur son disque. *Métasternum* également tricaréné : la carène médiane postérieurement fourchue et enclosant une fossette profonde, oblongue et à fond mat, au lieu que toutes ces carènes sont un peu brillantes. *Ventre* assez brillant, légèrement pubescent, à arceaux subconvexes : le 1er aussi court que les suivants.

Pieds d'un roux testacé, très finement chagrinés, presque glabres. *Tibias* grêles, sublinéaires.

PATRIE. Cette espèce habite les étangs et les eaux stagnantes des petits ruisseaux, dans presque toute la France. Elle n'est pas rare aux environs de Lyon et en Provence. Je l'ai aussi capturée dans le Roussillon.

OBS. Elle se reconnaît, à première vue, à sa couleur testacée ou ferrugineuse et à son aspect rugueux et peu brillant. Les élytres ont des stries de points nombreuses et serrées, au moins 8 entre la suture et le calus huméral, et leur marge externe est parée en arrière d'une série de très gros points translucides. Les interstries sont très étroits et en réseau, et le repli inférieur, à peine rétréci au sommet, est prolongé jusqu'à l'angle sutural. Les mésosternum et métasternum sont chargés de 3 carènes longitudinales bien distinctes (2), avec la médiane de celui-ci postérieurement bifurquée et enclosant un sillon fovéiforme, et les latérales convergentes en avant et réunies à la médiane, interrompues et déviées vers leur tiers postérieur. Le ventre est plus brillant, moins duveteux et moins soyeux que dans la plupart des autres espèces, à arceaux plus convexes et le 1er plus court; les tibias sont plus grêles et plus linéaires, etc.

Elle varie beaucoup pour la taille et la couleur. Celle-ci passe du ferrugineux sombre au testacé pâle, avec la tête et le disque du prothorax toujours plus foncés, et la bordure de celui-ci plus ou moins tranchée.

(1) En examinant les élytres par derrière, le repli est parfois un peu visible à la page supérieure. Le sommet de l'angle sutural même est subentaillé, avec le bord interne de l'entaille muni d'une très petite épine.

(2) La suture qui sépare le mésosternum des médiépisternums est également relevée en carène.

La sculpture du prothorax est également très variable et elle présente tantôt une très fine ligne médiane élevée, tantôt, de chaque côté de celle-ci, des fossettes peu profondes, à fond plat et indéterminées. Les sillons postoculaires, ordinairement droits, sont parfois subarqués, souvent interrompus dans leur milieu et à fond plus ou moins rugueux.

Les hanches sont de la couleur des pieds, au lieu que, dans le genre *Ochthobius* elles sont généralement rembrunies. Chez les individus les plus adultes, les cuisses sont un peu plus foncées dans leur partie renflée.

Les élytres, à un certain jour, paraissent parfois finement denticulées sur les côtés près des épaules, et très obsolètement vers l'extrémité de leur marge latérale.

J'ai vu un exemplaire provenant de Saint-Raphaël, à couleur presque entièrement brunâtre ; à marge du prothorax non ou à peine moins foncée, avec les sillons postoculaires plus larges, à fond plat et finement chagriné ; à tibias intermédiaires paraissant à peine moins grêles. Ce n'est là qu'une nuance locale ou accidentelle.

L'*Hydraena testacea* répond à l'*elegans* de Dejean (Cat. 3e éd. p. 147).

2. **Hydraena rugosa**, Mulsant.

Ovale-oblongue, peu convexe, à peine pubescente, d'un brun de poix peu brillant en dessus, d'un noir mat et pruineux en dessous, avec les pieds roux, les palpes et les antennes d'un roux testacé et la massue de celles-ci à peine cendrée. Tête ruguleuse, impressionnée latéralement. Prothorax transverse, sensiblement rétréci dans la moitié antérieure de ses côtés, obtusément angulé vers le milieu de ceux-ci, subsinueusment rétréci en arrière où il est un peu moins large que les élytres, assez fortement, densément et très rugueusement ponctué, creusé de chaque côté d'un large sillon postoculaire à fond ruguleux. Élytres ovales oblongues, subarrondies au sommet, subimpressionnées au dedans du calus huméral, fortement et densément striées-ponctuées, à points subocellés, à interstries étroits et crénelés, à marge latérale plus large et subexplanée en arrière mais sans gros points translucides, à repli assez large, brillant, presque lisse, prolongé jusqu'à l'angle sutural en s'atténuant un peu avant celui-ci. Mésosternum à peine tricarinulé à sa base. Métasternum simplement et subtriangulairement fovéolé en arrière. Ventre mat, à arceaux déprimés, le 1er moins court que les suivants. Tibias assez grêles, subrétrécis vers leur base.

♂ Le 5e *arceau ventral* lisse et luisant sur son milieu suivant un espace semicirculaire. Le 6e plus grand, subogival.

♀ Le 5e *arceau ventral* légèrement pubescent et plus brillant sur son milieu suivant un espace semicirculaire. Le 6e plus court, assez brillant, pubescent, laissant saillir un 7e petit arceau.

Hydraena rugosa, MULSANT, Palp. 76, 2. — KIESENWETTER, Mon. p. 173, 8. — FAIRMAIRE et LABOULBÈNE, Faun. Fr. I, 216, 4. — BEDEL, Faun. Col. Seine, I, 296 et 320, 2.

Long. 0,0018; — larg. 0,0010.

PATRIE. Cette espèce est assez rare, dans les mares et les ruisseaux, dans diverses localités de la France : le bassin de la Seine, la Bourgogne, la Bretagne, les Landes, les Pyrénées, la Bresse, le Beaujolais, etc. Je l'ai capturée aux environs de Villié-Morgon (Rhône), dans les eaux de l'Ardière.

OBS. Bien que voisine de la *testacea*, elle s'en distingue par de nombreux et importants caractères. La couleur est plus sombre et la forme un peu plus large. La tête est impressionnée sur les côtés. Le prothorax, plus court et transverse, est encore plus rugueux, surtout plus rétréci en avant. Les élytres, subimpressionnées en dedans du calus huméral, ont leur marge latérale plus large et subexplanée en arrière, sans gros points translucides apparents, avec leur repli inférieur plus large, noir, plus lisse et plus brillant, plus atténué vers l'angle sutural auquel il aboutit. Le mésosternum est moins distinctement caréné et le métasternum, sans carènes, offre seulement en arrière un sillon médian fovéiforme, subtriangulaire. Le ventre est plus mat, à arceaux non subconvexes individuellement, avec le 1er moins court que les suivants. Enfin, les tibias, un peu moins grêles, sont graduellement subélargis vers leur extrémité, etc.

Elle varie peu, si ce n'est pour la couleur qui est parfois châtaine ou roussâtre, et pour la forme des élytres qui est subparallèle dans le milieu des côtés dans l'un des sexes. Les points dont le corps est couvert, donnent naissance à un poil pâle, court et très fin, souvent peu visible.

Les impressions de la tête, toujours assez marquées, s'étendent longitudinalement du front sur l'épistome. Les marges latérales du prothorax sont très obsolètement denticulées ou crénelées, et l'impression transversale antérieure est très faible et la postérieure nulle ou presque nulle. Quelquefois même, le prothorax est surmonté sur sa ligne médiane d'une très fine ligne subélevée raccourcie en arrière où elle est flanquée de 2 impressions obliques, obsolètes et postérieurement rapprochées. L'angle sutural des élytres est à peine entaillé ou comme obscurément bidenticulé (1).

3. **Hydraena palustris**, EricHson.

Ovale-oblongue, subconvexe, à peine pubescente, d'un roux châtain un peu brillant en dessus, d'un noir mat et soyeux en dessous, avec la tête et le disque du prothorax rembrunis, les palpes et les antennes testacées, et les pieds d'un roux testacé. Tête assez finement et rugueusement ponctuée sur le front, simplement chagrinée sur l'épistome. Prothorax subtransverse, subparallèle dans la moitié antérieure de ses côtés qui sont finement denticulés, obtusément angulé vers le milieu de ceux-ci, sinueusement rétréci en arrière où il est sensiblement moins large que les élytres; assez fortement, densément et subrugueusement ponctué; creusé de chaque côté d'un sillon postoculaire assez large, peu profond et à fond rugueux. Élytres ovales-oblongues, arrondies au sommet, assez finement, subruguleusement et densément ponctuées-striées, à points suboblongs, à interstries étroits et plans. Mésosternum à peine tricarinulé à sa base. Métasternum mat, avec 2 plaques allongées, lisses, luisantes et enclosant une fossette sulciforme. Ventre mat, à 1er arceau moins court que les suivants. Tibias assez grêles, subrétrécis vers leur base.

♂ Le 5e *arceau ventral* lisse et luisant sur son milieu suivant un espace semicirculaire. Le 6e plus grand, subogival.

♀ Le 5e *arceau ventral* légèrement pubescent, plus brillant sur son milieu suivant un espace semicirculaire. Le 6e plus court, assez brillant, pubescent, laissant saillir un 7e petit arceau.

(1) L'*H. exarata*, Kies. (Berl. Zeit, 1865, p. 365) est moindre, plus étroit, plus parallèle et plus finement rugueux que *rugosa*, avec la tête plus fortement biimpressionnée, le prothorax bifovéolé à sa base et les interstries alternes des élytres relevés en fine côte. Je l'ai vu dans quelques collections sous le nom de *costulata*, Bris. — Cordoue (Bonvouloir, Pandellé)

Hydraena palustris, Erichson, Col. March. I, p. 200, 1. — Kiesenwetter, Mon., p. 167, 3. — Thomson, Skand. Col. II, 71, 2. — Bedel, Faun. Col. Seine, 1. p. 296 et 320, 3. — De Marseul, l'Abeille, XX, 185, 102.

Long. 0,0015 ; — larg. 0,0007.

Patrie. Cette petite espèce, qui est assez rare, se prend dans les mares et les fossés des terrains froids, sur divers points de la France : les environs de Lille, le bassin de la Seine, le Bugey, la Bresse, le Lyonnais. Je l'ai rencontrée près de Lyon, dans les marais de Decines-Charpieux, et à Oullins, dans le ruisseau d'Izeron.

Obs. Elle se distingue des deux précédentes par sa taille moindre et par son aspect moins rugueux et un peu plus brillant; de la *rugosa* par la tête non impressionnée sur les côtés ; par son prothorax moins rétréci en avant; par ses élytres à impressions intrahumérales à peine sensibles, plus finement et moins rugueusement ponctuées, et par son métasternum paré de 2 plaques allongées, lisses et luisantes. La couleur est moins obscure, etc.

La bordure claire du prothorax est assez large et plus ou moins tranchée. Chez les immatures, tout le dessus du corps est d'un testacé pâle, avec la tête sensiblement et le disque du prothorax légèrement, rembrunis.

Les élytres, peu ou non rugueuses, ont leur marge extérieure obsolètement denticulée en arrière ainsi que dans les espèces précédentes, avec l'angle sutural entaillé et comme subdenté au bout, et leurs rangées striales sont parfois plus affaiblies.

L'impression transversale antérieure du prothorax, seule distincte, est très faible, parfois effacée (1).

(1) J'omets parfois de signaler ces impressions transversales souvent peu apparentes et du reste sans importance.

L'*H. Nilotica*, Schaum, est un peu moins large, d'un testacé assez pâle aux élytres et dans tout le pourtour du prothorax. Celui-ci est plus carré, moins rétréci en arrière. La tête est noire, moins rugueuse, et les élytres sont plus régulièrement ponctuées-striées. L'aspect général est un peu plus rugueux sur le prothorax et les élytres. — Egypte, bords du Nil — M'a été donné par feu M. Schaum.

L'*H. bisulcata*, Rey (Rev. d'Entom. III, 1884, p. 270) avec la coloration de l'*H. palustris*, s'en distingue par une taille un peu plus grande; par son prothorax plus angulé sur les côtés, creusé latéralement de sillons postoculaires bien plus profonds et à fond lisse et miroitant, avec 2 légères impressions dorsales; par ses élytres, plus fortement ponctuées-striées et distinctement acuminées au sommet, à angle sutural aigu et même un peu relevé par le fait de la suture qui est subimpressionnée en arrière. — Andalousie (Ch. Brisout).

4. Hydraena carbonaria, KIESENWETTER.

Oblongue, subconvexe, à peine pubescente, d'un noir profond et un peu brillant en dessus, mat et soyeux en dessous, avec les palpes et les antennes d'un roux testacé, la massue de celles-ci un peu grisâtre et les pieds rougeâtres, à cuisses plus foncées. Tête assez fortement et subrugueusement ponctuée, très finement ou simplement chagrinée sur l'épistome, mate sur les côtés, plus brillante sur son milieu. Prothorax court, subangulé vers le milieu de ses côtés qui sont finement denticulés ; subrétréci dans la moitié antérieure de ceux-ci, plus sensiblement et subsinueusement en arrière où il est bien moins large que les élytres ; peu brillant, fortement, densément et rugueusement ponctué, marqué sur son milieu d'un petit sillon raccourci et flanqué en arrière de 2 légères impressions obliques, avec les sillons postoculaires larges et creusés postérieurement en fossette profonde ; transversalement impressionné et un peu relevé en avant. Élytres ovales-oblongues, convexes en arrière et subtronquées au sommet, un peu brillantes, assez fortement et densément ponctuées-striées, à points subcarrés, à interstries étroits et presque plans avec le juxta-huméral externe très finement carinulé au moins dans son premier tiers, à marge latérale un peu plus large en arrière, subdenticulée vers les épaules et très obsolètement vers l'extrémité. Mésosternum obtusément tricarinulé. Métasternum mat, avec 2 plaques lisses étroites, luisantes et enclosant un large sillon à fond mat. Ventre mat, à 1er arceau à peine moins court que les suivants. Tibias graduellement subélargis vers leur extrémité.

♂ Le 5e *arceau ventral* plus lisse, plus brillant et presque dénudé de duvet sur un espace semicirculaire qui laisse pubescents les côtés ; bordé de roux au sommet. Le 6e bien plus grand, en ogive obtuse, lisse, mais subaspèrement chagriné vers son extrémité. *Pygidium* saillant, luisant, presque lisse, enclosant un segment subcirculaire vertical, alutacé. *Tibias postérieurs* à peine arqués ; les *intermédiaires* subarqués, assez brusquement subépaissis après leur milieu où ils sont visiblement denticulés intérieurement.

♀ Le 5e *arceau ventral* plus lisse, plus brillant et dénudé de duvet sur un espace semicirculaire, mais toutefois légèrement pubescent, excepté au sommet qui est glabre. Le 6e plus court, semilunaire, lisse à sa base, subruguleux vers son extrémité. *Pygidium* recouvert par les élytres. *Tibias* moins robustes, simples et presque droits.

Hydraena carbonaria, KIESENWETTER, Mon. p. 169, 5. — FAIRMAIRE et LABOULBÈNE, Faun. Fr. I, p. 246, 2.

Long. 0,0030 ; — larg. 0,0013.

PATRIE. Cette espèce est très rare en France. Je l'ai reçue d'Autriche. Kiesenwetter l'a découverte à Bagnères-de-Luchon. M. Guillebeau l'a prise à Saint-Victoret, entre la station du Pas-des-Lanciers et Marignane (Bouches-du-Rhône). Je l'ai également vue des Pyrénées-Orientales (Lethierry), de Béziers (Pandellé, Mayet) et de Montpellier (Mayet).

OBS. Elle est la plus grande du genre, remarquable par sa teinte d'un noir profond, presque mat sur la tête et le prothorax. Celui-ci, subrétréci en avant, est transversalement impressionné derrière son bord antérieur qui, par là, est un peu relevé. Les sillons postoculaires sont larges, bien prononcés, rugueux, postérieurement creusés en fossette profonde, avec les côtés subexplanés et finement denticulés à leur marge. On aperçoit aussi à la base une impression transversale obsolète, et le sillon médian, court et bien distinct, est parfois limité, de chaque côté, par une saillie plus lisse; et flanqué en arrière de 2 impressions obliques, à peine distinctes et convergentes postérieurement.

Le 1er arceau ventral est à peine moins court que les suivants, et le 5e sensiblement moins court que les précédents.

Les cuisses sont alutacées et plus foncées que les tibias et les tarses. Le sommet des élytres et de la suture est souvent d'un roux de poix.

Le sillon du métasternum à fond mat est un peu plus profond chez les ♂, avec les plaques lisses plus écartées, plus étroites et en forme d'arête.

Le labre est très aigument entaillé, jusqu'à sa base.

Les côtés du prothorax et les élytres sont parfois d'un roux de poix testacé (1).

(1) L'*H. armipes* Kiesenwetter est de la taille des plus grands *carbonaria*, dont elle diffère par son prothorax à sillon médian moins accusé et par ses élytres un peu plus larges, un peu plus grossièrement ponctuées et à interstries un peu moins convexes, avec le juxta-huméral externe nullement carinulé. Les tibias antérieurs ♂ sont subélargis après leur milieu et atténués vers leur extrémité, les intermédiaires fortement et les postérieurs encore plus for-

5. Hydraena riparia, KUGELMANN.

Ovale-suballongée, subconvexe, à peine pubescente, d'un roux châtain assez brillant en dessus, d'un noir mat et soyeux en dessous, avec la tête et le disque du prothorax rembrunis, les palpes, les antennes et les pieds d'un roux testacé, le bout des palpes obscur et la massue des antennes cendrée. Tête assez fortement et subrugueusement ponctuée sur le front, simplement chagrinée sur l'épistome. Prothorax transverse, subangulé vers le milieu de ses côtés qui sont à peine denticulés, visiblement rétréci dans la moitié antérieure de ceux-ci, à peine plus sensiblement et presque rectilinéairement en arrière où il est bien moins large que les élytres ; assez fortement, densément et rugueusement ponctué ; creusé sur son milieu d'un petit sillon raccourci ; à sillons postoculaires étroits, un peu approfondis en fossette aux deux extrémités, avec les oreillettes subconvexes et un peu déclives. Élytres ovales-suballongées, peu ou modérément convexes en arrière, assez finement et densément ponctuées-striées, à points suboblongs, à interstries plans, à peine moins larges que les points. Mésosternum légèrement tricarinulé, surtout à sa base. Métasternum mat, avec 2 plaques allongées, lisses, luisantes et enclosant un sillon à fond mat. Ventre mat, à 1er arceau un peu moins court que les suivants.

♂ Le 5e *arceau ventral* presque lisse, brillant et dénudé suivant un large espace semi-circulaire. Le 6e plus grand, en ogive obtuse ou à peine

tement dilatés-angulés-dentés, ceux-là avant le sommet, ceux-ci vers le milieu de leur tranche interne. — Mont Taygète, en Morée (Raymond. Coll. Revelière).

L'*H. subacuminata*, Rey (Rev. d'Entom., III, 1884, p. 270) que j'avais d'abord assimilée à la *carbonaria*, en diffère réellement par la ponctuation de la tête et du prothorax un peu moins forte, avec les parties saillantes de ce dernier un plus lisses, par les élytres ♀ subacuminées en arrière au lieu d'être subtronquées, et surtout par les différences sexuelles que voici : ♂ *Tibias intermédiaires* presque droits sur leur tranche externe, arcuément dilatés et denticulés dans le milieu de leur tranche interne ; les *postérieurs* presque droits, armés d'une petite dent après le milieu de leur tranche inférieure ; *élytres* arcuément et individuellement tronquées, laissant un peu apercevoir le pygidium. ♀ *Tibias* simples et presque droits ; *élytres* simultanément subacuminées au sommet, couvrant complètement le pygidium et même sensiblement prolongées au delà de celui-ci. — Corse (Revelière) — Les immatures passent au roux fauve ou ferrugineux.

L'*H. carinulata* Rey est moindre que *carbonaria* et *subacuminata*, moins rugueusement et moins fortement ponctuée, à prothorax plus obsolètement sillonné sur son milieu et à élytres pourvues d'une carène posthumérale plus fine, plus prolongée et étendue jusques après le milieu. Elle fait le passage à l'*assimilis*, dont il a la taille et la tournure. — Madère (Lethierry).

sinué au bout, lisse à la base, à peine pointillé et légèrement pubescent vers son extrémité et un peu plus roussâtre au sommet. *Plaques lisses du métasternum* plus étroites que le sillon enclos. *Élytres* subtronquées au sommet, laissant souvent apercevoir le pygidium. *Tibias* subélargis vers leur dernier tiers et puis subatténués vers leur extrémité ; les *intermédiaires* presque droits, subdenticulés en dessous dans leur dernier tiers. *Le dernier article des palpes maxillaires* subrectiligne en dessous, arcuément subangulé en dessus.

♀ Le 5e *arceau ventral* plus brillant, presque dénudé ou éparsement pubescent suivant un large espace semi-circulaire. Le 6e plus court, assez brillant, légèrement pubescent, laissant parfois saillir un 7e petit arceau. *Plaques lisses du métasternum* au moins aussi larges que le sillon enclos. *Élytres* subarrondies au sommet, cachant le pygidium. *Tibias* simples. *Le dernier article des palpes maxillaires* exactement fusiforme.

Hydraena riparia, Kugelmann, 1794, Schneider, Mag., V, p. 579. — Mulsant, Palp. p. 79, 4. — Fairmaire et Laboulbène, Faun. Fr. I, p. 246, 3. — Bedel, Faun. Col. Seine, I, p. 297 et 320, 5.

Hydraena longipalpis, Sturm, Deut. Faun. X, p. 72, 1, pl. 224, fig. a, A. — Audouin et Brullé, Hist. Ins. II, 309, pl. 13, fig. 6 (1).

Long. 0,0022 ; — larg. 0,0009.

Patrie. Cette espèce se trouve principalement dans le nord de la France. Je ne l'ai pas vue dans les environs de Lyon. — (R.).

Obs. Elle est remarquable par ses élytres et le pourtour du prothorax d'un roux châtain, ce qui la distingue suffisamment des espèces suivantes et surtout de la *carbonaria*. Elle est bien moindre que celle-ci, un peu plus grande que celles-là.

Elle diffère en outre de la précédente par sa teinte plus brillante, par son prothorax moins rugueux et à sillon médian moins prononcé, par ses élytres moins convexes en arrière et à interstrie juxta-huméral nullement carinulé. Les tibias intermédiaires ♂ sont moins arqués, moins dilatés

(1) J'ai dû exclure de la synonymie tous les auteurs qui ont décrit ou figuré les élytres comme étant noires, cette race devant se rapporter au *carbonaria* ou à mon *assimilis*, telles sont les *H. riparia*, Heer, J. Duval, Thomson, — *longipalpis*, Marsham, — *minima*, Laporte, etc. — L'*Elophorus minimus* de Gyllenhal (Ins. Suec., I, 134, 11) serait bien plus grand, car l'auteur dit : *pygmaeo* (Ochthebio) *dimidio major*. Il ne peut répondre à l'*H. riparia* de Kiesenwetter, qui ne lui assigne que 10 stries aux élytres au lieu de 16 indiquées par Gyllenhal.

et moins distinctement denticulés à leur côté interne. Enfin, les palpes maxillaires sont un peu rembrunis au bout, etc.

Elle varie un peu pour la couleur qui, chez les immatures, passe d'un fauve châtain au testacé sur les élytres et dans le pourtour du prothorax (*spurcatipalpis*, Kunze, inéd. ; — Heer, Faun. Helv. I, 479).

Les élytres sont très rarement noirâtres.

6. **Hydraena assimilis**, Rey.

Ovale-oblongue, subconvexe, à peine pubescente, d'un noir de poix assez brillant en dessus, mat et soyeux en dessous, avec les palpes, les antennes et les pieds d'un roux testacé, le bout des palpes rembruni et la massue des antennes cendrée. Tête assez finement et subrugueusement ponctuée sur le front, simplement chagrinée sur l'épistome. Prothorax transverse, subangulé vers le milieu de ses côtés qui sont très finement denticulés, rétréci dans la moitié antérieure de ceux-ci, un peu plus sensiblement et subsinueusement en arrière où il est bien moins large que les élytres ; assez fortement, densément et subrugueusement ponctué, moins rugueusement sur son milieu, marqué sur celui-ci d'un petit sillon obsolète et raccourci; à sillons postoculaires assez étroits, approfondis en fossette aux deux extrémités, avec les oreillettes subexplanées. Élytres ovales-oblongues, modérément convexes en arrière, assez finement et densément ponctuées-striées, à points subcarrés, à interstries presque plans, plus étroits que les points. Mésosternum finement tricarinulé. Métasternum mat, avec 2 plaques allongées, lisses, luisantes et enclosant un sillon à fond mat. Ventre mat, à 1er arceau moins court que les suivants.

♂ Le 5e *arceau ventral* lisse, brillant et dénudé suivant un large espace semi-circulaire. Le 6e plus grand, en ogive obtuse ou subsinuée au bout; lisse à la base, à peine pointillé et légèrement pubescent vers son extrémité. *Plaques lisses du métasternum* plus étroites que le sillon enclos. *Élytres* subtronquées au sommet, laissant souvent apercevoir le pygidium. *Tibias* à peine élargis vers leur dernier tiers et puis subatténués vers leur sommet; les *intermédiaires* à peine échancrés et à peine denticulés en dessous après leur milieu. Le *dernier article des palpes maxillaires* subrectiligne en dessous, subangulé en dessus.

♀ Le 5e *arceau ventral* plus brillant, subdénudé, subpointillé et finement pubescent suivant un large espace semi-circulaire. Le 6e plus court, assez brillant, pubescent, laissant souvent saillir un 7e petit arceau. *Plaques métasternales* au moins aussi larges que le sillon enclos. *Élytres* subarrondies au sommet, cachant le pygidium. *Tibias* simples. Le *dernier article des palpes maxillaires* exactement fusiforme.

Long. 0,0020; — larg. 0,0008.

Patrie. J'ai pris cette espèce dans les ruisseaux, aux environs de Lyon et dans le Beaujolais. Elle habite également le Bugey, les Alpes, le Jura, les Pyrénées et le nord de la France (A C.).

Obs. Mulsant semble l'avoir confondue avec la *riparia* dont il l'a regardée comme une variété entièrement noire. Elle en est distincte, selon moi, par plusieurs caractères légers, mais constants. Elle est toujours un peu moindre. Le front est un peu plus finement ponctué relativement au prothorax ; celui-ci, rarement plus pâle dans son pourtour, a son sillon dorsal encore plus effacé et les oreillettes moins convexes et un peu plus explanées. Les élytres, généralement noires ou brunes, ont leurs interstries un peu plus étroits et les points moins oblongs, etc.

Une variété a les élytres et le prothorax d'un roux châtain, avec celui-ci plus ou moins rembruni sur son disque.

Une deuxième variété dont je n'ai vu qu'un seul exemplaire ♂, a le métasternum paré, dans l'ouverture de son angle antéro médian, d'un chevron bien net, d'un noir profond, fuligineux, mais non soyeux, tandis que, partout ailleurs, cette ouverture présente une large teinte plus sombre et indéterminée (*H. signata*. R.) — Lyon (1).

Quelquefois le sillon prothoracique, à peine marqué, est remplacé par une fine ponctuation.

7. **Hydraena subdeficiens**, Rey.

Ovale-oblongue, subconvexe, à peine pubescente, d'un noir ou brun de poix assez brillant en dessus, mat et soyeux en dessous, avec le bord

(1) L'*H. morio* de Kiesenwetter (p. 172), ressemblerait à mon *assimilis*, mais elle serait moins grande, plus ramassée, à sillon prothoracique non apparent, à tibias postérieurs ♂ ciliés à leur extrémité.

antérieur du prothorax un peu roussâtre, les palpes, les antennes et les pieds d'un roux testacé, le bout des palpes rembruni. Tête ruguleuse sur les côtés, modérément ponctuée et plus brillante sur son milieu, simplement chagrinée sur l'épistome, le dernier article des palpes maxillaires presque 2 fois aussi long que le pénultième. Prothorax transverse, arcuément subangulé vers le milieu de ses côtés qui sont à peine denticulés, rétréci dans la moitié antérieure de ceux-ci, à peine plus visiblement et subsinueusement en arrière où il est sensiblement moins large que les élytres; assez fortement et subrugueusement ponctué, plus finement et plus éparsement sur son milieu; marqué postérieurement sur le dos de 2 impressions obsolètes, obliques et rapprochées en arrière, avec les sillons postoculaires assez larges, subarqués, mats et subruguleux. Élytres ovales-oblongues, assez finement et densément ponctuées-striées, à interstries plans, plus étroits que les points qui sont suboblongs, à marge latérale étroite. Métasternum subtricarinulé. Mésosternum mat, avec 2 plaques allongées, lisses, luisantes et enclosant un sillon à fond mat. Ventre mat, à 1er arceau un peu plus grand que les suivants.

♂ Le 5e *arceau ventral* brillant et presque dénudé suivant un large espace semi-circulaire. Le 6e un peu plus grand, semi-lunaire, presque lisse, luisant. *Plaques lisses du métasternum* à peine plus larges que le sillon enclos. *Élytres* obtusément et subobliquement tronquées au sommet, formant ainsi un angle à peine rentrant, à la suture. *Tibias* à peine élargis vers leur dernier tiers; les *intermédiaires*, de plus, subsinués et à peine denticulés en dessous dans celui-ci.

♀ Le 5e *arceau ventral* assez brillant et presque dénudé suivant un large espace semi-circulaire. Le 6e plus court, assez brillant et presque dénudé, laissant saillir un 7e petit arceau. *Plaques lisses du métasternum* sensiblement plus larges que le sillon enclos. *Élytres* subarrondies au sommet. *Tibias* simples.

Long. 0,0018; — larg. 0,0007.

Patrie. Cette espèce se prend dans les eaux un peu froides. Je l'ai capturée dans les petits ruisseaux, à Villié-Morgon et à Avenas (Rhône). — (R.).

Obs. Elle est bien voisine de l'*H. assimilis*. Pourtant, elle en est distincte par sa taille moindre; par son prothorax plus brillant et plus lisse ou moins ponctué sur le dos, sans sillon médian apparent, mais avec 2 impressions obliques, obsolètes (1). Les élytres ont leurs points moins carrés. La forme est à peine plus étroite et l'aspect général est un peu plus brillant, etc.

Quelquefois le dessus du corps est d'un brun de poix. Le plus souvent le bord antérieur du prothorax est légèrement roussâtre.

Je réunis à cette espèce une variété peut-être accidentelle, à taille un peu moindre, à prothorax moins lisse sur son milieu où il est creusé de 2 fossettes profondes et transversalement disposées (*H. bipunctata*, R.).

8. **Hydraena subimpressa**, Rey.

Ovale, subconvexe, à peine pubescente, d'un noir assez brillant sur les élytres et le milieu de la tête et du prothorax, mat et soyeux en dessous, avec les palpes, les antennes et les pieds d'un roux testacé, le bout des palpes rembruni et la massue des antennes cendrée. Tête mate et chagrinée en avant et sur les côtés, éparsement ponctuée et brillante sur le milieu du front. Le dernier article des palpes maxillaires 1 fois et demie aussi long que le pénultième. Prothorax transverse, arcuément subangulé vers le milieu de ses côtés qui sont à peine denticulés, subrétréci dans la moitié antérieure de ceux-ci, à peine plus sensiblement et subsinueusement en arrière où il est bien moins large que les élytres; mat et chagriné dans son pourtour, assez fortement ponctué en avant et à la base, subalutacé, presque lisse sur son milieu; marqué postérieurement sur le dos de 2 impressions obliques, légères mais assez distinctes, rapprochées en arrière et limitées sur les côtés et en avant par une petite bosse obsolète, avec les sillons postoculaires subarqués, plus approfondis aux extrémités, et les oreillettes subexplanées. Élytres ovales, obtusément arrondies en arrière, assez finement et densément ponctuées-striées, à interstries plans, de la largeur des points, à marge latérale assez large. Mésosternum légèrement subtricarinulé, surtout à sa base. Métasternum droit, avec 2 plaques allongées, lisses, luisantes et enclosant un sillon peu profond et à fond mat. Ventre mat, à 1er arceau un peu plus grand que les suivants.

(1) Dans *assimilis*, ces impressions sont peu et rarement apparentes.

♂ Le 5e *arceau ventral* à peine pointillé, brillant et presque dénudé suivant un large espace semi-circulaire. Le 6e à peine plus grand, semi-lunaire, lisse et luisant à sa base, subaspèrement pointillé et légèrement pubescent à son extrémité. *Plaques lisses du métasternum* à peine aussi larges que le sillon enclos. *Tibias antérieurs* et *intermédiaires* à peine subélargis vers leur dernier tiers.

♀ Le 5e *arceau ventral* pointillé, légèrement pubescent et plus brillant suivant un large espace semi-circulaire. Le 6e bien plus court, légèrement pubescent et assez brillant, laissant saillir un 7e petit arceau. *Plaques lisses du métasternum* bien plus larges que les sillons. *Tibias.* simples.

Long. 0,0018 ; — larg. 0,0008.

Patrie. Cette espèce est rare. Je l'ai prise aux environs de Lyon, dans les eaux de l'Izeron ; à Villié-Morgon, sur les bords de la Morille, et Saint-Raphaël, sur ceux du ruisseau de la Garonne.

Obs. Elle se distingue à peine de l'*H. subdeficiens*. La forme est un peu moins oblongue. La tête est plus éparsement ponctuée sur son milieu. Le prothorax, moins ponctué sur son disque, n'a pas de bordure roussâtre en avant ; il est à fond alutacé, avec les 2 impressions basilaires plus accusées, bien que légères. Les élytres sont plus ovales, à marge latérale plus large, bien visible, vue de dessus. Enfin, le dernier article des palpes maxillaires est moins allongé relativement au pénultième.

Chez les immatures, la couleur du dessus du corps est rousse ou fauve, avec la tête et le disque du prothorax plus ou moins rembrunis. Une variété de cette catégorie m'a présenté le prothorax plus densément ponctué sur son milieu (*H. cribricollis*, R).

9. Hydraena nigrita, Germar.

Subovale, subconvexe, à peine pubescente, d'un noir de poix assez brillant en dessus, mat et soyeux en dessous, avec les palpes, les antennes et les pieds d'un roux testacé, le bout des palpes rembruni et la massue des antennes cendrée. Tête assez finement ponctuée, plus éparsement sur le milieu du front, simplement chagrinée sur l'épistome. Prothorax transverse, obtusément angulé vers le milieu de ses côtés qui sont à peine den-

ticulés, subrétréci dans la moitié antérieure de ceux-ci, plus fortement et sinueusement en arrière où il est bien moins large que les élytres ; assez fortement et assez densément ponctué, plus finement et plus éparsement sur son milieu ; à sillons postoculaires subarqués, creusés en fossette à leurs extrémités, rugueux ainsi que les oreillettes. Élytres subovales, d'un tiers plus longues que le prothorax, subélargies vers leur dernier tiers et puis subarrondies au sommet, assez finement et densément ponctuées-striées, plus confusément en arrière, à interstries plans, aussi larges que les points. Mésosternum subtricarinulé. Métasternum mat, avec 2 plaques allongées, lisses, luisantes et enclosant un sillon à fond mat. Ventre mat, à 1er arceau moins court que les suivants.

♂ Le 5e *arceau ventral* presque lisse, brillant et dénudé sur un large espace semicirculaire. Le 6e plus grand, en ogive obtuse, lisse à sa base, subpointillé et éparsement pubescent vers son extrémité.

♀ Le 5e *arceau ventral* plus brillant, plus lisse et légèrement pubescent sur un large espace semi-circulaire. Le 6e plus court, assez brillant, légèrement pubescent, laissant saillir un 7e petit arceau.

Hydraena nigrita, GERMAR, Ins. Spec. Nov. p. 93, 159. — STURM, Deut. Faun. X, p. 74, 2, pl. 224, fig. 1. — LAPORTE DE CASTELNAU, Hist. Col. II, p. 47, 5. — MULSANT, Palp. 77, 3. — KIESENWETTER, Mon. p. 174, 9. — FAIRMAIRE et LABOULBÈNE, Faun. Fr. I. 246, 5. — BEDEL, Faun. Col. Seine, I, p. 296 et 320.
Hydraena pusilla, HEER, Faun. Helv. I, 479. 2.

Long. 0,0017 ; — larg. 0,0008.

PATRIE. Cette espèce, peu répandue, se trouve dans les petits ruisseaux, dans plusieurs provinces de la France : le bassin de la Seine, la Lorraine, la Bourgogne, le Beaujolais, le Bugey, les Alpes, les Pyrénées, etc. Je l'ai capturée aux environs de Cluny, dans les eaux de la Grosne, et aux environs de Lyon, dans le ruisseau de Charbonnières. — (A. R.).

OBS. Elle diffère de la *subimpressa* par son prothorax à fond lisse, plus distinctement mais éparsement ponctué sur son milieu, et par ses élytres en ovale plus élargi avant leur extrémité, à rangées de points plus confuses postérieurement. La taille est un peu moindre, et le dernier article des palpes reprend, ici, sa grandeur normale, c'est-à-dire qu'il est presque 2 fois aussi long que le pénultième, etc.

De même que dans les espèces précédentes, la couleur générale passe au fauve et même au roux testacé. Le prothorax est parfois distinctement et obliquement bifovéolé au-devant de sa base.

Une variété à élytres d'un brun rougeâtre présente une taille un peu moindre et un prothorax creusé en arrière sur son disque de 2 fossettes obliques bien accusées (*H. bisignata*. R.). (1). — Environs de Lyon (Coll. Guillebeau).

10. Hydraena curta, Kiesenwetter.

Courtement ovale, subconvexe, à peine pubescente, d'un noir ou roux de poix peu brillant en dessus, mat et soyeux en dessous, avec les palpes, les antennes et les pieds d'un roux testacé, le bout des palpes un peu rembruni. Tête chagrinée, légèrement ponctuée sur le front. Prothorax fortement transverse, angulé-subarrondi sur les côtés qui sont très finement denticulés; rétréci en arrière où il est sensiblement moins large que les élytres; assez fortement et peu densément ponctué; à peine pointillé sur les oreillettes qui sont largement explanées; à sillons postoculaires larges, bien accusés, droits ou subarqués, creusés en fossette aux deux bouts, finement alutacés ainsi que les oreillettes et les intervalles des points. Élytres courtement ovales, d'un quart plus longues que le prothorax, subélargies avant leur dernier tiers et puis subarrondies au sommet, assez fortement et densément ponctuées-striées, plus confusément en arrière, à interstries plans, moins larges que les points. Métasternum mat, avec 2 plaques allongées, lisses, luisantes et enclosant un sillon étroit et à fond mat. Ventre mat.

Hydraena curta. Kiesenwetter, Linn. Ent. IV, 1849, p. 425. 9 a. — Fairmaire et Laboulbène, Faun. Fr. I, p. 247, 6.

Long. 0,0016 ; — larg. 0,0009.

Patrie. Cette espèce a été découverte par Kiesenwetter, parmi les mousses humides, dans les Pyrénées-Orientales. Elle se prend aussi à Aragnouet (Hautes-Pyrénées; Pandellé) et dans le Gers (Lethierry, Delherme de Larcenne).

(1) Ces fossettes existent parfois dans le type, mais d'une manière plus ou moins obsolète.

Obs. Elle est d'une couleur moins noire et moins brillante et d'une forme plus ramassée que l'*H. nigrita*. Le prothorax est plus fortement transverse, à fond alutacé, avec les oreillettes plus largement explanées. Les élytres, plus courtes, plus largement rebordées en gouttière, sont plus fortement ponctuées-striées, avec les points carrés et les interstries plus étroits, etc.

La couleur passe du brun au roux de poix, avec le pourtour du prothorax et la gouttière marginale des élytres souvent d'une teinte plus claire.

Son aspect subruguleux rappelle un peu celui des *H. rugosa* et *palustris*.

11. **Hydraena regularis**, Rey.

Ovale-suboblongue, assez convexe, à peine pubescente, d'un noir brillant en dessus, mat et soyeux en dessous, avec les palpes, les antennes et les pieds d'un roux testacé, le bout des palpes rembruni et la massue des antennes cendrée. Tête ruguleuse et presque mate, plus brillante et distinctement ponctuée sur le milieu du front. Prothorax transverse, obtusément angulé vers le milieu de ses côtés, subrétréci dans la moitié antérieure de ceux-ci, plus sensiblement et subsinueusement en arrière où il est bien moins large que les élytres; sensiblement impressionné en travers en avant et vers la base, profondément et assez densément ponctué sur les impressions, bien plus finement et presque lisse sur le milieu du dos, légèrement bifovéolé en arrière sur celui-ci; à sillons postoculaires assez larges, subarqués, ruguleux, ainsi que les oreillettes. Élytres régulièrement ovalaires-suboblongues, obtusément acuminées au sommet, assez fortement et assez densément ponctuées-striées, à peine plus légèrement en arrière, à interstries plans, un peu moins larges que les points qui sont suboblongs. Mésosternum subtricarinulé. Métasternum mat, avec 2 plaques allongées, lisses, luisantes et enclosant un sillon à fond mat. Ventre mat, à 1er arceau moins court que les suivants.

♂ Le 5e *arceau ventral* un peu plus brillant et à peine dénudé sur un large espace semi-circulaire. Le 6e un peu plus court, un peu plus brillant et à peine dénudé, semi-lunaire. *Lames lisses du métasternum* environ de la largeur du sillon enclos. *Élytres* étroitement subtronquées tout à fait vers l'angle sutural, laissant apercevoir un peu le pygidium.

Tibias antérieurs et *intermédiaires* à peine élargis vers leur dernier tiers.

♀ Le 5e *arceau ventral* plus brillant et légèrement pubescent sur un espace semicirculaire. Le 6e plus court, plus brillant et légèrement pubescent, laissant saillir un 7e petit arceau. *Lames lisses du métasternum* un peu plus larges que le sillon enclos. *Élytres* subacuminées au sommet, cachant le pygidium. *Tibias* simples.

Long. 0,0017 ; — larg. 0,0007.

PATRIE. Cette espèce est rare. Je l'ai capturée. dans les fossés, à Fréjus et à Saint-Raphaël (Var). M. Guillebeau l'a rencontrée à Sorèze, M. A. Grouvelle sur les bords de la Siagne.

OBS. Elle ressemble beaucoup à l'*H. nigrita*. Elle est plus brillante et plus oblongue. Le prothorax est plus sensiblement biimpressionné en travers et plus fortement ponctué sur les impressions. Les élytres, plus convexes, sont plus régulièrement ovalaires, moins courtes et non élargies en arrière, moins obtuses au sommet où elles sont plus ou moins subacuminées ; les rangées striales sont formées de points plus forts, plus oblongs, plus légers et non confus postérieurement, et leur marge latérale, plus étroite, moins visible vue de dessus, est prolongée presque jusqu'à l'angle sutural, au lieu que dans *nigrita* elle devient déclive et s'oblitère bien avant, etc.

Elle diffère des *subdeficiens* et *subimpressa* par ses élytres plus convexes, plus brillantes, régulièrement ponctuées-striées jusqu'au bout, et plus acuminées au sommet, dans les deux sexes, etc.

Quelquefois les élytres sont d'un roux châtain.

On la prendrait volontiers pour un des sexes de l'*H. nigrita*, mais on trouve ♂ et ♀ dans l'une et l'autre forme.

12. **Hydraena longior**, REY.

Allongée, assez étroite, subconvexe, à peine pubescente, d'un noir de poix assez brillant en dessus, mat et soyeux en dessous, avec les palpes, les antennes et les pieds roux, le bout des palpes rembruni et la massue des antennes cendrée. Tête ruguleuse sur les côtés, assez finement et modérément ponctuée sur le milieu du front, presque lisse sur l'épistome. Prothorax subtransverse, assez nettement angulé vers le milieu de ses côtés, rétréci dans la moitié antérieure de ceux-ci, subsinueusement et un peu plus fortement en arrière, où il est sensiblement moins large que les élytres; transversalement subimpressionné en avant; fortement et assez densément ponctué antérieurement, moins fortement et plus densément en arrière, plus finement et modérément sur son milieu; marqué au-devant de l'écusson de 2 fossettes arrondies bien distinctes; à sillons postoculaires assez profonds, presque droits et creusés en fossette aux deux extrémités, avec les oreillettes ruguleuses. Élytres allongées, assez étroites, subparallèles dans leurs deux tiers antérieurs, obtuses au sommet, assez finement et très densément ponctuées-striées, plus légèrement en arrière mais régulièrement jusqu'au bout, à interstries presque plans et bien moins larges que les points qui sont subcarrés ou à peine oblongs.

♂ Le 5e *arceau ventral* dénudé et brillant sur un large espace semi-circulaire. Le 6e plus long, dénudé, brillant, presque lisse, en ogive obtuse. *Elytres* assez étroitement subtronquées au sommet, laissant à peine apercevoir le bout du pygidium. *Tibias antérieurs* et *intermédiaires* légèrement arqués en dehors, subélargis vers leur dernier tiers : ceux-ci sensiblement denticulés en dessous, dans ledit tiers, mais non jusqu'au bout. Les *postérieurs* dilatés-subangulés vers leur dernier tiers et puis subatténués et garnis, à partir de celui-ci, de cils natatoires assez courts.

♀ Le 5e *arceau ventral* subdénudé et assez brillant sur un large espace semi-circulaire. Le 6e plus court, subdénudé et brillant. *Élytres* arrondies au sommet, cachant le pygidium. *Tibias* simples.

Long. 0,0021 ; — larg. 0,0008.

Patrie. Cette espèce est très rare. Je l'ai capturée dans les marais en juin, aux environs d'Hyères. M. A. Grouvelle l'a prise au bord de la Siagne.

Obs. Elle diffère de toutes les précédentes par sa forme allongée, assez étroite et subparallèle. Le prothorax est moins court, plus nettement angulé sur les côtés et plus fortement bifovéolé à sa base que dans *regularis*, avec les élytres bien moins courtes et moins convexes, etc.

Par ses élytres très densément ponctuées-striées, elle rentre dans la division des *Hydraena* vraies, mais, par la structure des tibias ♂, elle conduit au sous-genre *Haenydra*.

Le dernier article des palpes maxillaires, exactement fusiforme, est une fois et demie aussi long que le pénultième.

Les élytres, à peine fovéolées en dedans du calus huméral, ont leur marge latérale assez étroite, non plus large au milieu vue de dessus, disparaissant à la partie subtronquée. Celle-ci est à peine visiblement denticulée, et il en est de même des côtés du prothorax.

La sculpture du dessous du corps est à peu près celle des espèces précédentes.

J'ai vu un échantillon à tibias postérieurs ♂ dilatés de même, mais sans cils apparents. Ceux-ci ont sans doute été épilés (1).

13. **Hydraena angustata**, STURM.

Allongée, subconvexe, à peine pubescente, d'un noir de poix brillant, en dessus, mat et soyeux en dessous, avec les palpes, les antennes et les pieds d'un roux testacé, le bout des palpes un peu rembruni et la massue des antennes cendrée. Tête éparsement ponctuée sur le milieu du front, presque lisse sur l'épistome. Prothorax transverse, subangulé sur les côtés qui sont à peine crénelés, subrétréci dans la moitié antérieure de ceux-ci, un peu plus rétréci en arrière où il est sensiblement moins large que les élytres; transversalement subimpressionné en avant, plus faiblement à la base, assez finement et assez densément ponctué sur les impressions, presque lisse sur son milieu, marqué au-dessus de l'écusson de 2 fossettes obsolètes; à sillons postoculaires assez étroits, subarqués, élargis et approfondis aux deux extrémités, à oreillettes subruguleuses. Élytres suballongées, assez étroites, subparallèles dans leurs deux tiers antérieurs et puis plus ou moins subarrondies au sommet, régulièrement subconvexes dès leur base, assez finement et assez densément ponctuées-striées, à rangées striales plus légères et moins régulières postérieurement, à interstries plans, de la largeur des points qui sont à peine oblongs. Mésosternum subtricarinulé. Métasternum mat, avec 2 plaques allongées, lisses, luisantes et enclosant un sillon plus étroit et à fond mat, à 1er arceau moins court que les suivants.

(1) L'*Hydraena subsequens*, Rey, est à peine moins allongée et un peu moins brillante; le prothorax est un peu plus court, généralement plus ponctué sur le milieu de son disque, et surtout, les tibias intermédiaires et postérieurs des ♂ sont simples. — Corse (Revelière).

♂ Le 5e *arceau ventral* dénudé, obsolètement pointillé et brillant sur un large espace semi-circulaire. Le 6e plus grand, en ogive obtuse, dénudé et luisant, obsolètement pointillé et parfois roussâtre vers son extrémité. *Elytres* subtronquées au sommet, laissant apercevoir un peu le pygidium. *Tibias intermédiaires* et *postérieurs* à peine élargis vers leur dernier tiers et puis subatténués vers leur extrémité.

♀ Le 5e *arceau ventral* subdénudé et brillant sur un large espace semi-circulaire. Le 6e plus court, subdénudé et brillant. *Élytres* étroitement subarrondies ou obtusément acuminées au sommet, cachant le pygidium. *Tibias* simples.

Hydraena angustata, DEJEAN, Cat. 1833, p. 132. — STURM, Deut. Ins. 1836, X, p. 77, 5, pl. 225, fig. *b*, B. — MULSANT, Palp. 1844, p. 80, 5 (partim). — KIESENWETTER, Linn. Ent. 1849, Mon. p. 175, 10. — FAIRMAIRE et LABOULBÈNE. Faun. Fr. I, p. 247, 7.

Long. 0,0016 ; — larg. 0,0006.

PATRIE. La Bourgogne, le Gers, la Provence, le Languedoc, les Pyrénées, le Dauphiné, la Savoie, etc. — J'en ai pris 2 exemplaires en août, sous les feuilles mortes, dans le ruisseau d'Izeron, à Francheville, près Lyon (A. R.).

OBS. Elle est moindre que l'*H. longior*. Le prothorax, un peu plus court, est un peu moins fortement angulé vers le milieu de ses côtés, plus obsolètement bifovéolé à sa base, moins fortement ponctué sur les impressions, et plus lisse sur son milieu. Les élytres sont moins densément ponctuées striées, avec les points plus légers et moins réguliers postérieurement et les interstries moins étroits. Les tibias intermédiaires et postérieurs ♂, plus simples, ont une autre structure, etc.

L'extrémité des élytres est parfois d'un roux de poix, par transparence ♀. Plus rarement, cette couleur s'étend sur toutes les élytres et sur le pourtour du prothorax.

Les plaques métasternales lisses sont plus larges que le sillon enclos, dans les deux sexes.

Quelquefois les élytres sont un peu plus grossièrement et subrugueusement ponctuées à leur base, avec celle-ci en même temps subdéprimée, surtout sur la suture (*H. subdepressa* R.). — Villebois, en montant à la Chartreuse de Porte (Bugey). — Juin. — (R.).

On rapporte à l'*angustata* les *H. rufipes* de Curtis (Brit. Ent. VII, p. 307) et *intermedia* de Rosenhauer (Beitr. Ins. Eur. I, p. 27).

aa. *Élytres* éparsement striées-ponctuées ou ponctuées-striées, comptant 5 ou au plus 6 séries entre la suture et le calus huméral. *Mésosternum* à peine tricarinulé, ou seulement à sa base. Le 1er *arceau ventral* un peu plus long que le suivant.

o. *Plaques lisses du métasternum* assez étroites, déprimées, rapprochées à leur base, divergentes au sommet, enclosant un sillon peu sensible, fermé en arrière par une légère arête subarquée et rentrant en dedans (*Haenydra* R, anagramme de *Hydraena*).

p. Les 2 *derniers articles des palpes maxillaires* ♂ fortement épaissis. *Élytres* rousses, sensiblement striées-ponctuées. *Tibias* assez robustes. *Taille* médiocre. . . . . 14. LAPIDICOLA.

pp. Les 2 *derniers articles des palpes maxillaires* ♂ normalement épaissis, parfois ♂ le dernier seul épaissi. *Élytres* simplement ponctuées-striées ou à peine striées-ponctuées.

q. *Élytres* subdéprimées sur leur région suturale, plutôt striées-ponctuées, à *gouttière marginale* large, prolongée jusqu'à l'angle postéro-externe. *Prothorax* avec 2 espaces lisses. Le 1er *arceau ventral* nettement bidenté à son extrême base, entre les hanches postérieures. *Taille* médiocre. . . . 15. POLITA.

qq. *Élytres* régulièrement subconvexes, plutôt ponctuées-striées, à *gouttière marginale* moins large, souvent assez étroite. Le 1er *arceau ventral* souvent obsolètement bidenté à son extrême base (1).

r. *Rangées striales des élytres* très régulières dès l'extrême base. *Dessus du corps* d'un noir ou roux de poix. *Taille* petite.

s. *Élytres* non prolongées en pointe à leur sommet, ♂ ♀.

t. *Front* modérément ou même assez densément ponctué sur son milieu. *Élytres* ♀ formant un angle rentrant à leur angle sutural qui est armé d'une petite épine.

u. *Prothorax* éparsement ponctué sur son disque. *Élytres* à ponctuation très embrouillée vers leur extrémité ; à *stries* assez finement ponctuées, affaiblies dès leur milieu ; à *gouttière marginale* assez large, visible vue de dessus, jusqu'au sommet. . . . . 16. MONTICOLA.

uu. *Prothorax* densément ponctué sur son disque, plus éparsement sur son milieu. *Élytres* à ponctuation non ou peu embrouillée vers leur extrémité ; à *stries* assez fortement ponctuées, affaiblies dans leur dernier tiers ; à *gouttière marginale* assez étroite, peu visible vue de dessus, vers leur sommet.

(1) Ces dents sont formées par une arête transversale qui limite l'extrême base et se relève aux deux extrémités.

v *Lobes externes de l'échancrure des élytres* arrondis, celle-ci peu profonde. *Élytres* rousses ou testacées par exception. . . . . 17. GRACILIS.

vv. *Lobes externes de l'échancrure des élytres* ♀ submucronés, celle-ci profonde. *Elytres* toujours rougeâtres. 18. EMARGINATA.

tt. *Front* éparsement ponctué sur son milieu. *Élytres* ♀ ne formant pas d'angle rentrant à leur angle sutural qui est cassé et comme bidenticulé; généralement rousses ♂ ♀; à *stries* assez finement ponctuées, plus embrouillées sur les côtés qu'en arrière; à *gouttière marginale* étroite. . . . . 19. TRUNCATA.

ss. *Élytres* prolongées au sommet en une pointe aiguë et horizontale ♀ ; à *ponctuation* embrouillée vers leur extrémité ♂ ♀; à *gouttière marginale* très étroite. *Front* et *prothorax* assez densément ponctués sur leur milieu. . . . . . . 20. PRODUCTA.

rr. *Rangées striales des élytres* embrouillées à leur base. *Dessus du corps* toujours roux, à tête et disque du prothorax rembrunis. *Taille* très petite. . . . . 21. PULCHELLA.

oo. *Plaques lisses du métasternum* très étroites, linéaires, réduites à de fines carènes assez brillantes et subparallèles. *Élytres* ♀ relevées en faîte à la suture, après leur milieu. *Dessus du corps* d'un rouge brun, à tête noire. *Taille* très petite *(Hadrenya,* R; anagramme de *Hydraena).*

x. *Prothorax* subtransverse, hexagonal, un peu plus rétréci en arrière qu'en avant. *Élytres* plus ou moins subtronquées au sommet, à *rangées striales* régulières dès leur extrême base. *Disque du prothorax* fortement rembruni. *Forme* oblongue. . 22. FLAVIPES.

xx. *Prothorax* transverse, cordiforme, sensiblement plus rétréci en arrière qu'en avant. *Élytres* plus ou moins arrondies au sommet, à *rangées striales* embrouillées, surtout à leur base. *Disque du prothorax* non ou à peine rembruni. *Forme* assez large et trapue. . . . . 23. SIEBOLDI.

14. **Hydraena (Haenydra) lapidicola**, KIESENWETTER.

Allongée, subconvexe, presque glabre, d'un roux brillant en dessus, mat et soyeux en dessous, avec la tête et le prothorax rembrunis, le pourtour de celui-ci un peu moins foncé, les palpes, les antennes et les pieds d'un roux testacé. Tête subéparsement ponctuée sur le front, à peine pointillée ou simplement chagrinée sur l'épistome. Prothorax subtransverse, nettement angulé vers le milieu de ses côtés qui sont à peine et obtusément denticulés, sensiblement rétréci en avant, un peu plus fortement et sinueusement en arrière où il est évidemment moins large que les élytres, for-

tement et densément ponctué, plus finement et éparsement sur son disque ; à sillons postoculaires assez accusés, droits, subfovéolés à leurs extrémités. Élytres suballongées, à peine arquées sur les côtés et subarrondies au sommet, régulièrement subconvexes, sensiblement creusées en stries peu serrées, assez fortement ponctuées mais plus légèrement et plus finement en arrière, à interstries plans, plus larges que les points qui sont subarrondis. Métasternum mat, avec 2 plaques lisses, assez étroites, luisantes, divergentes au sommet.

♂ Le 5e *arceau ventral* dénudé, lisse et luisant sur un large espace semi-circulaire. Le 6e bien plus grand, en ogive obtuse, presque lisse et luisant. *Élytres* étroitement ou à peine ou obtusément tronquées au sommet, laissant apercevoir le pygidium. *Tibias* assez robustes, graduellement subélargis jusqu'à leur dernier tiers et puis subélargis vers leur extrémité : les *intermédiaires* à peine denticulés en dessous après leur milieu, à leur partie dilatée : les *postérieurs* subarqués, garnis d'une épaisse frange de cils natatoires blonds, dès après leur milieu jusqu'au bout de leur tranche inférieure. Le *dernier article des palpes maxillaires* presque droit sur sa tranche externe mais fortement dilaté-arrondi vers le tiers basilaire de sa tranche interne. Le *pénultième* fortement épaissi, obpyriforme.

♀ Le 5e *arceau ventral* assez brillant, pubescent et à peine pointillé sur un large espace semi-circulaire ; tout à fait dénudé, lisse et luisant à son extrémité. Le 6e bien plus court, pubescent, laissant apercevoir un 7e petit arceau. *Tibias* un peu moins robustes, simples. Les 2 *derniers articles des palpes maxillaires* de grosseur normale.

Hydraena lapidicola, KIESENWETTER, Mon. p. 183, 16. — DE MARSEUL, l'Abeille, 1883, XX, p. 168, 107.

Long. 0,0022 ; — larg. 0,0009.

PATRIE. Cette espèce, propre aux montagnes de la Carinthie, se trouve rarement à la Grande Chartreuse, dans les eaux courantes.

OBS. Elle est remarquable par sa taille plus forte que chez toutes celles du sous-genre *Haenydra ;* par ses élytres d'un roux fauve et sensiblement creusées en stries ponctuées, et, surtout, par la conformation des palpes maxillaires ♂, dont les 2 derniers articles sont fortement épaissis.

15. Hydraena (Haenydra) polita, KIESENWETTER.

Allongée, peu convexe, presque glabre, d'un noir de poix brillant en dessus, mat et pruineux en dessous, avec les palpes et les antennes d'un roux testacé, et les pieds roux. Tête assez fortement et assez densément ponctuée sur le front, simplement chagrinée sur l'épistome. Prothorax transverse, nettement angulé vers le milieu de ses côtés, assez fortement rétréci en avant, un peu plus fortement et sinueusement en arrière où il est évidemment moins large que les élytres; assez fortement et densément ponctué, avec une plaque discale plus ou moins lisse, de chaque côté de la ligne médiane qui est bisérialement ponctuée; à sillons postoculaires bien accusés, subobliques, approfondis aux deux extrémités. Élytres suballongées, à peine arquées sur les côtés, plus ou moins tronquées au sommet, subdéprimées sur leur région suturale au moins à leur base, assez finement et peu densément striées-ponctuées, plus finement en arrière; à interstries plans, plus larges que les points; à gouttière marginale large, explanée, prolongée du calus huméral à l'angle postéro-externe. Métasternum mat, avec 2 plaques lisses, assez étroites, luisantes, divergentes postérieurement. Le 1er arceau ventral nettement bidenté à son extrême base.

♂ Le 5e *arceau ventral* dénudé, lisse et luisant sur un assez large espace semi-circulaire (1). Le 6e bien plus grand, dénudé, presque entièrement lisse et luisant, en ogive obtuse. *Élytres* étroitement et obtusément tronquées au sommet, laissant apercevoir un peu le pygidium. *Cuisses antérieures* fortement renflées, subangulées en dessous dans leur milieu. *Tibias antérieurs* subarqués et subatténués dans leur dernier quart; les *intermédiaires* brusquement dilatés-angulés en dessous après leur base et puis subéchancrés et à peine denticulés-ciliés; les *postérieurs* assez brusquement arqués et subépaissis après leur milieu et garnis, dès celui-ci, d'une frange de longs cils natatoires blonds.

♀ Le 5e *arceau ventral* subdénudé et assez brillant sur un assez large espace semi-circulaire, lisse et luisant à son extrémité. Le 6e plus court, pubescent, peu brillant, laissant apercevoir un 7e petit arceau. *Élytres* nettement tronquées ou simultanément subéchancrées au som-

(1) Les arceaux précédents sont parfois un peu dénudés dans le milieu de leur bord apical

met, avec une petite dent à l'angle sutural. *Cuisses antérieures* modérément rénflées. *Tibias* presque simples (1).

Hydraena polita, KIESENWETTER, Linn. Ent. 1849, Mon. p. 178. — FAIRMAIRE et LABOULBÈNE, Faun. Fr. I, p. 247, 8.

Long., 0,0020; — larg., 0,0008.

PATRIE. J'ai capturé cette espèce dans un petit ruisseau, près de Villebois, en montant à la Chartreuse de Porte (Bugey). J'en ai trouvé un exemplaire aux environs d'Aix-les-Bains (Savoie) et un autre dans les collines des environs de Lyon. Grande-Chartreuse (Puton).

OBS. Elle est moindre et d'une couleur plus obscure que *lapidicola*, avec les palpes maxillaires ♂ de forme normale. Les élytres sont plus déprimées, moins fortement striées-ponctuées, et surtout à gouttière marginale plus large, plus explanée et plus prolongée. Le 1er arceau ventral est plus nettement bidenté à son extrême base que dans toutes les espèces suivantes.

La marge extérieure des élytres est souvent d'un roux de poix par transparence (2).

(1) Les pieds, en général, sont moins robustes chez les ♀ que chez les ♂, et cela, également dans les espèces suivantes.

(2) L'*H. dentipes* de Germar (Faun. Eur., 22, 5) est remarquable par les tibias antérieurs et intermédiaires ♂ angulés-subdentés en dessous après leur milieu et les postérieurs dilatés-subangulés vers le milieu de leur tranche inférieure et puis subatténués vers leur sommet et armés d'une forte épine avant celui-ci. — Long. 0,0019 — Prusse, Saxe.

L'*H. plumipes* de Baudi ressemble à l'*H. polita*. Elle s'en distingue par ses élytres un peu moins déprimées sur la région suturale et surtout par la structure des tibias postérieurs ♂, qui sont presque droits mais parés en dedans d'une frange de cils encore plus long et plus serrés. — Long. 2 mill. — Apennins (Pandellé).

L'*H. spinipes* Baudi (Nat. Sic. I, 130), voisine de *plumipes*, a les tibias postérieurs plus simples et plus droits, à frange de cils natatoires bien plus courts. — Long. 2 mill. — Apennins (Pandellé).

L'*H. Hungarica*, Rey (Rev. d'Entom. III, 1884, p. 270), que j'ai vu quelque part sous le nom erroné de *lapidicola*, n'a pas, comme celui-ci, les 2 derniers articles des palpes maxillaires fortement épaissis chez les ♂. Elle se rapproche davantage de *polita*, mais elle est un peu plus noire et d'un aspect moins lisse. Le front et le disque du prothorax sont plus densément ponctués et les élytres sont moins déprimées. Surtout, les tibias ♂ sont moins coudés et d'une structure tout autre, avec les intermédiaires nullement dilatés-angulés en-dessous et les postérieurs simplement subélargis vers leur dernier tiers, atténués après celui-ci et assez longuement ciliés-frangés en-dessous de la partie dilatée. Elle fait le passage à l'*H. monticola* à laquelle je l'avais à tort assimilée. En effet, elle est un peu plus grande, plus noire, un peu plus fortement et plus densément ponctuée, avec les élytres plus largement rebordées en gouttière et à stries moins affaiblies et plus régulières vers leur extrémité, les tibias ♂ plus robustes et les intermédiaires et postérieurs plus sensiblement élargis vers leur dernier tiers, etc. — Long. 2, 2 mill. — Hongrie (Revelière).

16. Hydraena (Haenydra) monticola, Rey.

Allongée, subconvexe, presque glabre, d'un noir de poix brillant en dessus, mat et pruineux en dessous, avec les palpes et les antennes d'un roux testacé, et les pieds roux, les cuisses plus foncées et les tarses plus pâles. Tête modérément ponctuée sur le front, à peine pointillée ou simplement chagrinée sur l'épistome. Prothorax subtransverse, obtusément angulé vers le milieu de ses côtés qui sont à peine denticulés, sensiblement rétréci en avant, un peu plus fortement et subsinueusement en arrière où il est évidemment moins large que les élytres ; assez fortement et densément ponctué en avant et à la base, éparsement et plus finement sur son disque ; à sillons postoculaires assez étroits, bien accusés, subarqués, profondément fovéolés aux deux extrémités. Élytres suballongées, subparallèles sur les côtés et plus ou moins obtuses au sommet, régulièrement et légèrement convexes, marquées de rangées striales de points, peu serrées, plus légères postérieurement où elles sont très embrouillées, à interstries plans, plus larges que les points qui sont subarrondis ; à gouttière marginale assez large. Métasternum mat, avec 2 plaques lisses, étroites, luisantes, divergentes au sommet. Le 1er arceau ventral obsolètement bidenté à son extrême base.

♂ Le 5e *arceau ventral* dénudé, presque lisse et luisant sur un large espace semi-circulaire (1). Le 6e bien plus grand, en ogive obtuse, dénudé, lisse et luisant, subaspèrement pointillé vers son extrémité. *Élytres* obtusément tronquées au sommet, laissant apercevoir le pygidium : *celui-ci* rebordé, à rebord formant un angle rentrant vers le bout. *Cuisses antérieures* assez fortement renflées. *Tibias intermédiaires* et *postérieurs* à peine rétrécis dans leur dernier tiers : ceux-là brièvement ciliés, ceux-ci longuement ciliés-frangés, en dessous après leur milieu.

♀ Le 5e *arceau ventral* légèrement pubescent à sa base sur un espace semi-circulaire, dénudé et lisse à son extrémité. Le 6e plus court, pubescent, laissant apercevoir un 7e petit arceau. *Élytres* étroitement et obliquement tronquées au sommet, de manière à former un angle rentrant à

(1) Les arceaux précédents sont un peu ou étroitement dénudés dans le milieu de leur bord apical.

la suture qui est munie au bout d'une petite épine (1). *Cuisses antérieures* médiocrement renflées. *Tibias* simples, éparsement et à peine ciliés en dessous.

Long. 0,0020 ; — larg. 0,0007.

PATRIE. Cette espèce a été capturée dans les montagnes fribourgeoises, en Suisse. Elle doit probablement exister dans les Alpes françaises. — (R.).

OBS. Elle est plus étroite et un peu moins déprimée que *polita*, qu'elle semble lier à la *gracilis*. Les élytres sont un peu moins sensiblement striées (2), et, surtout, la marge latérale forme une gouttière moins large, moins avancée vers les épaules. La structure des tibias ♂ n'est plus la même, et le 1er arceau ventral est moins distinctement bidenté à son extrême base.

Les cuisses sont souvent d'un roux assez foncé, mais les trochanters restent d'une couleur plus claire.

17. Hydraena (Haenydra) gracilis, GERMAR.

Allongée, subconvexe, presque glabre, d'un noir de poix brillant en dessus, mat et pruineux en dessous, avec les élytres moins foncées ou d'un brun rougeâtre, les palpes et les antennes d'un roux testacé, la massue de celles-ci un peu cendrée, et les pieds roux à cuisses plus foncées et tarses plus clairs. Tête modérément et assez densément ponctuée sur le front, à peine pointillée sur l'épistome. Prothorax à peine transverse, arcuément angulé vers le milieu de ses côtés, sensiblement rétréci en avant, un peu plus fortement et sinueusement en arrière où il est évidemment moins large que les élytres ; fortement et plus ou moins densément ponctué, un peu plus finement et un peu moins densément sur son milieu ; à sillons postoculaires bien accusés, à peine arqués, approfondis aux deux extrémités. Élytres suballongées, subarquées sur les côtés et

(1) Cette épine, qui existe souvent même dans les espèces du groupe précédent, se borne parfois à une petite dent (*affinis*, *nigrita*, *longior*, *angustata*) formée par le bout de la gouttière suturale, qui est verticale et sert, dans la plupart des coléoptères, à réunir les élytres à l'état de repos.

(2) Les deux rangées striales intra-humérales paraissent, seules, légèrement creusées en strie à leur base. Encore faut-il les examiner un peu obliquement.

plus ou moins obtuses au sommet, subconvexes, marquées de rangées striales de points, peu serrées entre les épaules, confuses en dehors de celles-ci, peu enbrouillées vers l'extrémité, à interstries plans, plus larges que les points qui sont subcarrés ; à gouttière marginale assez étroite. Métasternum mat, avec 2 plaques lisses, étroites, luisantes, divergentes au sommet.

♂ Le 5e *arceau ventral* dénudé, presque lisse et luisant sur un large espace semi-circulaire. Le 6e bien plus grand, en ogive obtuse, dénudé, lisse et luisant, à peine pointillé vers son extrémité. *Élytres* étroitement et obtusément tronquées au sommet, laissant apercevoir un peu le pygidium. *Cuisses antérieures* fortement renflées. *Tibias* subatténués dans leur dernier tiers ; les *postérieurs* garnis après leur milieu d'une frange de longs cils natatoires, serrée mais non prolongée jusqu'au bout.

♀ Le 5e *arceau ventral* légèrement pubescent à sa base sur un large espace semi-circulaire, dénudé, lisse et brillant à son extrémité. Le 6e plus court, pubescent, laissant apercevoir un 7e petit arceau. *Élytres* étroitement et obliquement tronquées au sommet, de manière à former un angle rentrant à la suture qui est munie au bout d'une petite épine : le lobe externe de l'échancrure arrondi. *Cuisses antérieures* médiocrement renflées. *Tibias* simples, éparsement et à peine ciliés en dessous.

Hydraena gracilis, Germar, Ins. Spec. nov. p. 94, 160. — Sturm, Deut. Faun. X, p. 75, 3, pl. 224, fig. k, K. — Laporte de Castelnau, Hist. Col. II, p. 47, 4. — Heer, Faun. Helv. I, p. 479, 3. — Mulsant, Palp. p. 82, 6. — Kiesenwetter, Mon. p. 184, 17. — Fairmaire et Laboulbène. Faun. Fr. I, 247, 9. — Thomson, Skand. Col. II, p. 71, 3. — Bedel, Faun. Col. Seine, I, p. 297 et 320, 6.
Hydraena elongata, Curtis, Ent. Brit. VII, 307.

Long. 0,0019 ; — larg. 0,0007.

Patrie. Cette espèce, peu commune, se prend dans les eaux courantes et stagnantes des régions un peu froides et accidentées, dans une grande partie de la France septentrionale et orientale : le bassin de la Seine, la Bourgogne, le Beaujolais, les environs de Lyon, les Alpes, les Vosges, etc.

Obs. Elle se distingue de l'*H. monticola* par son prothorax plus densément ponctué entre les deux sillons postoculaires ; par ses élytres ordinairement moins noires, à ponctuation moins embrouillée vers leur extrémité et à gouttière marginale plus étroite, moins visible, vue de dessus, vers son sommet, etc.

Elle varie pour la couleur qui passe du rouge brun au roux testacé sur les élytres et le prothorax, avec celui-ci largement rembruni sur son disque.

J'ai vu un échantillon très adulte, entièrement noir en dessus, à front et à prothorax encore plus densément ponctué (*H. cribrata*, R.) (1).

M. Valery Mayet m'a communiqué 4 exemplaires à taille moindre et à forme plus étroite, à prothorax plus lisse sur son disque, à stries des élytres moins fortement ponctuées et surtout plus effacées en arrière. Les pieds sont d'un roux plus clair, moins robustes, à cuisses ♂ moins renflées (*H. evanescens*, Rey). (Rev. d'Entom. III, 1884, p. 270) ; — Corse.

On rapporte à l'*H. gracilis* la *concolor* de Waterhouse (1833).

18. **Hydraena (Haenydra) emarginata**, Rey.

Allongée, assez convexe, presque glabre, d'un noir de poix brillant en dessus, mat et pruineux en dessous, avec les élytres d'un rouge châtain, les palpes et les antennes d'un roux testacé, et les pieds roux.

♂ *Élytres* assez nettement tronquées au sommet, laissant sensiblement apercevoir le pygidium. *Tibias postérieurs* à peine et subparallèlement élargis après leur milieu et garnis en dessous dès celui-ci d'une frange de cils blonds, médiocres et modérément serrés.

♀ *Élytres* assez prolongées à leur sommet, profondément, angulairement et simultanément échancrés à leur angle sutural, avec les lobes externes de l'échancrure submucronés. *Tibias postérieurs* simples, éparsement ciliés en dessous.

Long. 0,0020 ; — larg. 0,0007.

Patrie. Les Hautes-Pyrénées (Pandellé).

Obs. Cette espèce a dû être confondue avec *gracilis* dont elle n'est peut-être qu'une variété. Je ne la décrirai donc pas plus amplement et ne

(1) Cette variété *cribrata* simulerait une espèce distincte par le sommet des élytres un peu relevé à l'angle sutural. Elle passe également du noir au roux testacé.

l'indiquerai que sous toute réserve. Toutefois, je ferai remarquer que le ♂ a le sommet des élytres plus nettement tronqué et les tibias postérieurs un peu plus élargis et moins longuement ciliés; et, surtout, que la ♀ a les élytres plus prolongées à leur sommet et plus profondément échancrées à leur angle sutural, avec les lobes externes submucronés au lieu d'être arrondis comme dans *gracilis*. Par ce dernier caractère remarquable de la ♀, l'*Hydraena emarginata* semble conduire à la *producta*.

La ♀ offre en outre la gouttière marginale des élytres bien plus large et plus explanée que chez le ♂, ce qui n'a pas lieu dans *gracilis* (1).

19. Hydraena (Haenydra) truncata, Rey.

Allongée, subconvexe, presque glabre, d'un noir de poix brillant en dessus, mat et pruineux en dessous, avec les palpes et les antennes d'un roux testacé, les élytres et les pieds roux. Tête éparsement ponctuée sur le front, à peine pointillée sur l'épistome. Prothorax subtransverse, angulé vers le milieu de ses côtés, sensiblement rétréci en avant, un peu plus fortement et subsinueusement en arrière où il est évidemment moins large que les élytres; assez fortement et densément ponctué en avant et à la base, éparsement et plus légèrement sur son milieu; à sillons post-oculaires assez larges, bien accusés, subarqués, plus approfondis aux deux extrémités. Élytres suballongées, subparallèles ou à peine arquées sur les côtés, plus ou moins obtuses au sommet, régulièrement subconvexes, marquées de rangées striales de points, peu serrées entre les épaules (2), *confuses en dehors de celles-ci, plus légères mais peu embrouillées vers l'extrémité; à interstries plans, plus larges que les points qui sont subarrondis; à gouttière marginale étroite. Métasternum mat, avec 2 plaques lisses, assez étroites, luisantes, divergentes au sommet.*

♂ Le 5e *arceau ventral* dénudé, presque lisse et luisant sur un large espace semi-hexagonal (3). Le 6e bien plus grand, en ogive obtuse, dénudé, presque lisse et luisant, à peine pubescent, à peine pointillé et roussâtre vers son extrémité. *Élytres* largement tronquées au sommet,

(1) Toutes ces raisons réunies m'ont décidé à maintenir cette espèce.

(2) C'est presque dans toutes les espèces que la ponctuation, située en dehors de la ligne des épaules, est plus ou moins confuse. Je néglige souvent d'en parler.

(3) Les arceaux précédents sont subélevés et subdénudés dans le milieu de leur bord apical.

laissant apercevoir un peu le pygidium. *Cuisses postérieures* assez fortement renflées. *Tibias* subatténués dans leur dernier tiers; les *intermédiaires* à peine ciliés-denticulés en dessous après leur milieu : les *postérieurs* garnis, dans la dernière moitié de leur tranche inférieure, d'une frange de longs cils natatoires un peu couchés, non prolongée jusqu'au bout.

♀ Le 5e *arceau ventral* subdénudé, assez brillant et légèrement pubescent sur un large espace semi-circulaire. Le 6e plus court, pubescent, laissant apercevoir un 7e petit arceau. *Élytres* obtusément subarrondies au sommet où elles ne forment pas d'angle rentrant sensible, à angle sutural cassé et comme bidenticulé. *Cuisses antérieures* normalement renflées. *Tibias* simples (1).

Long. 0,0019 ; — larg. 0,00075.

PATRIE. Cette espèce se prend dans les eaux du Guiers-Mort, avant de monter à la Grande-Chartreuse. J'en ai vu un échantillon du Bugey (R).

OBS. On la prendrait aisément pour une variété immature de l'*H. gracilis*. Mais le front est plus éparsement ponctué sur son milieu. Les élytres, généralement rousses, ne forment pas, chez la ♀, d'angle rentrant à leur angle sutural qui est cassé et comme bidenticulé, et leur gouttière marginale est un peu plus étroite, etc.

Le prothorax est rarement roussâtre dans son pourtour. Les cuisses sont à peine ou non plus foncées que les tibias.

Je réunis à cette espèce un échantillon ♀ de la même provenance, à élytres d'un rouge brun comme dans *gracilis*, mais non à angle rentrant au sommet.

Les *H. monticola*, *gracilis*, *emarginata* et *truncata* ont entre elles la plus grande analogie et pourraient bien être des races l'une de l'autre. Il faudrait en voir un grand nombre de plusieurs provenances. Je les maintiens en attendant plus amples renseignements.

20. Hydraena (Haenydra) producta, MULSANT et REY.

Allongée, subconvexe, presque glabre, d'un noir de poix luisant en dessus, mat et pruineux en dessous, avec les palpes, les antennes et les

(1) Les pieds sont moins robustes dans les ♀ que dans les ♂.

pieds roux. Tête assez densément ponctué sur le front, à peine pointillée sur l'épistome. Prothorax subtransverse, subangulé vers le milieu de ses côtés, subrétréci en avant, un peu plus fortement et subsinueusement en arrière où il est un peu moins large que les élytres; assez fortement et assez densément ponctué, à peine moins densément sur son milieu; à sillons postoculaires assez larges, bien accusés, subarqués, approfondis à leurs deux extrémités. Élytres suballongées, subparallèles, subtronquées ♂ ou acuminées ♀ au sommet, régulièrement subconvexes, marquées de rangées striales de points assez petits, peu serrés entre les épaules, confuses en dehors de celles-ci, plus légères postérieurement et embrouillées vers l'extrémité; à interstries plans, un peu plus larges que les points, à gouttière marginale très étroite. Métasternum mat, avec 2 plaques lisses, étroites, luisantes, subdivergentes au sommet.

♂ Le 5e *arceau ventral* subdénudé, presque lisse et luisant sur un large espace semi-circulaire. Le 6e bien plus grand, en ogive obtuse, dénudé, presque lisse et luisant. *Elytres* étroitement subtronquées au sommet, laissant un peu apercevoir le pygidium, à angle sutural un peu relevé. *Cuisses antérieures* assez fortement renflées. *Tibias* presque simples; les *intermédiaires* brièvement ciliés dans leur dernier tiers, en dessous.

♀ Le 5e *arceau ventral* subdénudé ou légèrement pubescent et assez brillant sur un large espace semi-circulaire. Le 6e plus court, légèrement pubescent, laissant apercevoir un 7e petit arceau. *Élytres* prolongées chacune à leur sommet en une pointe aiguë, horizontalement relevée et d'un roux de poix. *Cuisses antérieures* médiocrement renflées. *Tibias* simples.

Hydraena producta, Mulsant et Rey, Ann. Soc. Linn. Lyon, 1852, p. 299; — Op. Ent. II, 1853, p. 1. — Fairmaire et Laboulbène, Faun. Fr., p. 248, 2.

Long. 0,0018; — larg. 0,0007.

Patrie. Cette intéressante espèce se prend à Avenas (Rhône), sous les pierres, dans la source orientale de la Grosne. J'en ai vu un exemplaire provenant du Mont-Pilat. M. Guillebeau l'a capturée récemment à la Bastide, près de Notre-Dame des Neiges (Ardèche).

Obs. Elle est à peine moindre que *gracilis*. Les élytres sont plus finement ponctuées-striées, avec la ponctuation plus embrouillée vers l'extrémité et la gouttière marginale plus étroite, et, surtout, leur sommet est prolongé en pointe aiguë, chez les ♀, caractère jusqu'alors unique dans le genre. Cette pointe offre une transparence roussâtre qui se remarque parfois à l'angle sutural des ♂.

Les plaques lisses du métasternum sont plus écartées entre elles en avant, que dans les autres espèces.

21. Hydraena (Haenydra) pulchella, Germar.

Suballongée, subconvexe, à peine pubescente, d'un roux brillant en dessus, d'un noir mat et soyeux en dessous, avec la tête et le disque du prothorax noirs, les palpes, les antennes et les pieds d'un roux testacé, le bout des palpes un peu rembruni. Tête modérément ponctuée sur le front, à peine pointillée sur l'épistome. Prothorax subtransverse, obtusément angulé vers le milieu de ses côtés qui sont finement denticulés, légèrement rétréci en avant, plus fortement et sinueusement en arrière où il est évidemment moins large que les élytres; assez finement et assez densément ponctué, un peu plus fortement au sommet qu'à la base, obsolètement bifovéolé sur celle-ci; à sillons postoculaires assez larges, subarqués, plus approfondis aux deux extrémités. Élytres oblongues, subarquées sur les côtés et obtusément acuminées au sommet, subconvexes, marquées de stries de points, peu serrées, plus légères postérieurement, plus ou moins embrouillées à la base et sur les côtés; à interstries plans, un peu plus larges que les points. Métasternum mat, avec 2 plaques lisses, assez larges, luisantes, subdivergentes au sommet.

♂ Le 5e *arceau ventral* dénudé, lisse et luisant sur un large espace semi-circulaire. Le 6e bien plus grand, en ogive obtuse, dénudé, lisse et luisant. *Elytres* à peine et obliquement tronquées à leur angle apical. *Tibias* à peine élargis vers leur dernier tiers et puis subatténués vers leur sommet.

♀ Le 5e *arceau ventral* légèrement pubescent et assez brillant sur un large espace semi-circulaire. Le 6e plus court, pubescent, laissant apercevoir un 7e petit arceau. *Elytres* obtusément acuminées au sommet, à angle sutural cassé. *Tibias* simples.

Hydraena pulchella, Germar, 1824, Ins. Spec. nov. p. 94. — Sturm, Deut. Faun. X, p. 76, 4, pl. 225, fig. *a*, A. — Laporte de Castelnau, Hist. Col. II, p. 47, 3. — Heer, Faun. Helv. I, p. 479, 4. — Kiesenwetter, Mon. p. 187, 19. — Fair-

MAIRE et LAROULBÈNE, Faun. Fr. I, p. 248, 11. — THOMSON, Skand. Col. II, p. 72, 4. — BEDEL, Faun. Col. Seine, I, 297 et 321, 9.

Long. 0,0016 ; — larg. 0,0006.

PATRIE. Cette espèce, peu commune, se prend dans les eaux courantes, dans plusieurs provinces de la France : le bassin de la Seine, la Lorraine, la Bourgogne, le Berry, les environs de Lyon, les Alpes, les Pyrénées, etc. Je l'ai capturée près Cluny, dans la Grosne ; aux environs de Lyon, dans l'Izeron.

OBS. Cette espèce, bien tranchée par sa petite taille et par sa couleur en majeure partie rousse, se distingue, de plus, des précédentes, par ses élytres à ponctuation moins forte, plus embrouillée à la base, etc.

Le dernier article des palpes est à peine rembruni au bout, ce que je n'avais point encore observé chez les espèces du groupe des *Haenydra*.

Souvent la suture et la marge latérale des élytres sont un peu rembrunies.

Le duvet du dessous du corps paraît moins serré et moins pruineux que dans les autres espèces (1).

22. Hydraena (Hadrenya) flavipes, STURM.

Oblongue, peu convexe, presque glabre, d'un rouge brun luisant en dessus, d'un noir mat et soyeux en dessous, avec la tête noire et le disque du prothorax brunâtre, les palpes, les antennes et les pieds d'un roux testacé, le bout des palpes à peine rembruni. Tête longitudinalement impressionnée sur les côtés, éparsement ponctuée sur le front, presque lisse sur l'épistome qui est assez convexe. Prothorax subtransverse, hexagonal, arcuément subangulé vers le milieu de ses côtés, subrétréci en avant, un peu plus et subsinueusement rétréci en arrière où il est sensiblement moins large que les élytres; assez fortement et éparsement ponctué; à sillons postoculaires assez larges, bien accusés, subarqués, approfondis aux deux extrémités. Élytres plus ou moins ovales, plus ou

(1) Entre les *H. pulchella* et *flavipes* vient se placer l'*H. Sharpi* de Pandellé (inéd.). D'un roux châtain brillant à tête et disque du prothorax noirs. Taille moindre que tous deux. Prothorax plus fortement ponctué et élytres plus fortement ponctuées-striées que chez *pulchella*, avec les séries moins embrouillées et moins effacées en arrière. Palpes maxillaires à dernier article non angulé en dedans comme chez *flavipes ;* élytres moins fortement mais plus densément ponctuées-striées que dans celui-ci. — Guadarrama (Coll. Pandellé).

moins obtusément tronquées au sommet, légèrement convexes, marquées de stries de points assez forts, très peu serrés (5 au plus entre la suture et le calus huméral), confuses sur les côtés, à interstries plans, bien plus larges que les points. Métasternum mat, avec 2 lignes lisses, très étroites, linéaires, subparallèles, très écartées.

♂ Le 5e *arceau ventral* dénudé, presque lisse et luisant sur un large espace semi-circulaire. Le 6e plus grand, presque lisse, luisant. *Élytres* subtronquées au sommet, laissant à peine apercevoir le pygidium, à peine arquées sur les côtés, régulièrement subconvexes à la suture. *Tibias* subarqués, à peine élargis vers leur dernier quart. Le *dernier article des palpes maxillaires* angulé-dilaté en dedans.

♀ Le 5e *arceau ventral* subdénudé, éparsement pubescent et brillant sur un large espace semi-circulaire. Le 6e plus court, légèrement pubescent, laissant apercevoir un 7e petit arceau. *Élytres* subtronquées au sommet, cachant le pygidium ; sensiblement et arcuément élargies vers le milieu de leurs côtés, longitudinalement subimpressionnées de chaque côté de la suture qui est plus ou moins relevée en faîte jusqu'au dernier tiers. *Tibias* presque simples, les antérieurs et intermédiaires à peine arqués. Le *dernier article des palpes maxillaires* presque normal.

Hydraena flavipes, STURM, 1836, Deut. Faun. X, p. 78, 6, pl. 225, fig. *c*, C. — MULSANT, Palp. p. 84, 7. — KIESENWETTER, Mon. p. 186, 18. — FAIRMAIRE et LABOULBÈNE, Faun. Fr. I, 248, 10.

Hydraena pulchella, HEER, Faun. Helv. I, p. 479, 4.

Hydraena atricapilla, BEDEL, Faun. Col. Seine, I, p. 297 et 321, 7.

Long. 0,0015 ; — larg. 0,0006.

PATRIE. Cette espèce, peu commune, habite les eaux tranquilles des localités boisées et accidentées : le bassin de la Seine, la Lorraine, la Bourgogne, le Beaujolais, les environs de Lyon, les Alpes, les Pyrénées, etc.

OBS. Elle est distincte de toutes les précédentes par les plaques lisses du métasternum bien plus étroites, plus linéaires, plus parallèles et plus écartées ; de l'*H. pulchella* par sa couleur plus foncée et par sa forme un peu plus ramassée, surtout aux élytres ♀. Celles-ci ont leur ponctuation plus forte, encore moins serrée, moins embrouillée et très régulière à la base. Le disque du prothorax est rembruni jusque sur les oreillettes, au lieu que presque toujours, dans *pulchella*, celles-ci sont rousses. Les distinctions sexuelles quant au dernier article des palpes maxillaires ♂, ne sont plus les mêmes, etc.

Les bords antérieur et postérieur du prothorax sont ordinairement d'une couleur plus claire que les élytres.

On rapporte à la *flavipes* l'*atricapilla* de Waterhouse (1883, Ent. Mag. I, p. 292).

23. Hydraena (Hadreuya) Sieboldi, Rosenhauer.

Ovale-suboblongue, assez large, subconvexe, presque glabre, d'un rouge brun brillant en dessus, mat et soyeux en dessous, avec la tête noire, le pourtour du prothorax, les palpes, les antennes et les pieds roux. Tête éparsement ponctuée sur le front, presque lisse sur l'épistome. Prothorax transverse, cordiforme, obtusément angulé vers le milieu de ses côtés, arcuément subrétréci en avant, sensiblement et sinueusement plus rétréci en arrière où il est évidemment moins large que les élytres ; assez fortement et modérément ponctué ; à sillons postoculaires subparallèles, légers au milieu mais profondément fovéolés aux deux extrémités. Élytres ovales, plus ou moins arrondies au sommet, subconvexes, marquées de stries de points médiocres, assez peu serrées (6 au plus entre la suture et le calus huméral), confuses sur les côtés, plus ou moins embrouillées à la base, plus légères postérieurement ; à interstries plans, un peu plus larges que les points. Métasternum mat, avec 2 lignes lisses, excessivement étroites ou réduites à des carènes, subparallèles et très écartées.

♂ Le 5e *arceau ventral* dénudé, lisse et luisant sur un large espace semi-circulaire. Le 6e plus grand, en ogive obtuse, dénudé, lisse et luisant. *Elytres* obtusément arrondies au sommet, régulièrement subconvexes à la suture. *Tibias* à peine élargis vers leur dernier quart, les antérieurs et intermédiaires subarqués.

♀ Le 5e *arceau ventral* subdénudé, presque lisse et luisant sur un large espace semi-circulaire. Le 6e plus court, légèrement pubescent, laissant apercevoir un 7e petit arceau. *Elytres* assez étroitement arrondies ou obtusément acuminées au sommet, longitudinalement impressionnées vers ou après leur milieu de chaque côté de la suture qui est, à cet endroit, relevée en faîte sensible. *Tibias* presque simples et presque droits.

Hydraena Sieboldi, ROSENHAUR, Beitr. Ins. Eur. p. 28. — FAIRMAIRE et LABOULBÈNE, Faun. Fr. I, p. 249, 13.
Hydraena lata, KIESENWETTER, Mon. 188, 20 et Linn. Ent. IV, 1849, p. 427
Hydraena pygmaea, BEDEL, Faun. Col. Seine, I, p. 297 et 321, 8.

Long. 0,0015; — larg. 0.0007.

PATRIE. Cette espèce, commune dans la Bavière, a été trouvée en France, dans la Somme et dans les Pyrénées. J'en ai rapporté un exemplaire des Alpes fribourgeoises, et elle doit se rencontrer, sans doute, dans les Alpes françaises (T R).

OBS. Le prothorax est plus court, plus cordiforme ou plus rétréci en arrière que chez *flavipes*. Les élytres sont moins oblongues, plus trapues, plus larges, plus arquées sur les côtés et moins tronquées au sommet, avec leur ponctuation relativement moins forte et surtout plus embrouillée à la base. Les lignes lisses du métasternum sont encore plus étroites ou réduites à des carènes. Le dernier article des palpes maxillaires ♂ n'est point angulé, etc.

La couleur varie un peu du roux châtain au rouge brun ou au brun de poix, avec le pourtour du prothorax plus clair et la tête toujours noire.

On rapporte avec raison à l'*H. Sieboldi* la *pygmaea* de Waterhouse (1833, Ent. Mag. I, p. 295).

Les *H. flavipes* et *Sieboldi* forment ensemble un petit groupe bien naturel, à cause de la forme et de l'écartement des lignes lisses du métasternum, et surtout de la suture des élytres relevée chez les ♀ (1).

(1) L'*H. reflexa*, Rey (Rev. d'Entom, III, 1884, p. 271), est un peu plus grande que *Sieboldi*; elle est remarquable surtout par la marge latérale des élytres bien plus large et fortement relevée en gouttière — Corse (Coll. Pandellé).

DEUXIÈME GROUPE

GÉOPHILIDES

Caractères. Le 1er *article des tarses postérieurs* et aussi des intermédiaires, allongé, toujours plus long que le 2e; les 1-4 graduellement moins longs. *Tibias intermédiaires* et *postérieurs* non pourvus de cils natatoires. Le 2e *article des palpes maxillaires* renflé ou ovalaire, plus épais que les autres. *Mœurs* rarement aquatiques, généralement terrestres. *Larves* apodes

FAMILLE UNIQUE

SPÉRIDIENS

Caractères. Les mêmes que ceux du groupe. De plus : *antennes* de 8 ou 9 articles ; *prothorax* rétréci en avant, de la largeur des élytres à sa base. *Corps* suborbiculaire ou courtement ovalaire, plus ou moins convexe.

Cette famille se partage en 2 branches, savoir :

Métasternum
- avancé en forme de quille ou de doigt entre les hanches intermédiaires. *Tibias* subcomprimés, peu élargis vers leur extrémité, brièvement épineux. *Antennes* de 9 articles. *Mœurs* aquatiques. . . . . 1re branche. Cyclonotaires.
- simplement angulé ou largement tronqué dans le milieu de son bord antérieur. *Tibias* plus ou moins comprimés, plus ou moins élargis en triangle de la base au sommet, plus ou moins fortement épineux. *Antennes* de 8 ou 9 articles. *Mœurs* terrestres. 2e branche. Sphéridiaires.

PREMIÈRE BRANCHE

CYCLONOTAIRES

Caractères. *Métasternum* avancé en forme de quille ou de doigt entre les hanches intermédiaires. *Tibias* subcomprimés, peu élargis de la base à l'extrémité, brièvement épineux. *Antennes* de 9 articles. *Corps* ovalaire ou subhémisphérique. *Mœurs* aquatiques.

Cette branche se divise en 2 genres.

Elytres

- simplement ponctuées, avec une seule strie suturale raccourcie en avant. Le *dernier article des palpes maxillaires* un peu ou à peine plus long que le pénultième. *Lame mésosternale* petite, relevée, scutiforme. 1er *arceau ventral* nullement caréné. *Yeux* entiers ou presque entiers. *Forme* subhémisphérique, très convexe. . . . . Cyclonotum.
- très finement pointillées et, de plus, striées-ponctuées. Le *dernier article des palpes maxillaires* sensiblement plus long que le pénultième. *Lame mésosternale* plus grande, relevée, pentagonale. 1er *arceau ventral* caréné sur la majeure partie de sa ligne médiane. *Yeux* fortement entaillés par le canthus des joues. *Forme* ovale, peu convexe. . . . . Dactylosternum.

Genre *Cyclonotum*, Cyclonote; Erichson.

Ericsson, Col. March. I, 1837, p. 212. — Mulsant. Palp. p. 146. — J. Duval Gen. Hydroph. p. 32, fig. 156. — *Coelostoma*, Audouin et Brullé, Hist. Ins. II, 293.

Etymologie : κύκλος, cercle ; νῶτος, dos.

Caractères. *Corps* subhémisphérique, voûté ou très convexe.

Tête grande, infléchie, subsemicirculaire, tronquée en avant, engagée dans le prothorax, bien moins large que celui-ci. *Epistome* grand, transverse, occupant au moins la moitié de la tête, séparé du front par une très fine suture angulée, à sommet reculé jusque près du niveau supérieur des yeux ; convexe, largement tronqué en avant. *Labre* très court, souvent caché par l'épistome, subsinué dans le milieu de son bord apical, celui-ci garni d'une frange serrée de cils blonds et soyeux. *Mandibules* cachées. *Palpes maxillaires* peu allongés, plus courts que les antennes, de 4 articles : le 1er peu distinct : le 2e très gros, subcomprimé, ovalairement élargi, bien plus épais que les suivants : le 3e oblong, obconique : le dernier un peu ou à peine plus long que le 3e, subcylindrique ou à peine plus large vers son milieu, nettement tronqué au bout. *Palpes labiaux* courts, de 3 articles : le 1er indistinct : le 2e assez épais, suboblong, obconique : le dernier subégal au 2e, un peu plus étroit, subatténué, mousse et sétifère au bout. *Menton* en carré transverse, excavé antérieurement.

Yeux assez grands, peu saillants, subovales, recouverts en arrière par le bord antérieur du prothorax, entiers ou à peine entaillés en devant par le canthus des joues.

Antennes médiocres, de 9 articles : le 1er allongé, assez épais, subcylindrique, formant au moins le tiers de la longueur totale : le 2e presque aussi épais à sa base, un peu conique : le 3e assez grêle, oblong, obconique : les 4e et 5e courts, fortement contigus : le 6e très court, en forme de coupe servant de base à la massue : celle-ci allongée, assez brusque, pubescente, un peu moins longue que la moitié de l'antenne, de 3 articles peu serrés, dont le 1er en tronçon de cône renversé, le 2e subtransverse et le dernier subcomprimé, subcirculaire, mousse au bout.

Prothorax transverse, arcuément rétréci d'arrière en avant, aussi large en arrière que les élytres, bisinueusement échancré au sommet, largement tronqué à la base ; sensiblement rebordé sur les côtés, plus finement sur les parties déclives du bord antérieur. *Repli* très grand, concave, formant une tranche avec la page supérieure.

Écusson assez grand, en triangle à peine plus long que large.

Élytres grandes, subsemihémisphériques, un peu subcomprimées sur les côtés, arrondies au sommet ; finement rebordées en dehors ; creusées d'une strie suturale assez profonde, effacée antérieurement. *Repli* assez large à sa base, oblique et excavé, réduit à une tranche dès avant le milieu.

Prosternum très court, non ou à peine relevé sur le milieu de sa base, prolongé en angle subaigu au devant des hanches antérieures. *Antéépisternums* médiocres, irréguliers. *Mésosternum* très court, enfoui mais fortement relevé dans son milieu en un petite lame horizontale en forme d'écusson renversé, en dos d'âne sur son milieu et fortement contigu à la pointe métasternale antérieure. ***Médiépisternums*** enfouis, obliques. *Métasternum* assez grand, subtransversalement coupé à son bord postérieur, fortement avancé, entre les hanches intermédiaires en forme de quille ou de doigt; à peine angulé entre les postérieures, avec l'angle émettant de son sommet une petite pointe. *Postépisternums* assez larges, subparallèles. *Postépimères* cachées.

Ventre de 5 arceaux apparents : le 1er un peu plus grand que les suivants : ceux-ci courts, subégaux : le dernier grand, semi-lunaire (1). *Pygidium* caché.

Hanches antérieures subovales, subobliques, subconvexes, très rapprochées ou subcontiguës ; les *intermédiaires* enfouies, à moignons supérieurs sensiblement distants; les *postérieures* légèrement écartées en dedans, à *lame inférieure* allongée, transverse, subrétrécie en dehors.

Pieds assez courts, assez robustes. *Trochanters* médiocres, en onglet allongé. *Cuisses* comprimées, plus ou moins élargies à leur base, fortement rainurées en dessous, au moins dans leur dernière moitié, pour recevoir les tibias à l'état de repos ; les *antérieures* parées, sur les deux premiers tiers de leur face de devant, d'une grande plaque mate, finement chagrinée et duveteuse, étendue jusque sur les hanches. *Tibias* subcomprimés, rétrécis vers leur base et puis subparallèlement élargis ; éparsement et brièvement épineux sur leurs tranches ; armés à leur sommet interne de 2 plus ou moins forts éperons acérés. *Tarses* grêles, subcomprimés, ciliés en dessous, moins longs que les tibias ; les *antérieurs* moins développés, avec les 4 premiers articles assez courts, subégaux : les *intermédiaires* et *postérieurs* à 1er article allongé, à peine égal au dernier, bien plus long que le 2e : les 2e à 4e oblongs ou suboblongs, graduellement moins longs : le dernier allongé, un peu en massue, au moins égal aux 2 précédents réunis. *Ongles* grêles, arqués, offrant, entre eux, un petit lobe bicilié.

Obs. Les insectes de ce genre, lents dans leurs mouvements, vivent dans les eaux stagnantes. La France en fournit 2 espèces :

a. *Palpes* testacés. *Cuisses intermédiaires* densément pointillées, distinctement pubescentes. *Taille* assez grande. . . . . . . 1. HISPANICUM.

aa. *Palpes* noirs ou noirâtres. *Cuisses intermédiaires* modérément ponctuées, à peine pubescentes. *Taille* moindre. . . . . 2. ORBICULARE.

(1) On aperçoit rarement le bout d'un 6e arceau, saillant faiblement au delà du 5e et plus ou moins rétractile.

1. Cyclonotum Hispanicum, Kuster.

Subhémisphérique, très convexe, glabre et d'un noir brillant en dessus, plus mat et soyeux en dessous, avec les palpes, la base des antennes et les tarses testacés. Tête finement et densément ponctuée. Prothorax fortement transverse, aussi large en arrière que les élytres, finement et densément ponctué. Écusson finement pointillé. Élytres subhémisphériques, à peine subcomprimées sur les côtés, arrondies au sommet, un peu moins finement et à peine moins densément ponctuées que le prothorax. Métasternum lisse sur son milieu. Cuisses intermédiaires densément pointillées et distinctement pubescentes.

Cyclonotum Hispanicum, Kuster, Kaef. Eur. 13, 39. — Bedel, Faun. Col. Seine, I, p. 336, note 2. — De Marseul, l'Abeille, XX, p. 189, 108.
Cyclonotum orbiculare var., Rosenhauer, Thier. Andal. 1856, p. 59.

Long. 0,0047 ; — larg. 0,0038.

Corps subhémisphérique, très convexe, glabre, d'un noir brillant en dessus.

Tête bien moins large que le prothorax, subconvexe, finement et densément ponctuée, d'un noir brillant. *Labre* souvent caché, pointillé, subsinué et densément cilié-frangé de blond fauve, au sommet. *Palpes* testacés. *Yeux* obscurs, à reflets micacés.

Antennes d'un roux testacé parfois livide, à massue rembrunie.

Prothorax fortement transverse, arcuément rétréci d'arrière en avant, aussi large à sa base que les élytres, avec les angles postérieurs émoussés et les antérieurs subarrondis ; assez fortement convexe; finement et densément ponctué; d'un noir brillant, parfois à transparence latérale rougeâtre.

Ecusson finement et densément pointillé, noir.

Élytres grandes, subhémisphériques, à peine subcomprimées sur les côtés, plus ou moins arrondies au sommet ; très convexes, un peu moins finement et à peine moins densément ponctuées que la tête et le prothorax ; d'un noir brillant, moins foncé par transparence sur les côtés et à l'extrémité; à strie suturale effacée en avant, assez profonde en arrière.

Dessous du corps finement chagriné-pointillé-soyeux, presque mat, avec la région médiane du métasternum lisse et luisante.

Pieds noirs à tarses testacés. *Hanches* et *cuisses antérieures* chagrinées, mates et duveteuses sur la majeure partie de leur face antérieure ; les *intermédiaires* et *postérieures* obsolètement alutacées : celles-là finement densément et subaspèrement ponctuées et distinctement pubescentes, celles-ci presque glabres et plus finement et plus éparsement pointillées. *Tibias* à peine alutacés et éparsement pointillés, avec de courtes épines sur leurs tranches, en série double sur la supérieure de tous et à l'inférieure des postérieurs; les *antérieurs* brièvement ciliés-frangés en dessous dans leur dernier tiers, à éperons arqués, l'interne surtout. *Tarses* ciliés de blanc en dessous.

Patrie. Cette espèce habite le bord des marais et des fossés, parmi les plantes aquatiques. Je l'ai capturée dans les environs de Lyon, d'Aix-les-Bains (Savoie) et de Fréjus (Provence). M. Guillebeau l'a prise à Vals (Ardèche) et en Suisse. — (A R). Elle est aussi du Bourbonnais (Des Gozis), des Hautes-Pyrénées (Pandellé), des Alpes-Maritimes (Grouvelle).

Obs. Elle est remarquable par sa taille relativement assez grande et par la couleur testacée des palpes.

Quelquefois les genoux sont d'un roux de poix, et chez les immatures, la partie antérieure de la poitrine contracte une teinte rousse, ainsi que les hanches et trochanters des pieds adjacents. Rarement, les palpes sont maculés de brun.

2. **Cyclonotum orbiculare**, Fabricius.

Brièvement ovalaire, voûté, glabre et d'un noir brillant en dessus, plus mat et soyeux en dessous, avec les palpes noirâtres, la base des antennes et les tarses d'un testacé de poix. Tête finement et densément ponctuée. Prothorax fortement transverse, aussi large en arrière que les élytres, finement et densément ponctué. Ecusson très finement pointillé. Élytres courtement ovalaires, subcomprimées sur les côtés, arrondies au sommet, moins finement et à peine moins densément ponctuées que le prothorax. Métasternum presque lisse sur son milieu. Cuisses intermédiaires modérément ponctuées et à peine pubescentes.

L'Hydrophile noir lisse, à points, Geoffroy, Hist. Ins, I, p. 184, 3.
Hydrophilus orbicularis, Fabricius, 1775, Syst. ent., p. 229, 5. — Olivier, Ent III,

n° 39, p. 13, 8, pl. II, fig. 11, *a*, *b*. — LATREILLE, Hist. Nat. X, p. 64, 8. — GYLLENHAL, Ins. Succ. I, 118, 7.

Coelostoma orbiculare, AUDOUIN et BRULLÉ, Hist. Ins. II, p. 294. — LAPORTE DE CASTELNAU, Hist. Col. II, p. 58, 1.

Hydrobius orbicularis, STURM, Deut. Faun. X, p. 6, 3.

Cyclonotum orbiculare, ERICHSON, Col. March. I, p. 212. — HEER, Faun. Helv. I, 487, 1. — MULSANT, Palp. p. 148, 1. — FAIRMAIRE et LABOULBÈNE, Faun. Fr. I, p. 250, 1. — J. DUVAL, Gen. Hydroph. pl. 32, fig. 156. — THOMSON, Skand. Col. II, p. 101, 1 — BEDEL, Faun. Col. Seine, I, p. 336 et 341.

Long. 0,0036 ; — larg. 0,0027.

PATRIE. Cette espèce se trouve assez communément, dans les eaux stagnantes et parfois parmi les feuilles mortes et les détritus des lieux humides, dans presque toute la France. Elle n'est pas rare à Saint-Raphaël.

OBS. Elle ressemble beaucoup au *C. Hispanicum* avec lequel elle est souvent confondue. Elle est constamment moindre, un peu plus comprimée sur les côtés, ce qui la rend un peu moins hémisphérique et un peu plus voûtée. Les palpes sont toujours plus foncés, noirâtres ou brunâtres ; la base des antennes et les pieds sont d'un testacé moins pâle. Les cuisses intermédiaires sont un peu plus fortement et un peu moins densément ponctuées, avec leur pubescence moins apparente, etc.

Le bord antérieur du prosternum est tantôt inerme, tantôt relevé en dent sur son milieu.

Chez les immatures, les côtés du prothorax et des élytres, tournent au roux de poix, ainsi que les palpes, et parfois les tibias (1).

Genre *Dactylosternum*, DACTYLOSTERNE ; Wollaston.

WOLLASTON, Ins. Mad. 1854, p 99.

ETYMOLOGIE : δάκτυλος, doigt ; στέρνον, sternum.

CARACTÈRES. *Corps* ovale, peu convexe. *Yeux* entaillés par le canthus des joues. Le *dernier article des palpes maxillaires* sensiblement plus

(1) On rapporte à cette variété le *C. allobrox* de Laporte (p. 58, 2). Mais je ne partage pas cette opinion, car l'auteur donne à son insecte 1 l. 1/4 de longueur, au lieu que les plus petits échantillons du *C. orbiculare* dépassent 1 l. 1/2.

long que le pénultième, subfusiforme, étroitement tronqué au bout. *Elytres* très finement pointillées et, de plus, striées-ponctuées. *Prosternum* relevé en dent au milieu de son bord antérieur. *Lame mésosternale* fortement relevée, pentagonale. Le 1er *arceau ventral* surmonté sur sa ligne médiane d'une carène bien accusée, mais non prolongée tout à fait jusqu'au bord apical. *Pygidium* caché.

Obs. Ce genre étant basé sur une espèce cosmopolite et non essentiellement indigène, je me dispense de le décrire complètement. Tous les autres caractères sont ceux des Cyclonotes, et les mœurs également.

1. **Dactylosternum insulare**, Laporte.

Ovale ou ovale-suboblong, peu convexe, glabre et d'un noir luisant en dessus, plus mat et duveteux en dessous, avec les palpes, la base des antennes et les tarses testacés, ceux-ci parfois plus foncés. Tête subconvexe, très finement et très densément pointillée. Prothorax très court, aussi large en arrière que les élytres, très finement et très densément pointillé. Écusson très finement pointillé. Élytres ovales, subcomprimées et subparallèles jusqu'après le milieu de leurs côtés, largement arrondies au sommet; très finement et densément pointillées et, de plus, assez fortement striées-ponctuées, à stries assez profondes en arrière mais réduites en avant à des rangées striales de points plus petits et plus légers: la suturale déviant un peu vers son milieu, très accusée et presque imponctuée postérieurement. Métasternum finement pointillé et brillant sur son milieu. Cuisses très finement et éparsément pointillées, les antérieures avec une grande plaque basilaire mate et duveteuse.

Coelostoma insulare, Laporte de Castelnau, Hist. Col. II, p. 59, 9.
Coelostoma Rousseti, Wollaston, Ins. Mad. 100, 78, pl. 3, fig. 1.
Dactylosternum abdominale, Mulsant, Ann. Soc. Agr. Lyon, 1844, p. 179 (1).
Dactylosternum insulare, De Marseul, l'Abeille, 1883, XX, p. 191, 111.

Long. 0,0052 ; — Larg. 0,0030.

Patrie. Madère, Ile de France, Nouméa, Syrie, Alger, Marseille, etc.

Obs. Cette espèce qui est cosmopolite, se rencontre parfois autour de nos villes maritimes, mais elle n'y parait pas naturalisée. Elle diffère des

(1) L'*abdominale* de Fabricius (Syst. El. I, p. 94) est une espèce américaine.

Cyclonotes, outre les caractères génériques, par sa forme moins ramassée et moins convexe et surtout par ses élytres striées-ponctuées, etc.

Les tarses sont d'un testacé assez obscur. Parfois tous les pieds sont d'un rouge brun, à tarses plus clairs.

DEUXIÈME BRANCHE

SPHÉRIDIAIRES

CARACTÈRES. *Métasternum* simplement angulé ou largement tronqué dans le milieu de son bord antérieur. *Tibias* plus ou moins comprimés, plus ou moins fortement et triangulairement élargis de la base à l'extrémité, plus ou moins fortement épineux. *Antennes* de 8 ou 9 articles. *Corps* ovalaire ou hémisphérique. *Mœurs* terrestres, coprophiles ou mycétophiles.

Quatre genres français répondent à la branche des Sphéridiaires, savoir :

Antennes

- de 8 articles. *Yeux* échancrés par le canthus de l'épistome. *Écusson* très allongé. *Mésosternum* comprimé en lame verticale. 1er *arceau ventral* nullement caréné. *Hanches intermédiaires* légèrement distantes. *Forme* hémisphérique. *Taille* grande. . SPHAERIDIUM.
- de 9 articles. *Yeux* entiers ou presque entiers. *Écusson* en triangle subéquilatéral ou oblong. *Forme* plus ou moins ovalaire *Taille* petite. *Mésosternum* relevé en *lame horizontale*
  - moins large que longue, sublinéaire, elliptique ou ovale. *Prosternum* rétréci en angle entre les hanches antérieures. *Hanches intermédiaires* peu ou modérément distantes. *Côtés du ventre et du métasternum* mats et feutrés, le milieu de celui-ci surélevé et brillant. . CERCYON.
  - plus large que longue, pentagonale. *Prosternum* pentagonal ou en losange. *Hanches intermédiaires* largement distantes. *Côtés du ventre et du métasternum* non feutrés, aussi brillants que le milieu de celui-ci. *Côtés du prothorax*
    - assez tranchants, non repliés. *Prosternum* en pentagone assez régulier et caréné. *Tibias antérieurs* échancrés dans le dernier tiers de leur côté externe. *Dessus du corps* presque glabre. . . . . MEGASTERNUM.
    - mousses, repliés un peu en dessous et en triangle court. *Prosternum* en pentagone transverse, irrégulier, plan. *Tibias antérieurs* arqués à leur côté externe. *Dessus du corps* finement pubescent. . . . . . CRYPTOPLEURUM

Genre *Sphaeridium*, Sphéridie; Fabricius.

Fabricius, 1775, Sys. Ent., p. 66. — Mulsant, Palp. p. 150. — J. Duval, Gen. Hydroph. p. 95, pl. 32, fig. 157.

Etymologie : σφαιρίδιον, en forme de sphère.

Caractères. *Corps* suborbiculaire, plus ou moins convexe.

Tête assez grande, infléchie ou verticale, subcirculaire, tronquée en avant, engagée dans le prothorax, bien moins large que celui-ci. *Épistome* grand, transverse, occupant au moins la moitié de la tête, séparé du front par une très fine suture angulée, à sommet reculé au moins jusqu'au niveau supérieur des yeux ; subconvexe, largement tronqué en avant. *Labre* très court, tronqué ou à peine échancré à son bord apical, celui-ci garni d'une frange serrée de cils très courts, blonds et soyeux. *Mandibules* peu saillantes, assez robustes, arquées, à pointe simple et plus ou moins acérée. *Palpes maxillaires* assez développés, un peu moins longs que les antennes, de 4 articles : le 1er très court : le 2e grand, fortement renflé en massue : le 3e un peu plus court et surtout plus grêle, subobconique : le dernier un peu plus étroit et un peu plus court, subfusiforme. *Palpes labiaux* très courts, de 3 articles : le 1er très petit : le 2e assez épais, suboblong, obconique, longuement sétosellé-fasciculé au sommet en dedans : le dernier plus court, bien plus étroit, subcylindrique, subtronqué au bout. *Menton* grand, subtransverse, à peine échancré en avant, subarqué sur les côtés, souvent subconcave sur son disque, surtout antérieurement.

Yeux médiocres, peu saillants, recouverts en arrière par les angles antérieurs du prothorax, entaillés en devant par le canthus des joues.

Antennes médiocres, de 8 articles : le 1er très allongé, formant presque la moitié de la longueur totale, comprimé, subarqué, à peine en massue, éparsement cilié en dedans : les suivants formant un peu le coude relativement au scape : le 2e un peu moins épais, court, subangulé en dedans : le 3e encore plus court, le plus étroit de tous : le 4e un peu plus large, court, obconique : le 5e très court, cupiliforme, servant de base à la massue : celle-ci grande, brusque, oblongue, duveteuse et éparsement ciliée, de 3 articles dont les 2 premiers transverses et le dernier plus grand, subitement rétréci et mousse au bout.

Prothorax transverse, arcuément rétréci en avant, aussi large en arrière que les élytres ; bisinueusement échancré au sommet, largement et faiblement bisinué à la base ; sensiblement rebordé sur les côtés ; très finement au bord antérieur et sur les côtés du bord postérieur. *Repli* refoulé, confondu avec les pièces latérales du prosternum, formant une tranche avec la page supérieure.

Écusson en triangle très allongé.

Élytres grandes, larges, courtes, subsemihémisphériques, subarquées latéralement et largement arrondies au sommet, finement rebordées sur les côtés et plus obsolètement à la base ; creusées d'une strie suturale effacée en avant. *Repli* plus large à la base, plus ou moins enfoui ou vertical, postérieurement réduit à une tranche.

Prosternum très court, rétréci, entre les hanches antérieures, en pointe acérée, prolongée jusque près du sommet, scabreuse et subhispido-sétosellée sur le dos. *Antéépisternums* grands, irréguliers. *Mésosternum* très court, enfoui, relevé dans son milieu en une lame comprimée, verticale, arquée, scabreuse et subhispido-sétosellée sur sa tranche, prolongée, entre les hanches intermédiaires, en une petite lame en contrebas, explanée, en fer de flèche émoussée. *Médiépisternums* enfouis. *Métasternum* assez grand, transversalement coupé à son bord postérieur, simplement angulé dans le milieu de son bord antérieur, très obtusément entre les hanches postérieures entre lesquelles il émet 2 lanières très étroites et linéaires ; mat et feutré sur les côtés et surélevé dans son milieu en plaque plus brillante et simplement ponctuée. *Postépisternums* larges, un peu plus larges en avant, tronquées au sommet. *Postépimères* cachées.

Ventre de 5 arceaux apparents : le 1er un peu plus grand que les suivants : ceux-ci courts, subégaux : le dernier grand, semi-lunaire. *Pygidium* apparent.

Hanches antérieures subconiques, subobliques, subconvexes, scabreuses et sétosellées en devant, plus ou moins rapprochées ; les *intermédiaires* enfouies, transverses, déprimées, faiblement distantes ; les *postérieures* grandes, légèrement écartées, allongées, transverses, explanées, un peu rétrécies en dehors.

Pieds assez courts, robustes. *Trochanters* médiocres, en onglet. *Cuisses* comprimées, élargies surtout à leur base, plus ou moins rainurées en dessous pour recevoir les tibias à l'état de repos ; les *antérieures* mates et feutrées dans les deux derniers tiers de leur face antérieure, excepté vers le genou. *Tibias* subcomprimés, fortement et triangulairement élargis de la base à l'extrémité, très fortement et éparsement épineux ; armés à leur sommet interne de 2 forts éperons acérés, dont l'externe moins long ; les *antérieurs* rainurés en dessous à leur extrémité pour loger les tarses. *Tarses* grêles, subcomprimés, brièvement ciliés en dessous, un peu moins longs que les tibias ; les *antérieurs* moins développés, avec les 4 premiers articles plus ou moins courts, subégaux ou le 1er un peu moins court ; les *intermédiaires* et *postérieurs* à 1er article allongé, au moins subégal aux 3 suivants réunis : ceux-ci assez courts, graduellement un peu plus courts ; le dernier allongé, moins long que le 1er, sublinéaire, au moins égal aux 2 précédents réunis. *Ongles* grêles, arqués, offrant entre eux un petit lobe bicilié.

Obs. Ce genre, dont les espèces, assez agiles et peu nombreuses, se plaisent dans les matières stercoraires, est bien distinct par sa forme subhémisphérique, ses antennes de 8 articles, ses yeux échancrés, son écusson très allongé et son premier arceau ventral sans carène, etc.

Il est représenté par 2 espèces françaises :

a. *Angles postérieurs du prothorax* obtus et émoussés. *Élytres* généralement parées chacune de 2 taches ; à *suture noire* prolongée jusqu'au sommet. *La flèche du mésosternum* plane, unie. *Taille* grande. . . . . 1. SCARABAEOIDES.

aa. *Angles postérieurs du prothorax* bien accusés, droits ou subaigus. *Élytres* généralement avec 1 seule tache apicale ; à *suture noire* interrompue à la rencontre de celle-ci avec laquelle elle se confond. *La flèche du mésosternum* rebordée sur les côtés et carénée sur sa ligne médiane. *Taille* moindre. . 2. BIPUSTULATUM.

1. **Sphaeridium scarabaeoides**, Linné.

Suborbiculaire, assez convexe, très finement et très densément pointillé, d'un noir brillant en dessus, mat et duveteux en dessous, avec la base des antennes et les pieds d'un brun de poix et les élytres parées d'une tache subhumérale rouge et d'une tache apicale plus grande, plus tranchée, irrégulière et d'un jaune orangé. Tête peu convexe. Prothorax arcuément rétréci en avant, aussi large en arrière que les élytres, à angles antérieurs très obtus et les postérieurs obtus et émoussés. Écusson très allongé. Élytres subsemiorbiculaires, subarquées sur les côtés et largement arrondies au sommet, avec des séries de points un peu plus gros, brunâtres et seulement visibles sur la tache apicale, et la suture noire prolongée jusqu'au sommet et divisant en deux la tache apicale. La flèche du mésosternum plane et unie.

♂ *Tarses antérieurs* avec les 2e à 4e articles très courts, à *onychium* fortement dilaté et l'*ongle externe* fortement épaissi et recourbé en grappin.

♀ *Tarses antérieurs* de forme et de grosseur normales.

Dermestes scarabaeoides, LINNÉ. Faun. Suec. p. 145, 428.
Le Dermeste à 4 points rouges, GEOFFROY, Hist. Ins. I, 106, 17.
Sphaeridium scarabaeoides, FABRICIUS, Syst. Ent. p. 66, 1. — OLIVIER, Ent. t. II, n. 15, p. 4, 1, pl. I, fig. 1, *a-e*. — LATREILLE, Hist. Nat. X, p. 78, 1. — STURM, Deut. Faun. II, p. 5, pl. 21. — GYLLENHAL, Ins. Suec I, p 100, 1. — AUDOUIN et BRULLÉ, Hist. II, p. 292, pl. 13, fig. 1. — LAPORTE DE CASTELNAU, Hist. Col. II, p. 60, 2. — HEER, Faun. Helv. I, p. 487, 1. — MULSANT, Palp. p. 151, 1.— FAIRMAIRE et LABOULBÈNE, Faun. Fr. I, p. 250, 1. — J. DUVAL, Gen. Hydroph, pl. 32, fig. 157. — THOMSON, Skand. Col. II, p. 102, 1. — BEDEL, Faun. Col. Seine, I, p. 335 et 340, 1.

Variété *a*. *Prothorax* et parfois *élytres* parés latéralement d'une bordure d'un jaune orangé.

Variété *b*. *Élytres* sans tache humérale.

Sphaeridium lunatum, FABRICIUS, Ent. Syst. I, p. 78, 2 (1).
Sphaeridium scarabaeoides var. *b*, HEER, Faun. Helv. I, p. 187 ; — var *C*, MULSANT, p. 152. — FAIRMAIRE et LABOULBÈNE, Faun. Fr. I, var. *B*.

Variété *c*. *Élytres* obsolètement striées en dedans à leur base.

Sphaeridium striolatum, HEER, Faun. Helv. I, p. 487, 2.

Long. 0,0060; — larg. 0,0045.

PATRIE. Cette espèce est commune dans toute la France, dans les bouses fraîches.

OBS. Elle est remarquable par sa grande taille et par ses élytres parées chacune de 2 taches rouges, dont l'apicale plus grande, plus pâle, plus tranchée, sinueuse en devant et commune aux deux étuis avec une étroite interruption à la suture.

(1) A part la taille moindre, le *lunatum* de Laporte (p. 60, 4) semble se rapporter ici.

Outre les variétés susindiquées, les palpes et la base des antennes sont parfois lavées de testacé ; les pieds, souvent tachés de roux, sont rarement en majeure partie testacés avec les tranches des tibias et une grande tache à la face antérieure des cuisses, plus ou moins rembrunies.

Le *Sp. 4-maculatum* de Küster a la bordure apicale réduite à une petite tache rousse isolée. — Corse (Revelière).

A un fort grossissement, on aperçoit sur les élytres de très fines lignes mêlées à la ponctuation, souvent indistinctes, les internes longitudinales, les externes obliques.

La larve du S. *scarabaeoides* a été décrite par Schioedte (Nat. Tidss., I, p. 220, pl. VI, fig. 1-10)

2. **Sphaeridium bipustulatum**, Fabricius.

Suborbiculaire, assez convexe, très finement et très densément pointillé, d'un noir brillant en dessus, presque mat et duveteux en dessous, avec les pieds d'un roux livide à cuisses largement tachées de noir dans leur milieu, le prothorax et les élytres étroitement bordés de roux sur leurs côtés et celles-ci parées, en outre, d'une grande tache apicale semi-lunaire, d'un jaune rouge. Tête peu convexe. Prothorax arcuément rétréci en avant, aussi large en arrière que les élytres, à angles antérieurs très obtus et les postérieurs bien accusés, droits ou subaigus et un peu déjetés en arrière. Écusson très allongé. Élytres subsemiorbiculaires, à peine arquées sur les côtés et largement arrondies au sommet, avec des séries de points un peu plus gros et la suture noire interrompue à la rencontre de la tache apicale et fondue avec elle. La flèche du métasternum rebordée sur les côtés et carénée sur sa ligne médiane.

♂ *Tarses antérieurs* avec les 2e à 4e articles très courts, à *onychium* fortement dilaté et l'*ongle externe* fortement épaissi et recourbé en grappin.

♀ *Tarses antérieurs* de forme et de grosseur normales.

Sphaeridium bipustulatum, Fabricius, 1781, Spec. Ins. I, p. 78, 2. — Olivier, Ent. II, n. 15, p. 5, 2, pl. II, fig. 11, *a*, b. — Latreille, Hist. nat. X, p. 79, 2. — Mulsant, Palp. p. 153, 2. — Fairmaire et Laboulbène, Faun. Fr. I, p. 250, 2.

— THOMSON, Skand. Col. II, p. 102, 2. — BEDEL, Faun. Col. Seine, I, p. 335 et 340, 2 (1).

Variété *a*. *Élytres* marquées d'une tache subhumérale rouge, outre la tache apicale.

Dermestes 4-maculatus, MARSHAM, Ent. Brit. p. 66, 15.
Sphaeridium marginatum, AUDOUIN et BRULLÉ, Hist. Ins. II, p. 292.
Sphaeridium bipustulatum, LAPORTE DE CASTELNAU, Hist. Col. II, p. 60, 5.

Variété *b*. *Élytres* marquées d'une tache subhumérale rouge, mais sans tache apicale.

Variété *c*. *Prothorax* et *élytres* noires, avec la seule bordure latérale rousse, souvent réduite au rebord même.

Sphaeridium marginatum, FABRICIUS, Mant. Ins. I, 43, 5. — OLIVIER, Ent. II, n. 15, p. 6, 4, pl. I, fig. 3, *a*, *b*. — LATREILLE, Hist. Nat. X, p. 79, 3. — GYLLENHAL, Ins. Suec. I, 101, 2. — LAPORTE DE CASTELNAU, Hist. Col. II, p. 60, 3. — HEER, Faun. Helv. I, p. 488, 3. — THOMSON, Skand. Col. X, p. 123, 3.

Variété *d*. *Élytres* obsolètement striées-ponctuées.

Sphaeridium semistriatum, LAPORTE DE CASTELNAU, Hist. Col. II, p. 60, 6.

Variété *e*. *Corps* entièrement roux ou testacé, (immature). *Taille* un peu moindre.

Sphaeridium testaceum, HEER, Faun. Helv. I, p. 488, 4.

Long. 0,0045 ; — larg. 0,0036.

PATRIE. Cette espèce se trouve avec la précédente.

OBS. Elle s'en distingue par sa taille moindre, par son prothorax plus visiblement bisinué à sa base et à angles postérieurs bien accusés, et par ses élytres ordinairement sans tache subhumérale, etc.

Elle varie beaucoup pour la couleur des élytres dont les taches sont plus ou moins réduites et souvent nulles. Quelquefois, elles présentent des rangées de points enfoncés plus forts, converties postérieurement en véritables stries ponctuées (*substriatum*, Dej., *semistriatum*, Lap.).

Thomson regarde le *S. marginatum* comme une espèce. Quant à moi, j'ai trouvé toutes les transitions.

(1) Le *Sphaeridium humerale* d'Olivier (Ent. II, n° 15, p. 8, 8, pl. 1, fig. 2) me semblerait convenir aux *Liodes humeralis* ?

La larve du *S. bipistulatum* a été décrite et figurée par Schioedte (Nat. Tidss. 1862, I, p. 221, pl. VI, fig. 11-15).

Genre *Cercyon*, CERCYON ; Leach.

LEACH, 1817, Zool. Miscell. III, 95. — MULSANT, Palp. p. 156. — J. DUVAL Gen. Hydroph p. 95, pl. 32, fig. 158.

ETYMOLOGIE : Κερκύων, nom mythologique.

CARACTÈRES. *Corps* plus ou moins ovalaire, plus ou moins convexe.

Tête assez grande, infléchie, subarrondie, tronquée en avant, engagée dans le prothorax, bien moins large que celui-ci. *Epistome* grand, transverse, non ou peu distinct du front, tronqué ou très rarement subsinué au sommet, finement rebordé à celui-ci. *Labre* très court, souvent peu apparent, tronqué ou à peine échancré et cilié-frangé à son bord apical. *Mandibules* peu saillantes, arquées, à pointe simple et plus ou moins acérée. *Palpes maxillaires* médiocres, un peu moins longs que les antennes, de 4 articles : le 1er très court : le 2e grand, fortement et ovalairement renflé : le 3e un peu plus court et bien plus étroit, subobconique : le dernier au moins égal au précédent, subfusiforme, parfois mousse au bout (1). *Palpes labiaux* courts, de 3 articles : le 1er peu distinct : le 2e assez épais, suboblong, sétosellé-fasciculé au sommet : le dernier un peu plus court et plus étroit. *Menton* grand, trapéziforme, subarqué sur les côtés et souvent au sommet, quelquefois subexcavé antérieurement.

Yeux médiocres, peu saillants, subarrondis, entiers, recouverts en arrière par les angles antérieurs du prothorax.

Antennes médiocres, de 9 articles : le 1er très allongé, formant un peu moins de la moitié de la longueur totale, comprimé, subarqué, à peine en massue : le 2e un peu moins épais que le sommet du 1er, court, conique : le 3e grêle, plus court, à peine oblong : les 4e et 5e petits, courts : le 6e très court, cupuliforme, servant de base à la massue : celle-ci grande, brusque, ovale-oblongue, pubescente, de 3 articles,

(1) Mulsant donne le dernier article comme plus court que le précédent, mais c'est l'exception ; il est même quelquefois plus long.

dont le 1er court, obconique, le 2e très court et le dernier plus grand, subitement rétréci et mousse au bout.

Prothorax fortement transverse, arcuément rétréci en avant, un peu ou à peine moins large en arrière que les élytres ; bisinueusement échancré au sommet, subarqué dans le milieu de sa base ; finement rebordé sur les côtés et plus rarement en arrière. *Repli* étroit, refoulé en dessous, formant une tranche avec la page supérieure.

Écusson médiocre, en triangle un peu plus long que large.

Élytres grandes, larges, subovalaires, subarquées sur les côtés, subarrondies ou parfois subacuminées au sommet ; finement rebordées sur les côtés (1) ; régulièrement striées-ponctuées avec une strie suturale plus profonde surtout postérieurement. *Repli* assez large et horizontal à la base, réduit à une tranche dès le sommet du métasternum.

Prosternum court, rétréci entre les hanches antérieures en triangle caréné. *Antéépisternums* très grands, irréguliers. *Mésosternum* court, enfoui, relevé dans son milieu en lame horizontale sublinéaire, elliptique ou ovale-oblongue, toujours moins large que longue, souvent atténuée aux 2 bouts. *Médiépisternums* enfouis. *Métasternum* assez grand, subtransversalement coupé à son bord postérieur, simplement angulé dans le milieu de son bord antérieur avec le sommet de l'angle très rarement entaillé ; subtronqué au devant les hanches postérieures avec la troncature émettant de son milieu, entre celles-ci, une petite pointe conique, un peu enfouie ; mat et feutré sur les côtés et surélevé sur son milieu en aire plus brillante et simplement ponctuée. *Postépisternums* assez larges, subparallèles, tronqués au sommet. *Postépimères* cachées.

Ventre généralement plus ou moins feutré à la base et sur les côtés, de 5 segments apparents : le 1er plus grand que les suivants, caréné sur toute sa ligne médiane : ceux-ci courts, subégaux : le dernier grand, semi-lunaire. *Pygidium* caché.

Hanches antérieures ovales-oblongues, obliques, convexes en devant, légèrement distantes ; les *intermédiaires* enfouies, transverses, déprimées, assez écartées ; les *postérieures* très rapprochées intérieurement, transverses, explanées, un peu rétrécies en dehors.

Pieds courts, assez robustes. *Trochanters* médiocres, en onglet. *Cuisses* comprimées, plus ou moins élargies à leur base, rainurées en dessous pour recevoir les tibias ; les *antérieures* mates et feutrées dans les deux

(1) La base, presque toujours recouverte par le prothorax, paraît très finement rebordée, par la désarticulation.

premiers tiers de leur face antérieure. *Tibias* plus ou moins comprimés, plus ou moins triangulairement élargis de la base à l'extrémité, armés sur leurs arêtes et sur la face antérieure des intermédiaires et postérieurs de rangées longitudinales d'épines plus ou moins fortes ; terminées en outre, à leur sommet, interne, par 2 forts éperons ; les *antérieurs* rainurés en partie, en dessous, pour loger les tarses. *Tarses* grêles, subcomprimés, brièvement ciliés en dessous, moins longs que les tibias ; les *antérieurs* un peu moins développés, à 4 premiers articles assez courts, subégaux ; les *intermédiaires* et *postérieurs* à 1er article plus ou moins allongé, subégal aux 2 ou 3 suivants réunis : ceux-ci oblongs ou suboblongs, graduellement moins longs : le dernier allongé, à peine aussi long que le 1er, sublinéaire, au moins égal aux 2 précédents réunis *Ongles* petits, grêles, arqués, subdentés à leur base en dessous, offrant entre eux 1 ou 2 soies rapprochées.

Obs. Les insectes de ce genre sont assez nombreux et de petite taille ; ils vivent dans les bouses, parmi les détritus humides ou même sous les pierres au bord des eaux. J'en donnerai 2 tableaux.

a. *Lame mésosternale* allongée, au moins 3 fois aussi longue que large.

b. *Côtés du prothorax* subsinués au devant des angles postérieurs. *Tête* inclinée. *Élytres* subdéprimées sur leur région suturale. *Lame mésosternale* étroite. *Ventre* entièrement mat et feutré, terminé par un petit tubercule. *Forme* ovale-oblongue *(Ercycon* R, anagramme de *Cercyon).*

c. *Tibias antérieurs* échancrés au sommet de leur tranche externe. *Épistome* subsinué en avant. *Stries des élytres* plus profondes à leur extrémité. *Coloration* variable. *Taille* médiocre. . . . . 1. LITTORALIS.

cc. *Tibias antérieurs* non échancrés au sommet. *Épistome* tronqué. *Stries des élytres* effacées à leur extrémité qui est rousse ou testacée.

d. *Stries des élytres* très fines, obtusément ponctuées, obsolètes vers la base et les côtés, tout à fait effacées au sommet ; à *interstries* à peine pointillés, subalutacés surtout en arrière. *Corps* assez brillant. *Taille* assez petite. . . . . 2. DEPRESSUS.

dd. *Stries des élytres* fines, distinctement ponctuées surtout sur les côtés, assez marquées vers ceux-ci et vers la base, confuses et remplacées en arrière par des points bien accusés ; à *interstries* éparsement mais visiblement ponctués, à fond lisse. *Corps* brillant. *Taille* petite. . . . 3. ARENARIUS.

bb. *Côtés du prothorax* régulièrement arqués dès leur base. *Tête* infléchie. *Élytres* plus ou moins convexes *(Cercyon* in sp.).

e. *Angle antérieur du métasternum* nullement entaillé à son sommet (1). Le 9e *interstrie des élytres* au moins bisérialement ponctué.

f. *Prothorax* bombé, formant (vu de profil) avec les élytres 2 courbes distinctes. *Celles-ci* nettement tachées de rouge à leur extrémité, à ponctuation plus fine que celle du prothorax; à 10e *strie* atteignant l'épaule en se rapprochant de la 7e. *Lame mésosternale* souvent longitudinalement subsillonnée. *Taille* moyenne. . . . . 4. HAEMORRHOUS.

ff. *Prothorax* et *élytres* formant ensemble (vus de profil) une courbe unique. *Celles-ci* à ponctuation aussi distincte et non moins fine que celle du prothorax, au moins à leur base; à *stries externes* effacées derrière les épaules. *Lame mésosternale* toujours plane ou subconvexe.

g. *Palpes, repli des élytres* et *pieds* (au moins les cuisses) noirs ou brunâtres (2). *Rebord latéral du prothorax* nullement ou vaguement continué sur la base. *Élytres* en majeure partie noires, ou rousses tachées de noir. *Prothorax* immaculé.

h. *Aire médiane du métasternum* sans prolongement latéral oblique. *Élytres* subarrondies au sommet, à *angle sutural* droit ou presque droit, à *ponctuation* nette et serrée sur toute leur surface; noires, confusément rougeâtres à leur extrémité. *Angles postérieurs du prothorax* presque droits. *Taille* assez grande. . . . . 5. OBSOLETUS.

hh. *Aire médiane du métasternum* avec un prolongement latéral oblique en forme d'arête. *Angles postérieurs du prothorax* obtus ou subobtus.

i. *Prothorax* marqué d'un petit trait antéscutellaire enfoncé. *Élytres* noires, à extrémité rousse, sensiblement rétrécies en arrière dès après les épaules, arrondies au sommet; à *angle sutural* droit mais émoussé. *Taille* moyenne. . . . . . . 6. IMPRESSUS.

ii. *Prothorax* sans trait antéscutellaire. *Élytres* faiblement et arcuément rétrécies en arrière, subacuminées au sommet; à *angle sutural* généralement plus ou moins prolongé en forme de bec.

(1) Cet angle se trouve alors en contre-bas de la pointe postérieure de la lame mésosternale.

(2) Chez les immatures, les pieds sont parfois entièrement roux ou testacés, ainsi que le repli des élytres, mais les palpes restent plus ou moins lavés de brun. Chez les adultes, les cuisses sont toujours plus ou moins rembrunies, les tibias souvent d'un roux brun et les tarses plus clairs.

k. *Élytres* le plus souvent noires à tache apicale testacée ; à *ponctuation* nette et serrée sur toute la face ; à *repli* d'un roux de poix. *Taille* moyenne. 7. HAEMORRHOIDALIS.

kk. *Elytres* rouges à taches subhumérale et scutellaire noires ; à *ponctuation* moins nette et moins serrée, surtout en arrière ; à *repli* noir ou noirâtre. *Taille* ordinairement moindre. . . . 8. MELANOCEPHALUS.

gg. *Palpes, repli des élytres* et *pieds* roux ou testacés, ainsi que les côtés du prothorax (au moins en partie).

l. *Ponctuation des élytres* nette et assez serrée sur toute leur surface. *Lame mésosternale* généralement très étroite.

m. *Élytres* en majeure partie d'un noir de poix, plus ou moins lavées de roux. *Taille* moyenne.

n. *Elytres* noires, à tache apicale testacée bien tranchée, remontant latéralement jusque vers l'épaule. *Prothorax* un peu roussâtre aux angles antérieurs, les *postérieurs* presque droits. *Palpes* roux, à dernier article rembruni. . . . . 9. AQUATICUS.

nn. *Élytres* noires ou brunes, souvent plus claires à leur extrémité, mais sans tache apicale bien tranchée. *Prothorax* largement roussâtre sur les côtés, à *angles postérieurs* subobtus. *Palpes* testacés, à dernier article à peine moins clair. . . . 10. LATERALIS.

mm. *Élytres* en majeure partie testacées.

o. *Élytres* testacées, à suture postérieurement noire, dilatée en une tache médiane commune aux deux étuis. *Côtés du prothorax* largement roux. *Taille* moyenne. . . . . 11. UNIPUNCTATUS.

oo. *Élytres* entièrement testacées. *Côtés du prothorax* moins nettement roux et souvent d'une manière confuse. *Taille* petite. . . . . 12. QUISQUILIUS.

ll. *Ponctuation des élytres* plus fine, plus éparse et moins distincte sur leur moitié postérieure. *Taille* petite ou très petite.

p. *Rebord latéral du prothorax* continué sur la base, avec les *angles postérieurs* obtus et subarrondis. *Aire médiane du métasternum* à prolongement latéral oblique. *Élytres* rousses, à disque souvent rembruni, à *stries* nettes. *Lame mésosternale* très étroite. *Prothorax* rougeâtre sur les côtés. *Taille* petite. . . . . 13. CENTROMACULATUS.

pp. *Rebord latéral du prothorax* non continué sur la base, avec les *angles postérieurs* subobtus mais non arrondis. *Élytres* noires, largement rousses en arrière. *Prothorax* entièrement noir.

q. *Aire médiane du métasternum* sans prolongement latéral oblique. *Élytres* noires, à côtés très largement roux, à *stries* nettes dans toute leur longueur. *Lame mésosternale* assez étroite. *Taille* petite. . 14. TERMINATUS.

qq. *Aire médiane du métasternum* à prolongement latéral oblique. *Élytres* rougeâtres, à large tache suturale noire, à *stries internes* obsolètes à leur base. *Lame mésosternale* très étroite. *Taille* très petite. . . . . 13. PYGMAEUS.

ee. *Angle antérieur du métasternum* relevé jusqu'au niveau de la pointe postérieure de la lame mésosternale et entaillé pour la recevoir. Le 9e *interstrie des élytres* unisérialement ponctué, *celles-ci* subacuminées au sommet. *Corps* subovale-oblong. *Taille* très petite. . . . . . 16. ANALIS.

1. Cercyon (Ercycon) littoralis, Gyllenhal.

Ovale-oblong, légèrement convexe, d'un noir brillant en dessus, mat et duveteux en dessous, avec la base des antennes testacée, les palpes, le sommet des élytres et les pieds roux. Tête inclinée, subconvexe, finement et densément ponctuée. Épistome subsinué dans le milieu de son bord apical, à rebord souvent roux. Prothorax fortement transverse, subrétréci en avant, à peine moins large en arrière que les élytres, arcuément et subangulairement dilaté vers le milieu de ses côtés qui sont subsinués au devant des angles postérieurs ; convexe, finement et densément ponctué. Écusson triangulaire, un peu plus long que large, éparsement pointillé. Élytres ovales, à peine arquées sur les côtés et obtusément acuminées au sommet, subdéprimés sur leur région suturale, finement striées-subponctuées, plus profondément à leur extrémité, à interstries très finement et densément ponctués, plans à la base, convexes en arrière. Lame mésosternale étroite, rétrécie aux 2 bouts, ventre entièrement mat et feutré, terminé par un petit tubercule plus brillant. Tibias assez fortement épineux, les antérieurs échancrés au sommet de leur tranche externe.

Sphaeridium littorale, Gyllenhal, Ins. Suec. I, p. 111, 13.
Cercyon littorale, Mulsant, Palp. p. 172, 9 (partim). — Fairmaire et Laboulbène, Faun. Fr. I, p. 233, 7. — Thomson, Skand. Col. II, p. 104, 1. — Bedel, Faun. Col. Seine, I, p. 337 et 341, 1.

Variété *a*. *Élytres* parées d'une grande tache apicale testacée.

Variété *b*. *Côtés du prothorax* et des *élytres* roux : celles-ci avec l'extrémité et souvent la région scutellaire testacées.

Variété *c*. *Prothorax* et *élytres* entièrement roux, celles-ci à base et extrémité plus pâles.

Variété *d*. *Élytres* d'nn jaune testacé, parées chacune d'une tache subsuturale noire.

Long. 0,0030 ; — larg. 0,0020.

Corps ovale-oblong, légèrement convexe, d'un noir brillant en dessus.

Tête inclinée, subconvexe, bien moins large que le prothorax, finement et densément ponctuée ; d'un noir brillant. *Épistome* subsinué à son bord apical qui est finement rebordé et à rebord souvent roux. *Labre* caché. *Palpes* roux : le dernier article des maxillaires subégal au pénultième, à peine plus épais, mousse au bout. *Yeux* obscurs.

Antennes à scape testacé, le funicule un peu plus foncé et la massue d'un gris brunâtre.

Prothorax fortement transverse, subrétréci en avant, à peine moins large en arrière que les élytres ; à côtés, vus latéralement, subarcuément angulés vers leur milieu et puis subsinués ou déviés au devant des angles postérieurs, avec ceux-ci assez marqués mais subobtus et les antérieurs avancés, droits ou subaigus ; convexe, finement et densément ponctué, avec un léger espace plus lisse au devant de l'écusson ; d'un noir brillant, parfois rougeâtre.

Écusson triangulaire, un peu plus long que large, très finement et éparsement pointillé.

Élytres ovales, à peine ou faiblement arquées sur les côtés et obtusément acuminées au sommet ; peu convexes ou subdéprimées sur leur région suturale jusqu'après le milieu ; finement striées, à stries distinctement ponctuées à leur base, moins visiblement en arrière où elles sont plus creusées ; à interstries très finement et densément ponctués, plans antérieurement, convexes postérieurement ; d'un noir brillant, à extrémité souvent roussâtre

Dessous du corps d'un noir mat et feutré, avec l'aire médiane du métasternum et la lame mésosternale brillantes et simplement et subéparsement ponctuées : celle-ci étroite, rétrécie aux 2 bouts. *Ventre* entièrement mat et feutré, avec un petit tubercule terminal, lisse et brillant.

Pieds roux, à tarses plus clairs. *Cuisses* éparsement ponctuées ; les *intermédiaires* à peine pubescentes ; les *antérieures* avec une plaque mate et feutrée couvrant leurs deux premiers tiers ainsi que la base des hanches adjacentes (1) : celles-ci et les autres plus ou moins obscures. *Tibias* assez fortement et sérialement épineux ; les *antérieurs* échancrés au sommet de leur tranche externe, avec l'échancrure limitée inférieurement par l'éperon extérieur. *Tarses* brièvement ciliés de blond en dessous.

Patrie. Cette espèce est assez commune sous les détritus des plages, sur tout le littoral de la Manche et de l'Océan. Elle est également indiquée des bords de la Méditerranée, mais je ne l'y ai pas rencontrée.

Obs. Elle se distingue de tous ses congénères par l'échancrure terminale des tibias antérieurs.

Elle varie beaucoup pour la couleur du prothorax et des élytres qui passent du noir au roux testacé, avec ces dernières plus ou moins tachées de testacé à leur base, sur leurs côtés et à leur extrémité, la suture restant postérieurement presque toujours rembrunie. La forme typique, à élytres entièrement noires, est plus rare que les variétés maculées. Le dessous du corps devient plus ou moins roussâtre suivant les modifications de couleur de la page supérieure.

La variété *d* est surtout remarquable par ses élytres d'un jaune testacé, avec la base et l'extrémité de la suture rembrunies, et une tache subsuturale noirâtre située sur le tiers postérieur de chaque étui. Elle simule un peu, quant au dessin, le *C. unipunctatus*, et elle m'a été donnée par M. E. Hervé, de la Société d'Études scientifiques de Morlaix (Finistère). — C'est peut-être là le *C. binotatum* de Stephens?

Les *binotatum*, *ruficorne* et *dilatatum* de Stephens (Ill. Brit. II, p. 137 et 138) se rapportent aux diverses variétés du *littoralis*.

Thomson (Skand. Col. II, p. 103 et 104) a donné la description de la larve du *C. littoralis*, reproduite et augmentée plus tard par Schioedte (Nat. Tidss. I, p. 220, pl. VII, fig. 1).

2. **Cercyon (Ercycon) depressus**, Stephens.

Ovale-oblong, légèrement convexe, d'un noir assez brillant en dessus, mat et duveteux en dessous, avec l'extrémité des élytres d'un roux testacé, les antennes testacées, la massue de celles-ci et les pieds obscurs, les

(1) Cette disposition de feutrage affecte la plupart des espèces.

palpes, les genoux et les tarses d'un roux de poix. Tête inclinée, subconvexe, finement et densément ponctuée. Épistome tronqué au sommet, à rebord un peu roussâtre. Prothorax fortement transverse, subrétréci en avant, à peine moins large en arrière que les élytres, subangulé vers le milieu de ses côtés qui sont subsinués au-devant des angles postérieurs ; convexe, finement et densément ponctuée. Écusson triangulaire, un peu plus long que large, éparsément pointillé. Élytres ovales, à peine arquées sur les côtés et subarrondies au sommet, subdéprimées sur leur région suturale ; très finement striées-subponctuées, à stries-obsolètes vers la base et les côtés et tout à fait effacées à l'extrémité ; à interstries à peine et éparsement pointillés et à fond subalutacé surtout en arrière, plans sur tout leur développement. Lame mésosternale étroite, rétrécie aux 2 bouts. Ventre entièrement mat et feutré, terminé par un très petit tubercule peu distinct. Tibias médiocrement épineux. Les antérieurs non échancrés au sommet.

Cercyon depressum, Stephens, 1829, Ill. Brit. II, p. 138. — Bedel, Faun. Col. Seine, I, p. 337 et 341, 2. — De Marseul, l'Abeille, XX, Palp. p. 191, 112.
Cercyon dorso-striatum, Thomson, Oefv. Vet. Ac. Foerh. 1853, p. 54, 2 ; — Skand. Col. II, p. 104, 2.

Long. 0,0022 ; — larg, 0,0014.

Patrie. Cette espèce est rare. Elle se trouve sur les côtes de la Manche et de l'Océan. Je l'ai prise au Hâvre et je l'ai reçue de Dieppe de feu M. Maurel.

Obs. Elle est bien distincte du *C. littoralis* par la structure des tibias antérieurs non échancrés, de l'épistome non sinué en avant et des stries des élytres effacées en arrière. La taille est sensiblement moindre et la couleur un peu moins brillante, surtout aux élytres dont les interstries, subalutacés, sont moins densément, plus finement et moins distinctement pointillés, plans et nullement convexes postérieurement, avec la tache apicale plus constante et plus tranchée, etc.

La lame mésosternale paraît encore plus étroite. Le tubercule terminal du ventre est peu distinct et à peine plus distant. Les pieds sont obscurs, avec les tibias souvent d'un rouge brun, avec leur base, les genoux et les tarses un peu plus clairs.

3. Cercyon (Ercycon) arenarius, Rey.

Ovale-oblong, légèrement convexe, d'un noir brillant en dessus, mat et duveteux en dessous, avec les palpes et les antennes d'un testacé de poix, la massue de celles-ci d'un gris brunâtre, l'extrémité des élytres roussâtre, les tibias et les tarses d'un rouge-brun. Tête inclinée, subconvexe, finement et densément ponctuée. Épistome tronqué au sommet, à rebord un peu roussâtre. Prothorax fortement transverse, subrétréci en avant, à peine moins large en arrière que les élytres, arcuément subangulé vers le milieu de ses côtés qui sont subsinués au-devant des angles postérieurs ; assez convexe, finement et assez densément ponctué. Écusson triangulaire, un peu plus long que large, éparsement pointillé. Élytres ovales, à peine arquées sur les côtés et arrondies en arrière, subdéprimées sur leur région suturale ; finement striées-subponctuées, à stries assez marquées vers la base et les côtés, confuses et remplacées au sommet par des points sans ordre mais bien accusés ; à interstries plans, très finement et éparsement pointillés et à fond lisse. Lame mésosternale étroite, rétrécie aux 2 bouts mais plus effilée en avant. Ventre entièrement mat et feutré, terminé par un petit tubercule brillant, Tibias médiocrement épineux, les antérieurs non échancrés à leur sommet.

Long., 0,0020 ; — larg., 0,0012.

Patrie. Cette espèce est commune sous les détritus, les excréments, les Algues, etc., dans les dunes sablonneuses, sur tout le littoral de la Méditerranée : Saint-Raphaël, Fréjus, Hyères, Marignane, Aiguesmortes, Cette, Collioure, etc.

Obs. Elle est difficile à distinguer du *C. depressus*. Elle est un peu plus brillante et d'une taille moindre. Les angles antérieurs du prothorax sont un peu moins arrondis. Les élytres ont leurs stries moins finement, un peu plus visiblement ponctuées, moins obsolètes vers la base et les côtés, à interstries à fond plus lisse et plus distinctement ponctués, et à extrémité rousse ordinairement moins tranchée, criblée de points confus et bien accusés, au lieu d'être simplement alutacée, etc.

Les pieds sont d'un rouge brun plus ou moins foncé avec les tarses un peu plus clairs, les cuisses et les hanches plus ou moins rembrunies.

La tache apicale des élytres est plus ou moins confuse et rousse, parfois plus claire et assez tranchée; d'autres fois elle s'étend sur les côtés et finit par envahir toute la surface.

4. Cercyon haemorrhoüs, GYLLENHAL.

Ovale, convexe, d'un noir brillant en dessus, mat et duveteux en dessous (1), avec l'extrémité des élytres rougeâtre, les tarses, les palpes et les antennes testacés, la massue de celles-ci rembrunie. Tête infléchie, peu convexe, finement et densément ponctuée. Épistome tronqué au sommet, à rebord à peine roussâtre. Prothorax fortement transverse, arcuément rétréci en avant, presque aussi large en arrière que les élytres, régulièrement arqué sur les côtés ; très convexe, bombé et formant (vu de profil) avec les élytres 2 courbes distinctes; finement et densément ponctué. Écusson en triangle subogival, à peine plus long que large, très finement pointillé. Élytres ovales, subarquées sur les côtés et obtusément accuminées au sommet, assez convexes, assez fortement striées-ponctuées; à 10e strie sinueuse, atteignant l'épaule en se rapprochant de la 7e; à interstries plans, à leur base, subconvexes tout à fait en arrière, assez densément mais bien plus finement pointillés que le prothorax. Lame mésosternale, plus ou moins étroite, rétrécie aux 2 bouts, souvent subsillonnée longitudinalement. Ventre mat et feutré, avec le sommet du dernier arceau simplement ponctué et un peu plus brillant. Tibias brièvement épineux, à peine en dessous, les antérieurs non échancrés au sommet.

Hydrophilus haemorrhoidalis, FABRICIUS, Ent. Syst. 1792, I, p. 185, 16.
Sphaeridium haemorrhoum, GYLLENHAL, Ins. Suec. I, p. 107, 9.
Cercyon haemorhoum, STEPHENS, Syn. t. 2, p. 143, 23.— ERICHSON, Col. March. I, p. 216, 2. — HEER, Faun. Helv. I, p. 489, 3. — MULSANT, Palp. p. 161, 3. — FAIRMAIRE et LABOULBÈNE, Faun. Fr. I, p. 252, 4. — THOMSON, Skand. Col. II, p. 106, 8.
Cercyon ustulatus, BEDEL, Faun. Col. Seine, I, p. 337 et 341, 3.

Long., 0,0028 ; — larg., 0,0020.

PATRIE. Cette espèce est assez commune dans presque toute la France, au bord des eaux, sous les détritus, sous les pierres et dans les bouses

(1) A part l'aire médiane du métasternum qui est toujours brillante et plus ou moins ponctuée, et cela dit, pour toutes les espèces.

et les crottins, etc., à toutes les altitudes. Je ne l'ai pas vue en Provence.

Obs. Elle n'a aucun rapport avec les précédentes, et elle commence une série d'espèces à côtés du prothorax régulièrement arqués dès leur base, c'est-à-dire nullement sinués au devant des angles postérieurs qui, par là, sont plus obtus (1). En même temps, les élytres sont plus convexes.

Le *C. haemorrhoüs* est remarquable, entre tous ses congénères, par son prothorax très convexe, abaissé à sa base et formant une courbe distincte de celle des élytres.

Chez les immatures, les élytres sont entièrement rouges ou même d'un roux testacé, ainsi que le dessous du corps et les pieds.

Quelques individus, de taille moindre, ont la lame mésosternale encore plus étroite, presque linéaire et non sillonnée, avec le sommet du dernier arceau ventral encore plus brillant ainsi que le bord apical des arceaux précédents. Serait-ce là une distinction masculine ?

On rapporte au *C. haemorrhoüs* l'*ustulatum* de Preyssler (1790, Verz. Bohm. Ins. p. 34) et le *xanthorrhoum* de Stephens (Ill. Brit. II, p. 143).

5. Cercyon obsoletus, Gyllenhal.

Ovale arrondi, assez convexe, d'un noir brillant en dessus, mat et duveteux en dessous, avec les palpes et les antennes brunâtres, l'extrémité des élytres confusément rougeâtre, les tibias d'un rouge brun et les tarses plus clairs. Tête infléchie (2), peu convexe, finement et densément ponctuée. Epistome tronqué au sommet, à rebord souvent roussâtre. Prothorax fortement transverse, rétréci en avant, à peine moins large en arrière que les élytres, assez régulièrement arqué sur les côtés, convexe et formant (vu de profil) avec les élytres une courbe unique (3) ; finement et densément ponctué. Ecusson en triangle subogival, un peu plus long que large, très finement pointillé. Élytres ovales, subarquées sur les côtés, subrétrécies en arrière et arrondies au sommet ; assez convexes; finement striées-ponctuées, à stries internes subsinueuses, à interstries larges,

(1) En tous cas, dans le genre, les angles postérieurs ne sont jamais tout à fait droits, et les antérieurs, bien qu'avancés, sont plus ou moins émoussés.

(2) Dans toutes les espèces suivantes, la tête est infléchie et verticale, au lieu que, dans le sous-genre *Ercycon*, elle est plus saillante et simplement inclinée.

(3) Cette conformation affectant toutes les espèces suivantes, je me dispenserai d'en reparler

plans, aussi nettement et presque aussi densément ponctués que le prothorax. Lame mésosternale étroite, rétrécie aux 2 bouts. Aire médiane du métasternum sans prolongement latéral oblique. Ventre mat et feutré sur les côtés, sur le 1er arceau et sur la base des suivants, plus brillant et simplement ponctué vers le sommet de ceux-ci. Tibias assez fortement épineux, les antérieurs non échancrés.

Sphaeridium lugubre, OLIVIER, II, n. 15, p. 7, 7, pl. II, fig. 12, a, b.
Sphaeridium obsoletum, GYLLENHAL, Ins, Suec. I, p. 107, 8.
Cercyon obsoletum, STEPHENS, Ill. Brit. p. 141, 15 — HEER, Faun. Helv. I, p. 488, 1. — MULSANT, Palp. p. 157, 1. — FAIRMAIRE et LABOULBÈNE, Faun. Fr, I, p. 251, 1. — THOMSON, Skand. Col. II, p. 107, 9. — BEDEL, Faun. Col. Seine. I, p. 338 et 342, 7. — DE MARSEUL, l'Abeille, XX, p. 192, 114.

Long., 0,0036 ; — larg., 0,0028.

PATRIE. Cette espèce n'est pas rare dans les bouses fraîches, dans une grande partie de la France. Je ne l'ai pas rencontrée en Provence.

OBS. Elle est bien distincte du *C. haemorrhoüs* par sa taille moindre, et surtout par son prothorax ne formant (vu de profil) qu'une seule et même courbe avec les élytres. Les stries sont un peu moins fortes, les externes effacées derrière les épaules, les interstries aussi fortement ponctués que le prothorax, etc.

Elle varie sensiblement pour la taille et la couleur. Les élytres, rarement entièrement noires, sont insensiblement rougeâtres à leur extrémité et d'autres fois entièrement rousses à sommet plus pâle. Chez les immatures, les pieds sont entièrement d'un roux testacé, le ventre et certaines parties de la poitrine affectent une teinte rousse, ainsi que les antennes et, plus rarement, les palpes.

Les 2e, 3e et 4e stries sont sensiblement sinueuses ou déjetées en dehors, vers le tiers ou le quart de leur longueur.

On rapporte au *C. obsoletus* l'*atomarium* de Paykull (Faun. Suec. I, p. 58).

6. **Cercyon impressus**, STURM.

Brièvement ovale, convexe, d'un noir brillant en dessus, mat et duveteux en dessous, avec les palpes brunâtres, l'extrémité des élytres, les antennes et les pieds d'un brun rougeâtre, les cuisses plus foncées et les tarses plus clairs. Tête infléchie, peu convexe, finement et densément ponctuée. Épistome subsinué au sommet. Prothorax fortement transverse, fortement rétréci en avant, à peine moins large en arrière que les élytres, subarqué sur les côtés, convexe, finement et densément ponctué, marqué au-devant de l'écusson d'un léger trait enfoncé. Écusson en triangle subogival, un peu plus long que large, legèrement pointillé. Élytres courtement ovales, à peine arquées sur les côtés, rétrécies en arrière dès après les épaules et subogivalement arrondies au sommet ; assez convexes ; assez finement striées-ponctuées, à stries internes (2-4) subsinueuses, à interstries larges, plans, aussi nettement et aussi densément ponctués que le prothorax. Lame mésosternale plus ou moins étroite, densément ponctuée. Ventre mat et feutré à la base et sur les côtés, plus brillant et en partie simplement pointillé sur le reste de sa surface. Tibias médiocrement épineux, les antérieurs non échancrés.

Sphaeridium hasmorrhoidale, HERBST, Nat. t. 4, p. 73, 9, pl. 37, fig. 9, F. — GYLLENHAL, Ins. Suec. I, p. 105, 6 (1).
Sphaeridium impressum, STURM, Deut. Faun. t. II, p. 9, 2, pl. 22. fig. a,A.
Cercyon haemorrhoidale, STEPHENS, Syn. 2, p. 142, 21. — ERICHSON, Col. March. I, p. 216, 1. — HEER, Faun, Helv. I, p. 489, 2. — MULSANT, Palp. p. 159, 2. — FAIRMAIRE et LABOULBÈNE, Faun. Fr. I, p. 252, 2. — THOMSON. Skand. Col. II pl. 107, 10. — BEDEL, Faun. Col. Seine, I, p. 338 et 341, 4. — DE MARSEUL, l'Abeille, XX, p. 192, 113.
Cercyon obsoletus, LAPORTE DE CASTELNAU, Hist. Col. II, p. 62, 9.

Variété *a*. *Élytres* entièrement rougeâtres ou rousses, plus claires vers l'extrémité.

Dermestes piceus, MARSHAM, Ent. Brit. p. 69, 22.

Long. 0,0031 ; — larg. 0,0023.

PATRIE. Cette espèce est assez rare, dans les bouses et les crottins, surtout dans les régions boisées ou montagneuses : le bassin de la Seine, le Bourbonnais, le Beaujolais, les environs de Lyon, la Bresse, le Mont Pilat, la Grande-Chartreuse, les Alpes, les Pyrénées, etc.

OBS. Elle est remarquable, entre toutes, par le petit trait enfoncé qui se trouve sur le prothorax au devant de l'écusson. Elle diffère du

(1) Le *sph. haemorrhoidale* d'Olivier (Ent. II, n° 15, p. 9, 10, pl. II, fig. 6,*a*, *b*) semble plutôt se rapporter au *C. haemorrhoum*.

C. obsoletus par sa taille moindre, par ses élytres plus atténuées en arrière, plus constamment rougeâtres à leur extrémité, et par l'aire médiane du métasternum plus fortement ponctuée et à prolongement latéral oblique. Les angles postérieurs du prothorax sont plus obtus et l'épistome est subsinué à son sommet, etc.

Les élytres sont toujours un peu rougeâtres à leur extrémité, et cette couleur s'étend parfois (var. *a*) sur toute la surface. Les immatures ont le corps entièrement roux ou même testacé, à part le disque du prothorax, les palpes, le menton et le métasternum qui sont plus ou moins rembrunis.

Les stries externes n'atteignent pas en avant les épaules. La lame mésosternale, toujours densément et subrugueusement ponctuée, est tantôt étroite et subrétrécie aux 2 bouts, tantôt moins étroite et mousse au sommet. L'aire médiane du métasternum est plus déprimée et plus fortement ponctuée que dans toute autre espèce.

On attribue au *C. impressus* l'*atomarium* de Fabricius (1775) et le *simile* de Marsham (Ent. Brit p. 68, 21).

7. Cercyon haemorrhoidalis, Fabricius.

Ovale-suboblong, assez convexe, d'un noir brillant en dessus, mat et duveteux en dessous, avec les palpes et les antennes brunâtres, les élytres à transparence basilaire rougeâtre et extrémité testacée, les pieds rougeâtres, les cuisses plus foncées et les tarses plus clairs. Tête infléchie, peu convexe, finement et densément ponctuée. Epistome tronqué ou à peine subsinué au sommet, à rebord parfois roussâtre. Prothorax fortement transverse, rétréci en avant, à peine moins large en arrière que les élytres, subarqué sur les côtés, assez convexe, finement et densément ponctué. Écusson triangulaire, un peu plus long que large, très finement pointillé. Élytres ovales, subarquées sur les côtés et faiblement rétrécies en arrière, subacuminées au sommet et prolongées en bec arrondi ; assez convexes ; finement striées-ponctuées, à interstries larges, plans, aussi nettement et presque aussi densément ponctués que le prothorax. Lame mésosternale étroite, rétrécie aux deux bouts. Ventre mat et feutré à la base et sur les côtés, un peu plus brillant et simplement pointillé au bord postérieur des 2ᵉ à 5ᵉ arceaux. Tibias médiocrement épineux, les antérieurs non échancrés.

Sphaeridium haemorrhoidale, Fabricius, 1775, Syst. Ent. p. 67, 5. — Sturm. Deut. Faun. II. p. 11, 3.
Sphaeridium melanocephalum, var. c, Gyllenhal, Ins. Suec. I, p. 103, 4.
Sphaeridium flavipes, Fabricius, 1792, Ent. Syst. I, p. 81, 19.
Cercyon flavipes, Stephens, Syn. t. 2, p. 138, 7. — Erichson. Col. March. I, p. 216, 3. — Heer, Faun. Helv. I, p. 489, 4. — Mulsant, Palp. p. 176, 11. — Fairmaire et Laboulbène, Faun. Fr. I, p. 255, 14. — J, Duval, Gen. Hydroph. pl. 32, fig. 158. — Thomson, Skand. Col. II, p. 107, 12.
Cercyon haemorrhoidalis, Bedel, Faun. Col. Seine, I, p. 338 et 342. 6.

Variété *a*. *Élytres* d'un noir de poix, à tache apicale rousse.

Dermestes picinus, Marsham, Ent. Brit. I, p. 69, 24.

Long. 0,0025 ; — Larg. 0,0018.

Patrie. Cette espèce est très commune dans les bouses et les crottins, dans toute la France.

Obs. Elle est moindre et surtout moins ramassée que *C. impressus*, avec le prothorax sans trait scutellaire et les élytres moins sensiblement rétrécies en arrière mais plus acuminées et prolongées, en forme de bec arrondi, à leur sommet.

Il serait trop long d'énumérer toutes les variétés de cette espèce, dont la couleur des élytres passe du noir de poix au roux ou testacé, plus ou moins maculé de brun ou sans tache, avec l'extrémité toujours plus claire. Dans l'état normal ou du moins le plus répandu, elles sont noires à tache apicale rousse ou testacée plus ou moins fondue et une transparence rougeâtre sur la base de chacune, laquelle disparaît dans la variété *a (picinus)*. D'autres variétés, moins adultes, montrent les côtés des élytres et du prothorax plus ou moins roussâtres.

Quelquefois le bec terminal des élytres est bien moins prolongé mais, en tous cas, toujours arrondi au sommet, et alors la forme générale paraît un peu moins oblongue.

Dans les adultes, le repli des élytres et les pieds sont d'un rouge brun, avec les tarses plus clairs et les cuisses plus ou moins rembrunies excepté au genou. Dans les immatures, le repli élytral et les pieds sont entièrement roux ou testacés, mais les palpes restent plus ou moins obscurs, ainsi que les antennes, excepté leur massue qui est d'un gris roussâtre.

La lame mésosternale varie un peu de largeur, parfois étroite, d'autrefois un peu plus large, mais toujours plus de 2 fois aussi longue que large.

On réunit au *C. haemorrhoidalis* les *suturale, femorale* et *infuscatum* de Stephens (Ill. Brit. II, p. 142 et 144).

Cercyon erythropterus, MULSANT

Ovale, assez convexe, d'un noir brillant en dessus, mat et duveteux en dessous, avec les palpes et les antennes brunâtres, les pieds, les élytres et leur repli roux, celles-là avec une étroite bordure noire couvrant la moitié interne de leur extrême base et le tiers antérieur de la suture, et formant ainsi une espèce de T, avec leur angle sutural non ou à peine prolongé.

Cercyon erythropterum, MULSANT, Palp. p. 180. — KUSTER, Kaef. Eur. p. 228.

Long. 0,0024 ; — Larg. 0,0018.

PATRIE. Sicile, Algérie. J'en ai pris 2 exemplaires à Saint-Raphaël, et M. Guillebeau en a trouvé un à Sorèze.

OBS. Je ne donne cette espèce que sous toute réserve, et je crois, ainsi que M. Weise (Cat. 1883, p. 35), qu'elle n'est qu'une variété pâle du *C. haemorrhoidalis*. Les élytres sont à peine ou non prolongées en bec à leur angle sutural, ce qui leur donne une forme un peu plus ramassée.

8. **Cercyon melanocephalus**, LINNÉ.

Ovale-suboblong, assez convexe, d'un noir luisant en dessus, plus mat et duveteux en dessous, avec les élytres rouges à tache subhumérale et scutellaire triangulaire noires, les palpes et les antennes brunâtres, les pieds rougeâtres, les cuisses rembrunies et les tarses plus clairs. Tête infléchie, peu convexe, finement et densément ponctuée. Épistome à peine subsinué au sommet. Prothorax transverse, rétréci en avant, à peine moins large en arrière que les élytres, subarqué sur les côtés, assez convexe, finement et densément ponctué. Écusson en triangle plus long que large, très finement pointillé. Élytres ovales, subarquées sur les côtés et assez visiblement rétrécies en arrière, subacuminées au sommet et à peine prolongées en bec émoussé; assez convexes, finement striées-ponctuées, à interstries larges, plans, aussi nettement et presque aussi densément ponctués que le prothorax. Lame mésosternale étroite, rétrécie aux deux bouts. Ventre mat et feutré à la base, sur les côtés et sur le 5e *arceau, avec l'extrémité de celui-ci plus brillante, ainsi que la région médiane des* 2e *à* 4e. *Tibias médiocrement épineux, les antérieurs non échancrés.*

Dermestes melanocephalus, LINNÉ, Faun. Suec. p. 144, 425. — MARSHAM, Ent. Brit. p. 68, 20.

Sphaeridium melanocephalum, FABRICIUS, Syst. Ent. p. 67, 4. — OLIVIER, Ent. II, n. 15, p. 8, 9, pl. I, fig. 4 (La figure est mal coloriée).— LATREILLE, Hist. Nat. XX, p. 81, 7. — STURM, Deut. Faun. II, p. 13, 4. — GYLLENHAL, Ins. Suec. I, p. 103, 4.

Cercyon melanocephalum, STEPHENS, Syn. t. II, p. 144, 28, — ERICHSON, Col. March. I, p. 217, 4.— HEER, Faun. Helv. I, p. 490, 5.— MULSANT, Palp. p. 178, 12. I, — FAIRMAIRE et LABOULBÈNE, Faun. Fr. I, p. 254, 9. — THOMSON, Skand. Col. II, p. 108, 13. — BEDEL, Faun. Col. Seine, I, p. 338 et 342, 5.

Long., 0,0022 ; — larg., 0,0016.

PATRIE. Cette espèce est assez commune, dans les crottins, dans les régions boisées, dans une grande partie de la France : le bassin de la Seine, la Bourgogne, le Bourbonnais, l'Auvergne, le Beaujolais, les environs de Lyon, le Mont-Pilat, les Alpes, la Savoie, les Pyrénées, etc.

OBS. Sa coloration assez constante la sépare suffisamment du *C. haemorrhoidalis* dont elle a la forme. Elle est généralement moindre ; les élytres sont un peu plus atténuées en arrière, mais à bec terminal moins prolongé et moins arrondi, avec les interstries à peine plus légèrement et à peine moins densément ponctués antérieurement, etc.

Elle varie peu pour la couleur et passablement pour la taille. Le palpes et les cuisses sont toujours obscurs ; les tibias sont souvent d'un rouge brun très foncé, avec les tarses plus clairs. Le repli des élytres est généralement d'un noir de poix.

La lame mésosternale est plus ou moins étroite.

D'après les récents catalogues, le *C. ovillum* de Motschoulsky (Schrenck. Reise, 1860, p. 129, pl. 8, fig. 29) serait identique au *melanocephalus* (1).

(1) Un certain nombre d'espèces du genre sont cosmopolites.

9. Cercyon aquaticus, LAPORTE.

Ovale, convexe, d'un noir brillant en dessus, mat et duveteux en dessous, avec les élytres parées d'une tache apicale testacée bien tranchée et remontant latéralement jusque près des épaules, les palpes, la base des antennes, les pieds et le repli des élytres d'un roux testacé, les côtés du prothorax roussâtres, la massue des antennes et le dernier article des palpes rembrunis. Tête infléchie, peu convexe, finement et densément ponctuée. Épistome tronqué au sommet. Prothorax fortement transverse, rétréci en avant, à peine moins large en arrière que les élytres, arqué-subangulé sur les côtés, assez convexe, finement et densément ponctué. Ecusson triangulaire, un peu plus long que large, très finement pointillé. Élytres ovales, subarquées sur les côtés, subarrondies au sommet et à angle sutural droit, non prolongé; assez fortement convexes; finement striées-ponctuées, à insterstries larges, plans, aussi nettement et presque aussi densément ponctués que le prothorax. Lame mésosternale étroite, rétrécie aux deux bouts. Ventre mat et feutré à la base et sur les côtés, un peu plus brillant sur sa région médiane. Tibias modérément épineux, les antérieurs non échancrés.

Cercyon aquaticus, LAPORTE DE CASTELNAU, Hist. Col. II, p. 61, 7. — MULSANT Palp. p 174, 10 (partim). — FAIRMAIRE et LABOULBÈNE, Faun. Fr. I. p. 253, 8. *Cercyon marinum*, THOMSON, Skand. Col. II, p, 105, 3. — BEDEL, Faun. Col. Seine, p. 338 et 343, 9. — DE MARSEUL, l'Abeille, XX, p. 193, 116.

Long. à 0,0025; — larg. à 0,0018.

PATRIE. Cette rare espèce se rencontre dans les endroits vaseux, sous les pierres et les détritus, dans les environs de Paris et le nord de la France.

OBS. Bien voisine du *C. haemorrhoidalis*, elle s'en distingue par ses palpes, le repli des élytres et les pieds d'une couleur plus claire ; par son prothorax bordé de roux sur les côtés, avec ceux-ci retombant un peu plus droit sur la base ; par ses élytres plus convexes, terminées par une tache plus nette et remontant plus haut latéralement, avec leur angle sutural droit, non prolongé en forme de bec, etc.

La bordure latérale rousse du prothorax est parfois réduite à une simple tache ou transparence située vers les angles antérieurs.

La taille varie un peu.

On rattache au *C. aquaticus* le *terminatum* de Zetterstedt (Ins. Lapp. p. 121).

10. Cercyon lateralis, Marsham.

Ovale, assez convexe, d'un brun de poix brillant en dessus, d'un noir mat et duveteux en dessous, avec les palpes, les antennes, le repli des élytres, leur extrémité et les pieds d'un roux testacé, et les côtés du prothorax roussâtres. Tête infléchie, peu convexe, finement et densément ponctuée. Épistome tronqué au sommet, à rebord souvent roux. Prothorax fortement transverse, rétréci en avant, à peine moins large en arrière que les élytres, arqué sur les côtés, convexe, finement et densément ponctué. Écusson en triangle plus long que large, très finement pointillé. Élytres ovales, subarquées sur les côtés, un peu étrécies en arrière, subarrondies au sommet et à angle sutural droit, non prolongé; assez convexes; finement striées-ponctuées, à interstries larges, plans, aussi nettement et presque aussi densément ponctués que le prothorax. Lame mésosternale très étroite, subrétrécie antérieurement, plus effilée postérieurement (1). *Ventre mat et feutré à la base et sur les côtés, plus brillant sur sa région médiane, surtout au bord postérieur des 2e à 5e arceaux. Tibias médiocrement épineux, les antérieurs non échancrés.*

Dermestes lateralis, Marsham, Ent. Brit. I, p. 71.
Cercyon laterale, Stephens, Ill. Brit. II, p. 142, 20. — Mulsant, Palp. p. 163, 4. — Fairmaire et Laboulbène, Faun. Fr. I, p. 252, 3. — Thomson, Skand. Col. II, p. 107, 11. — Bedel, Faun. Col. Seine, I, p. 338 et 342, 8.

Long., 0,0026 ; — larg., 0,0019.

Patrie. Cette espèce n'est pas très rare, sous les détritus et les matières animales en décomposition, dans les prairies humides des régions centrales et septentrionales de la France. Elle est passablement commune dans les collines des environs de Lyon. Elle est aussi des Hautes-Pyrénées (Pandellé).

Obs. Elle ressemble aux *C. haemorrhoidalis* et *melanocephalus*. Les palpes, les antennes, les côtés du prothorax, le repli des élytres et les

(1) C'est ordinairement le contraire qui a lieu chez les espèces précédentes.

pieds sont d'une couleur plus claire. Le prothorax étant plus sensiblement arqué sur les côtés, il s'ensuit que ses angles postérieurs sont plus obtus. Les élytres sont plus arrondies au sommet et à angle sutural non prolongé et droit, etc.

Elle est moins convexe que *C. aquaticus*, à prothorax plus largement taché sur les côtés et à angles postérieurs moins droits; à élytres moins noires et plus brillantes, parées d'une tache apicale testacée bien moins tranchée ou plus fondue. La massue des antennes et le dernier article des palpes sont moins obscurs, etc.

Dans l'état le plus adulte, les élytres sont d'un noir ou brun de poix avec ou sans transparence humérale rougeâtre et une grande tache apicale d'un roux testacé plus ou moins fondue et remontant plus ou moins sur les côtés. D'autres fois elles deviennent insensiblement rouges avec l'extrémité toujours plus claire, et, en même temps, la bordure latérale du prothorax prend plus d'extension.

La lame mésosternale est très étroite, plus effilée en arrière qu'en avant.

11. **Cercyon unipunctatus**, Linné.

Ovale-oblong, assez convexe, d'un noir brillant sur la tête et le prothorax, mat et duveteux en dessous, avec les palpes, les antennes, les côtés du prothorax et les pieds roux, le dernier article des palpes et la massue des antennes rembrunis, et les élytres testacées à suture postérieurement noire, dilatée vers leur milieu en une tache commune de même couleur. Tête infléchie, peu convexe, finement et densément ponctuée. Épistome tronqué au sommet, à rebord souvent roussâtre. Prothorax court, rétréci en avant, à peine moins large en arrière que les élytres, arqué-subangulé sur les côtés, assez convexe, finement et densément ponctué. Écusson en triangle un peu plus long que large, finement pointillé, obscur. Élytres en ovale-suboblong, subarquées sur les côtés, subrétrécies en arrière et arrondies au sommet; assez convexes; finement striées-ponctuées, à interstries assez larges, plans, un peu plus finement et aussi densément ponctués que le prothorax, au moins à leur base. Lame mésosternale très étroite, rétrécie aux deux bouts, subaciculée en avant. Ventre mat et feutré à la base et sur les côtés, un peu plus brillant sur sa région médiane et au sommet du 5e arceau. Tibias médiocrement épineux, les antérieurs non échancrés.

Coccinella unipunctata, LINNÉ, Faun. Suec. p. 153, p. 470.
Scarabaeus unipunctatus, FABRICIUS, Syst. Ent. p. 19, 78.
Hydrophilus cordiger, HERBST, Arch. p. 122, 7, pl. 28, 6, fig. A.
Sphaeridium unipunctatum, OLIVIER, Ent. t. II, n. 15, p. 6, 5, pl. II. fig. 8, *a*, *b*. — LATREILLE, Hist. Nat. X, p. 79. — STURM. Deut. Faun. II, p. 20, ♀. — GYLLENHAL, Ins. Suec. I, p. 102, 3, ♀.
Sphaeridium dispar, PAYKULL, Faun. Suec. I, p. 62, 11, ♀.
Dermestes unipunctatus, MARSHAM, Ent. Brit. p. 70, 28.
Cercyon quisquilium, STEPHENS, Ill. Brit. p. 153, 58, ♀.
Cercyon unipunctatum, ERICHSON, Col. March. I, p. 217, 5, ♀. — LAPORTE DE CASTELNAU. Hist. Col. II, p. 61, 5, ♀. — HEER, Faun. Helv. I, p. 490, 6, ♀. — MULSANT, Palp. p. 164, 5. — FAIRMAIRE et LABOULBÈNE, Faun. Fr. I, p. 254, 12. — THOMSON, Skand. Col. II, p. 109, 16. — BEDEL, Faun. Col. Seine, I, p. 338 et 343, 11.

Variété *a*. *Élytres* à tache médiane nulle, avec la suture seule noirâtre postérieurement.

Long., 0,0022; — larg., 0,0017.

PATRIE. Cette espèce est commune dans presque toute la France, dans les fumiers. Je ne l'ai pas rencontrée en Provence.

OBS. Il est inutile d'insister sur cet insecte, bien distinct de ses congénères par sa coloration.

La tache suturale, plus ou moins grande, est tantôt en losange, tantôt triangulaire ou cordiforme. Rarement, elle disparaît complètement pour ne laisser de noir que la dernière moitié de l'interstrie sutural.

Les angles postérieurs du prothorax sont obtus. L'angle sutural des élytres est droit mais émoussé. La lame mésosternale est très étroite, plus effilée en avant.

12. Cercyon quisquilius, LINNÉ.

Ovale-oblong, subconvexe, d'un noir brillant sur la tête et le prothorax, plus mat et duveteux en dessous, avec les palpes, les antennes et les pieds roux, le dernier article des palpes rembruni et la massue des antennes grisâtre, et les élytres d'un fauve testacé à suture obscure en arrière. Tête infléchie, subconvexe, finement et densément ponctuée. Épistome tronqué au sommet, à rebord roussâtre. Prothorax fortement transverse, rétréci en avant, à peine moins large en arrière que les élytres, assez fortement arqué sur les côtés, assez convexe, finement et densément ponctué. Écusson en triangle subogival et plus long que large, finement pointillé, brunâtre. Élytres en ovale suboblong, subarquées sur les côtés, parfois, vues de dessus, subparallèles dans leur première moitié, arcuément rétrécies en arrière et arrondies au sommet; subconvexes, souvent antérieurement subdéprimées à la suture; finement striées-ponctuées, à interstries assez larges, plans, un peu plus finement et aussi densément ponctués que le prothorax, au moins à leur base. Lame mésosternale très étroite, rétrécie aux deux bouts, subaciculée en avant. Ventre mat et feutré, un peu plus brillant sur sa région médiane. Tibias assez fortement épineux, les antérieurs non échancrés.

Scarabaeus quisquilius, LINNÉ, Faun. Suec. p. 138, 397. — FABRICIUS, Syst. Ent. p. 20 74. — OLIVIER, Ent. I, n. 3, p. 95, 108, pl. 18, fig. 170, *a*, *b*.
Sphaeridium unipunctatum, FABRICIUS, Ent. Syst. I, p. 81, 20, var. — LATREILLE, Hist. Nat. X, p. 79, var. — STURM, Deut. Faun. II, p. 20, 10, ♂. — GYLLENHAL, Ins. Suec. I, p. 102, 3, ♂.
Sphaeridium dispar, PAYKULL, Faun. Suec. I, p 62, 11, ♂.
Cercyon quisquilium, STEPHENS, Ill. Brit. II, p. 153, 58 ♂. — MULSANT, Palp. p. 166, 6. — FAIRMAIRE et LABOULBÈNE, Faun. Fr. I. p. 254, 11. — THOMSON, Skand. Col. II, p. 108, 15. — BEDEL, Faun. Col. Seine, I, p. 339 et 343, 12.
Cercyon unipunctatum, ERICHSON, Col. March. I, p. 217, ♂. — LAPORTE DE CASTELNAU, Hist. Col. II, p. 61, 5, ♂. — HEER, Faun. Helv. I, p. 490, 6, ♂.

Variété *a*. *Élytres* avec une teinte nébuleuse sur la région scutellaire.

Cercyon scutellare, MULSANT, Palp. p. 166, var. C.

Variété *b*. *Élytres* d'un testacé pâle. *Prothorax* à bordure latérale rousse plus ou moins étendue.

Dermestes flavus, MARSH. Ent. Brit. I. p. 71.

Long. 0,0020; — larg. 0,0013.

PATRIE. Cette espèce est commune dans les crottins, les fumiers et les terreaux, dans presque toute la France. Elle n'est pas rare en Provence.

OBS. Elle a été souvent regardée comme le ♂ du *C. unipunctatus*, avec lequel elle se trouve rarement mêlée. Elle est moindre, un peu plus oblongue et plus parallèle, ce qui lui donne parfois l'aspect d'un petit Aphodie, Les élytres sont sans tache stuurale, si ce n'est quelquefois une teinte scutellaire nébuleuse (var. *a*) et l'extrémité de la suture qui est étroitement rembrunie.

Le prothorax, ordinairement immaculé, montre assez souvent sur ses côtés une bordure roussâtre mal déterminée, rarement assez étendue (var. *b*), avec les élytres alors plus pâles.

Quelques exemplaires ont les élytres plus convexes et moins parallèles. Je suppose qu'ils représentent les ♂.

On doit sans doute rapporter au *C. quisquilius* le *flavipennis* de Küster (Kaef. Eur. 14, 56).

13. Cercyon centromaculatus, Sturm.

Presque ovale, convexe, d'un noir brillant sur la tête et le prothorax, obscur et plus mat et duveteux en dessous, avec les palpes, les antennes et les pieds testacés, les côtés du prothorax et les élytres d'un rouge testacé, celles-ci avec une tache médiane noirâtre et plus ou moins nébuleuse, sur chacune. Tête infléchie, peu convexe, finement et densément pointillée. Épistome tronqué au sommet, à rebord souvent roux. Prothorax fortement transverse, presque aussi large en arrière que les élytres, rectilinéairement rétréci en avant, arrondi sur les côtés dans leur tiers basilaire avec le rebord latéral finement mais évidemment continué sur la base et les angles postérieurs obtus et subarrondis ; convexe, finement et densément pointillé. Écusson en triangle subogival, plus long que large, très finement pointillé, brunâtre. Élytres assez courtement ovales, subarquées sur les côtés, subrétrécies après leur milieu et arrondies au sommet ; médiocrement convexes ; finement striées-ponctuées, à stries internes (2-5) déjetées en dehors à leur base, à interstries plus finement et plus éparsement pointillés, surtout en arrière, que le prothorax, plans et larges en avant, plus convexes et plus étroits en arrière, surtout les intérieurs. Lame mésosternale très étroite, sublinéaire, subaciculée aux deux bouts. Ventre presque mat et feutré à la base et sur les côtés, plus brillant sur sa région médiane. Tibias modérément épineux, les antérieurs non échancrés.

Sphaeridium centrimaculatum, Sturm, Deut. Faun. II, p. 23, 15, pl. XXII, fig. *c*, *E*.
Sphaeridium pygmaeum, Gyllenhal, Ins. Suec. I, p. 104, 5, var. *b*.
Cercyon centrimaculatum, Erichson, Col. March. I, p. 218, 7. — Heer, Faun.

Helv. I, p. 490, 8. — MULSANT, Palp. p. 169, 7. — FAIRMAIRE et LABOULBÈNE, Faun. Fr. I, p. 255, 13. — THOMSON. Skand. Col. II, p. 109, 17.
Cercyon nigriceps, BEDEL, Faun. Col. Seine, I, p. 339 et 343.

Variété *a*. *Élytres* testacées, immaculées.

Cercyon pulchellum, HEER, Faun. Helv. I, p. 492, 15?

Long. 0,0013 ; — larg. 0,0009.

PATRIE. Cette espèce est commune dans les matières animales et végétales en décomposition, dans une grande partie de la France. J'en possède un exemplaire du Languedoc et quelques autres de la Provence.

OBS. Elle diffère des précédentes par la ponctuation des élytres plus fine, plus éparse et moins distincte dans leur partie postérieure; du *C. quisquilius* par sa forme plus ramassée, ses élytres plus rouges, plus ou moins maculées de brun en leur milieu; par le rebord latéral du prothorax évidemment continué sur la base, avec les angles postérieurs plus obtus et plus arrondis, etc.

De ce que les côtés du prothorax sont rectilinéaires et obliques en avant, il résulte que les angles antérieurs sont droits ou presque droits, au lieu qu'ils sont obtus dans la plupart des autres espèces.

La lame mésosternale est plus étroite que dans toutes les espèces précédentes. L'aire médiane du métasternum est pourvue d'un prolongement latéral oblique, assez distinct.

La variété *a*, à élytres sans tache est aussi commune que le type. Une variété, plus rare, a au contraire la tache brune des élytres étendue obscurément sur presque toute leur surface. Les immatures sont presque entièrement roux, sauf la tête.

On rapporte au *C. centromaculatus* les *atricapillus*, *concinnus*, *nigriceps* et *laevis* de Marsham (Ent. Brit. p. 72 et 73), et les *laeve*, *atriceps*, *nigriceps*, *bimaculatum*, *inustum*, *ustulatum* et *nubilipenne* de Stephens (Ill. Brit. II, p. 151, 152 et 401) (1).

14. Cercyon terminatus, MARSHAM.

Ovale, subconvexe, d'un noir brillant en dessus, plus mat et duveteux en dessous, avec les palpes, les antennes et les pieds d'un roux testacé, le

(1) Cette espèce ayant été décrite, en 2 ou 3 lignes, sous 4 noms différents par Marsham, et sous 7 par Stephens, j'ai dû adopter la dénomination de Sturm, dont la description et la figure laissent peu à désirer ; seulement, dans celle-ci, la tache discale des élytres est trop nette.

dernier article des palpes un peu (1) *rembruni, et les élytres parées d'une large bande latérale rousse, indéterminée. Tête infléchie, subconvexe, finement et densément pointillée. Épistome tronqué au sommet, à rebord souvent roux. Prothorax fortement transverse, subrétréci en avant, un peu où à peine moins large en arrière que les élytres, arrondi-subangulé sur les côtés avec les angles postérieurs subobtus mais non arrondis; assez convexe, finement et densément pointillé. Écusson en triangle subogival, un peu plus long que large, très finement pointillé. Élytres ovales, subarquées sur les côtés, paraissant, vues latéralement, obtusément angulées avant le milieu de ceux-ci, subrétrécies en arrière et arrondies au sommet; subconvexes, souvent subdéprimées derrière l'écusson; finement striées-ponctuées, à stries internes* (2-4) *subflexueuses* (2), *à interstries larges et plans, plus finement et plus éparsement pointillés, surtout en arrière, que le prothorax. Lame mésosternale assez étroite, rétrécie aux deux bouts. Aire métasternale sans prolongement latéral oblique. Ventre presque mat et feutré, plus brillant sur sa région médiane. Tibias modérément épineux, les antérieurs non échancrés.*

Dermestes terminatus, Marsham, Ent. Brit. p. 70.
Cercyon plagiatum, Erichson, Col. March. I, p. 218, 6. — Fairmaire et Laboulbène, Faun. Fr. I, p. 254, 10. — Thomson, Skand. Col. II, p. 108, 14.
Cercyon pygmaeum, Mulsant, Palp. p. 170, 8 (pars.).
Cercyon terminatus, Bedel, Faun. Col. Seine, I, p. 339 et 344, 15. — De Marseul, l'Abeille, XX, p. 194, 119.

Long. 0,0015; — larg. 0,0009.

Patrie. Cette espèce se prend dans les crottins et les fumiers, dans diverses provinces de la France. Elle n'est pas rare dans les environs de Lyon et dans la zone méditerranéenne.

Obs. Elle est moins raccourcie et un peu plus grande que *C. centromaculatus*, avec le rebord latéral du prothorax non continué sur sa base et ses angles postérieurs subobtus mais non arrondis, la lame mésosternale bien moins étroite et l'aire médiane du métasternum sans prolongement latéral oblique. Les élytres, autrement colorées, ont leurs taches noires à peu près disposées comme chez *C. melanocephalus*, mais moins

(1) C'est souvent que le dernier article des palpes est plus foncé. J'omets parfois d'en parler.
(2) Généralement, dans ce genre, lesdites stries sont flexueuses, ainsi que souvent les 7e et 8e.

nettement déterminées, avec la suturale n'embrassant point complètement la suture qui n'est rembrunie qu'à sa base, etc.

Elle varie, du reste, beaucoup pour la couleur. Souvent, la teinte noire embrasse toute la base, la région subhumérale et la région suturale plus largement et jusqu'au sommet, avec l'interstrie sutural restant en majeure partie roussâtre. D'autres fois, les élytres sont rousses, à tache scutellaire noire ou brune; plus rarement et chez les immatures, elles sont entièrement d'un roux testacé, et alors, les côtés du prothorax se montrent un peu roussâtres.

Les angles antérieurs du prothorax sont un peu moins droits que dans *C. melanocephalus*, les côtés étant un peu arqués en avant.

Quelques échantillons de la Provence et du Roussillon m'ont paru avoir le prothorax un peu moins densément pointillé que la tête, les élytres en général presque entièrement rousses et une taille un peu moindre (*C. separandus*, R.).

On attribue au *C. terminatus* le *scutellare* de Stephens (Ill. Brit. II, p. 153, 60). Quelques auteurs lui rapportent le *C. pulchellum* de Heer (p. 492, 15)?

15. Cercyon pygmaeus, Illiger.

Subovale, subconvexe, d'un noir brillant en dessus, plus mat et duveteux en dessous, avec les palpes, les antennes et les pieds d'un roux testacé, le dernier article des palpes rembruni, et les élytres rougeâtres à tache subhumérale et large bande suturale noires. Tête infléchie, peu convexe, finement et densément pointillée. Épistome tronqué au sommet, à rebord souvent roux. Prothorax fortement transverse, rétréci en avant, presque aussi large en arrière que les élytres, arrondi-subangulé sur les côtés avec les angles postérieurs subobtus mais non arrondis; assez convexe, très finement et assez densément pointillé. Écusson en triangle subogival, un peu plus long que large, très finement pointillé. Élytres subovales, à peine arquées sur les côtés, paraissant, vues latéralement, très obtusément angulées vers le milieu de ceux-ci, évidemment rétrécies en arrière et arrondies au sommet; assez convexes, parfois à peine déprimées derrière l'écusson; très finement striées, à stries internes effacées ou affaiblies à leur base et presque indistinctement ponctuées à leur extrémité, les 2e à 5e plus ou moins flexueuses; à interstries larges et plans, plus éparsément pointillés en arrière que le prothorax. Lame mésosternale très étroite, sublinéaire. Aire métasternale à prolongement latéral oblique, Ventre presque mat et feutré, plus brillant sur sa région médiane.

Sphaeridium pygmaeum, ILLIGER, 1801, Mag. I, p. 40, 69, 5-6.— STURM, Deut. Faun. II, p. 26, 18. — GYLLENHAL, Ins. Suec. I, p. 104, 5.
Cercyon pygmaeum, STEPHENS, Ill. Brit. II, p. 148. 39. — ERICHSON, Col. March. I, p. 219, 8. — LAPORTE DE CASTELNAU, Hist. Col. II, p. 61, 2. — HEER, Faun, Helv. I, p. 490. 9. — MULSANT, Palp. p. 170, 8 (pars.). — FAIRMAIRE et LABOULBÈNE, Faun. Fr. I, p. 253, 6. — THOMSON, Skand. Col. II, p. 109, 18.— BEDEL, Faun. Col. Seine, I, p. 339 et 343, 14.

Variété *a*. *Élytres* presque entièrement noires, moins le sommet qui est un peu roussâtre.

Variété *b*. *Élytres* rougeâtres, à taches subhumérale et suturale noires très nettes, celle-ci prolongée au moins jusqu'au milieu de la suture.

Sphaeridium conspurcatum, STURM. Deut. Ins, II, p. 15, 6, pl. XXII, fig. *b*, *B*.

Variété *c*. *Corps* entièrement roux ou testacé, à tête plus foncée.

Long. 0,0012; — larg. 0,0008.

PATRIE. Cette espèce se rencontre dans les bouses, les crottins, les fumiers et les détritus, dans une grande partie de la France. Elle n'est pas rare autour de Lyon.

OBS. Facile à confondre avec le *C. terminatus*, elle en est pourtant distincte en plusieurs points. Elle est moindre, un peu plus ramassée, avec les élytres un peu plus rétrécies en arrière, à stries plus fines, les intérieures plus affaiblies en avant et moins distinctement ponctuées postérieurement. La lame mésosternale est plus étroite et plus linéaire. L'aire mésosternale est pourvue d'un prolongement latéral oblique, distinct. La ponctuation du prothorax paraît plus légère et un peu moins serrée, etc.

La disposition et la variation des couleurs est à peu près la même, c'est-à-dire que c'est tantôt la teinte noire, tantôt la rouge, qui domine sur les élytres, et que, chez les exemplaires immatures, celles-ci se montrent entièrement rousses, ainsi que souvent les marges latérales du prothorax.

Dans la variété *a*, les élytres sont presque entièrement noires, moins le sommet extrême. Je ne crois pas qu'on doive lui rapporter le *Sphaeridium merdarium* de Sturm, ou, du moins, la figure (pl. 22, fig. *F*), qui représente une forme plus oblongue et les pieds noirs.

Les *C. stercorator*, *erythropus*, *minutum* et *fuscescens* de Stephens (Ill. Brit. II, p. 147, 148 et 150) se rapportent aux diverses variétés du *pygmaeus*.

16. Cercyon analis, Paykull.

Subovale-oblong, convexe, d'un noir brillant en dessus, plus mat et duveteux en dessous, avec les palpes, les antennes et les pieds roux et l'extrémité des élytres d'un rouge testacé. Tête infléchie, peu convexe, finement et densément ponctuée. Épistome tronqué au sommet, à rebord roux. Prothorax fortement transverse, rétréci en avant, un peu moins large en arrière que les élytres, sensiblement arqué sur les côtés avec les angles postérieurs subobtus et assez accusés; convexe, finement et densément pointillé. Écusson en triangle un peu plus long que large, très finement pointillé. Élytres obovales, arquées sur leurs côtés vers les épaules et puis subarcuément et visiblement rétrécies en arrière et subacuminées au sommet avec l'angle sutural souvent prolongé en bec émoussé; longitudinalement convexes; finement striées-ponctuées et à points bien distincts; à interstries assez larges, plans, à peine moins finement et à peine moins densément pointillés à leur base que le prothorax, mais bien plus éparsement et presque sur une seule rangée en arrière dès leur milieu, avec le 9e ordinairement unisérialement ponctué. Lame mésosternale elliptique, rétrécie aux deux bouts, postérieurement engagée dans une entaille du métasternum. Ventre mat et feutré, à peine plus brillant sur sa région médiane. Tibias modérément épineux, les antérieurs non échancrés.

Sphaeridium flavipes, Thunberg, Ins. Suec., p. 8, 122.
Hydrophilus analis, Paykull, Faun. Suec. I, 187, 12.
Sphaeridium terminatum, Gyllenhal, Ins. Suec. I, p. 108, 10.
Cercyon anale, Erichson. Col. March, I, p. 219, 9. — Heer, Faun. Helv. I, p. 491, 10. — Mulsant, Palp. p. 183, 15. — Fairmaire et Laboulbène, Faun. Fr. I, p. 252, 5. — Thomson. Skand. Col. II, p. 106, 7. — Bedel, Faun. Col. Seine, I, p. 337 et 344, 16.

Variété *a*. *Côtés du prothorax* et *des élytres* rougeâtres.

Hydrophilus marginellus, Paykull, Faun. Suec. I, p. 186, 11.

Sphaeridium anale, Sturm, Deut. Ins. II, p. 19, 9.
Cercyon analis, Laporte de Casteneau, Hist. Col. II, p. 61, 6 (1).

Variété *b*. *Corps* entièrement d'un roux testacé, à tête plus foncée.

Long. 0,0020 ; — larg. 0,0015.

Patrie. Cette espèce est commune parmi les détritus, dans presque toute la France. Je ne l'ai pas vue en Provence.

Obs. Outre sa forme rétrécie en arrière et subacuminée au sommet, elle est suffisamment distincte par la conformation de sa lame mésosternale moins étroite et surtout postérieurement engagée dans une entaille du métasternum destinée à cet effet. Les interstries des élytres sont bien moins densément pointillés en arrière, mais, par contre, les stries sont plus distinctement ponctuées, etc. Elle forme à elle seule comme un groupe à part.

Par sa lame mésosternale seulement 3 fois aussi longue que large, elle semble faire passage au sous-genre *Cerycon*.

L'aire mésosternale est sans prolongement latéral oblique.

Elle varie beaucoup pour la taille et pour la couleur. La tache apicale rousse des élytres remonte souvent sur les côtés et envahit parfois toute la surface ; alors la marge latérale du prothorax devient également rougeâtre. Chez les immatures, tout le corps est d'un roux testacé, avec la tête un peu plus foncée.

Le bec terminal des élytres est plus ou moins prononcé et plus ou moins émoussé, quelquefois même presque nul, avec l'angle sutural plus droit.

On attribue au *C. analis* les *aquaticum*, *acutum*, *calthae* et *apicale* de Stephens (Ill. Brit. II, p. 138-140).

Schioedte (Nat. Tidss, 1862, I, p. 219, pl. VI, fig. 16-25) a donné la larve du *C. analis* et ses métamorphoses.

aa. *Lame mésosternale* ovale ou naviculaire, 1 fois et demie ou à peine 2 fois aussi longue que large, subacuminée aux deux bouts. *Ventre* non entièrement mat, plus ou moins brillant dans sa partie postérieure. *Forme* plus ou moins ramassée (*Cerycon*, R., anagramme de *Cercyon*) (2).

(1) Dans Mulsant, au lieu de 67, il faut 61. Peut-être faut-il rapporter là le *Cercyon terminatus* de Audouin et Brullé (Hist. Ins. II, p. 293), mais les auteurs lui donnent plus d'une ligne de longueur.

(2) Ce sous-genre remarquable se distingue, en outre, par son aire mésosternale plus brusquement et plus fortement relevée. Le ventre est plus brillant, avec la base ou les deux premiers arceaux seulement mats et feutrés.

r. *Ponctuation des interstries* aussi distincte que celle du prothorax. *Élytres* à tache apicale rousse bien tranchée. *Taille* moyenne. . . . . 17. BIFENESTRATUS.

rr. *Ponctuation des interstries* peu distincte, toujours beaucoup plus faible que celle du prothorax. *Taille* petite.

s. *Stries des élytres* non plus approfondies en arrière. *Taille* petite.

t. *Stries des élytres* effacées vers le sommet; *interstries* alutacés, presque mats. . . . . 18. MINUTUS.

tt. *Stries des élytres* distinctes jusqu'au sommet.

u. *Élytres* subalutacées, aussi brillantes que le prothorax, subconcolores, assez fortement striées-ponctuées. *Palpes* roux, à dernier article rembruni, le 2e fortement épaissi, court. . . . . 19. GRANARIUS.

uu. *Élytres* alutacées, presque mates, moins brillantes que le prothorax, nettement tachées de roux au sommet. *Palpes* testacés, subconcolores, à 2e article moins épaissi, oblong. *Taille* un peu moindre . . . . 20. LUGUBRIS.

ss. *Stries des élytres* plus approfondies en arrière.

v. *Dessus du corps* noir; *élytres* nettement tachées de roux au sommet; à *stries* obscurément ponctuées; à *interstries* subalutacés, un peu moins brillants que le prothorax. *Taille* petite. . . . . 21. SUBSULCATUS.

vv. *Dessus du corps* d'un rouge brun, à tête noire; *élytres* à *stries* distinctement ponctuées; à *interstries* presque lisses, aussi brillants que le prothorax. *Taille* petite. . . . 22. RHOMBOIDALIS.

17. Cercyon (Cercyon) bifenestratus, KUSTER.

Brièvement ovale, assez convexe, d'un noir brillant en dessus, presque mat et duveteux en dessous, avec les palpes, les antennes et les pieds d'un brun roussâtre, les côtés du prothorax rougeâtres, et les élytres parées d'une tache apicale d'un roux testacé, bien tranchée et remontant latéralement jusqu'au métasternum. Tête infléchie, subconvexe, finement et densément ponctuée. Épistome tronqué au sommet. Prothorax court, rétréci en avant, un peu moins large en arrière que les élytres, faiblement arqué sur les côtés avec les angles postérieurs subobtus ; assez convexe, finement et densément ponctué. Écusson en triangle plus long que large, très finement pointillé. Élytres obovales, subarquées sur les côtés, subrétrécies en arrière et subarrondies au sommet avec l'angle sutural droit ; assez convexes; finement striées-ponctuées, à interstries larges, plans, aussi nettement et presque aussi densément ponctués à leur base que le prothorax, à peine moins densément en arrière. Lame mésosternale ovale, subacuminée aux deux bouts. Ventre presque mat et feutré, à peine plus brillant sur sa région médiane. Tibias antérieurs médiocrement épineux, les antérieurs non échancrés.

Cercyon bifenestratum, KUSTER, 1851, Kaef. Eur. 23, 15. — BEDEL, Faun. Col. Seine, I, p. 338 et 343, 10. — DE MARSEUL, l'Abeille, XX, p. 194, 117.
Cercyon palustre, THOMSON, 1853, Oefv. Vet. Ac. Foerh., p. 55; — Skand. Col. II, p. 105, 4.

Variété *a. Bordure latérale du prothorax* réduite à une transparence rouge, située vers les angles antérieurs.

Cercyon aquaticum, var. B, MULSANT, Palp., p. 174. — FAIRMAIRE et LABOULBÈNE, Faun. Fr. I, p. 253.

Long. 0,0021 ; — larg. 0,0016.

PATRIE. Cette espèce, qui est très rare, se prend au bord des eaux, parmi les détritus, aux environs de Paris et sur quelques autres points du bassin de la Seine.

OBS. Elle a été longtemps confondue avec le *C. aquaticus* par Laporte, Mulsant, Fairmaire et autres auteurs. Elle en est réellement distincte par sa forme plus ramassée et moins convexe, et surtout par la conformation de sa lame mésosternale qui est ovale et à peine deux fois aussi longue que large, caractère qui lui est commun avec les 4 espèces suivantes, auxquelles je la réunis dans le sous-genre *Cerycon*.

La base des antennes est parfois rousse. Les pieds sont d'un rouge brun, à cuisses plus ou moins rembrunies. Les côtés du prothorax, plus ou moins roussâtres, n'ont parfois qu'une légère transparence de cette couleur vers les angles antérieurs.

Les élytres, un peu atténuées en arrière, ont leur tache apicale bien tranchée et leur angle sutural droit.

L'aire métasternale paraît dépourvue de prolongement latéral oblique.

18. Cercyon (Cerycon) minutus, GYLLENHAL.

Subovale, convexe, d'un noir assez brillant en dessus, plus mat et duveteux en dessous, avec la tige des antennes testacée, les palpes et les pieds roux. Tête infléchie, subconvexe, finement et densément ponctuée.

Epistome tronqué au sommet. Prothorax court, subrétréci en avant, un peu moins large en arrière que les élytres, arqué sur les côtés avec les angles postérieurs obtus ; convexe, finement et densément ponctué. Écusson en triangle subogival, plus long que large, très finement pointillé. Élytres obovales, arquées après les épaules, subarcuément rétrécies en arrière et subarrondies au sommet avec l'angle sutural droit ; assez fortement convexes, très finement striées-ponctuées, à stries effacées vers leur extrémité, à interstries larges, plans, très finement alutacés, moins brillants que le prothorax, presque mats et à ponctuation très fine, éparse et peu distincte. Lame mésosternale ovale, subacuminée aux deux bouts. Ventre mat et feutré à sa base, plus brillant sur sa région postérieure. Tibias modérément épineux, les antérieurs non échancrés.

Sphaeridium triste, ILLIGER, Mag. I, p. 39. — STURM, Deut. Faun. II, p. 14, 5.
Sphaeridium minutum, GYLLENHAL, Ins. Suec. I, p. 110, 11.
Cercyon minutum, ERICHSON, Col. March. I, p. 220, 11. — HEER, Faun. Helv. I, p. 491, 12. — FAIRMAIRE et LABOULBÈNE, Faun. Fr. I, p. 255, 15. — THOMSON, Skand. Col. II, p. 106, 6.
Cercyon tristis, BEDEL, Faun. Col. Seine, I, p. 339 et 344, 19.

Variété *a*. *Corps* d'un noir châtain, à extrémité des élytres d'un rouge brun.

Cercyon minutum, MULSANT, Palp. p. 180, 13.

Long. 0,0019 ; — larg. 0,0015.

PATRIE. Cette espèce se prend, très rarement, au bord des eaux, dans la France septentrionale, dans les bassins de la Seine et de la Somme. J'en ai pris un exemplaire à Aix-les-Bains (Savoie). L'indication lyonnaise de Mulsant se rapporte probablement au *C. granarius* qu'il a méconnu.

OBS. Elle est un peu moindre que *C. bifenestratus*, dont elle se distingue par ses élytres sans tache apicale bien tranchée, à stries plus subtiles, affaiblies ou effacées en arrière et à interstries alutacés, presque mats et moins brillants que le prothorax, à ponctuation plus éparse et moins distincte, etc.

Elle varie un peu pour la taille et la couleur. Celle-ci passe parfois au roux châtain sur les côtés du prothorax et à l'extrémité des élytres.

Suffisamment décrite depuis plus de 70 ans par Gyllenhal, depuis plus de 40 ans par Erichson, Heer et Mulsant, reproduite depuis par Fairmaire et Laboulbène et Thomson sous le nom de *C. minutum*, je n'ai pu me résigner à lui préférer celui de *C. tristis* que lui imposent les auteurs et catalogues récents.

On lui rapporte le *Dermestes boletophagus* de Marsham (Ent. Brit. p. 72, 33) et les *C. laevigatum* et *convexius* de Stephens (Ill. Brit. II, p. 140 et 145).

19. **Cercyon (Cercyon) granarius**, Erichson.

Subovale, convexe, d'un noir brillant en dessus, plus mat et duveteux en dessous, avec les palpes, la base des antennes et les pieds roux, le dernier article des palpes et la massue des antennes rembrunis. Tête infléchie, peu convexe, finement et densément ponctuée. Épistome tronqué au sommet, à rebord souvent roux. Le 2e article des palpes fortement épaissi. Prothorax court, rétréci en avant, presque aussi large en arrière que les élytres, assez fortement arqué sur les côtés avec les angles postérieurs obtus; convexe, finement et densément ponctué. Écusson triangulaire, un peu plus long que large, à peine pointillé. Élytres obovales, élargies-arquées après les épaules, arcuément subrétrécies en arrière et obtusément arrondies au sommet avec l'angle sutural droit; assez fortement convexes; assez fortement striées-ponctuées, à stries distinctes jusqu'au sommet; à interstries larges, plans, à peine alutacés, aussi brillants que le prothorax et à ponctuation très fine, éparse et peu distincte. Lame mésosternale ovale, subacuminée aux deux bouts. Ventre mat et feutré sur les 2 premiers arceaux, brillant et à peine pointillé sur les suivants. Tibias modérément épineux, les antérieurs non échancrés.

Cercyon granarium, Erichson, 1837, Col. March. I, p. 221, 12. — Heer, Faun. Helv. I, p. 491, 13. — Thomson. Skand. Col. IX, p. 126, 5, b. — Bedel, Faun. Col. Seine, I, p. 339 et 344, 17. — De Marseul, l'Abeille, XX, p. 193, 120.
Cercyon lugubre, Thomson, Skand. Col. II, p. 100, 5 (pars) (1).

(1) Dans leur description du *C. lugubre* (p. 256), les auteurs de la Faune Française, par cette phrase: « *Élytres... noires et brillantes, avec l'extrémité rouge* », semblent viser à la fois les *C. granarius et lugubris*. Quant à leur observation, elle ne se réfère au *C. granarius* que par le 2e article des palpes et non par les stries qui, au lieu d'être effacées, sont, au contraire, plus fortement ponctuées en arrière dans ladite espèce.

Long. 0,0020 ; — larg. 0,0015.

Patrie. Cette espèce, assez rare, se prend sous les pierres et les tas d'herbes, au bord des mares et des rigoles des prairies humides, sur plusieurs points de la France : le bassin de la Seine et de la Somme, la Bourgogne, le Beaujolais, la Bresse, les Alpes, etc. J'en ai capturé un exemplaire à Fréjus, au bord du Reyran. Elle est très rare autour de Lyon.

Obs. Elle est de la taille et de la forme du *C. minutus*, dont elle diffère par ses élytres à stries moins fines, non seulement distinctes jusqu'au sommet, mais encore plus fortement ponctuées vers celui-ci ; elles sont plus brillantes et plus lisses, généralement concolores ou bien subconcolores, etc.

Elle varie assez pour la taille, mais peu pour la couleur. Les élytres offrent à peine et rarement une transparence d'un brun rougeâtre, à leur extrémité.

L'aire métasternale et la lame mésosternale sont assez fortement ponctuées ; celle-ci est plus obtusément acuminée en avant qu'en arrière.

Le ventre est nettement mat et feutré sur les deux premiers arceaux, brillant, presque lisse ou à peine pointillé sur les suivants.

Le dernier article des palpes maxillaires est sensiblement rembruni, moins le bout extrême. Les pieds sont roux ou rougeâtres à tarses plus clairs.

20. Cercyon (Cercyon) lugubris, Paykull.

Subovale, convexe, d'un noir brillant sur la tête et le prothorax, presque mat sur les élytres, en partie mat et brillant en dessous, avec les palpes et la tige des antennes testacés, l'extrémité des élytres nettement rousse, les pieds rougeâtres à tarses plus clairs. Tête infléchie, peu convexe, finement et densément ponctuée. Épistome tronqué au sommet, à rebord souvent roux. Le 2e article des palpes modérément épaissi. Prothorax court, rétréci en avant, à peine moins large en arrière que les élytres, sensiblement arqué sur les côtés avec les angles postérieurs obtus ; convexe, finement et densément ponctué. Écusson en triangle subogival, un peu plus long que large, très finement pointillé. Élytres obovales, arcuément élar-

gies après les épaules, sensiblement rétrécies en arrière et subarrondies ou très obtusément acuminées au sommet avec l'angle sutural droit ou subaigu; convexes; très finement striées-ponctuées, à stries distinctes jusqu'au sommet; à interstries larges, plans, alutacés, presque mats, moins brillants que le prothorax, à ponctuation très fine, éparse et à peine distincte. Lame mésosternale ovale, subconvexe. Ventre mat et feutré sur les 2 premiers arceaux et parfois sur les côtés et la base des suivants, assez brillant sur le reste de sa surface. Tibias assez finement épineux, les antérieurs non échancrés.

Sphaeridium lugubre, Paykull, Faun. Suec. I, p. 59, 7. — Gyllenhal, Ins. Suec. I, p. 111, 12.
Cercyon lugubre, Erichson, Col. March. I, p. 220, 10. — Heer, Faun. Helv. I, p. 491, 11. — Mulsant, Palp. p. 181, 14. — Fairmaire et Laboulbène. Faun. Fr. I, p. 256, 16 (pars.). — Thomson, Skand. Col. IX, p. 125, 5, a. — Bedel, Faun. Fr, I, p. 339 et 344, 18.

Long. 0,0017 ; — larg. 0,0014.

Patrie. Cette espèce se prend parmi les détritus des grands marais et des prés marécageux, dans presque toutes les zones de la France. Elle est rare autour de Lyon, plus commune aux environs de Villefranche-sur-Saône, et très répandue dans la région méditerranéenne.

Obs. Elle est moindre que le *C. granarius*, à élytres moins lisses, plus mates, moins brillantes que le prothorax, un peu plus rétrécies en arrière et toujours plus ou moins nettement tachées de roux à leur extrémité. Les palpes maxillaires, plus pâles, n'ont pas leur dernier article sensiblement rembruni, et le 2e est bien moins épaissi, etc.

Elle varie beaucoup pour la taille et peu pour la couleur, qui passe parfois au brun châtain, surtout sur les côtés du prothorax. La tache apicale des élytres, plus ou moins tranchée, remonte latéralement jusqu'au milieu environ.

La lame mésosternale, plus obtuse aux deux bouts que chez les espèces précédentes, est légèrement subconvexe, au lieu qu'elle est plane presque partout ailleurs.

On lui donne pour synonyme le *C. convexiusculum* de Stephens (Ill. Brit. II, p. 146).

21. Cercyon (Cerycon) subsulcatus, Rey.

Subovale, convexe, d'un noir luisant sur la tête et le prothorax, plus mat sur les élytres, en partie mat et assez brillant en dessous, avec les palpes et la tige des antennes testacés, l'extrémité des élytres nettement rousse, les pieds rougeâtres à tarses plus pâles. Tête infléchie, peu convexe, finement et densément ponctuée. Épistome tronqué au sommet, à rebord souvent roux. Prothorax court, rétréci en avant, à peine moins large en arrière que les élytres, subarqué sur les côtés avec les angles postérieurs obtus; convexe, finement et densément ponctué. Écusson triangulaire, un peu plus long que large, très finement pointillé. Élytres obovales, subarquées sur les côtés, un peu rétrécies en arrière et très obtusément acuminées au sommet avec l'angle sutural droit ou subaigu; assez fortement convexes, finement striées, à stries obscurément ponctuées, bien plus approfondies et subsulciformes en arrière, à interstries larges et presque plans à leur base, plus étroits et convexes postérieurement, obsolètement alutacés et à peine pointillés, un peu moins brillants que le prothorax. Lame mésosternale ovale, subacuminée aux deux bouts. Aire métasternale ponctuée à peu près comme la lame mésosternale, tronquée dans le milieu de son bord postérieur. Ventre mat et feutré à la base et sur les côtés, assez brillant sur le reste de sa surface. Tibias assez finement épineux, les antérieurs non échancrés.

Long. 0,0017; — larg. 0,0014.

Patrie. Cette espèce a été découverte par mon ami Guillebeau, à Marignane.

Obs. Elle ressemble beaucoup au *C. lugubris*, dont elle se distingue par les stries des élytres fortement approfondies en arrière où elles paraissent sulciformes, avec, par suite, les interstries convexes postérieurement. Ceux-ci sont un peu moins plans à leur base, un peu moins mats et un peu plus obsolètement alutacés, avec les stries moins fines et moins légères mais obscurément ponctuées, etc.

La tache apicale des élytres est tranchée comme chez *C. lugubris*, avec la suture restant noire jusqu'à l'angle sutural.

22. Cercyon (Cerycon) rhomboidalis, Perris.

Brièvement ovalaire, convexe, d'un rouge brun luisant en dessus, presque mat et duveteux en dessous, avec la tête noire, les palpes et la tige des antennes testacés, et les pieds roux. Tête infléchie, peu convexe, finement et densément ponctuée. Épistome subtronqué au sommet. Prothorax court, rétréci en avant, à peine moins large en arrière que les élytres, sensiblement arqué sur les côtés avec les angles postérieurs obtus; convexe, finement et densément ponctué. Écusson triangulaire, un peu plus long que large, très finement pointillé. Élytres ovales, arquées sur les côtés, un peu rétrécies en arrière et obtusément acuminées au sommet avec l'angle sutural subaigu; assez fortement convexes; finement striées, à stries distinctement ponctuées, plus approfondies en arrière, à interstries larges et plans à leur base, plus étroits et subconvexes postérieurement, à peine pointillés ou presque lisses et aussi brillants que le prothorax. Lame mésosternale ovale, subacuminée aux deux bouts. Aire métasternale plus éparsement ponctuée en arrière qu'en avant, subsinuée dans le milieu de son bord postérieur. Ventre mat et feutré sur les 2 premiers arceaux et sur les côtés et la base des suivants, assez brillant sur le reste de sa surface. Tibias assez finement épineux, les antérieurs non échancrés.

Cercyon rhomboidale, De Marseul, l'Abeille, 1874, XIII, p. 3.

Long. 0,0013; — larg. 0,0010.

Patrie. Cette espèce se prend communément en Corse, d'où je l'ai reçue de M. E. Revelière à qui la science doit la découverte d'un certain nombre d'espèces de cette île à faune si riche et si variée Peut-être se trouvera-t-elle un jour en France.

Obs. Elle est de la taille des plus grands *C. pygmaeus*, mais plus régulièrement et plus brièvement ovalaire et surtout plus convexe. Elle diffère du *C. lugubris* par sa couleur moins noire et par ses élytres bien plus brillantes et à stries moins fines et plus approfondies en arrière, etc.

Elle se distingue du *C. subsulcatus* par sa couleur d'un rouge brun, moins la tête; par ses élytres à stries distinctement ponctuées, simplement plus approfondies en arrière, et à interstries plus lisses et plus brillants. La taille est moindre et la forme un peu plus ramassée, etc.

La couleur est en général d'un rouge brun, à tête et parfois disque du prothorax plus foncés, mais celui-ci souvent plus clair latéralement. Rarement, le prothorax et les élytres sont d'un rouge acajou.

La forme est plus globuleuse que chez la plupart des congénères.

Les pieds sont roux, à tarses plus clairs. L'aire médiane du métasternum est brusque sur toute la longueur de ses côtés, aussi relevée en avant que la pointe mésosternale.

Par ses tibias moins fortement épineux, elle semble conduire aux genres *Megasternum* et *Cryptopleurum*.

Genre *Pelosoma*, PÉLOSOME ; Mulsant.

MULSANT, Palp., p. 184. — J. DUVAL. *Gen. Hydroph.*, p. 96, pl. 32, fig. 158 bis.

ETYMOLOGIE : πελὸς, noirâtre ; σῶμα, corps.

OBS. Ce genre ne diffère du genre *Cercyon* que par la structure de sa lame mésosternale qui est assez large, angulée en avant, parallèle sur ses côtés et nettement tronquée en arrière, où elle s'applique exactement contre le bord antérieur du métasternum.

Cette coupe générique est basée sur une seule espèce.

1. **Pelosoma Lafertei**, MULSANT.

Brièvement ovalaire, convexe, d'un noir de poix brillant, avec les palpes et les antennes d'un roux testacé, les pieds roux, le devant de l'épistome et les côtés du prothorax rougeâtres. Élytres un peu plus finement ponctuées que la tête et le prothorax, à stries postérieurement plus profondes.

Pelosoma Lafertei, MULSANT, Palp. p. 185, 1.
Cercyon Lafertei, FAIRMAIRE et LABOULBÈNE, Faun. Fr. I, p. 256, 17.

Long. 0,0022 ; — larg. 0,0019.

PATRIE. Cette espèce, originaire du Brésil, paraît avoir été rencontrée accidentellement en France, en Dalmatie et en d'autres points de l'Europe, où elle avait été sans doute importée.

Obs. Je ne la décrirai pas d'avantage. Elle est bien tranchée parla structure singulière de la lame mésosternale.

Elle répond aux *Cercyon globulum* de la collection Laferté, *bicolor* du catalogue Dejean (3e éd. p. 149) et *minutum* de Faldermann.

Genre *Megasternum*. Mégasterne; Mulsant.

Mulsant, Palp., p. 187. — J. Duval, *Gen. Hydroph*, p. 96, pl. 32. fig. 159.

Etymologie : μεγας, grand; στέρνον, sternum.

Caractères. *Corps* brièvement ovalaire, convexe.

Tête assez grande, infléchie, subarrondie, tronquée en avant, engagée dans le prothorax, moins large que celui-ci. *Épistome* grand, transverse, non distinct du front, tronqué et finement rebordé au sommet.

Labre très court, peu apparent, cilié à son bord apical. *Mandibules* peu saillantes, arquées. *Palpes maxillaires* médiocres, moins longs que les antennes, de 4 articles : le 1er très court : le 2e grand, renflé en poire : le 3e bien plus court et plus étroit, obconique ; le dernier plus long que le précédent, fusiforme. *Palpes labiaux* courts, de 3 articles : le 1er peu distinct : le 2e à peine oblong : le dernier un peu plus étroit (1). *Menton* assez grand, transverse, arqué sur les côtés, finement rebordé et subsinué en avant.

Yeux médiocres, peu saillants, subarrondis, entiers, recouverts en arrière par les angles antérieurs du prothorax.

Antennes médiocres, de 9 articles : le 1er très allongé, subarqué, formant plus du tiers de la longueur totale, subcomprimé, à peine en massue : le 2e court, conique : les 3e à 5e petits, formant ensemble une tige grêle : le 6e très court, servant de base à la massue : celle-ci grande, brusque, ovale-oblongue, pubescente, de 3 articles, dont le 1er court, le 2e très court, et le dernier grand, transverse, obtusément tronqué au bout.

Prothorax fortement transverse, subarcuément rétréci en avant, à peine moins large en arrière que les élytres, bisinueusement tronqué au sommet, subarqué dans le milieu de sa base ; très finement rebordé sur les côtés. *Repli* étroit, refoulé en dessous, formant une tranche avec la page supérieure.

(1) Les articles des palpes labiaux, plus ou moins cachés, sont peu appréciables.

Écusson médiocre, en triangle subogival, plus long que large.

Élytres grandes, larges, subovalaires, subarquées latéralement, subogivalement terminées à leur extrémité ; finement rebordées sur les côtés ; faiblement striées-ponctuées, à strie suturale à peine plus accusée en arrière. *Repli* assez large mais déclive à sa base, réduit à une tranche dès le commencement du lobe huméral.

Prosternum court, relevé sur son milieu en lame horizontale, aussi large que longue, pentagonale, bisillonnée, échancrée en arrière pour recevoir l'angle antérieur du mésosternum. *Anté-épisternums* très grands, irréguliers. *Mésosternum* assez court, relevé sur son milieu et une grande lame horizontale, plus large que longue, transverse, en pentagone irrégulier et angulée en avant. *Médiépisternums* enfouis, obliques. *Métasternum* grand, transversalement coupé à son bord postérieur, tronqué ou à peine échancré dans le milieu de son bord antérieur ; tronqué au devant des hanches postérieures avec la troncature émettant de son milieu, entre celle-ci, un très petit lobe triangulaire, séparé par une suture ; entièrement brillant et ponctué, sans aire médiane surélevée. *Postépisternums* peu apparents, très étroits, cachés par le lobe huméral qui est un peu replié en dessous. *Postépimères* cachées.

Ventre de 5 arceaux apparents, tous brillants et non feutrés : le 1er carinulé sur sa ligne médiane, plus grand que les suivants ; ceux-ci courts, graduellement moins courts : le dernier plus grand, semilunaire.

Hanches antérieures subconiques, obliques, subconvexes en devant, sensiblement distantes ; les *intermédiaires* transverses, obliques, déprimées, très largement distantes ; les *postérieures* assez rapprochées en dedans, transverses, assez étroites, horizontalement relevées et explanées en dehors, à peine plus étroites extérieurement.

Pieds courts, assez robustes. *Trochanters* assez petits, en onglet. *Cuisses* subcomprimées, subélargies à leur base, subrainurées en dessous pour recevoir les tibias, les *antérieures* mates et feutrées dans le milieu de leur face antérieure. *Tibias* subcomprimés, finement ciliés-denticulés-subépineux sur leur tranche externe, armés à leur sommet interne de 2 petits éperons peu distincts ; les *intermédiaires* et *postérieurs* faiblement élargis de la base à l'extrémité ; les *antérieurs* très fortement et triangulairement dilatés, fortement échancrés en dehors dans leur dernier tiers, subexcavés en devant et rainurés en dessous pour loger les tarses. *Tarses* petits, grêles, biens moins longs que les tibias, à 1er article un peu plus long que le suivant : les 2e à 4e courts, subégaux ou graduellement un peu plus courts : le dernier un peu plus long que le 1er, oblong, sublinéaire, subégal aux 2 précédents réunis. *Ongles* très petits, grêles, arqués, offrant entre eux 2 cils subdivergents.

Obs. La seule espèce de ce genre vit parmi les détritus et les substances cryptogamiques.

Cette coupe générique est bien distincte du genre *Cercyon* par la conformation des diverses pièces sternales, par les côtés du métasternum et du ventre non feutrés, brillants ainsi que le reste de leur surface. De plus, les hanches intermédiaires sont notablement plus distantes entre elles, et la strie suturale des élytres est à peine ou non plus accusée que les autres, etc.

1. **Megasternum bolitophagum**, Marsham.

Brièvement ovalaire, convexe, d'un noir de poix brillant, avec les palpes, les antennes et les pieds roux. Tête infléchie, peu convexe, finement et densément ponctuée. Epistome tronqué au sommet, à rebord apical souvent roussâtre. Prothorax court, rétréci en avant, à peine moins large en arrière que les élytres, faiblement arqué sur les côtés avec les angles postérieurs à peine obtus ; convexe, finement et densément ponctué, plus légèrement et un peu moins densément sur le milieu du disque. Écusson en triangle subogival, plus long que large, très finement pointillé. Élytres obovales, arcuément élargies derrière les épaules, subarcuément rétrécies en arrière et subogivalement acuminées au sommet avec l'angle sutural subaigu ; assez fortement convexes ; finement et légèrement striées-ponctuées, à strie suturale à peine ou non plus accusée que les autres, à interstries assez larges, plans, très finement et éparsement pointillés, presque bisérialement en arrière. Lame prosternale bisillonnée. Lame mésosternale assez fortement, densément et subrugueusement ponctuée. Métasternum entièrement brillant, assez fortement mais moins densément ponctué que le mésosternum. Ventre non feutré, assez brillant, à 1er arceau ponctué, les autres presque lisses. Tibias finement ciliés-denticulés en dehors, les antérieurs très fortement élargis, échancrés au sommet de leur tranche externe.

Dermestes boletophagus, Marsham, Ent. Brit. p. 72, 33.
Cercyon bolitophagum, Stephens, Ill, Brit. II, p. 140, 11. — Erichson, Col. March. I, 221, 13.
Megasternum bolitophagum, Mulsant, Palp. 187, 1. — Fairmaire et Laboul-

BÈNE, Faun. Fr. I, p. 256, 1. — THOMSON, Skand. Col. II, p. 110, 1. — BEDEL, Faun. Col. Seine, I, p. 339 et 345 (1).

Long. 0,0021 ; — larg. 0,0017.

PATRIE. Cette espèce est très commune parmi les détritus végétaux dans les bolets, les champignons et les fagots infectés de substances cryptogamiques, dans presque toute la France. Elle n'est pas rare en Provence.

OBS. Elle présente toutes les transitions de coloration entre le noir de poix et le roux testacé. Chez les exemplaires les plus foncés, les côtés du prothorax se montrent souvent un peu rougeâtres. Il n'est pas sûr que les variétés pâles se rapportent au *C. castaneum* de Heer (Faun. Helv. I, p. 492, 14).

On attribue au *M. bolitophagum* les *Dermestes obscurus*, *ferrugineus* et *stercorarius* de Marsham (Ent. Brit. p. 72 et 73), et les *Cercyon bolitophagum*, *immune*, *immaculatum*, *concinnum*, *ferrugineum*, *immundum*, *stercorarium* et peut-être *testaceum* de Stephens (Ill. Brit. II, p. 140, 147, 149, 150 et 152).

Genre *Cryptopleurum*, CRYPTOPLEURE ; Mulsant.

MULSANT, 1844. Palp., p. 188. — J. DUVAL, *Gen. Hydroph*, p. 96, pl. 32, fig. 160.

ETYMOLOGIE : κρυπτὸς, caché ; πλευρα, côté.

CARACTÈRES. *Corps* brièvement ovalaire, assez convexe.

Tête assez grande, infléchie, transverse, brusquement rétrécie et subtronquée en avant, engagée dans le prothorax, moins large que celui-ci. *Épistome* assez grand, en triangle transverse, subtronqué ou subsinué et finement rebordé au sommet, séparé du front par une suture transversale lisse, subinterrompue au milieu. *Labre* peu apparent *Mandibules* non saillantes, cachées. *Palpes maxillaires* médiocres, un peu moins longs que les antennes, de 4 articles : le 1er très court : le 2e grand, fortement renflé : le 3e plus court, bien plus étroit, obconique : le dernier plus long, fusiforme. *Palpes labiaux* peu distincts. *Menton* grand, court, fortement transverse, très largement et subbisinueusement tronqué en avant.

(1) La plupart des auteurs écrivent *boletophagum*. Mais, avec M. Bedel et quelques autres, on doit dire normalement *bolitophagum*.

Yeux médiocres, peu saillants, irrégulièrement subarrondis, entiers, recouverts en arrière par les angles antérieurs du prothorax.

Antennes médiocres, de 9 articles, le 1er allongé, formant environ le tiers de la longueur totale, en massue subcomprimée et subarquée : le 2e plus étroit, assez court, conique : les 3e à 5e petits, formant ensemble une tige grêle : le 6e très court, servant de base à la massue : celle-ci grande, brusque, ovalaire, pubescente de 3 trois articles, dont le 1er court, le 2e très court, et le dernier grand, subhémisphérique, mousse.

Prothorax fortement transverse, subarcuément rétréci en avant, à peine moins large en arrière que les élytres, bisinueusement tronqué au sommet; mousse ou non tranchant sur les côtés qui sont repliés en dessous où ils forment, vus latéralement, un triangle transverse inférieurement rebordé et à sommet dirigé en bas. *Repli* enfoui.

Écusson médiocre, en triangle subogival, plus long que large.

Élytres grandes, larges, subovalaires arcuément subrétrécies en arrière et subarrondies au sommet; finement rebordées sur les côtés, plus ou moins fortement striées-sillonnées, à strie suturale plus accusée. *Repli* assez étroit et un peu déclive à sa base, réduit à une tranche dès après la naissance du lobe huméral.

Prosternum court, relevé sur son milieu en lame horizontale, transverse ou plus large que longue, en pentagone irrégulier, élargi en avant, à bords latéraux plus courts et à sommet entaillé pour recevoir l'angle antérieur du mésosternum. *Anté-épisternums* très grands, irréguliers. *Mésosternum* assez court, relevé sur son milieu en une grande lame horizontale, plus large que longue, transverse, en pentagone irrégulier et angulée en avant. *Médi-épisternums* médiocres, obliques. *Métasternum* grand, transversalement coupé à son bord postérieur, tronqué ou à peine échancré dans le milieu de son bord antérieur; tronqué au devant des hanches postérieures avec la troncature émettant de son milieu, entre celles-ci, un petit lobe triangulaire séparé par une suture; entièrement brillant et ponctué, avec une aire médiane à peine surélevée mais indiquée de chaque côté par une arête oblique, flexueuse, *Postépisternums* cachés, réduits en arrière à une espèce de coin à pointe en avant. *Postépimères* cachées.

Ventre de 5 arceaux apparents, tous assez brillants et non feutrés : le 1er plus grand que les suivants : ceux-ci très courts, subégaux : le dernier plus grand, semilunaire.

Hanches antérieures subelliptiques, obliques, subdéprimées en devant, assez fortement distantes; les *intermédiaires* transverses, subobliques déprimées, très largement distantes; les *postérieures* transverses, rapprochées ou subcontiguës en dedans, assez étroites, horizontalement relevées et explanées en dehors, subparallèles ou à peine plus étroites extérieurement.

Pieds courts, robustes. *Trochanters* assez petits, en onglet. *Cuisses* comprimées, élargies à leur base, rainurées en dessous pour recevoir les tibias; les *antérieures* avec une plaque mate et feutrée sur le milieu de leur page antérieure. *Tibias* comprimés, finement ciliés-denticulés-subépineux sur leur tranche externe, armés à leur sommet interne de 2 petits éperons; les *intermédiaires* et *postérieurs* sensiblement élargis de la base à leur extrémité; les *antérieurs* plus fortement élargis, non échancrés mais régulièrement arqués en dehors, subexcavés en devant et rainurés en dessous pour loger les tarses. *Tarses* assez petits, grêles, moins longs que les tibias, à 1er article oblong et plus long que le suivant dans les intermédiaires et postérieurs, les 2e à 4e assez courts, subégaux ou graduellement à peine moins courts; les *antérieurs* plus courts, à 4 premiers articles courts, subégaux, le 1er pourtant un peu moins court; le dernier de tous les tarses oblong, sublinéaire, subégal aux 2 précédents réunis. *Ongles* très petits, grêles, arqués, offrant entre eux 2 cils subdivergents.

Obs. Le genre *Cryptopleurum* se compose de 2 espèces, qui fréquentent les bouses, les fumiers, les crottins et les détritus en voie de décomposition.

Il se distingue suffisamment du *G. Megasternum* par les côtés de son prothorax mousses, repliés en dessous en forme de triangle transverse; par ses élytres plus fortement striées et à strie suturale plus accusée que les autres; par son prosternum plus large avec les hanches antérieures plus écartées; par son métasternum pourvu d'une aire médiane peu élevée mais distincte; par ses tibias antérieurs non échancrés mais arqués en dehors; par le dessus du corps légèrement pubescent (1), etc.

a. *Stries des élytres* sulciformes dès leur base; *interstries* subcostiformes. *Épistome* subsinué au sommet. . . . . 1. CRENATUM.

(1) La plupart des *Cercyon* et le *G. megasternum* sont glabres ou presque glabres en dessus. Toutefois quelques espèces présentent sur les côtés des élytres de rares poils, légers et peu distincts, telles sont *centrimaculatus*, *plagiatus*, *analis*, etc.

aa. *Stries des élytres* subsulciformes en arrière seulement, *interstries* presque plans à leur base, subconvexes postérieurement. *Épistome* subtronqué au sommet. . . . . 2. ATOMARIUM.

1. Cryptopleurum crenatum, PANZER.

Brièvement ovale, assez convexe, légèrement pubescent, d'un noir assez brillant, avec les palpes d'un roux brunâtre, les antennes et les pieds roux, les cuisses rembrunies dans leur milieu, et le sommet des élytres souvent roussâtre. Tête très peu convexe, assez finement et densément ponctuée. Épistome subsinué au sommet. Prothorax fortement transverse, à peine moins large en arrière que les élytres, à peine arqué sur les côtés avec les angles postérieurs droits, vus de dessus et obtus, vus latéralement; assez convexe, assez finement et densément ponctué. Écusson en triangle subogival, un peu plus long que large, finement pointillé. Élytres obovales, arcuément subrétrécies en arrière et subarrondies au sommet avec l'angle sutural droit; assez convexes; assez finement striées-ponctuées-sillonnées, à strie suturale plus accusée, à interstries convexes ou subcostiformes dès leur base, densément mais presque plus finement pointillés que le prothorax. Lame prosternale assez fortement, la mésosternale plus fortement ponctuées. Métasternum entièrement brillant, plus fortement ponctué en avant, à aire médiane peu élevée. Ventre non feutré, à 1er arceau assez fortement, les autres à peine ponctués. Tibias à peine, les antérieurs plus distinctement ciliés-denticulés-subépineux en dehors, ceux-ci entiers.

Sphaeridium crenatum, PANZER, 1794, Faun. Germ. p. 23, 3.
Cryptopleurum atomarium, MULSANT, Palp. p. 188, 1. — J. DUVAL, Gen. Hydroph. pl. 32, fig. 160.
Cryptopleurum Vaucheri, TOURNIER, 1867, Ann. Ent. Fr. p. 566. — DE MARSEUL, l'Abeille, VIII, p. 119, 15.
Cryptopleurum crenatum, BEDEL, Faun. Col. Seine, 1881, I, p. 340 et 345, 1.

Long. 0,0020; — larg. 0,0017.

PATRIE. Cette espèce est peu commune. Elle se trouve dans les bouses, les crottins, les fumiers et les détritus, dans le bassin de la Seine, le Bourbonnais, le Bugey, les Alpes, les environs de Lyon, le Beaujolais, les Pyrénées, etc.

Obs. Elle est remarquable par ses stries sillonnées dès leur base et les interstries convexes dans toute leur longueur.

Les palpes sont tantôt d'un roux foncé, tantôt presque noirs ou d'un noir de poix. Les cuisses sont plus ou moins maculées d'obscur dans le milieu de leur face antérieure. L'extrémité des élytres est souvent plus ou moins roussâtre, plus rarement concolore.

Le 1er arceau ventral est assez fortement ponctué ; les autres sont très finement ou à peine pointillés.

Cette espèce a été longtemps réunie à la suivante.

2. Cryptopleurum atomarium, Olivier.

Brièvement ovale, assez convexe, légèrement pubescente, d'un noir assez brillant, avec les palpes brunâtres, les antennes et les pieds roux, la base des cuisses un peu rembrunie, et le sommet des élytres rougeâtre. Tête très peu convexe, finement et densément ponctuée. Épistome subtronqué au sommet. Prothorax fortement transverse, à peine moins large en arrière que les élytres, à peine arqué sur les côtés avec les angles postérieurs droits, vus de dessus et obtus, vus latéralement ; assez convexe, finement et densément ponctué. Écusson en triangle subogival, plus long que large, finement pointillé. Élytres obovales, arcuément subrétrécies en arrière et subogivalement arrondies au sommet avec l'angle sutural subaigu ; assez convexes, finiment striées-ponctuées, à stries subsillonnées seulement en arrière et sur les côtés ; la suturale plus accusée ; à interstries subconvexes postérieurement et latéralément, presque plans sur le reste de la surface, densément mais non plus finement ponctués que le prothorax. Lame prosternale assez fortement, la mésosternale plus fortement ponctuées. Métasternum entièrement brillant, assez fortement et densément ponctué, à aire médiane peu élevée. Ventre non feutré, à 1er arceau assez fortement ponctué, les autres à peine pointillés. Tibias à peine, les antérieurs plus distinctement ciliés denticulés-subépineux en dehors, ceux-ci entiers.

Sphaeridium atomarium, Olivier, Ent. II, n. 15, p. 11, 14, pl. II, fig. 5, *a*, *b*. — Latreille, Hist. Nat. X, p. 80, 6. — Sturm, Deut. Faun. II, p. 17, 8. — Gyllenhal, Ins. Suec. I, p. 106, 7.
Sphaeridium minutum, Paykull, Faun. Suec. I, p. 63, 12.

Cercyon atomarium, STEPHENS, Ill. Brit. II, p. 145, 30. — ERICHSON, Col. March. I, p. 222, 14. — LAPORTE DE CASTELNAU, Hist. Col. II, p. 61, 1. — HEER, Faun. Helv. I, p. 492, 16.
Cryptopleurum atomarium, MULSANT, Palp. p. 188, 1 (pars). — FAIRMAIRE et LABOULBÈNE, Faun. Fr. I, p. 257, 1. — THOMSON, Skand. Col. II, p. 111, 1.
Cryptopleurum minutum, BEDEL, Bull. Soc. Ent. Fr. 1881, p. 109; — Faun. Col. Seine, I, p. 340 et 345.

Variété *a*. *Élytres* et *prothorax* entièrement d'un rouge testacé, celui-ci parfois rembruni sur son milieu.

Dermestes sordidus, MARSHAM, Ent. Brit. p. 69, 25.
Cercyon sordidum, STEPHENS, Ill. Brit. II, p. 145, 31.
Cyptopleurum atomarium, var. B. MULSANT, Palp., p. 189.

Long. 0,0018; — larg. 0,0015.

PATRIE. Cette espèce est très commune dans toute la France, dans les bouses, les crottins, les fumiers, les terreaux, etc.

OBS. Elle est très voisine du *C. crenatum*. Elle s'en distingue par une taille généralement moindre; par ses palpes d'une couleur ordinairement plus foncée; par son épistome moins visiblement sinué au sommet; par ses élytres moins obtusément arrondies à leur extrémité, à stries évidemment moins sillonnées et à interstries partant moins convexes, presque plans à leur base. Ceux-ci sont au moins aussi fortement ponctués que le prothorax, au lieu que, chez *C. crenatum*, ils sont plus finement pointillés que ce même segment, etc.

Elle varie beaucoup pour la taille et pour la couleur. Quelquefois tout le corps, moins la tête, est roux ou testacé, avec toutes les teintes intermédiaires entre cette dernière coloration et le noir. Les palpes, généralement brunâtres ou d'un noir de poix, sont parfois plus ou moins roux.

On rapporte au *C. atomarium* les *minutum* de Fabricius (Syst. Ent. p. 68) et peut-être *merdarium* de Stephens (Ill. Brit. II, p. 147)?

TABLEAU MÉTHODIQUE

DES

PALPICORNES DE FRANCE

1er groupe. **HYDROPHILIDES.**

1re FAMILLE. — HYDROPHILIENS.

1re BRANCHE. — HYDROPHILAIRES.

Genre *Hydrophilus*, GEOFFROY.

piceus, LINNÉ.
angustior, REY.
pistaceus, LAPORTE.
aterrimus, ESCHSCHOLTZ.

Genre *Hydrous*, LINNÉ.

caraboides, LINNÉ.
flavipes, STEVEN.

Genre *Limnoxenus*, MOTSCHOULSKY.

oblongus, HERBST.

Genre *Hydrobius*, LEACH.

convexus, ILLIGER.
fuscipes, LINNÉ.

Genre *Enochrus*, THOMSON.

bicolor, PAYKULL.

Genre *Philydrus*, SOLIER.

frontalis, ERICHSON.
testaceus, FABRICIUS.
grisescens, GYLLENHAL.
Morenae, HEYDEN.
halophilus, BEDEL.
melanocephalus, OLIVIER.

S.-genre *Methydrus*. REY.

minutus, FABRICIUS.
coarctatus, GREDLER.

Genre *Cymbiodyta*, BEDEL.

marginella, FABRICIUS.

Genre *Paracymus*, THOMSON.

aeneus, GERMAR.
nigro-aeneus, J. SAHLBERG.
punctillatus, REY.

Genre *Brachypalpus*, LAPORTE.

S.-genre *Anacaena*, THOMSON.

globulus. PAYKULL.

S.-genre *Brachypalpus*, LAPORTE.

ambiguus, REY.
limbatus, FABRICIUS.
bipustulatus, MARSHAM.

Genre *Helochares*, MULSANT.

lividus, FORSTER.
subcompressus, REY.
punctulatus, SHARP.
dilutus, ERICHSON.

Genre *Laccobius*, ERICHSON.

pallidus, MULSANT et REY.

nigriceps, THOMSON.
bipunctatus, FABRICIUS.
obscuratus, ROTTENBERG.
regularis, REY.
alutaceus, THOMSON.
minutus, LINNÉ.
alternus, MOTSCHOULSKY.
Sardeus, BAUDI.
gracilis, MOTSCHOULSKY.
Sellae, SHARP.
thermarius, TOURNIER.

2e BRANCHE. — CHÉTARTHRIAIRES.

Genre *Chaetarthria*, STEPHENS.

seminulum, PAYKULL.

3e BRANCHE. — LIMNOBIAIRES.

1er RAMEAU LIMNOBIATES.

Genre *Limnobius*, LEACH.

papposus, MULSANT.
truncatulus, THOMSON.
truncatellus, THUNBERG.
nitiduloides, BAUDI.
nitidus, MULSANT.
crinifer, REY
aluta, BEDEL.
sericans, MULSANT et REY.
punctillatus, REY.
myrmidon, PANDELLÉ.

S.-genre *Bolimnius*, REY.

oblongus, REY.
atomus, DUFTSCHMIDT.

2e RAMEAU. HYDROSCAPHATES.

Genre *Hydroscapha*, LECONTE.

gyrinoides, AUBÉ.

4e BRANCHE, — BÉROSAIRES.

Genre *Berosus*, LEACH.

S.-genre *Enoplurus*, HOPE

guttalis, REY.
spinosus, STEVEN.

S.-genre *Berosus*, THOMSON.

aericeps, CURTIS.
luridus, LINNÉ,
affinis, AUDOUIN et BRULLÉ.

2e FAMILLE. — SPERCHÉENS.

Genre *Spercheus*, KUGELANN.

emarginatus, SCHALLER.

3e FAMILLE. — HÉLOPHORIENS.

1re BRANCHE. — HÉLOPHORAIRES.

1er RAMEAU. HÉLOPHORATES.

Genre *Empleurus*. HOPE.

rugosus, OLIVIER.
porculus, BEDEL.
nubilus, FABRICIUS.
Alpinus, HEER.

Genre *Helophorus*, FABRICIUS.

intermedius. MULSANT.
aquaticus. LINNÉ.
aequalis, THOMSON.
nivalis, GIRAUD.
glacialis, VILLA.
crenatus. REY.
arcuatus, REY.
asperatus, REY.
dorsalis, MARSHAM.
fulgidicollis, MOTSCHOULSKY
quadrisignatus, BACH.
obscurus, MULSANT.
minutus, OLIVIER.
discrepans, PANDELLÉ.
granularis, LINNÉ.
griseus, ERICHSON.
Arvernicus, MULSANT.
pumilio, ERICHSON.
nanus, STURM.

2e RAMEAU. HYDROCHOATES.

Genre *Hydrochous*, LEACH.

brevis, HERBST.
carinatus, GERMAR.
elongatus, SCHALLER.
angustatus, GERMAR.
bicolor, DAHL.

impressus, Rey.
nitidicollis, Mulsant.

2e branche. — HYDRÉNAIRES.

Genre *Henicocerus*, Stephens.

granulatus, Mulsant.
exsculptus, Germar.
gibbosus, Germar.

Genre *Ochthobius*, Leach.

S.-genre *Cobalius*, Rey.

Lejolisi, Mulsant et Rey.
subinteger, Mulsant et Rey.

S.-genre *Ochthobius*, Mulsant.

marinus, Paykull.
deletus, Rey.
meridionalis, Dejean.
subabruptus, Rey.
obscurus, Dejean.
magipallens, Latreille.
pygmæus, Gyllenhal.
æneus, Stephens.
impressicollis, Laporte.
torrentum, Coye.
Barnevillei, Pandellé.
auriculatus, Rey.
bicolor, Germar.
exaratus, Mulsant.
punctatus, Stephens.
pellucidus, Mulsant.
difficilis, Mulsant.

S.-genre *Botochius*, Rey.

nobilis, Villa.

S.-genre *Hymenodes*, Mulsant.

lobicollis, Rey.
metallescens, Rosenhauer.
dentifer, Pandellé.
foveolatus, Germar.
fuscipalpis, Rey.

Genre *Calobius*, Wollaston.

quadricollis, Mulsant.

Genre *Hydræna*, Kugelann.

testacea, Curtis.
rugosa, Mulsant.
palustris, Erichson.
carbonaria, Kiesenwetter.
riparia. Kugelann.
assimilis, Rey.
subdeficiens, Rey.
subimpressa, Rey.
nigrita, ermaGr.
curta, Kiesenwetter.
regularis, Rey.
longior, Rey.
angustata, Sturm.

S.-genre *Haenydra*, Rey.

lapidicola, Kiesenwetter.
polita, Kiesenwetter.
monticola, Rey.
gracilis, Germar.
emarginata, Rey.
truncata, Rey.
producta, Mulsant et Rey.
pulchella, Germar.

S.-genre *Hadrenya*, Rey.

flavipes, Sturm.
Sieboldi, Rosenhauer.

2e groupe. GÉOPHILIDES.

1re FAMILLE. — SPHÉRIDIENS.

1re BRANCHE. — CYCLONOTAIRES.

Genre *Cyclonotum*, Erichson.

Hispanicum, Kuster.
orbiculare, Fabricius.

Genre *Dactylosternum*, Wollaston.

insulare, Laporte.

2e Branche. — SPHÉRIDIAIRES.

Genre *Sphæridium*, Fabricius.

scaraboides, Linné.
bipustulatum, Fabricius.

Genre *Cercyon*, LEACH.

S.-genre *Ercycon*, REY.

littoralis, GYLLENHAL.
depressus, STEPHENS.
arenarius, REY.

S.-genre *Cercyon*, MULSANT.

hæmorrhous, GYLLENHAL.
obsoletus, GYLLLENHAL.
impressus, STURM.
hæmorrhoidalis, FABRICIUS.
erythropterus, MULSANT.
melanocephalus, LINNÉ.
aquaticus, LAPORTE.
lateralis, MARSHAM.
unipunctatus, LINNÉ.
quisquilius, LINNÉ.
centromaculatus, STURM
terminatus, MARSHAM.
pygmæus, ILLIGER.
analis, PAYKULL.

S.-genre *Cerycon*, REY.

bifenestratus, KUSTER.
minutus, GYLLENHAL.
granarius, ERICHSON.
lugubris, PAYKULL.
subsulcatus, REY.
rhomboidalis, PERRIS.

Genre *Pelosoma*, MULSANT.

Lafertei, MULSANT.

Genre *Megasternum*, MULSANT.

bolitophagum, MARSHAM.

Genre *Cryptopleurum*, MULSANT.

crenatum, PANZER.
atomarium, OLIVIER.

TABLE ALPHABÉTIQUE

DES

PALPICORNES

FIN DE LA TABLE ALPHABÉTIQUE

ERRATA

Page	ligne		au lieu de		lisez
Page 86,	ligne	dernière,	au lieu de	*Perrisi,*	lisez *Revelieri.*
114	—	1	—	*Hydrobius*	— *Hydrophilus.*
124	—	16	—	*Hydrodius*	— *Hydrobius.*
162	—	21	—	*acqualis*	— *aequalis.*
270	—	15	—	*Kugelmann*	— *Kugelann.*
300	—	10	—	*Spéridiens*	— *Sphéridiens.*
328	—	15	—	*hasmorrhoidale*	— *haemorrhoidale.*

EXPLICATION DES PLANCHES

Planche I

FIG. 1. Mandibule de l'*Hydrophilus piceus*.
2. » de l'*Empleurus rugosus*.
3. » de l'*Helophorus aquaticus*.
4. » du *Berosus æriceps*.
5. Onychium et ongles antérieurs de l'*Hydrophilus piceus* ♂.
6. *a* » » » de l'*Hydrophilus angustior* ♂.
b » » » de l'*Hydrophilus pistaceus* ♂.
7. » » » de l'*Hydrophilus morio* ♂.
8. Lame prosternale, vue de côté, de l'*Hydrous caraboides*.
9. » » » de l'*Hydrous flavipes*.
10. Palpe maxillaire du genre *Enochrus*.
11. » » » *Philydrus*.
12. » » » *Paracymus*.
13. » » » *Helochares*.
14. » » » *Brachypalpus*.
15. » » » *Chaetarthria*.
16. » » » *Limnobius*.
17. Lame mésosternale du genre *Limnobius* vrai.
18. » » du sous-genre *Boïimnius*.
19. » » du genre *Hydroscapha*.
20. Cuisse postérieure du *Limnobius truncatellus* ♂.
21. » » du *Limnobius truncatulus* ♂.
22. Tibia postérieur du *Limnobius truncatellus* ♂.
23. » » du *Limnobius nitiduloides* ♂.
24. Palpe labial du genre *Empleurus*.
25. » » du genre *Helophorus*, en général.
26. Palpe maxillaire de l'*Empleurus rugosus*.
27. » » de l'*Empleurus porculus*.
28. » » de l'*Helophorus obscurus* et de plusieurs autres.
29. » » de l'*Helophorus griseus* et de plusieurs autres.
30. » » de l'*Henicocerus granulatus*.
31. » » du genre *Ochthobius*, en général.
32. Labre des genres *Henicocerus* et *Ochthobius*, en général.
33. » du sous-genre *Hymenodes*.
34. » du genre *Hydræna* et à peu près aussi du genre *Calobius*.

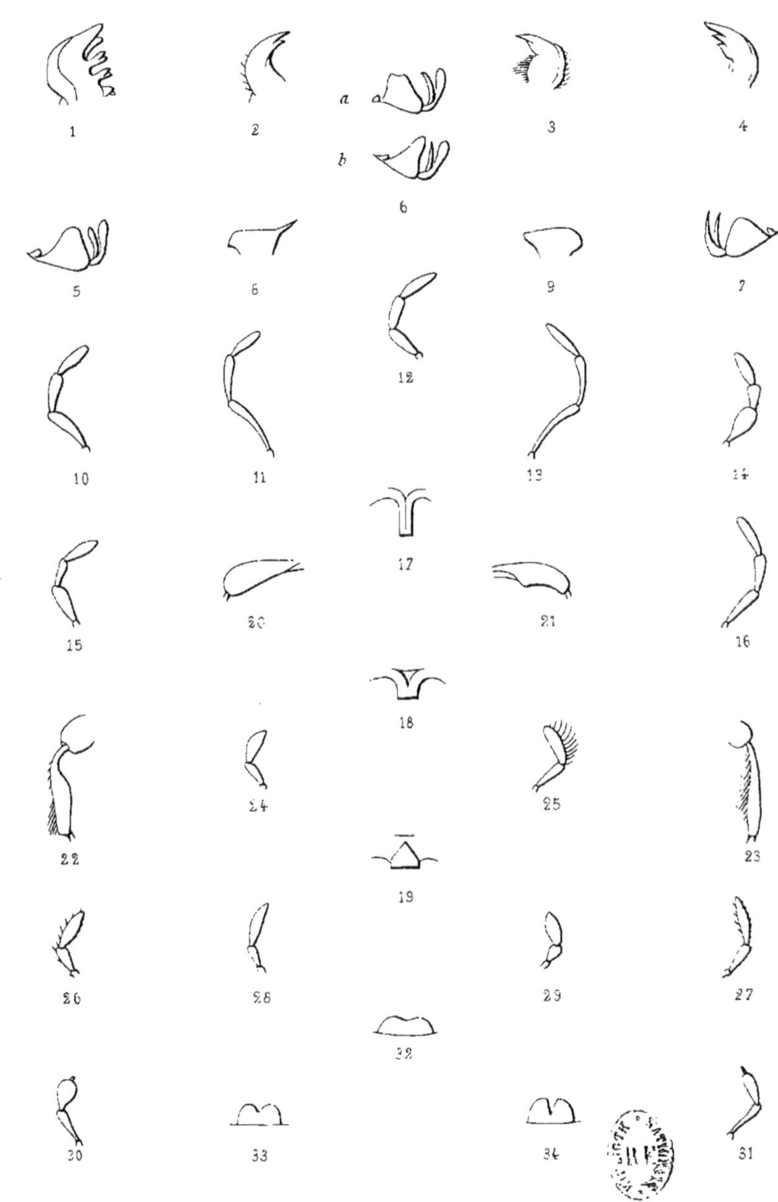

C. Rey, del.

Imp. A. Roux, rue Centrale, 21, Lyon

Planche II

FIG. 1. Palpe maxillaire de l'*Hydræna riparia* et à peu près aussi des *assimilis* et *subimpressa* ♂.
2. Palpe maxillaire de l'*Hydræna riparia* ♀.
3. Tibia intermédiaire de l'*Hydræna carbonaria* ♂.
4. » » de l'*Hydræna riparia* ♂.
5. » » de l'*Hydræna longior* ♂.
6. Tibia postérieur de l'*Hydræna longior* ♂.
7. » » de l'*Hydræna lapidicola* ♂.
8. Tibia intermédiaire de l'*Hydræna polita* ♂.
9. Tibia postérieur de l'*Hydræna polita* ♂.
10. » » de l'*Hydræna dentipes* ♂.
11. » » de l'*Hydræna monticola* ♂.
12. » » de l'*Hydræna gracilis* ♂.
13. » » de l'*Hydræna truncata* ♂.
14. » » de l'*Hydræna subacuminata* ♂.
15. Derniers articles des palpes maxillaires de l'*Hydræna lapidicola* ♂.
16. Sommet des élytres de l'*Hydræna gracilis* ♀.
17. » » de l'*Hydraena emarginata* ♀.
18. Dernier article des palpes maxillaires de l'*Hydræna flavipes* ♂.
19. » » » » de l'*Hydræna Sieboldi* ♂.
20. Lame mésosternale du genre *Cyclonotum*.
21. » » » *Dactylosternum*.
22. Palpe maxillaire du genre *Cyclonotum*.
23. » » » *Dactylosternum*.
24. » » » *Cercyon*, en général.
25. » » » *Megasternum*.
26. Lame mésosternale de plusieurs espèces du genre *Cercyon*.
27. » » du *Cercyon lateralis*.
28. » » des *Cercyon centromaculalus*, *pygmæus*, etc.
29. » » du *Cercyon analis*.
30. » » du sous-genre *Cerycon*.
31. Tibia antérieur du *Cercyon* (Ercycon) *littoralis*.
32. » » des *Cercyon*, en général.
33. » » du *Megasternum bolitophagum*.
34. Tibia intermédiaire du *Megasternum bolitophagum*.

PALPICORNES Pl. II

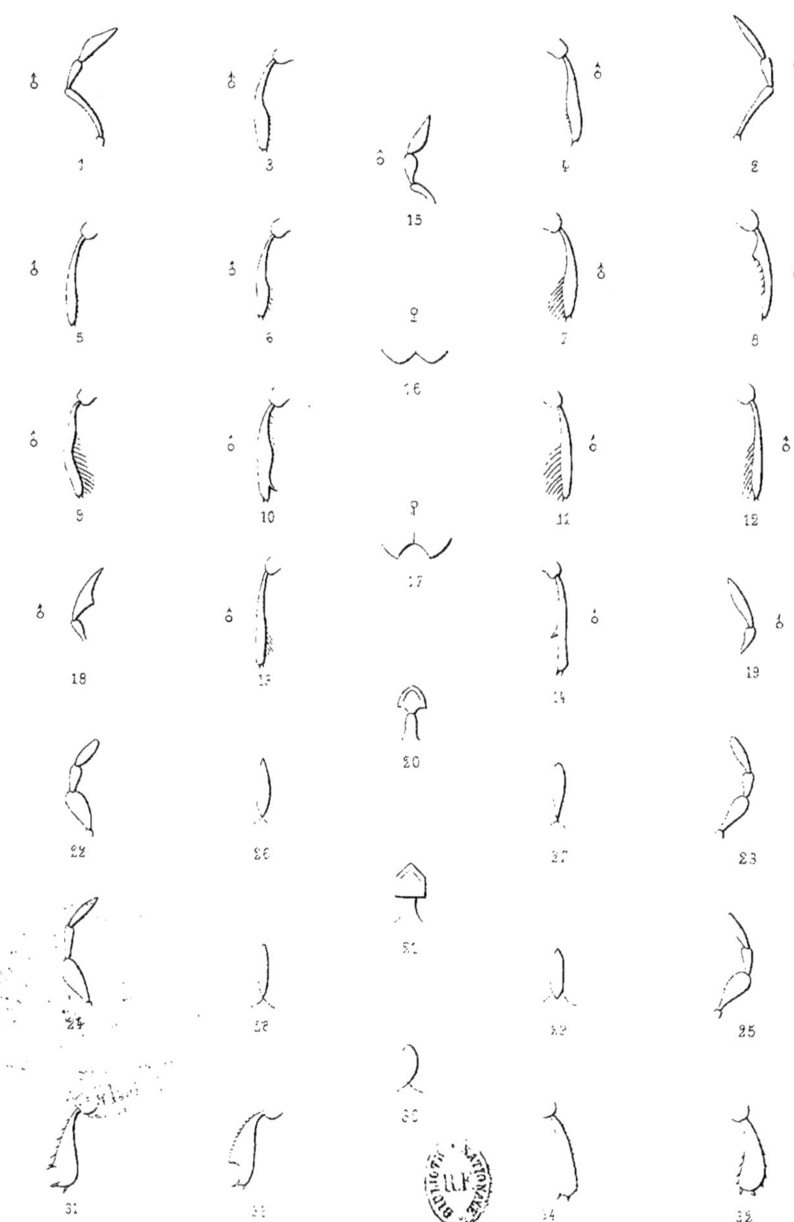

C. Rey, del

Imp. A. Roux, rue Centrale, 21, Lyon

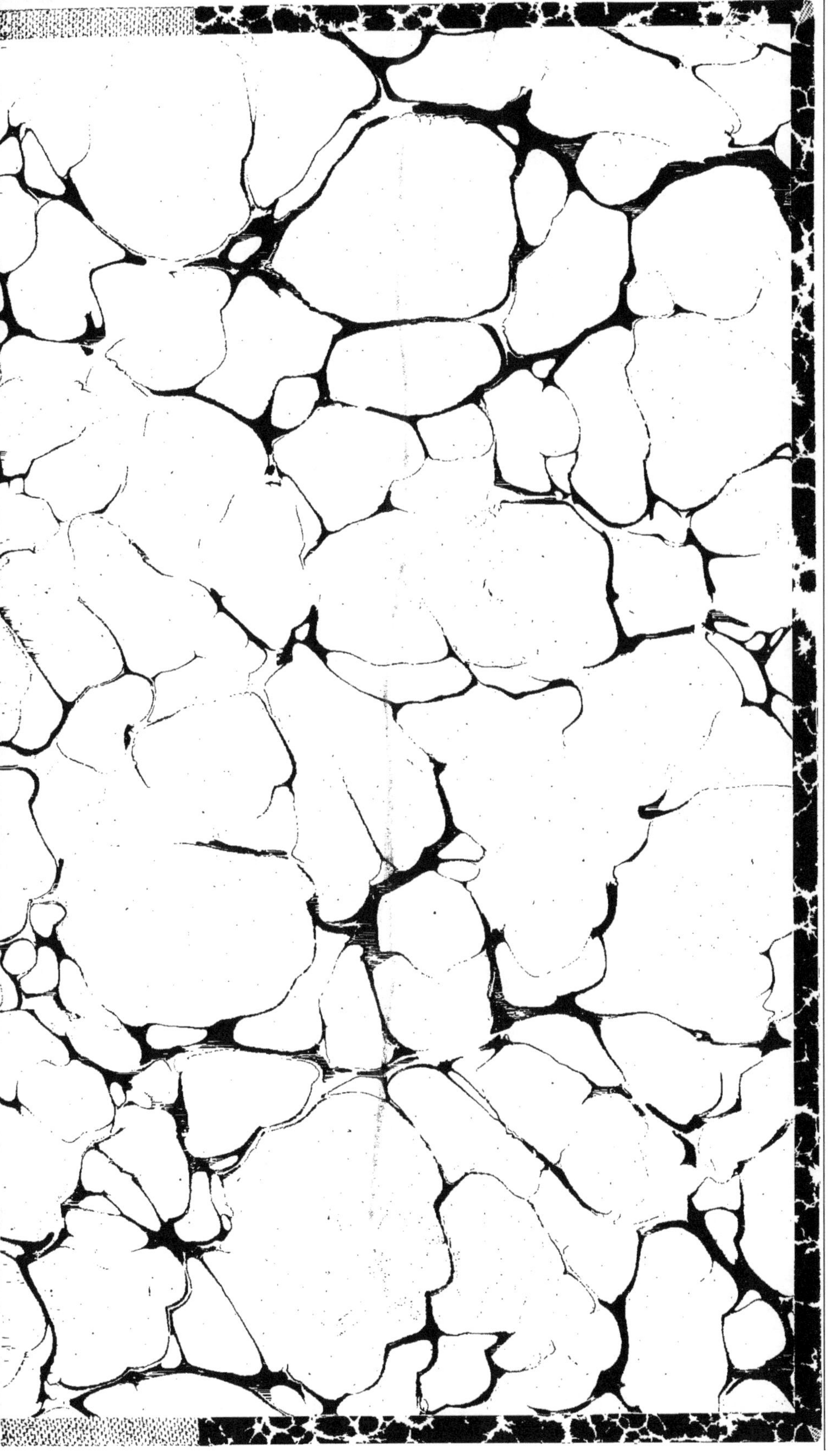

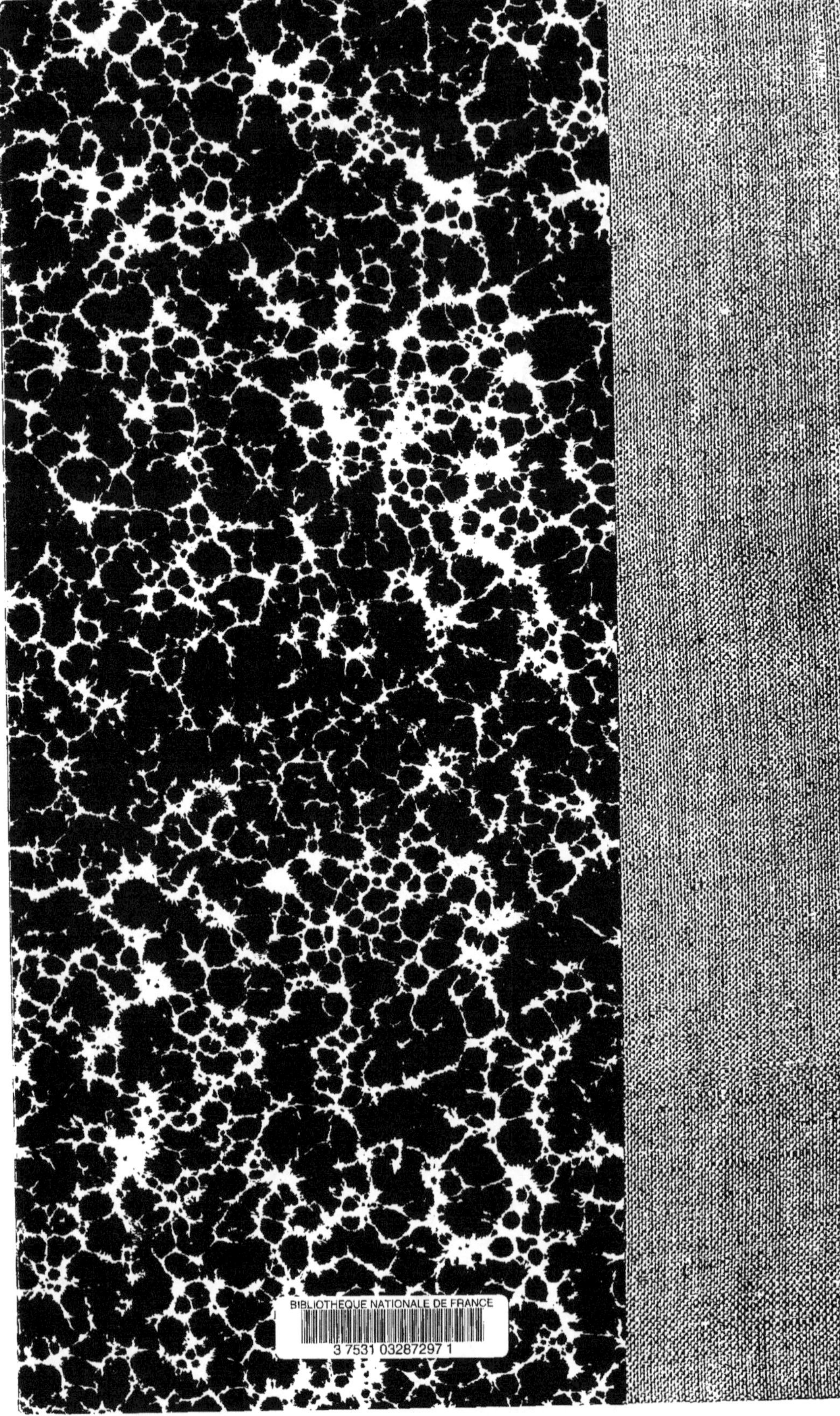

www.ingramcontent.com/pod-product-compliance
Ingram Content Group UK Ltd.
Pitfield, Milton Keynes, MK11 3LW, UK
UKHW020154250726
13967UKWH00003B/1057